国家出版基金项目
NATIONAL PUBLICATION FOUNDATION

"十三五"国家重点出版物出版规划项目

长江上游生态与环境系列

长江上游亚高山针叶林生态系统过程与管理

杨万勤　吴福忠　等　著

科 学 出 版 社
龙 门 書 局
北 京

内 容 简 介

全书共 9 章,第 1 章描述了亚高山针叶林分布与环境特征,第 2 章阐明了亚高山针叶林生态系统结构,第 3 章总结了亚高山针叶林生态系统物质迁移过程的研究成果,第 4 章总结了亚高山针叶林植物残体腐殖化过程的研究成果,第 5 章总结了亚高山针叶林生态系统分解过程的研究成果,第 6 章总结了亚高山针叶林土壤碳氮过程的研究成果,第 7 章总结了亚高山针叶林土壤生物与生化特性的研究成果,第 8 章总结了亚高山针叶林与对接水体的生物地球化学联系,第 9 章总结了亚高山针叶林生态系统适应性管理。基于亚高山针叶林生态系统结构和过程的研究结果,本书提出了长江上游亚高山针叶林生态系统适应性管理的技术和措施。

本书可以为高校和科研院所从事生态学、林学、土壤学、环境保护及相关专业的科研人员和研究生提供参考,也可以为林业和生态环境保护等行政部门的决策者提供一定的科学参考。

图书在版编目(CIP)数据

长江上游亚高山针叶林生态系统过程与管理 / 杨万勤等著. —北京:龙门书局,2021.7

(长江上游生态与环境系列)

"十三五"国家重点出版物出版规划项目 国家出版基金项目

ISBN 978-7-5088-6030-5

Ⅰ. ①长… Ⅱ. ①杨… Ⅲ. ①长江-上游-亚高山土壤-针叶林-生态系-研究 Ⅳ. ①S791

中国版本图书馆 CIP 数据核字(2021)第 130286 号

责任编辑:李小锐 冯 铂 / 责任校对:严 娜
责任印制:肖 兴 / 封面设计:墨创文化

科 学 出 版 社 出版
龍 門 書 局
北京东黄城根北街 16 号
邮政编码:100717
http://www.sciencep.com

三河市春园印刷有限公司 印刷
科学出版社发行 各地新华书店经销

*

2021 年 7 月第 一 版 开本:787×1092 1/16
2021 年 7 月第一次印刷 印张:23 3/4
字数:530 000

定价:280.00 元

(如有印装质量问题,我社负责调换)

"长江上游生态与环境系列"编委会

《长江上游亚高山针叶林生态系统过程与管理》
著 者 名 单

主要作者　　杨万勤　　吴福忠　　谭　波

　　　　　　　　徐振锋　　岳　楷　　倪祥银

参编人员（按姓氏拼音排序）

曹　瑞	常晨晖	邓仁菊	段　斐	冯瑞芳	苟小林
何　伟	侯建峰	蒋雨芮	李　飞	李　晗	李　俊
李旭清	李志萍	刘　利	刘金玲	彭　艳	秦嘉励
汪　沁	王　奥	王　壮	王芝慧	魏圆云	吴庆贵
武启骞	杨玉莲	余　胜	张　丽	赵野逸	周　蛟
朱剑霄					

序

　　长江发源于青藏高原的唐古拉山脉，自西向东奔腾，流经青海、四川、西藏、云南、重庆、湖北、湖南、江西、安徽、江苏、上海等 11 个省（区/市），在上海崇明岛附近注入东海，全长 6300 余公里。其中宜昌以上为长江上游，宜昌至湖口为长江中游，湖口以下为长江下游。长江流域总面积达 180 万平方公里，2019 年长江经济带总人口约 6 亿，GDP 占全国的 42%以上。长江是我们的母亲河，镌刻着中华民族五千年历史的精神图腾，支撑着华夏文明的孕育、传承和发展，其地位和作用无可替代。

　　宜昌以上的长江上游地区是整个长江流域重要的生态屏障。三峡工程的建设及上游梯级水库开发的推进，对生态环境的影响日益显现。上游地区生态环境结构与功能的优劣，及其所铸就的生态环境的整体状态，直接关系着整个长江流域尤其是中下游地区可持续发展的大局，尤为重要。

　　2014 年国务院正式发布了《关于依托黄金水道推动长江经济带发展的指导意见》，确定长江经济带为"生态文明建设的先行示范带"。2016 年 1 月 5 日，习近平总书记在重庆召开推动长江经济带发展座谈会上明确指出，"当前和今后相当长一个时期，要把修复长江生态环境摆在压倒性位置，共抓大保护，不搞大开发""要在生态环境容量上过紧日子的前提下，依托长江水道，统筹岸上水上，正确处理防洪、通航、发电的矛盾"。因此，如何科学反映长江上游地区真实的生态环境情况，如何客观评估 20 世纪 80 年代以来，人类活跃的经济活动对这一区域生态环境产生的深远影响，并对其可能的不利影响采取防控、减缓、修复等对策和措施，都亟须可靠、系统、规范科学数据和科学知识的支撑。

　　长江上游以其独特而复杂的地理、气候、植被、水文等生态环境系统和丰富多样的社会经济形态特征，历来都是科研工作者的研究热点。近 20 年来，国家资助了一大批科技和保护项目，在广大科技工作者的努力下，长江上游生态环境问题的研究、保护和建设取得了显著进展，这其中最重要的就是对生态环境的研究已经从传统的只关注生态环境自身的特征、过程、机理和变化，转变为对生态环境组成的各要素之间及各圈层之间的相互作用关系、自然生态系统与社会生态系统之间的相互作用关系，以及流域整体与区域局地单元之间的相互作用关系等方面的创新性研究。

　　为总结过去，指导未来，科学出版社依托本领域具有深厚学术影响力的 20 多位专家策划组织了"长江上游生态与环境"系列，本系列围绕生态、环境、特色三个方面，将水、土、气、冰冻圈和森林、草地、湿地、农田以及人文生态等与长江上游生态环境相关的国家重要科研项目的优秀成果组织起来，全面、系统地反映长江上游地区的生态环境现状及未来发展趋势，为长江经济带国家战略实施，以及生态文明时代社会与环境问题的治理提供可靠的智力支持。

　　丛书编委会成员阵容强大、学术水平高。相信在编委会的组织下，本系列将为长江上游生态环境的持续综合研究提供可靠、系统、规范的科学基础支持，并推动长江上游生态环境领域的研究向纵深发展，充分展示其学术价值、文化价值和社会服务价值。

中国科学院院士 秦大河

2020 年 10 月

前　言

　　森林是陆地生态系统的主体，在木材生产、固碳制氧、涵养水源、保持水土、保育生物多样性、净化环境、美化景观和调节区域气候等方面具备不可替代的生态系统服务功能。调整和优化林分结构是林业生态工程实践中普遍采用的森林生态系统服务功能提升措施。例如，在林业实践中普遍采用间伐和生态疏伐等经营管理措施提升人工林的木材生产、培育林下植被、保持水土等生态系统服务功能。这些实践和措施主要通过调整生态系统结构、调控生态系统过程来达到改善或提升生态系统服务功能的目的。生态系统过程，是指物质和能量从一个库到另外一个库的转移过程。因此，深入研究森林生态系统过程可为森林生态系统适应性管理提供关键的科学依据。

　　合成和分解是维持陆地生态系统平衡的两个最为重要的生态系统过程。然而，相对于植物的光合合成，有关陆地生态系统分解的研究相对不足。普遍认为，陆地生态系统分解是分解者群落将有机物质转化成无机物质的过程，其核心是动植物残体和土壤有机质的矿化，在维持生态系统平衡、全球碳循环、土壤有机质形成、养分循环和生物多样性保育等方面发挥了不可替代的作用。为了理解陆地生态系统分解过程，国内外科学家开展了大量的凋落物分解实验。其中，最具代表性的凋落物分解实验有"长期立地间凋落物分解实验"、"全球凋落物无脊椎动物分解实验"、"加拿大立地间凋落物分解实验"以及"中国长期立地间凋落物分解实验"等。这些研究结果形成的共识是：气候控制着区域尺度的凋落物分解速率，而由物种决定着凋落物初始质量以及分解者群落结构和活性决定着小尺度的凋落物分解过程。然而，陆地生态系统分解还存在三个明显的科学问题：①植物残体的分解过程不仅是有机物质的矿化和养分释放过程，还伴随着有机物质的腐殖化过程，从而决定了土壤有机质的形成。但在植物残体的分解过程中，有多少有机物质能够转换为土壤有机质，如何将更多的有机物质转换成为土壤腐殖质等问题，亟待深入研究，从而为土壤碳库管理和肥力管理提供科学依据。②迄今为止，绝大多数植物残体分解的研究结果主要基于生长季节的凋落物分解实验，因而得出了"凋落物分解速率（质量损失率）随着温度的升高而增加"的普遍结论，但不断增加的研究结果表明，凋落物分解速率并不是完全随着温度升高而增加的。在受季节性雪被和冻融循环影响明显的中高纬度和高海拔地区，凋落物的质量损失主要发生在冬季雪被期。这些研究结果改变了经典生态学和土壤学中关于"冬季休眠"的观点。然而，受气候、海拔、植被结构、地形和气候变化等因素的影响，冬季雪被变化和冻融循环格局非常复杂，这使已有的研究结果具有很大的不确定性。特别是在全球气候变化情景下，季节性雪被和冻融循环格局正在发生剧烈变化，这种变化将如何影响季节性雪被区的植物残体分解过程，尚待进一步研究不同关键时期（初雪期、雪被覆盖期、融雪期和生长季节）的植物残体分解过程及其分解者群落的变化规律，从而为季节性雪被区的生态系统适应性管理提供科学依据。③木质残体是森林生态系统的基本组成，其在生物多样性保育、碳和养分循环、森林更新等方面发挥着巨大作用，然而木质残体，特别是粗木质残体的分解是一个长期的生态学过程。由于分解周期长，有关粗木质残体分解与腐殖化的研究相对较少，亟待改进研究方法，进行深入系统的粗木质残体分解过程及其相关的生态学过程研究，从而为森林生态系统管理提供关键证据。

以降水和凋落物为载体的物质迁移过程是森林生态系统碳和养分循环的关键过程，其对森林生产力的维持与提高具有重要作用。一方面，大气降水以及林冠对降水的再分配对于维持森林生态系统的水肥平衡具有不可替代的作用。大气降水输入是森林生态系统植物生长发育所必需水分和养分的重要来源，而林冠对降水的截留、树干茎流等水分和养分的再分配过程不仅控制着森林水文生态过程，还增加了土壤异质性，改善了土壤水肥条件，从而在很大程度上决定了森林生产力。然而，降水在森林生态系统中的迁移过程受到降水特征（如降水强度、降水持续时间、降水间隔时间等）和林冠特征及其交互作用的影响，过程非常复杂。并且，在受季节性雪被影响明显的林区，降雪输入以及林冠对降雪的再分配过程也是森林生态系统物质迁移的重要组成部分，但因为观测的困难性，相关研究明显不足。同时，地上/地下凋落物是森林生态系统生物元素循环和能量流动的主要通道，是维持土壤肥力和森林生产力的主要机制。在全球范围内，通过凋落物输入到土壤生态系统的养分元素占森林土壤养分输入的 40%～90%，是森林土壤养分的重要来源。然而，凋落物产量、组成以及凋落动态受到气候（降水、温度）和林分特征（树种组成、林龄、林分密度等）的综合作用。在受季节性雪被影响明显的林区，降雪也会影响凋落物的产量和组成。此外，极端气象事件（如台风、暴雪、雨雪冰冻灾害、持续干旱等）也会影响凋落物的产量和组成，特别是产生"非正常凋落物"（abnormal litter），从而影响森林生态系统的物质迁移过程。尽管如此，已有的研究更加关注降水输入、林冠对降水的截留、树干茎流等过程及其与降水特征和林冠特征的关系，但有关降雪输入和林冠对降雪的再分配等过程的研究明显不足；已有的森林凋落物生态研究，更加关注凋落物的产量和月动态或季节动态，但有关极端气象事件对森林凋落物产量和动态的影响、季节性雪被区不同关键时期的凋落物产量以及森林更新对凋落物产量和动态的影响等研究也亟待深入。

土壤是陆地生态系统中最大的碳库和氮库，其轻微变化不仅会影响大气 CO_2 浓度和 N_2O 浓度，还决定着土壤生产力和养分循环。因此，理解森林土壤碳氮过程及相关的生物学过程是理解森林生态系统过程的关键。欲理解土壤碳氮过程，首先要阐明土壤碳、氮组分与储量特征，量化土壤碳氮矿化和淋洗过程，揭示土壤碳氮过程相关的生物群落和活性及其驱动因子。土壤碳氮矿化过程是在土壤微食物网作用下将有机物质转化为无机小分子物质的过程。普遍认为，土壤生物群落的活性随着温度的升高而增强，因而土壤碳氮矿化速率也随着温度升高而增加。然而，不断增加的研究证实，季节性雪被和冻融循环对有机物质的矿化过程及相关微生物活性具有十分重要的影响，从而决定着森林生态系统的生产力和产量。季节性雪被和冻融循环对土壤碳氮过程的作用机制可能包括两个方面：①在初雪和初冻期以及土壤解冻期，冻融循环对土壤有机物质的机械破碎和淋洗作用；②耐寒生物种群的生物活性。例如，王滨等（2016）对亚高山针叶林土壤氮矿化和淋洗的研究表明，亚高山针叶林土壤氮矿化和淋洗主要发生在冬季雪被期，特别是雪被融化期。而其他的研究也表明，雪被斑块和季节性雪被期的持续时间会显著影响土壤碳氮矿化过程及相关的酶活性。由于季节性雪被和冻融循环变化的复杂性，有关季节性雪被和冻融循环及其变化对土壤碳氮过程的影响研究结果还具有很大的不确定性。特别是在全球气候变化情景下，季节性雪被变化对土壤碳氮过程的影响尚不清楚，亟待深入研究。

土壤生物群落是生态系统物质循环和能量转换的积极参与者，在植物残体分解与土壤有机质形成、养分有效性、土壤肥力维持等方面发挥着不可替代的作用。一方面，土壤动物通过取食、咀嚼和肠道消化等直接参与植物残体和土壤有机物质的分解，而且大型土壤动物还能加速土壤发育，促进土壤团粒结构的形成，从而增强土壤的通气性和保水保肥能力。另一方面，土壤微生物及其分泌的酶承担了土壤中 90% 以上的矿化作用，能够分解任何类型的基质材料，而自身的大量繁殖可能在短期内，有时甚至在几天内就能完成，但土壤微生物生物量的周转期一般只有 6～18 个月。因此，土壤动物和微生物分别被称为"生态系统的工程师"（ecosystem engineer）和"睡美人"（sleeping beauty）。普遍认为，土壤微生物活性随着温度升高而增强，从而提高了土壤养分的有效性，这种养分有效性与植物生长高峰之间的同步现象是维持生态系统生产力的重要生态学机制。但大量的研究发现，冻融过程破坏了土壤和凋落物中微生物及动植物残体细胞，其在融冻期释放的碳和养分为存活的土壤动物和微生物群落提供了有效基质，提高了土壤养分的有效性和微生物活性，促进了生长季节内植物和微生物的生长，而夏季植物和微生物生长降低了土壤氮的有效性。然而，受海拔、纬度、森林结构、地形等因素的影响，季节性雪被和冻融循环过程非常复杂，这使已有的研究结果具有很大的不确定性。因此，深入研究季节性雪被和冻融循环过程对土壤生物群落结构、多样性和生化特性的影响机制具有重要作用，有助于强化理解高寒森林生态系统过程。

山地森林是地球上最为重要的水源涵养和淡水资源供给区，其生态系统服务功能与人类福祉息息相关。一方面，山地森林为对接水体（溪流、河流和湖泊）补充和提供淡水，调节着对接水体水量动态；另一方面，森林通过地表径流、森林溪流、地下水和植物残体等方式，向溪流和河流输入碳、氮、磷、钾、钙、镁等生物元素，这些生物元素是对接水体生态系统中生物所必需的营养来源，从而维持着水生生态系统生产力，并且影响着对接水体的环境质量。因此，理解森林与对接水体的生物地球化学联系是理解森林生态系统服务功能的关键，也是管理山地森林生态系统的重要依据。过去 100 多年中，为理解森林与水文的关系，不计其数的配对集水区实验、水文模型、植被与水文长期监测数据以及长期生态定位监测等手段被广泛应用于研究森林水文生态过程与效应、森林与河川径流量和水土流失的关系。然而，在一些地形破碎、地质结构疏松、土层浅薄的高山峡谷区，进入地面的降水和蓄积在森林的水分主要通过土壤渗漏水汇集到溪流和河流，而在绝大多数降水事件中很难观测到地表径流。这意味着，采用传统的径流观测场等方法很难了解到森林与水文的内在联系，也很难理解森林在维持对接水体生态系统生产力等方面的作用。不断增加的研究表明，森林溪流包括多年生、间歇性和瞬时溪流，尽管这些溪流在林区的面积不足 1%，但降水过程中以及降水间隔时期，森林溪流承担着 50%～100% 的水分和养分运输功能。这些不同性质的溪流是陆地-水生生态系统之间进行物质循环和能量转换的传输带，也是反映全球环境变化和植被变化的前哨。例如，氮（N）和磷（P）是许多陆地和水生生态系统的限制性养分元素，其源-汇动态不仅决定着生态系统本身的结构和功能，还可能同步影响森林生态系统健康及其对接水体的氮磷含量与循环。可见，森林溪流是联系山地森林与对接水体的纽带，研究山地森林-溪流-河流连续体的生物地球化学联系，可为山地森林和对接水生生态系统管理提供重要的科学依据。

长江上游亚高山针叶林是我国第二大林区（西南林区）的主体，不仅是我国重要的木材战略储备基地，而且是长江上游生态安全屏障的重要组成部分，不但在保育生物多样性、固碳制氧、保持水土、调节区域气候和美化景观等方面具有突出的生态战略地位，而且在涵养淡水资源和保障长江流域水资源安全等方面发挥着不可替代的作用。然而，长江上游的亚高山针叶林主要分布在青藏高原边缘（东北、东部、南部）的高山峡谷地带，由于频繁的地质灾害和低温限制以及长期的人类活动影响，亚高山针叶林区生态环境脆弱，生态系统结构、过程和功能可能受到季节性雪被变化和全球变暖等气候变化的深刻影响。因此，深入系统地研究长江上游亚高山针叶林生态系统过程及其对气候变化的响应，可为亚高山针叶林生态系统适应性管理提供重要的科学依据。

本区森林具有六个显著的基本特征：①针叶树种丰富，但林分结构简单，生态系统过程对气候变化的响应可能更加敏感。②地震、滑坡、泥石流、雪崩等山地灾害影响频繁，生态环境脆弱，森林发育与演替经常受阻，从而形成了不同演替阶段的森林群落。③受低温限制和频繁的山地灾害影响，森林土壤发育缓慢且经常受阻，矿质土壤层普遍较为浅薄，倒木等粗木质残体及其附生苔藓植物在保持水土、保育生物多样性和涵养水源等方面发挥着巨大的作用。并且倒木、树桩、凋落物等各种植物残体的分解与腐殖化过程在全球碳循环、生态系统养分循环、地力维持等方面发挥着不可替代的作用。④森林以林窗更新为主，林窗在森林生态系统过程中具有重要作用，特别是对光照和降水的再分配，可能对植物残体分解、土壤碳氮过程和土壤生物与生物化学等产生强烈的影响。⑤对气候变化敏感，季节性雪被和冻融期长达 5～6 个月，季节性雪被变化、森林地表和土壤冻融循环变化、气候变暖等深刻影响亚高山针叶林生态系统过程。⑥受频繁的山地灾害影响，区域内亚高山针叶林土壤母质和母岩普遍较为疏松，而且森林地表普遍具有较厚的枯枝落叶层和苔藓层。穿透雨和树干茎流进入森林地表和土壤的雨水主要存储于枯枝落叶、苔藓和土壤有机层，并主要以土壤渗漏水的形式形成溪流后汇入河流，很少观测到地表径流，森林溪流成为联系亚高山针叶林和对接水体的主要纽带。这些特征为开展亚高山针叶林生态系统植物残体分解过程、腐殖化过程、森林生态系统物质迁移过程、土壤碳氮过程、土壤生物与生化特性、山地森林与对接水体的生物地球化学联系及其对季节性雪被和冻融循环变化的响应等研究提供了良好的天然实验室。

过去 10 多年，本书作者及研究团队针对上述特征，在教育部新世纪优秀人才支持计划项目（NCET-07-0592）、国家自然科学基金项目（30471378, 30771702, 31000213, 31170423, 31570445）等国家级和省部级科研项目的持续支持下，较为系统地开展了亚高山针叶林生态系统结构、生态系统分解过程、植物残体腐殖化过程、生态系统物质迁移过程、土壤碳氮过程、土壤生物与生化特性、森林与对接水体的生物地球化学联系以及这些过程对气候变化的响应等研究。同时，培养了 90 余名博士后、博士研究生和硕士研究生，已有 3 名研究生获国家自然科学基金优秀青年科学基金项目资助。

本专著是作者对过去 10 多年研究成果的高度提炼和总结，与国内外已出版的同类书籍相比，本书具有四个显著特点：

（1）在学术思想上，本书以冬季生态学研究为特色，强调了季节性雪被和冻融循环变化对森林生态系统分解过程、植物残体腐殖化过程、物质迁移过程、土壤碳氮过程和土壤生物与生化特性的影响，首次关注了亚高山森林溪流生态学、亚高山森林与对接水体的生物地球化学联系以及倒木分解，并从亚高山针叶林生态系统过程的研究结果提出生态系统适应性管理技术和措施。

（2）在内容上，书中数据和图表均是作者及其研究团队在亚高山针叶林生态系统过程研究方面的成果。

（3）在结构体系上，按照"亚高山针叶林的分布与环境特征、亚高山针叶林生态系统结构、生态系统过程、土壤生物与生化特性、森林与对接水体的生物地球化学联系以及适应性管理"的逻辑思路进行组织，特别强调以结构和过程为基础的生态系统适应性管理。

（4）在写作方面，特别强调内容的逻辑性、条理性、层次性、系统性和整体性。

由于作者学识和水平有限，经验不足及学科背景的限制，书中难免存在观点和认识上的不足和不妥之处，恳请专家不吝赐教，读者批评指正！

目　　录

第 1 章　亚高山针叶林分布与环境特征

1.1　亚高山针叶林的定义

要界定和定义亚高山针叶林（subalpine coniferous forest），首先要明确一些既有区别又有联系的术语。在不同的专著和文章中，分别出现过亚高山（subalpine）（中华书局辞海编辑所，1961；Hämet-Ahti，1982；Kikvidze，1996）、亚高山森林（subalpine forest）（王开运等，2004；刘彬等，2010）、亚高山针叶林（蒋有绪，1963；刘庆，2002；Yamamoto，2011）和亚高山暗针叶林（subalpine dark coniferous forest）（李承彪，1990；Yu et al.，2006）等不同的术语。正确区分和理解这些术语，对于亚高山针叶林生态研究和管理具有重要意义。

1.1.1　亚高山和亚高山植被

在自然地理学中，一般将地貌划分为平原、丘陵、山地和高原，再根据山地的绝对海拔，将山地划分为低山（＜1000m）、中山（1000～3500m）、高山（3500～5000m）和极高山（＞5000m）。因此，"亚高山"并非地理学和地貌学上的地貌分类系统（刘庆，2002）。换句话说，自然地理学和地貌学中并没有"亚高山"的概念。这意味着，在植被之前冠以"亚高山"的植被类型（如亚高山森林、亚高山针叶林、亚高山暗针叶林、亚高山草甸、亚高山灌丛等）均非自然地理学上的概念。

现在普遍认为，冠以"亚高山"的植被，其实都是植被学和地植物学上的概念，没有绝对的海拔范围，而是与特定的垂直地带性植被类型或土壤类型相联系的生态区域（李承彪，1990；刘庆，2002；刘彬等，2010）。《四川植被》明确指出，亚高山是一种没有绝对海拔的限制而具有特定植被内涵的名词。欧洲学者对亚高山的解释也偏重植被概念（Hämet-Ahti，1982）。从植被分布区的山地气候来看，亚高山植被实际上是指分布于山地的寒温性森林、灌丛和草甸。按照这一定义，在我国西南山区、岭南、台湾和北方地区以及欧洲地区都广泛分布着亚高山植被，其是纬向地带性、经向地带性和垂直地带性交互作用产生的植被类型。在亚高山植被前的"亚高山"没有绝对的海拔范围，其海拔范围随经纬度而变化，可能介于 100～4600m。例如，在我国的西南山区，亚高山植被处于森林界线以内，分布于具有寒温性气候特征的高山或中山的山地植被垂直自然分带谱中上部的森林、灌丛和草甸，其上限为气候条件限制因子所形成的树线或雪线，下限为地形地貌差异或人类活动所形成的河流、谷地、人工系统等，海拔在 2300～4600m（刘庆，2002）。从国内已发表的文献来看，冠以"亚高山森林""亚高山针叶林""亚高山灌丛""亚高山草甸"等的生态研究文献主要集中在西南亚高山针叶林和川西亚高山针叶林（刘庆，2002；

王开运等，2004；Chang et al.，2019）。例如，刘庆（2002）的《亚高山针叶林生态学研究》，明确定义了西南亚高山针叶林，并将分布于我国东北、华北、西北和南方山区的寒温性针叶林作为"山地寒温性针叶林"，在我国东北、华北和南方山区的寒温性植被研究中，很少使用亚高山针叶林、亚高山森林和亚高山植被等概念。《中国森林（第 2 卷）：针叶林》（《中国森林》编委会，1999）也将分布于山地寒温性气候带的针叶林划分为寒温带针叶林，但从广义的定义和近年来国内外发表的有关"亚高山（subalpine）"植被生态研究的文献来看，分布于山地寒温性气候带的植被也属于亚高山植被的范畴，其海拔范围因经纬度而异。

1.1.2 亚高山森林与亚高山针叶林

亚高山森林是指以松、杉、柏为建群种或优势种的暗针叶林为主体的亚高山森林植被，相当于植被分类系统中的植被型组（刘庆，2002；刘彬等，2010）。根据群落外貌和树种组成，亚高山森林可划分为亚高山针叶林、亚高山落叶阔叶林、亚高山常绿阔叶林等植被型。

1）亚高山针叶林

亚高山针叶林是指分布于山区的寒温性针叶林，主要建群树种包括冷杉属（*Abies*）、云杉属（*Picea*）、落叶松属（*Larix*）、圆柏属（*Sabina*）、铁杉属（*Tsuga*）、松属（*Pinus*）中分布于寒温性山地气候区的针叶树种，其优势树种因经纬度和海拔而异。根据《中国森林（第 2 卷）：针叶林》（《中国森林》编委会，1999）的描述，在我国温带、暖温带、亚热带和热带地区，寒温性针叶林主要分布在高海拔山地，构成垂直分布的山地寒温性针叶林带。换句话说，这些山地寒温性针叶林均可称为亚高山针叶林，其分布的海拔由北向南逐渐上升。例如，在东北的长白山，亚高山针叶林分布在 100～1800m，向南至河北的小五台山为 1600～2500m，至秦岭则为 2800～3300m，再向南至藏南山地则上升到 3000～4600m。这种针叶林能适应寒冷、干燥或潮湿的气候，其分布区边缘的极限是树线，成为极地（高纬度）或高山极其严酷条件下的森林界线，其垂直分布上限可达 4300～4600m。按照这一描述，我国的亚高山针叶林分布主要集中在东北山地（大兴安岭、小兴安岭、长白山等）、华北山地（五台山、燕山、吕梁山、太行山等）、秦巴山地（秦岭山脉、大巴山脉）、蒙新山地（阿尔泰山、天山、祁连山、贺兰山、阴山等）以及面积辽阔的青藏高原东缘及南缘山地（洮河、白龙江、岷江、金沙江、大渡河、怒江、澜沧江及雅鲁藏布江流域），还有台湾的山地。但从已有的研究文献和专著来看，我国有关亚高山针叶林的描述和研究主要是西南亚高山针叶林和川西亚高山针叶林（刘庆，2002；王开运等，2004）。根据森林群落外貌和树种组成，亚高山针叶林又分为亚高山暗针叶林和亚高山亮针叶林两种类型。

亚高山暗针叶林，又称为亚高山常绿针叶林或亚高山阴暗针叶林，是指分布于山地寒温性气候带的由冷杉属和云杉属树种组成的针叶林，具有树种组成单一、林分密度普遍较大、透光性差等特点。主要包括岷江冷杉（*A. faxoniana*）林、鳞皮冷杉（*A. squamata*）林、长苞冷杉（*A. georgei*）林、急尖长苞冷杉（*A. georgei* var. *smithii*）林、黄果冷杉（*A.*

ernestii）林、西藏冷杉（*A. spectabilis*）林、巴山冷杉（*A. fargesii*）林、秦岭冷杉（*A. chensiensis*）林、苍山冷杉（*A. delavayi*）林、峨眉冷杉（*A. fabri*）林、川滇冷杉（*A. forrestii*）林、臭冷杉（*A. nephrolepis*）林、紫果冷杉（*A. recurvata*）林、梵净山冷杉（*A. fanjingshanensis*）林、怒江冷杉（*A. nukiangensis*）林、台湾冷杉（*A. kawakamii*）林、粗枝云杉（*Picea asperata* Mast）林、川西云杉（*P. likiangensis* var. *balfouriana*）林、紫果云杉（*P. purpurea*）林、青杆（*P. wilsonii*）林、麦吊云杉（*P. brachytyla*）、油麦吊云杉（*P. brachytyla* var. *complanata*）、林芝云杉（*P. likiangensis* var. *linzhiensis*）林、天山云杉（*P. schrenkiana* var. *tianshanica*）林、台湾云杉（*P. morrisonicola*）林、青海云杉（*P. crassifolia*）林等（《四川森林》编委会，1992；《中国森林》编委会，1999；刘庆，2002）。除冷云杉林以外，还有由圆柏属树种组成的大果圆柏（*S. tibetica*）林、祁连圆柏（*S. przewalskii*）林、方枝柏（*S. saltuaria*）林、垂枝香柏（*S. pingii*）林、塔枝圆柏（*S. komarovii*）林、密枝圆柏（*S. convallium*）林和玉山桧（*S. morrisonicola*）林 7 种类型。

亚高山亮针叶林（subalpine bright coniferous forest），又称亚高山明亮针叶林，是指分布于山地寒温性气候带的落叶松属树种为优势树种的森林类型，具有林分稀疏、透光性强等特点。主要包括红杉（*L. potaninii*）林、四川红杉（*L. mastersiana*）林、兴安落叶松（*L. gmelinii*）林、西伯利亚落叶松（*L. sibirica*）林、长白落叶松（*L. olgensis* var. *chanpaiensis*）林、华北落叶松（*L. principis-rupprechtii*）林、太白红杉（*L. chinensis*）林、大果红杉（*L. potaninii* var. *macrocarpa*）林和西藏落叶松（*L. griffithiana*）林 9 种类型。

2）亚高山落叶阔叶林

亚高山落叶阔叶林是指分布于寒温性山地气候带的落叶阔叶林，主要是由桦木属（*Betula*）、杨属（*Populus*）、柳属（*Salix*）等落叶树种组成的落叶阔叶林。例如，亚高山白桦（*B. platyphylla*）林、亚高山糙皮桦（*B. utilis*）林、亚高山红桦（*B. albo-sinensis*）林、亚高山岳桦（*B. ermanii*）林、亚高山山杨（*P. davidiana*）林等。

3）亚高山常绿阔叶林

亚高山常绿阔叶林是指分布于寒温性山地气候带的硬叶常绿阔叶林，由壳斗科硬叶常绿生活型的栎类树种组成，是我国西南山区所特有的一种森林类型，相当于《四川植被》中的"山地硬叶常绿阔叶林"。这类亚高山森林主要分布在海拔 2600～3700m 的山地阳坡或石灰岩基质上，主要有高山栎（*Q. semicarpifolia*）、灰背栎（*Q. senescens*）、川滇高山栎（*Q. aquifolioides*）、光叶高山栎（*Q. pseudosemecarpifolia*）、黄背栎（*Q. pannosa*）、矮高山栎（*Q. monimotricha*）和长穗高山栎（*Q. longispica*）等硬叶常绿栎类树种。

1.2 长江上游亚高山针叶林的地理分布

长江上游是中国水源涵养的核心区，金沙江、雅砻江、大渡河、岷江、嘉陵江等干支流的河川径流总量达 9508 亿 m³，相当于长江河川径流总量的 52%，占全国河川径流量（26000 亿 m³）的 36.57%（孙鸿烈，2006）。长江上游亚高山针叶林是指分布于长江上游寒温性山地气候带的暗针叶林和亮针叶林，是我国第二大林区（西南林区）和第三大林区（青藏高原东部林区）的主体。在行政区域上，长江上游亚高山针叶林在四川、云南、青海、西藏、陕西、甘肃、湖北、重庆、贵州等省（自治区、直辖市）都有分布，但主要分布于川西北、川西、川西南、滇北中高山地区的寒温性山地气候带；从流域来看，长江上游亚高山针叶林主要分布于金沙江、岷江、嘉陵江、雅砻江、大渡河、乌江等干支流的寒温性山地气候带；从地理分区和树种分布来看，从北到南，可人为划分为四川盆地周边山地（盆周山地）亚高山针叶林区、青藏高原东北缘-甘南-川西北亚高山针叶林区、青藏高原东缘-川西亚高山针叶林区、青藏高原东南缘-川西南亚高山针叶林区。此外，在秦巴山区和武陵山区的中高山地带，也有亚高山针叶林分布。由于森林被誉为"天然绿色水库"，乔灌草植物、地表苔藓层和枯枝落叶层、粗木质残体、土壤层对降水的拦截和储存功能在维持森林水量平衡和调节河川径流等方面发挥着不可替代的生态作用。因此，长江上游亚高山针叶林不但在保育和保护生物多样性、吸存大气二氧化碳、美化景观、调节区域气候等方面发挥了不可替代的生态作用，而且在保持水土和涵养淡水资源等方面发挥了巨大的生态作用，是维持长江上游生态安全的重要屏障。

1.2.1 盆周山地亚高山针叶林区

四川盆地是构造盆地，群山环绕，形成盆周山地。盆地东北缘的大巴山、北缘的米仓山和西北缘的龙门山，山势险峻，河谷深切，岭脊高度普遍在 2000m 以上；盆地西缘有九顶山和夹金山，西南缘有峨眉山和大凉山作屏障，岭高一般均在海拔 3000m 以上。从盆周山地东北缘到西南缘的中高山地带，广泛分布着由冷杉属、云杉属、圆柏属、铁杉属、落叶松属树种组成的亚高山暗针叶林和亚高山亮针叶林。其中，盆周山地北缘和东北缘大巴山林区，亚高山针叶林主要由岷江冷杉、紫果云杉、麦吊云杉、秦岭冷杉、巴山冷杉、青杆、白杆、黄果冷杉等针叶树种组成，其建群种因地形、海拔和经纬度而异；盆地西缘和西南缘的亚高山针叶林树种以峨眉冷杉、岷江冷杉、鳞皮冷杉和云杉（粗枝云杉）为主。这些树种常形成箭竹-冷杉林、苔藓-冷杉林、杜鹃-冷杉林、箭竹-云杉林、苔藓-云杉林、杜鹃-云杉林等林型。由于本区域地形较为破碎，森林和土壤发育经常受阻，因而在较小的区域内可能形成不同植被类型和土壤类型的组合，增加了植被多样性和土壤多样性。由于盆周山地亚高山针叶林区是嘉陵江、岷江、大渡河、青衣江、涪江等主要干支流的水源涵养区和一些支流的江河源区，因此，这些绵延上千千米的天然原始林、天然次生林和人工林成为庇护四川盆地和长江上游的重要生态屏障。

受东部暖湿气流和青藏高原东部冷空气下沉的交互作用影响，在四川盆地与青藏高原的过渡地带形成了以降水丰富和阴湿气候为主要特征的气候地理单元。由于这个特殊的气候地理单元从四川盆地的东北到西南，绵延 450km，东西宽 50～70km，总面积约 2.5 万 km²，分布在平武、北川、江油、绵竹、彭州、都江堰、汶川、崇州、天全、宝兴、雅安、洪雅、峨眉、峨边、马边至雷波一线。由于地处中国西部地区，所以被称为"华西雨屏区（带）"（庄平和高贤明，2002）。华西雨屏区是盆周山地的特殊气候单元，降水充沛，气候阴湿，地形地貌复杂，因而孕育了丰富的生物多样性。同时，由于地处山区，水土流失、滑坡和泥石流等危害严重，森林植被在涵养水源、保持水土和保育生物多样性等方面发挥了不可替代的生态作用。亚高山针叶林是华西雨屏区中山地带保持相对完好的森林植被类型，在华西雨屏区生态战略中具有重要地位。由于华西雨屏区低山丘陵区人口密度较大，人类活动干扰强度大且历史久远，低山丘陵区天然林植被破坏严重，所以受人类活动干扰相对较少的亚高山针叶林对于维持华西雨屏区的生态功能就显得特别重要。

1.2.2　青藏高原东北缘-甘南-川西北亚高山针叶林区

本林区是《中国森林土壤》（中国林业科学研究院林业研究所，1986）中"青藏高原东北缘林区"的核心组成部分，主要涉及嘉陵江主要支流的白龙江流域的亚高山针叶林，没有涉及黄河流域的洮河林区。

青藏高原东北缘-甘南-川西北亚高山针叶林区是长江上游重要的亚高山针叶林分布区以及嘉陵江流域干支流的发源地和水源涵养区，也是长江上游生态安全屏障的重要组成部分。本林区涉及甘肃省的迭部县、舟曲县、宕昌县、陇南市武都区、文县、卓尼县、岷县、礼县、西和县、成县、康县，四川省的若尔盖县、九寨沟县、平武县和青川县。嘉陵江的主要支流——白龙江发源于青海、四川和甘肃交界处的西倾山及岷山北部的郎木寺附近，流经迭部县、舟曲县、宕昌县、武都区、文县，至四川省广元市的昭化汇入嘉陵江，成为长江上游水系的主要支流之一（中国林业科学研究院林业研究所，1986）。白龙江流域上游属岷山山脉，中游属秦岭山系，下游为盆周山地。岷江冷杉、秦岭冷杉、巴山冷杉、黄果冷杉、紫果云杉、麦吊云杉、粗枝云杉、青海云杉、青杆、白杆、方枝柏、铁杉等是本亚高山针叶林区的主要针叶树种。藓类-冷杉林、箭竹-冷杉林、薹草-冷杉林、杜鹃-冷杉林、藓类-云杉林、箭竹-云杉林、杜鹃-云杉林、冷云杉混交林、冷杉-方枝柏混交林等是本区域的主要林型。

1.2.3　青藏高原东缘-川西亚高山针叶林区

考虑本专著的研究对象为"长江上游亚高山针叶林"，所以本林区并没有涵盖《中国森林土壤》（中国林业科学研究院林业研究所，1986）中"青藏高原东缘林区（横断山脉北部）"的所有区域。涉及长江上游干支流以外的亚高山针叶林区不在本专著的范畴。

青藏高原东缘-川西亚高山针叶林区主要分布在我国大地势的第一阶梯和第二阶梯过渡地带，地处四川盆地与青藏高原的过渡区域和横断山区北缘，北起四川省平武县的雪宝顶，南至天全县的二郎山、宝兴县的夹金山和甘孜藏族自治州（简称甘孜州）的折多山，向西至青藏高原边缘山地。本林区是我国第二大林区（西南林区）的主体，森林资源丰富，占全国森林总蓄积量的11%左右，是我国重要的用材和林化产品生产基地之一（中国林业科学研究院林业研究所，1986）。同时，本林区是长江上游主要干支流（金沙江、雅砻江、岷江、大渡河、青衣江、涪江、鲜水河）的水源涵养区和江河源区，不但在生物多样性保护、水土保持、碳吸存、美化景观、防灾减灾等方面具有突出的生态战略地位，而且在涵养水源、调节河川径流量和维护长江上游水资源安全等方面发挥着不可替代的作用。

本林区地貌分异明显，按其主要特点可划分为山原区和高山峡谷区（中国林业科研究院林业研究所，1986）。长江上游的山原区是青藏高原本体高原面向高山峡谷区过渡的中间地区，位于青藏高原腹地和边缘的广袤区域，大部分地面处于海拔 3200～4000m，地貌上属于穹隆隆起的山原，是雅砻江和鲜水河等干支流的源区。山原区的亚高山针叶林分布具有三个显著特点：①针叶树种主要呈块状分布，宽谷谷坡及窄谷、小丘阳坡多为无林荒坡或者散生的大果圆柏及其疏林；②暗针叶林分布在大、小支流的中下游，呈块状出现在具有一定切割深度的窄谷阴坡，在东北多见于小丘阴坡，森林分布上限高达 4200～4300m（甚至 4600m）；③山原区无完整的垂直带谱，只有由川西云杉组成的暗针叶林带，在南坡边缘的暗针叶林由川西云杉、紫果云杉（上部）、岷江冷杉（下部）所组成，具有云杉、冷杉倒置现象。此外，在山原区的沟谷地带还零星分布着鳞皮冷杉、粗枝云杉、红杉、四川红杉、方枝柏等。

高山峡谷区是青藏高原东缘-川西亚高山针叶林区的主体，位于折多山以东的横断山区北部。本林区是大渡河、岷江及其支流的水源涵养区和江河源区，流经本区的大渡河、岷江及其支流河谷多属于切割构造线的横穿谷地，属于深切割地区，河流的平均切割深度达到 1000～1500m。以冷云杉属树种组成的亚高山针叶林分布于中高山地带，海拔在2200～4200m，树种组成较为复杂。高山峡谷区东部主要有岷江冷杉、紫果云杉、粗枝云杉、麦吊云杉，西部地区主要有川西云杉和鳞皮冷杉。在高海拔区域，四川红杉和方枝柏等散生或者与冷云杉树种混生。主要林型包括箭竹-冷杉林、苔藓-冷杉林、薹草-冷杉林、杜鹃-冷杉林、冷杉纯林、云冷杉混交林、冷杉-方枝柏混交林、箭竹-云杉林、苔藓-云杉林、杜鹃-云杉林、云杉-方枝柏混交林、云杉-四川红杉混交林等。

1.2.4 青藏高原东南缘-川西南亚高山针叶林区

青藏高原东南缘-川西南亚高山针叶林区地处四川盆地与青藏高原的过渡地带以及四川盆地与云贵高原的过渡地带，包括滇西北亚高山针叶林区和川西南亚高山针叶林区，是西南林区的主要组成部分。本林区森林资源丰富，约占全国森林资源蓄积量的6%，不仅是我国的用材林和林产化工生产基地，还是长江上游的金沙江和雅砻江等流域的水源涵养地和干支流的江河源区（中国林业科学研究院林业研究所，1986）。根据中国林业科学研究院林业研究所（1986）的《中国森林土壤》描述，可将本林区划分为川西南横断山区（包括云南境内的雅砻江和金沙江中游地区）和滇西北横断山区两大板块，以云岭、怒山和高黎贡山为分水岭，云岭山脉以北为长江（金沙江）流域，以南为澜沧江和怒江流域。其中，分布于金沙江和雅砻江流域的亚高山针叶林（青藏高原东南缘-川西南亚高山针叶林区）不仅是横断山区中高山地带森林的主体，还是长江上游地区和西南地区亚高山针叶林林区的重要组成部分，在保障长江上游生态安全方面发挥了不可替代的作用。

青藏高原东南缘-川西南亚高山针叶林分布于云南德钦县至四川马边彝族自治县的高山峡谷区中高山地带，绵延 1000 多千米。本林区地处青藏高原东南缘的横断山区，受青藏高原隆升和河流切割的影响，山脉以南北走向为主，主要山脉有玉龙雪山、绵绵山、锦屏山、贡嘎山、磨盘山、鲁南山、剪子弯山、大相岭、小凉山等。由于地处中低纬度区域，且受西南季风和东南季风的影响，与青藏高原东北缘和东缘亚高山针叶林区相比，本林区分布的海拔相对较高，树种组成也有较大差异。在海拔较低、气候较干燥的中山地带，主要分布着耐干旱的冷云杉树种，并伴生云南松等针叶树种；在气候湿润的中高海拔地带，则分布着峨眉冷杉、长苞冷杉、苍山冷杉、川滇冷杉、丽江冷杉、黄果冷杉、麦吊云杉、川西云杉、粗枝云杉、丽江云杉等针叶树种。这些树种常形成藓类-冷杉林、矮竹（箭竹）--冷杉林、杜鹃-冷杉林、薹草-冷杉林、冷云杉纯林、藓类-云杉林、箭竹-云杉林、杜鹃-云杉林、冷云杉混交林等，而在海拔较高的山地形成杜鹃-川西云杉林、苔藓-川西云杉林、冷杉-方枝柏混交林、冷杉-红杉混交林、冷杉-四川红杉林、方枝柏纯林、高山松林、红杉林和四川红杉林等林型。在亚高山针叶林分布下限的中低山地带，普遍分布着云南松，而在河谷地带，主要种植粮油作物和经济林木。

1.2.5　秦巴山区亚高山针叶林区

秦巴山区是秦岭山脉和大巴山脉之间的广袤区域，环绕于四川盆地东北边缘，不仅是我国生物多样性保护、水土保持和碳吸存的关键区域，还是长江上游的重要水源涵养区和生态屏障。秦岭横贯我国中部，是黄河与长江水系主要的分水岭，又是我国南北方的自然分界线（中国林业科学研究院林业研究所，1986）。嘉陵江是长江上游的主要支流之一，其源头之一位于秦岭北麓的陕西省凤县代王山。大巴山为陕西、四川、湖北、重庆四省市交界地区山地的总称，是嘉陵江和汉江的分水岭以及四川盆地和汉中盆地的地理界线。在秦巴山区的中高山地段，分布着秦岭冷杉、巴山冷杉、青杆、白杆、青海云杉、麦吊云杉、黄果冷杉等冷云杉属树种组成的暗针叶林，以及落叶松属的亮针叶林。其中，秦岭冷杉、巴山冷杉、麦吊云杉是秦巴山区分布最广泛的暗针叶林树种，巴山冷杉林是秦巴山地亚高山暗针叶林的顶级群落。秦岭冷杉是我国特有树种和二级保护植物，以主产于秦岭地区而得名，主要分布在秦巴山区的暖温性和寒温性山地气候带海拔 1700~2100m 处，在较高和较低海拔有零星分布，其伴生树种主要有巴山冷杉、铁杉和油松（*P. tabuliformis*）等；巴山冷杉是秦巴山区中高山地段的主要森林树种，东起湖北的神农架，沿大巴山、巫山、米仓山至岷江山地，垂直分布在海拔 1900（重庆市城口县和巫溪县、四川省南江县）~3600m（甘肃省岷县）；秦巴山区的麦吊云杉是国家二级珍贵树种、国家三级珍稀濒危保护植物和我国特有树种，分布于海拔 1500~3500m 的中山地带。

1.3　长江上游亚高山针叶林类型与分布特征

受青藏高原隆升以及东南季风和西南季风的影响，长江上游地区地形地貌复杂，气候垂直分异明显，经纬度跨度较大，局部微气候多样，从而形成了多样化的气候生态类型和土壤生态类型，孕育了丰富的生物多样性，特别是为不同的冷云杉树种提供了丰富多样的生境，使长江上游成为我国乃至世界上冷云杉树种最丰富的区域之一，分布着很多中国特有种。本节结合作者多年的野外调查研究，特别是参考《四川森林》（《四川森林》编委会，

1992)、《中国森林（第 2 卷）：针叶林》（《中国森林》编委会，1999）和《亚高山针叶林生态学研究》（刘庆，2002）等专著的描述，从长江上游亚高山针叶林角度，简要介绍长江上游分布最广泛的亚高山针叶林类型及其分布特征。

1.3.1　亚高山冷杉林

冷杉林是长江上游中高山地带以及四川、云南、甘肃的代表性森林，且以天然原始林和天然次生林为主，不但资源丰富，而且类型繁多，在全国冷杉林中占有重要地位，冷杉林面积和树种数居全国首位。长江上游地区分布着 16 个冷杉属树种，其中，以岷江冷杉林、鳞皮冷杉林、长苞冷杉（含急尖长苞冷杉）林、峨眉冷杉林、川滇冷杉林、巴山冷杉林、黄果冷杉林等资源量最丰富，蓄积量最大。长江上游亚高山冷杉林的树种组成、群落结构和地理分布等特征与树种本身的生物学和生态学特性有关。

长江上游的冷杉林主要分布于四川盆地边缘山地、青藏高原东北缘-川西北的高山峡谷区、青藏高原东缘-川西高山峡谷区、青藏高原东南缘-川西南高山峡谷区、青藏高原山原区和秦巴山区的山地寒温性气候带（个别种分布在暖温性气候带），不但在生物多样性保护、固碳制氧、保持水土、美化景观等方面具有重要的生态作用，而且在涵养水源、调节气候、防灾减灾等方面具有突出的生态战略地位。同时，亚高山冷杉林分布的海拔下限常常为干旱河谷-山地森林的交错带，个别树种与云南松等组成交错带的主要森林植被，在遏制干旱河谷上延、调节小气候和保持水土等方面具有特别重要的作用（蔡海霞，2010），但相关研究还较少。

长江上游的亚高山冷杉林以过熟林、成熟林为主，林下生境阴湿，郁闭度大，复层结构，异龄林显著，林地苔藓层发育良好（《四川森林》编委会，1992）。冷杉林的自然更新以林窗更新为主，倒木、树桩、大枯枝和枯立木等粗木质残体（coarse woody debris）是天然冷杉林自然更新的重要基质（吴庆贵等，2013；肖洒，2015）。

1）岷江冷杉林

岷江冷杉以主产于岷江流域而得名，岷江冷杉林主要分布于盆周山地亚高山针叶林区、青藏高原东北缘-甘南-川西北亚高山针叶林区、青藏高原东缘-川西亚高山针叶林区，是长江上游地区中高山地带最重要的亚高山暗针叶林之一（《四川森林》编委会，1992；《中国森林》编委会，1999）。从分布流域来看，岷江冷杉林主要分布在岷江中上游、大渡河上游以及白龙江流域，对长江流域水源涵养、水土保持和珍稀动物保护等具有重要的生态作用。岷江冷杉林不仅是重要的水源涵养林，还是四川和甘肃的重要用材林，曾经是四川和甘肃两省的主要木材生产基地（《中国森林》编委会，1999）。以四川为例，岷江冷杉林资源集中分布在川西地区的中高山地带，森林面积 70 余万 hm^2，蓄积量 1.8 亿 m^3，占四川省森林蓄积量的 17.2%，占全省冷杉林蓄积量的 38.7%（《四川森林》编委会，1992）。从地域分布来看，岷江冷杉林以马尔康、九寨沟、小金、金川等资源最为丰富，其次为黑水、松潘、若尔盖、理县、红原、汶川、平武等地。岷江冷杉林的垂直分布为海拔 2500～3800m，在海拔 3500m 以下，由于气候较为温和，常与麦吊云杉、青杆、黄果冷杉和紫果云杉混生；在海拔 3500m 以上的高山地带，岷江冷杉林边缘常有方枝柏、密枝圆柏、四川红杉、红杉等混生；在最适宜的分布区，岷江冷杉常与紫果云杉形成混交林。岷江冷杉林的主要林型有草类-岷江冷杉林、箭竹-岷江冷杉林、灌木-岷江冷杉林、杜鹃-岷江冷杉林、藓类-岷江冷杉林、岷江冷杉-紫果云杉混交林。有关岷江冷杉林的林分结构、群落演替和经营管理等，详见《四川森林》（《四川森林》编委会，1992）、《中国森林（第2卷）：针叶林》（《中国森林》编委会，1999）以及其他相关文献（王开运等，2004）。

2）鳞皮冷杉林

鳞皮冷杉是我国特有树种，而鳞皮冷杉林为长江上游亚高山林区和青藏高原特有森林类型，资源丰富，主要分布于长江上游的川西高山峡谷区和山原区，对长江上游水源涵养和防止草原南侵等具有重要意义，是长江上游地区的重要防护林和用材林（《中国森林》编委会，1999）。鳞皮冷杉林主要分布在青藏高原东缘-川西亚高山针叶林区和青藏高原东南缘-川西南亚高山针叶林区，蓄积量约占四川省冷杉蓄积量的 39.3%。其中，以新龙、白玉为最多，其次为理塘、康定、巴塘、道孚和丹巴，雅江、炉霍、色达、甘孜、乡城、稻城、得荣和九龙等分布也很丰富。

鳞皮冷杉以雅砻江和金沙江中游为分布中心，北达德格、甘孜、色达至青海省班玛，沿多柯河、大小金川两岸、大渡河至九龙瓦灰山，南至理塘南部、稻城、乡城、得荣，沿金沙江进入西藏察隅。在大渡河上游的马可河和多柯河及其支流的阴坡及谷底也有分布。由于鳞皮冷杉为最耐旱的冷杉属树种，是一种适应高原季风性气候的树种，在青藏高原东部形成绵延的原始森林，从而成为青藏高原上冷杉分布最北的冷杉树种（《中国森林》编委会，1999）。同时，鳞皮冷杉也是海拔分布较高的树种，在海拔 3400～4000m 内形成大面积的原始森林，但其分布的最低海拔为 2700m，最高海拔可达 4600m，是世界上冷杉属海拔分布最高的树种（《四川森林》编委会，1992）。

鳞皮冷杉分布的垂直海拔较高，常与川西云杉混生形成冷云杉混交林，而在海拔4000m 以上主要为鳞皮冷杉纯林。根据《四川森林》（《四川森林》编委会，1992）的描述，鳞皮冷杉林的主要林型包括五大类：藓类-鳞皮冷杉林、阶地藓类-鳞皮冷杉林、藓类-杜鹃-鳞皮冷杉林、杜鹃-鳞皮冷杉林、高山栎-鳞皮冷杉林。有关鳞皮冷杉林的林分结构、群落演替和经营管理等，详见《四川森林》（《四川森林》编委会，1992）和国内外相关文献。

3）长苞冷杉林

长苞冷杉是国家三级重点保护植物和特有种，而急尖长苞冷杉长期被当成长苞冷杉的变种，两者是长江上游青藏高原东南缘-川西南亚高山针叶林区的主要针叶树种，也是四川和云南两省的主要用材林和防护林。从分布流域来看，长苞冷杉（含急尖长苞冷杉）林主要分布在金沙江和雅砻江流域的中上游地区，其中以金沙江流域的长苞冷杉林资源最为丰富；从分布区域来看，四川省木里藏族自治县和云南省香格里拉市的长苞冷杉林资源最为丰富，其次为九龙、盐源、盐边、乡城、稻城和得荣以及丽江、维西和大理等县市，森林资源面积约 70 万 hm²，蓄积量约 2 亿 m³（《四川森林》编委会，1992；《中国森林》编委会，1999）。

长苞冷杉集中分布于雅砻江和金沙江中上游地区的高山峡谷地带，该地带山高坡陡，切割强烈，干湿季节明显，雨季降水集中，因而长苞冷杉林对长江流域水源涵养和水资源保护具有重要作用（《四川森林》编委会，1992）。由于地处低纬度地区，且受西南季风影响，长苞冷杉的垂直海拔分布较高，分布于高山峡谷区的中高山地带的阴坡或半阴坡，垂直分布为海拔 3300～4500m，在 3500～4100m 地带形成大面积纯林，纯林上限可达海拔 4300m，在海拔 4400m 尚能形成稀疏矮林，单株可达海拔 4500m，是海拔梯度上分布较高的冷杉属树种（仅次于鳞皮冷杉）。长苞冷杉常与川滇冷杉、急尖长苞冷杉、中甸冷杉（*A. ferreana*）、丽江云杉、怒江红杉（*L. speciosa*）等针叶树种组成混交林。长苞冷杉群落的结构和组成还与海拔和坡向有关。随着海拔的升高，依次分布着箭竹-长苞冷杉林（3500～3700m 的山坡中部）、灌木-长苞冷杉林（3600～3800m 的半阳坡）、藓类-长苞冷杉林（3600～3900m 阴坡）、杜鹃-长苞冷杉林（3850～4150m 的阴坡和半阴坡）、长苞冷杉疏林（海拔 4300m 以上）等林型。

4）峨眉冷杉林

峨眉冷杉主要分布于长江上游和青藏高原东部的四川盆地西缘山地（《中国森林》编委会，1999），是盆周山地西缘和西南缘亚高山针叶林区的特有植物，在巴朗山、二郎山、大小相岭、黄茅埂等山脉形成南北向的狭长峨眉冷杉林分布区，其分布区北起理县、汶川、绵竹，向南经都江堰、宝兴、大邑、芦山、天全、洪雅、峨边、马边、雷波，再沿黄茅埂到达凉山彝族自治州（简称凉山州）的金阳县，向西可至康定、泸定、石棉和越西。最西边的贡嘎山东坡和最东边的峨眉山也有分布（《四川森林》编委会，1992）。

峨眉冷杉林在四川盆地东缘到西缘山区绵延数百公里，形成青藏高原东部外围的绿色屏障，不仅是大渡河、青衣江、岷江等流域的一些支流的源区和水源涵养地，是"华西雨屏区"植被的重要组成部分，也是长江上游生态屏障的重要组成部分之一。同时，峨眉冷杉林资源丰富，集中分布在峨边、马边的原始林区，森林面积约 23 万 hm²，森林蓄积量约 8000 万 m³，在国民经济建设中占有重要地位。

峨眉冷杉垂直分布幅度较宽，海拔下限为 1900m，上限高达 3800m，但在盆地西缘山地通常于海拔 2600～3600m 地带形成森林，而峨眉冷杉林群落结构和组成随着海拔和地形而变化。随着海拔的变化，依次分布着箭竹-峨眉冷杉林（2400～2700m）、泥炭藓-箭竹-峨眉冷杉林（2500～2700m）、藓类-大箭竹-峨眉冷杉林、草类-冷箭竹-峨眉冷杉林、藓类-杜鹃-峨眉冷杉林和草类-杜鹃-峨眉冷杉林。其中，藓类-箭竹-峨眉冷杉林是分布最为普遍的林型，属于气候顶级群落。

5）川滇冷杉林

川滇冷杉是青藏高原东南缘-川西南亚高山针叶林区的主要森林类型。根据《中国森林（第 2 卷）：针叶林》（《中国森林》编委会，1999）和《四川森林》（《四川森林》编委会，1992）的描述，在长江上游地区，川滇冷杉主要分布在雅砻江和大渡河中下游的高山峡谷区，纯林较少，多与长苞冷杉、急尖长苞冷杉、丽江云杉等混生，形成亚高山针叶混交林，是长江上游地区冷杉林中资源量相对较少的类型。由于川滇冷杉林分布在海拔 2500～3900m 的高山峡谷地带，受西南季风影响显著，降水集中，重力侵蚀和水蚀严重，因而川滇冷杉林对于长江上游水土保持和水源涵养具有重要意义。同时，川滇冷杉林的森林下限为干旱河谷，季节性干旱严重，因而其对于遏制干旱河谷上延，调节干旱河谷-山地森林交错带的气候具有十分重要的生态作用。

　　川滇冷杉耐阴性强,能适应温凉和寒冷的气候,分布区位于峨眉冷杉和苍山冷杉之间。川滇冷杉林在海拔上的垂直分布范围既受到西南季风和西风环流的南支急流的交替影响和控制,又受到山体大小的影响。例如,在九龙县为海拔 3600～3900m;在冕宁县的牦牛山和昭觉县的螺髻山,海拔 3500～3900m;在布拖县,海拔为 3000～3800m,西部地区高于东部地区;在木里县和稻城县的垂直分布海拔为 2500～3800m,分布范围低于长苞冷杉林和急尖长苞冷杉林。川滇冷杉林的树种组成和群落结构随着海拔和山体大小而变化,主要林型包括藓类-杜鹃-川滇冷杉林（3800～4200m 的阴坡）、杜鹃-川滇冷杉林（3900～4200m 的半阴坡）、藓类-川滇冷杉林（3600～3900m 的阴坡和半阴坡）、灌木-川滇冷杉林（3600～4200m 的半阴坡）和藓类-箭竹-川滇冷杉林（3200～3500m 的阴坡和半阴坡）。

　　6）巴山冷杉林

　　巴山冷杉是我国特有树种,分布于甘肃南部及东南部、陕西南部、湖北西北部、四川东北部,海拔 1500～3700m 的亚热带山区（《四川森林》编委会,1992）,是我国西部地区的重要用材树种之一（《中国森林》编委会,1999）。在长江上游地区,巴山冷杉林主要分布在青藏高原东北缘-川西北亚高山针叶林区和秦巴山区亚高山针叶林区,是嘉陵江和岷江干支流的重要水源涵养地和一些支流的江河源区,在涵养水源、保持水土、生物多样性保护等方面具有重要作用。巴山冷杉林的最适宜范围是海拔 2100～3400m,在海拔 2100～2500m 的阴坡和半阴坡,巴山冷杉常与云杉、铁杉和桦木混生,常形成藓类-箭竹-巴山冷杉林;在海拔 1900～2400m 的阴坡和半阴坡,巴山冷杉常与麦吊云杉、秦岭冷杉、红桦和槭树等混生,形成蕨类-箭竹-巴山冷杉林;在海拔 2500～3700m 的山地,常形成薹草-杜鹃-巴山冷杉林和薹草-箭竹-巴山冷杉林。

　　7）黄果冷杉林

　　黄果冷杉是长江上游高山峡谷区分布较为广泛的针叶树种,也是我国特有的珍贵树种,主要分布在青藏高原东南缘-川西南（横断山区）亚高山针叶林区,但分布较为分散,通常指在川西高山峡谷地带形成小片或者条带状的森林（《四川森林》编委会,1992）。从分布流域来看,黄果冷杉林主要分布于金沙江、雅砻江、大渡河及岷江流域,遍及川西山地河谷,在雅砻江下游海拔 3700m 以下地带分布最为集中。从分布区域来看,主要分布于色达、壤塘、松潘、九寨沟、平武、茂县、理县、炉霍、金川、马尔康、丹巴、宝兴、汉源、巴塘、康定、雅江、乡城、稻城、得荣、九龙、香格里拉、丽江、盐源、木里、维西、白玉等。黄果冷杉林的垂直海拔分布范围因经纬度和流域而异。在岷江流域的高山峡谷地带,黄果冷杉林主要分布在海拔 2200～3300m,在雅砻江和金沙江上游,主要分布在海拔 2900～3600m。

　　黄果冷杉的生态幅度较宽,既能生长于阴湿的沟谷,又能适应温暖干旱的山地,常与川西云杉、青杆、鳞皮冷杉、岷江冷杉等树种混生形成混交林。但黄果冷杉较其他冷杉树种更喜温耐旱,常在干旱河谷-山地森林交错带之上与其他树种组成混交林,在遏制干旱河谷上延方面发挥了重要作用。

　　此外,在长江上游的青藏高原东南缘-川西南亚高山针叶林区（金沙江流域）还分布着苍山冷杉林。苍山冷杉是中国冷杉属分布最南的一种森林类型,常与长苞冷杉、川滇冷杉、丽江冷杉、大果冷杉、云南铁杉等组成混交林。

1.3.2　亚高山云杉林

云杉林是长江上游中高山地带以及四川、云南、甘肃的地带性森林植被,面积和蓄积量仅次于冷杉林。长江上游亚高山针叶林区的云杉林以天然原始林和天然次生林为主,不但资源丰富,而且类型繁多,在全国云杉林中占有重要地位,云杉属树种居全国首位。在长江上游地区,共分布着 12 个云杉属树种,其中,以紫果云杉、川西云杉、粗枝云杉、麦吊云杉、丽江云杉和青杆等资源量最为丰富,蓄积量最大。云杉林的树种组成、群落结构和地理分布等特征与树种本身的生物学和生态学特性有关。

在川西亚高山和高山林区,川西云杉主要分布在大雪山北部和沙鲁里山北部,紫果云杉主要分布在岷山-邛崃山地区,丽江云杉林分布于大雪山南部和沙鲁里山南部,麦吊云杉林主要分布于夹金山至大凉山地区,常与冷杉形成混交林。在四川省,川西云杉资源最丰富,常与鳞皮冷杉混交,主产于甘孜藏族自治州;紫果云杉常与岷江冷杉混交,主产于阿坝藏族羌族自治州(简称阿坝州);丽江云杉常与长苞冷杉混交,主产于凉山州西部和甘孜藏族自治州南部;麦吊云杉常与峨眉冷杉混交,主产于盆周西缘山地(《四川森林》编委会,1992)。

与亚高山冷杉林相似,长江上游的云杉林主要分布于四川盆地边缘山地、青藏高原东北缘-川西北的高山峡谷区、青藏高原东缘-川西高山峡谷区、青藏高原东南缘-川西南高山峡谷区、青藏高原山原区和秦巴山区的山地寒温性气候带(个别种分布在暖温性气候带),不但在生物多样性保护、固碳制氧、保持水土、美化景观等方面具有十分重要的生态作用,而且在涵养水源、调节河川径流、维持自然水土平衡、防灾减灾等方面具有不可替代的生态战略地位。同时,亚高山云杉林分布的海拔下限常常是干旱河谷-山地森林的交错带,个别树种与云南松等组成交错带的主要森林植被在遏制干旱河谷上延、调节小气候和保持水土等方面具有特别重要的作用。

长江上游亚高山云杉林以过熟林和成熟林为主,林下生境阴湿,郁闭度大,复层结构,异龄林显著,林地苔藓层发育良好。亚高山云杉林的林分特点与冷杉林相似,但由于云杉属树种更耐干旱和寒冷,因而两者虽然经常混交,但各自占有不同的小生境,形成林分的镶嵌分布(《四川森林》编委会,1992)。

亚高山冷杉林的天然更新以林窗更新为主,倒木、树桩、大枯枝和枯立木等粗木质残体在冷杉林更新中发挥了不可替代的作用(吴庆贵等,2013),但云杉林的天然更新明显不同于冷杉林更新。亚高山云杉林更新以林缘更新、林下更新和演替更新为主,与倒木等粗木质残体没有直接的依赖关系。

1)紫果云杉林

紫果云杉是青藏高原东北缘-川西北亚高山针叶林区、青藏高原东缘-川西亚高山针叶林区及盆周山地西北和西部亚高山针叶林区的特有树种。紫果云杉林主要分布在长江上游的大渡河、岷江和嘉陵江流域,涉及壤塘、金川、马尔康、阿坝、红原、小金、理县、汶川、茂县、黑水、松潘、九寨沟、若尔盖等,森林面积约 40 万 hm^2,蓄积量约 2 亿 m^3。

因此，紫果云杉林不仅是四川、甘肃和青海三省的重要优质用材林，还是长江上游地区重要的水源涵养林和水土保持林。

岷山-邛崃山脉是紫果云杉林的分布中心，在垂直海拔上的分布范围因经纬度而异。紫果云杉林在垂直海拔梯度上的分布具有以下三个基本特征：①紫果云杉林的垂直海拔分布为 2600~4000m，海拔 3100~3800m 的高山峡谷地带常形成大面积的纯林或者混交林；②紫果云杉林分布的上限为亚高山或高山林线，下限为干旱河谷-山地森林交错带上限，而从南至北，紫果云杉林分布的海拔上限（林线）逐渐降低；③紫果云杉和岷江冷杉等树种呈交错分布，常形成纯林或者混交林，林分层次比较明显，一般具有乔木层、灌木层、草本层、苔藓层和层外植物。

紫果云杉林结构随着经纬度和海拔而变化。在紫果云杉林分布区中心地带，紫果云杉常与岷江冷杉组成混交林，是一种比较稳定的暗针叶林类型；在分布核心区的北缘，紫果云杉常与巴山冷杉、粗枝云杉组成混交林；在分布核心区的西部和南部，常与鳞皮冷杉组成混交林；在较低的海拔，紫果云杉常与青杆和麦吊云杉混生形成针叶混交林；而在海拔较高的地带，紫果云杉常与四川红杉和方枝柏混生。此外，在紫果云杉林的分布区内，紫果云杉林在不同演替阶段的伴生树种有红桦、糙皮桦、白桦、山杨、川滇高山栎等阔叶树种。紫果云杉与岷江冷杉的混交林是比较稳定的森林类型。紫果云杉林的主要林型包括杜鹃-紫果云杉林、糙野青茅-紫果云杉林、薹草-紫果云杉混交林、藓类-紫果混交林、箭竹-紫果云杉林、高山栎-紫果云杉林、柳丛-紫果云杉林。

2）川西云杉林

川西云杉林是青藏高原东部-西南高山地带特有的森林类型，主要分布于四川西部、西藏东部和南部及青海南部，是青藏高原上云杉属植物分布北缘的树种，以雅砻江中游及其支流鲜水河为中心，向西向北达怒江、澜沧江、金沙江上游地区，向东达大渡河上游的大小金川及多柯河、玛柯河等流域，向南止于雅砻江的九龙河。川西云杉林垂直分布，海拔西部一般为 3500~4300m，东部一般为 2600~3900m，明显表现出西部高于东部的规律。川西云杉森林资源以四川省最为丰富，西部 18 个县市均有分布，其森林面积近 40 万 hm²，蓄积量约 1 亿 m³，占四川省森林蓄积量的 10.7%。其中，以白玉、炉霍两地分布最为集中，其次为新龙、康定、雅江、道孚等地，以藓类-川西云杉林、草类-川西云杉林、灌木-川西云杉林、圆柏-川西云杉林、杜鹃-川西云杉林、溪旁-川西云杉林、高山栎-川西云杉林、红杉-川西云杉林、杨桦-川西云杉混交林为主。川西云杉在山原地带常形成块状森林，对于防止草原扩张和水源涵养具有重要作用。

3）粗枝云杉林

粗枝云杉林是我国西北、西南高山林区的重要用材树种，也是长江上游亚高山暗针叶林最具有代表性的森林类型之一，主要分布于嘉陵江、大渡河、岷江、涪江、沱江、渠江等上游地区，在涵养水源、保持水土、维护水土环境、保护野生动物资源等方面都具有极其重要的意义，主要林型有藓类-云杉林（川西林区）、箭竹-云杉林（嘉陵江上游）、草类-云杉林（秦巴山区）、高山栎-云杉林（川西北）等。

4）麦吊云杉（含油麦吊云杉）林

麦吊云杉和油麦吊云杉为中国特有珍稀树种，木材优良，是经济价值和生态价值很高的优良树种。麦吊云杉林是长江上游西南山区的特有森林类型，自秦岭、大巴山沿四川盆地西缘山地，经大小凉山到云南西北部和西藏东南部（《四川森林》编委会，1992）。麦吊云杉主要分布在白龙江流域、岷江上游的暖温性和寒温性山地气候带，以四川平武、九寨沟和松潘为分布中心，向东沿大巴山脉至湖北，向南沿四川盆地西缘山地至宝兴、天全、康定东南部。麦吊云杉常与峨眉冷杉、云南铁杉、桦木、槭树等组成针阔混交林。

5）丽江云杉林

丽江云杉是长江上游西南季风区的主要针叶林树种，主要分布在金沙江流域、雅砻江流域和大渡河流域，常与川滇冷杉、长苞冷杉、鳞皮冷杉等混交，构成长江上游横断山区高山森林的主体，是青藏高原东南部-川西南亚高山针叶林区的主要云杉林类型，为高山峡谷区重要水源涵养林和用材林。丽江云杉林以雅砻江下游的四川木里林区为分布中心，北至巴塘、雅江、康定，东至石棉、冕宁，南达云南丽江等地；海拔垂直分布范围为2500～4500m，在海拔3000～4000m处形成森林，主要林型为灌木-丽江云杉林、箭竹-丽江云杉林等。

6）青杆林

青杆，又名细叶云杉，是我国特有的主要用材树种之一，也是云杉属中分布海拔较低的类型，一般分布在海拔1400～3000m山地的阴坡以及谷地和河滩阶地，但在2000～3000m内，常与白桦、山杨、红桦、油松等混生，是松林向暗针叶林过渡的一种林型（《四川森林》编委会，1992）。在长江上游地区，青杆林主要分布在嘉陵江和岷江上游地区，以九寨沟、若尔盖、松潘、黑水、理县及茂县的中山地带分布较多。

1.3.3　亚高山圆柏林

圆柏林常被称为"高山柏林"，是圆柏属植物形成的森林，主要分布在高纬度和高海拔地区。圆柏属植物和落叶松属、冷杉属、云杉属植物同为分布最北或海拔最高的树种，共同组成"北方针叶林"（《中国森林》编委会，1999）。在长江上游地区，圆柏属植物主要分布在中高山地带，组成亚高山针叶林上限（林线）的矮林或灌丛，或者与冷云杉树种组成混交林，在海拔4200～5000m的高山地带，高山柏（*S. squamata*）和香柏（*S. pingii* var. *wilsonii*）还能形成垫状灌丛。

长江上游亚高山针叶林区的圆柏属植物主要有方枝柏、祁连圆柏、大果圆柏、密枝圆柏、垂枝香柏、塔枝圆柏、高山柏和香柏等10个种。其中，方枝柏是长江上游亚高山针叶林区的特有林线树种，可作分布区干旱阳坡的造林树种，在嘉陵江、岷江、大渡河、青衣江、雅砻江等流域的亚高山针叶林区上限均有分布，形成疏林，或散生于冷云杉林；大果圆柏是长江上游（雅砻江、金沙江、岷江、大渡河）山原区的特有树种，在高海拔地带常与川西云杉、鳞皮冷杉呈块状复合分布，形成绿色火焰状疏林，与草甸镶嵌分布，呈高原特有植被景观，垂直海拔范围为3200～4200m，最高可达4400m；密枝圆柏林为青藏高原东部常见的森林类型，对水源涵养和防止水土流失有较为重要的作用；垂枝香柏是中国川滇地区特有优良树种，是中国圆柏属中生产力最高的建群种类，具有较高的经济价值和发展前景。在长江上游地区，密枝圆柏主要分布在金沙江和雅砻江中游的高山峡谷区。

1.3.4　亚高山落叶松林

以落叶松属树种为建群种构成的亚高山针叶林又称为亚高山明亮针叶林。落叶松树种具有耐寒、抗冻、养分回收（nutrient resorption）效率高、易栽培等特点，因而不仅是最耐寒的森林树种，还是寒冷地区的重要造林树种。此外，落叶松林植被景观具有很高的观赏价值，因而又是风景名胜区普遍采用的彩叶树种。在长江上游亚高山针叶林区，主要的落叶松树种为四川红杉、红杉和大果红杉，其是经济价值和生态价值都很高的落叶树种。

四川红杉是长江上游盆周山地的特有树种，属于国家二级保护植物，具有寿命长、生长快、栽培容易、经济用途广、观赏价值高等特点，是川西亚高山林区的主要造林树种之一。四川红杉林的自然分布范围较小，主要分布在都江堰、汶川、理县、茂县、平武、宝兴等地，分布的垂直海拔为2300～3500m，常见于沟谷、溪边或者冷云杉林缘。嘉陵江上游的王朗国家级自然保护区、岷江上游的米亚罗自然保护区、青衣江上游的蜂桶寨自然保护区等海拔较高的区域尚有保持相对完好的天然种群。

红杉为中国特有树种，在雅砻江、大渡河、岷江和嘉陵江上游的高山峡谷区和山原区都有分布，具有独特的景观美学价值。同时，红杉具有喜光、耐寒、生长速度快、材质优良等特点，因而是高山和山原区的重要造林树种。天然红杉林主要分布在嘉陵江、岷江和青衣江上游一些支流源区的支沟尾部的阴坡或半阴坡，海拔在 2500～4000m，最高可达4300m，常与鳞皮冷杉、川西云杉等阴性针叶树种组成混交林，在海拔 3800～4000m 的高山地带，由于干寒的气候，常成单纯林。

大果红杉主要分布在青藏高原东南缘的横断山区中南部，是我国特有的针叶林树种，具有喜光、耐寒和耐贫瘠等特点，常分布于山体上部和山脊，是高山峡谷区和山原区火烧迹地的先锋树种。在长江上游地区，大果红杉是青藏高原东南缘-川西南亚高山针叶林区的明亮针叶林类型，主要分布在海拔3200～4300m，其下限常为亚高山冷云杉林，上限则为亚高山草甸或高山草甸，最高海拔可达 4600m。大果红杉是长江上游青藏高原西南季风区树种，对水源涵养和用材林培育具有重要意义。

1.3.5　高山松林

高山松（*P. densata*）林是中国横断山区高山地带特有的森林类型，分布辽阔，资源丰富，天然更新容易，具有重要的经济意义和生态意义，是我国松属植物中海拔分布最高的种类。高山松林以四川西南部为分布中心，在金沙江流域分布于海拔 2600～3800m，大渡河流域分布于海拔 2400～3300m。尽管高山松林在长江上游和我国西南地区具有重要的生态地位和经济地位，但由于本专著的作者及其研究团队之前的研究工作未涉及高山松林，所以在这里不做描述。详情可参阅《中国森林（第 2 卷）：针叶林》（《中国森林》编委会，1999）和《四川森林》（《四川森林》编委会，1992）。

1.3.6　铁杉林

铁杉（*T. chinensis*）林为中国特有森林类型，海拔分布在 1500～3200m。长江上游的大渡河流域、岷江流域和金沙江流域以及秦巴山地和武陵山区都有分布。由于本专著的作者及其研究团队之前的研究工作未涉及铁杉林生态研究，所以在这里不做描述。详情可参阅《中国森林（第 2 卷）：针叶林》（《中国森林》编委会，1999）和《四川森林》（《四川森林》编委会，1992）。

1.4　长江上游亚高山针叶林的影响因子

1.4.1　气候

气候是影响植被分布的首要生态因子。首先，长江上游亚高山针叶林区经纬度和海拔跨度大，从而使亚高山针叶林具有明显的三向地带性规律。在垂直海拔梯度上，依次分布着暖温性和寒温性的冷云杉树种，在高寒地带还分布着耐寒性极强的鳞皮冷杉、川西云杉、红杉、大果红杉、高山松、大果圆柏等乔木，在海拔 4200m 以上的高山林线之上，还分布着高山柏和香柏等垫状灌丛；在纬度梯度上，在长江上游的最北段，亚高山针叶林以岷江冷杉、紫果云杉、麦吊云杉、青杆、巴山冷杉等针叶树种为主，而在南段，则以峨眉冷杉、长苞冷杉、黄果冷杉、丽江云杉等为主；在经度梯度上，则同时受到海拔上升的作用，在四川盆地西部，主要分布着岷江冷杉、峨眉冷杉、紫果云杉、麦吊云杉等针叶林，而在青藏高原东缘的山原区，则分布着鳞皮冷杉、川西云杉、黄果冷杉等耐寒耐旱更强的树种。

其次，长江上游地形地貌复杂，在秦巴山区、盆周山地、青藏高原东北缘-川西北、青藏高原东缘-川西等亚高山林区，亚高山针叶林主要受东南季风和青藏高原下沉气候的影响，但在青藏高原东南缘-川西南亚高山针叶林区，由于地处横断山区，亚高山针叶林的树种组成、群落结构和生态过程既受到东南季风影响，又受到西南季风影响。在四川盆地边缘，受东南季风带来的暖湿气流和青藏高原冷湿气流下沉的影响，还形成了著名的"华西雨屏区"。

最后，长江上游亚高山针叶林普遍分布在山体高大的高山峡谷区，坡向和坡度对降水和热量的再分配显著影响了不同坡向和坡度的冷云杉树种分布，从而影响生态系统的结构和功能。例如，在汉源县的泥巴山、石棉和冕宁交界的拖乌山、理县和马尔康交界的鹧鸪山等，南北气候差异特别明显，植被景观迥异。

由于青藏高原是全球气候变化的敏感区，长江上游又主要位于青藏高原东缘，未来气候变化是否会影响和如何影响长江上游亚高山针叶林生态系统的树种组成、结构和功能，了解这些问题对长江上游生态安全意义重大。

1.4.2　地形地貌

地形地貌是影响长江上游亚高山针叶林分布、群落结构和过程的关键因子。地形地貌至少通过三方面的途径影响长江上游亚高山针叶林生态系统的结构和功能。首先，长江上游亚高山针叶林主要分布在四川盆地与青藏高原、云贵高原与青藏高原的过渡地带，以高山峡谷和山原地貌为主，地质构造活动强烈，地形起伏大，山高坡陡，断层发育，岩层破碎、风化和重力滑坡作用强烈，山地灾害频繁发生，植被和土壤发育经常受阻，除直接影响亚高山针叶林的结构和过程以外，还会经常在较小的范围内形成不同土壤类型和植被类型的组合，生态类型多样。这很可能是经常出现冷杉林和云杉林在海拔分布上的"倒置"现象的原因之一。其次，高大山体对降水和热量的再分配导致不同坡向和坡度的亚高山针叶林树种组成和群落结构存在明显分异，表现为坡向上的南北分异和海拔梯度上的树种组成及群落结构分异。最后，在地处偏僻和坡度较大的高山峡谷区，由于人类活动的直接干扰较少，原始冷云杉林保存相对完善。

1.4.3　频发的自然灾害

地震灾害及其次生灾害正从多方面威胁着长江上游生态安全及经济社会可持续发展。长江上游地区地处中国南北地震带之喜马拉雅山地震带和青藏高原地震区，区域内分布着包括龙门山断裂带在内的多条地震带，地质条件复杂、新构造运动强烈、地震活跃、地形起伏巨大，地震及其次生灾害危害巨大。有史以来，长江上游共发生 7.0 级以上地震 24 次，6.0～6.9 级地震 95 次，5.0 级以上地震 250 余次，其中 91% 的震中分布于长江上游地区的甘孜-康定、滇西、安宁河、小江、武都、松潘、马边-昭通等地震带。例如，近期发生的汶川地震、松潘地震、茂县地震、雅安地震、九寨沟地震及其次生灾害（泥石流、山体滑坡、山体崩塌、雪崩），使区域内的亚高山针叶林植被结构和功能受到不同程度的破坏。

亚高山针叶林分布的下限常常是干旱河谷，特别是地处金沙江流域的干热和干暖河谷受西南季风影响，干湿季节分明，持续干旱和极端气象事件等正在加剧干旱河谷的干旱化和上延，可能使亚高山针叶林分布的下限上延，从而威胁长江上游生态安全。然而，相关研究报道很少。

1.4.4　人类活动

人类活动对长江上游亚高山针叶林的影响应该是导致亚高山针叶林结构退化和面积缩小的最大原因。尽管历史记载资料很少，但从现有的亚高山针叶林分布区及其生态系统的结构来看，森林采伐、垦荒等应该是最长期的干扰。中华人民共和国成立后，为了迅速恢复工农业生产，对长江上游的亚高山针叶林进行了高强度采伐，个别林区的天然冷云杉林、红杉林和四川红杉林采伐殆尽。例如，在岷江上游的杂谷脑流域，原始冷云杉林和四川红杉林的采伐达到海拔 3500m 左右，保留下来的原始冷云杉林几乎都是因低温限制而生长不良的林分。

1.4.5　季节性雪被和冻融循环

长江上游亚高山针叶林集中分布在海拔 1800～3700m 的高山峡谷区和山原区，因经纬度、海拔和树种的差异，个别树种和林型分布范围可达 4200m 甚至更高。这些区域是受季节性雪被和冻融循环影响显著的区域，但其受季节性雪被覆盖和冻融循环影响的强度因海拔、经纬度、坡向和林分结构而异，在高海拔针叶林区，季节性雪被覆盖期可达 5～6 个月。由于雪被的隔热绝缘作用，季节性雪被在森林生态系统过程中具有重要作用（Wu et al.，2010；Zhu et al.，2012）。特别重要的是，全球气候变化引起的季节性雪被变化（雪被覆盖期缩短、降雪量减少、雪被融化期提前、极端降雪事件等）可能从多方面影响亚高山森林生态系统地上/地下过程以及森林水文生态过程等，但相关研究较少。因此，作者及其所在的研究团队自 2005 年开展季节性雪被对亚高山针叶林生态系统过程影响的研究，这些研究成果对认识全球气候变化情景下的亚高山针叶林生态系统过程提供了较为重要的科学依据，也为亚高山针叶林适应性管理提供了较为重要的科学依据。

参 考 文 献

蔡海霞. 2010. 干旱胁迫对岷江上游干旱河谷-山地森林交错带典型植物生理生态的影响[D]. 雅安：四川农业大学.

蒋有绪. 1963. 川西米亚罗、马尔康高山林区生境类型的初步研究[J]. 林业科学，（4）：321-335.

李承彪. 1990. 四川森林生态研究[M]. 成都：四川科学技术出版社.

刘彬，杨万勤，吴福忠. 2010. 亚高山森林生态系统过程研究进展[J]. 生态学报，30（16）：4476-4483.

刘庆. 2002. 亚高山针叶林生态学研究[M]. 成都：四川大学出版社.

《四川森林》编委会. 1992. 四川森林[M]. 北京：中国林业出版社.

孙鸿烈. 2006. 长江上游地区生态环境问题[M]. 北京：科学出版社.

王开运，杨万勤，胡庭兴，等. 2004. 亚高山针叶林群落生态系统过程[M]. 成都：四川科学技术出版社.

吴庆贵，吴福忠，杨万勤，等. 2013. 川西高山森林林隙特征及干扰状况[J]. 应用与环境生物学报，19（6）：922-928.

肖洒. 2015. 川西高山森林粗木质残体储量与分解特征[D]. 雅安：四川农业大学.

中国林业科学研究院林业研究所. 1986. 中国森林土壤[M]. 北京：科学出版社.

《中国森林》编委会. 1999. 中国森林（第 2 卷）：针叶林[M]. 北京：中国林业出版社.

中华书局辞海编辑所. 1961. 辞海试行本（第 14 分册）：农业[M]. 北京：中华书局.

庄平，高贤明. 2002. 华西雨屏带及其对我国生物多样性保育的意义[J]. 生物多样性，10（3）：339-344.

Chang C，Wu F，Wang Z，et al. 2019. Effects of epixylic vegetation removal on the dynamics of the microbial community composition in decaying logs in an alpine forest[J]. Ecosystems，22：1478-1496.

Hämet-Ahti L. 1982. Subalpine and subarctic as geobotanical concepts[J]. Kilpisjärvi Notes，7：1-15.

Kikvidze Z. 1996. Neighbour interaction and stability in subalpine meadow communities[J]. Journal of Vegetation Science，7（1）：41-44.

Wu F，Yang W，Zhang J，et al. 2010. Litter decomposition in two subalpine forests during the freeze-thaw season[J]. Acta Oecologica，36：135-140.

Yamamoto H. 2011. Forest resources management to support the Japan's "Culture of Wood" [J]. Journal of Forest Planning，17（1）：99-105.

Yu G，Wen X，Guan D，et al. 2006. Seasonal variation of carbon exchange of typical forest ecosystems along the eastern forest transect in China[J]. Science in China，Series D Earth Sciences，49（s1）：47-62.

Zhu J，He X，Wu F，et al. 2012. Decomposition of *Abies faxoniana* litter varies with freeze-thaw stages and altitudes in subalpine/alpine forests of southwest China[J]. Scandinavian Journal of Forest Research，26：586-596.

第 2 章　亚高山针叶林生态系统结构

　　生态系统结构是指生态系统中相互联系的各种生物与非生物组分的排列和组合，其复杂性和多样性是维持生态系统功能和过程的基础。森林是陆地上最复杂的生态系统，在维持地球生态平衡中发挥了不可替代的作用。然而，森林生态系统的物种组成、群落结构和多样性受到气候、土壤、地形和人类活动干扰等多种因素的影响。如本书第 1 章的描述，受青藏高原隆升、东南季风和西南季风、频繁地质灾害、人类活动等多种因素及其交互作用的影响，长江上游亚高山针叶林区生态类型多样，从而孕育了我国乃至世界上最丰富的冷杉属、云杉属、落叶松属和圆柏属树种。这些丰富多样的针叶树种与生态类型的组合决定着不同生态气候区的森林生态系统的组分结构、水平结构、垂直结构、时间结构和营养结构，从而决定了生态系统的过程和功能。

2.1　亚高山针叶林生态系统的组分结构

　　森林生态系统的组分结构是指生态系统中乔灌草植物、动物和微生物的种类组成及其数量组合关系。与所有森林生态系统相似，长江上游亚高山针叶林生态系统的组分结构由乔灌草植物群落、脊椎动物群落、无脊椎动物群落和微生物群落组成。不同之处在于，长江上游亚高山针叶林分布范围广，经纬度和海拔跨度大，地形地貌复杂，因而其植物群落组成、动物群落组成、微生物群落等组分结构随着经纬度、海拔、地形、土壤类型和演替阶段等变化。特别重要的是，倒木、大枯枝、树桩、粗根、枯立木等粗木质残体也是亚高山针叶林生态系统的重要组分结构，其在森林更新、生物多样性保育、水土保持、水源涵养、土壤发育和生物元素循环等方面发挥着重要的生态作用（肖洒，2015；汤国庆，2018；Wang et al.，2018；Chang et al.，2019）。

2.1.1　植物群落组成

　　植物群落组成是森林生产力形成的基础。长江上游亚高山针叶林区植物种类丰富，优势树种和建群种为冷云杉属树种，伴生树种和林下植物种类丰富，从而形成了与泰加林（Taiga forest）或者北方森林（boreal forest）不同的森林植物群落组成。本林区具有 16 个冷杉属树种、12 个云杉属树种、9 个落叶松属树种、10 个圆柏属树种，以这些树种为优势种、建群种或者伴生树种，形成了亚高山针叶林的基本结构。同时，在亚高山针叶林的不同演替阶段以及不同生态气候区内，还时常伴生有桦木属（*Betula*）、杨属（*Populus*）、柳属（*Salix*）、榛属（*Corylus*）、山楂属（*Crataegus*）、椴属（*Tilia*）、栎属（*Quercus*）、槭属（*Acer*）等落叶树种。以王朗国家级自然保护区亚高山针叶林区为例，该区高等植物共有 121 科 397 属 926 种。其中，种子植物有 80 科 276 属 661 种；蕨类植物有 7 科 13 属 51 种；藓类植物有 33 科 106 属 198 种；保护区国家Ⅰ级重点保护植物有 1 种，国家Ⅱ级重点保护植物有 3 种。

亚高山针叶林树种组成相对简单，但林下植物种类丰富。亚高山针叶林林下和林缘的灌木层主要包括巴山木竹属（*Bashania*）、箭竹属（*Fargesia*）、筇竹属（*Qiongzhuea*）、玉山竹属（*Yushania*）、方竹属（*Chimonobambusa*）、杜鹃属（*Rhododendron*）、柳属、忍冬属（*Lonicera*）、荚蒾属（*Viburnum*）、茶藨子属（*Ribes*）、胡颓子属（*Elaeagnus*）、沙棘属（*Hippophae*）、卫矛属（*Euonymus*）、花楸属（*Sorbus*）、黄栌属（*Cotinus*）、小檗属（*Berberis*）、枸子属（*Cotoneaster*）、蔷薇属（*Rosa*）、悬钩子属（*Rubus*）、楤木属（*Aralia*）、五加属（*Acanthopanax*）、胡桃属（*Juglans*）、六道木属（*Abelia*）、樱属（*Cerasus*）等喜阴和耐阴的植物。其中，缺苞箭竹（*F. denudata*）、华西箭竹（*F. nitida*）、青川箭竹（*F. rufa*）、冷箭竹（*B. fangiana*）、巴山木竹（*B. fargesii*）等小径竹是大熊猫主食竹，以这些小径竹为基础形成的箭竹-冷杉林、箭竹-云杉林、箭竹-圆柏林、箭竹-桦木林等是野生大熊猫的重要栖息地；亚高山针叶林区的杜鹃属植物种类丰富，分布于林缘和林隙的杜鹃属植物具有重要的观赏价值。

亚高山针叶林草本植物种类丰富。在不同的亚高山针叶林下，广泛分布着莎草科、禾本科、毛茛科、百合科、兰科、菊科、蓼科、十字花科、石竹科、景天科、虎耳草科、伞形花科、牻牛儿苗科、酢浆草科、凤仙花科、瑞香科、柳叶菜科、鹿蹄草科、龙胆科、紫草科、唇形科、玄参科、爵床科、车前科、茜草科、天南星科、灯芯草科等以及蕨类植物。其中，早熟禾属（*Poa*）、羊茅属（*Festuca*）、薹草属（*Carex* Linn）、莎草属（*Cyperus*）、蓼属（*Polygonum*）、酸模属（*Rumex*）、大黄属（*Rheum*）、蓟属（*Cirsium*）、马先蒿属（*Pedicularis*）、飞蓬属（*Erigeron*）、蒿属（*Artemisia*）、杓兰属（*Cypripedium*）、黄精属（*Polygonatum*）、葱属（*Allium*）、灯芯草属（*Juncus*）、芍药属（*Paeonia*）、毛茛属（*Ranunculus*）、菝葜属（*Smilax*）、天南星属（*Arisaema*）、蟹甲草属（*Parasenecio*）、紫菀属（*Aster*）、橐吾属（*Ligularia*）、火绒草属（*Leontopodium*）、风毛菊属（*Saussurea*）等植物是常见的林下草本植物。在这些林下植物中，有很多为珍稀保护植物和药用植物，如七叶一枝花、川贝母、天麻、羌活等。

地衣、苔藓和蕨类植物也是亚高山针叶林生态系统的基本结构。亚高山针叶林普遍分布着松萝属（*Usnea*）、文字衣属（*Graphis*）、梅衣属（*Paraparmelia*）、泥炭藓属（*Sphagnum*）、垂枝藓属（*Rhytidium*）、曲尾藓属（*Dicranum*）、赤茎藓属（*Pleurozium*）、提灯藓属（*Mnium*）、山羽藓属（*Abietinella*）、羽藓属（*Thuidium*）、毛尖藓属（*Cirriphyllum*）、大叶藓属（*Rhodobryum*）、小金发藓属（*Pogonatum*）、问荆属（*Equisetum*）、木贼属（*Equisetum*）、复叶耳蕨属（*Arachniodes*）、瓦韦属（*Lepisorus*）、蹄盖蕨属（*Athyrium*）、冷蕨属（*Cystopteris*）等植物，其种类和生物量等与基质（森林地表、岩石、倒木和活立木及其分解状态、活立木种类）状态和微环境有关（吴庆贵等，2013；汤国庆，2018；汪沁等，2019）。这些组分结构在水源涵养、水土保持、生物与非生物元素循环等方面具有重要作用（Wang et al.，2015；王壮等，2018；Wang et al.，2018）。同时，松萝等附生植物是川滇金丝猴等动物的食物，对于珍稀动物的保护具有重要意义。

　　普遍认为，树种组成、林分密度、林龄等林分特征是影响林下植物群落组成和结构的关键因素（《四川森林》编委会，1992；刘庆等，2001；王开运等，2004）。然而，对林下植被和林内附生植物是否影响和如何影响树木生长以及生态系统过程和功能的研究不足，还不能满足亚高山针叶林生态管理的科学需求。

2.1.2　动物群落组成

　　动物群落是森林生态系统的消费者或分解者。长江上游亚高山针叶林区是我国野生动物资源最丰富的区域，也是珍稀保护动物资源的富集区。一方面，亚高山针叶林为这些野生动物资源提供了不可替代的栖息生境；另一方面，这些野生动物也是亚高山针叶林生态系统的重要组成部分，在维持生态系统结构、过程和功能中发挥了重要的作用。亚高山针叶林区的兽类和鸟类等脊椎动物种类丰富，在不同的针叶林地带分布着大熊猫（*Ailuropoda melanoleucus*）、小熊猫（*Ailurus fulgens*）、金猫（*Catopuma temminckii*）、大灵猫（*Viverra zibetha*）、兔狲（*Otocolobus manul*）、猞猁（*Lynx lynx*）、云豹（*Neofelis nebulosa*）、豹（*Panthera pardus*）、林麝（*Moschus berezovskii*）、马麝（*Moschus chrysogaster*）、扭角羚（*Budorcas taxicolor*）、鬣羚（*Capricornis sumatraensis*）、斑羚（*Naemorhedus goral*）、川金丝猴（*Rhinopithecus roxellanae*）、滇金丝猴（*Rhinopithecus bieti*）、亚洲黑熊（*Ursus thibetanus*）、棕熊（*Ursus arctos*）、豺（*Cuon alpinus*）、藏狐（*Vulpes ferrilata*）、长吻鼩鼱（*Euroscaptor longirostris*）、川鼩（*Blarinella quadraticauda*）、小鼩鼱（*Sorex minutus*）、巢鼠（*Micromys minutus*）、喜马拉雅旱獭（*Marmota himalayana*）、草兔（*Lepus capensis*）、藏鼠兔（*Ochotona thibetana*）、黄腹鼬（*Mustela kathiah*）、黄喉貂（*Martes flavigula*）、蓝马鸡（*Crossoptilon auritum*）、金雕（*Aquila chrysaetos*）、绿尾虹雉（*Lophophorus lhuysii*）等种类。众所周知，亚高山针叶林为这些丰富多样的野生动物提供了良好的栖息生境。例如，王朗国家级自然保护区兽类有 7 目 23 科 55 属 68 种，鸟类有 13 目 46 科 107 属 177 种，爬行类有 1 目 3 科 3 属 3 种，两栖类有 2 目 4 科 4 属 5 种（未公开发表资料）。然而，有关这些野生动物群落在维持亚高山针叶林生态系统结构、生物多样性、生态系统过程和功能等方面的生态功能尚缺乏必要的研究。

　　无脊椎动物群落是生态系统的消费者和分解者，因而不仅是亚高山针叶林生态系统的基本成分，还在维持生态系统物质循环、能量流动等方面发挥了不可替代的作用。一方面，丰富多样的无脊椎动物群落是碎屑食物网的基本结构，是生态系统物质循环和能量流动的积极参与者；另一方面，蜂类、蝶类等昆虫是花粉传播者，对于维持森林植物繁衍具有重要意义。此外，蚯蚓、蚂蚁等无脊椎动物除参与物质循环和能量转换以外，还对土壤发育和土壤物理结构的形成等具有重要作用。谭波（2010）对海拔梯度上（3000m，3300m，3600m）的亚高山针叶林土壤动物群落及其对季节性冻融循环的响应研究表明，亚高山针叶林土壤动物群落种类丰富；两年、三个关键时期共捕获大型和中小型土壤动物 159038 头，隶属 7 门 16 纲 31 目 125 科；不同海拔的土壤动物的优势类群基本相同，但大型土壤动物的常见类群和中小型土壤动物的蜱螨目与弹尾目比值差异明显；土壤动物具有明显的表聚性特征，土壤有机层的土壤动物数量和密度均显著高于矿质土壤层；土壤动物密度和类群数量在海拔梯度上表现为 3300m＞3600m＞3000m；不同季节相比，大型土壤动物以腐食性类群为主，密度和类群数量在 8 月最高，中小型土壤动物密度在 10 月最高，季节性冻融期间具有最低的土壤动物类群数量和种群密度（详细研究结果见本书第 7 章）。然而，有关亚高山针叶林无脊椎动物的分类与鉴定、无脊椎动物多样性的维持机制、无脊椎动物群落如何通过对碎屑食物网的调控影响生态系统物质循环和能量流动、土壤物理结构的形成等尚待深入研究。

2.1.3　微生物群落

　　微生物群落是森林生态系统的分解者，个别微生物还是生产者，不仅是森林生态系统的基本生物成分，还是物质循环和能量转换的积极参与者。同时，森林土壤和凋落物层含有微生物生长和繁衍所需要的丰富的养分和能量，因而是细菌、真菌、放线菌和藻类等微生物最为重要的天然培养基（杨万勤等，2006）。一般估计，1g 森林土壤有 $10^8 \sim 10^{12}$ 个可培养的微生物个体，而土壤微生物群落的个体数量、区系组成和多样性随着土壤类型、植被类型、土壤有机质含量、土壤通气性、土壤水热条件以及土壤 C/N（或纤维素/N、木质素/N）比例而发生变化。杨芳（2004）对王朗国家级自然保护区亚高山针叶林土壤微生物群落的研究表明，亚高山暗针叶林土壤可培养微生物数量具有明显的季节性变化规律，每克土壤的可培养细菌数量为 $1.9 \times 10^7 \sim 7.1 \times 10^7$ 个，可培养真菌数量为 $5.3 \times 10^5 \sim 12.5 \times 10^5$ 个，可培养放线菌数量为 $2.5 \times 10^6 \sim 8.1 \times 10^6$ 个，低于热带和亚热带森林土壤可培养微生物数量。王奥（2012）采用分子生物学手段对川西米亚罗毕棚沟亚高山针叶林土壤有机层和矿质土壤层细菌、古菌和真菌群落的研究结果表明：尽管在季节性冻融期间的数量和种类相对较少，但仍然检测出具有较高活性的微生物群落；季节性冻融显著改变了土壤微生物群落的物种组成和结构，土壤有机层微生物群落对冻融循环的响应更加敏感，但土壤微生物群落对季节性冻融循环的响应因土层和微生物类群而异。总体上，土壤有机层每克土壤的细菌 16S rDNA 基因拷贝数为 $6.28 \times 10^9 \sim 5.41 \times 10^{10}$，而矿质土壤层的细菌 16S rDNA 基因数量显著低于土壤有机层，每克土壤的细菌 16S rDNA 基因数为 $8.16 \times 10^8 \sim 8.77 \times 10^9$；每克土壤有机层样品的古菌 16S rDNA 基因数为 $2.59 \times 10^5 \sim 2.21 \times 10^8$，而矿质土壤层的古菌 16S rDNA 基因数显著高于土壤有机层，为 $6.49 \times 10^7 \sim 4.11 \times 10^9$；每克土壤有机层样品的真菌 18S rDNA 基因数为 $7.38 \times 10^3 \sim 1.25 \times 10^7$，而矿质土壤层的真菌 18S rDNA 基因数为 $2.11 \times 10^4 \sim 1.62 \times 10^6$。

　　绝大多数森林生态系统中，不同类型和不同分解阶段的粗木质残体也是微生物群落的良好培养基（常晨晖等，2014）。例如，常晨晖等（2014）采用磷酸脂肪酸（PLFA）方法研究了亚高山针叶林不同腐烂阶段倒木微生物群落，研究结果表明，高度腐烂的倒木表现出相对较高的微生物生物量及丰富的群落类群，但不同结构组分在腐解过程中微生物群落结构特征具有相对独立的变化趋势。随着腐烂等级的增加，微生物总生物量、真菌生物量和细菌生物量均表现出相对一致的变化规律，但不同结构组分的微生物生物量随腐烂等级增加的变化特征具有明显差异。其中，心材微生物生物量在 Ⅰ～Ⅳ 级腐烂等级内缓慢升高，但在 Ⅴ 级腐烂等级快速增加；边材和树皮在 Ⅱ 级和Ⅲ级腐烂等级微生物生物量最低；除Ⅲ

级腐烂等级树皮，整个分解序列的倒木真菌/细菌比值为 0.22～0.73，随腐烂等级增加而降低。PLFA 单体尤其是优势脂肪酸单体含量变化显著（$P<0.05$）影响微生物群落多样性指数，且与倒木不同结构组分在各分解阶段的理化特征密切相关。进一步的研究还表明，倒木的木生植物群落对树皮、边材和心材的微生物群落结构也存在不同程度的影响，树皮微生物对木生植物去除的响应更敏感（Chang et al.，2019）。

此外，除了细菌、古菌、丝状真菌和丝状细菌（放线菌）外，亚高山针叶林生态系统还孕育了丰富的大型真菌。这些大型真菌是外生菌根菌，其组成的菌丝网络在生态系统物质循环、能量转换、植物营养等方面具有不可替代的作用，对于维持森林生产力具有重要作用。同时，部分大型真菌具有药用价值和食用价值，对于人类健康具有重要意义。例如，据不完全统计，王朗国家级自然保护区可食用的大型真菌有 89 种，具有抗癌作用的菌种有 34 种，具有药用价值的菌种有 27 种（未发表资料）。

众所周知，土壤动物和微生物群落是维持森林生态系统过程和功能的关键生物因子，但土壤动物和微生物群落对生态系统物质循环和能量转换的相对贡献、两者在碎屑食物网中的相互作用如何调控生态系统物质循环和能量转换过程、土壤生物多样性的维持机制等尚不清晰，亟待深入研究。

2.2 亚高山针叶林生态系统的水平结构

森林生态系统的水平结构是指生态系统内乔木层的树种在水平空间上的组合与配置，并受到气候、土壤、地形、群落演替和干扰等的综合影响。如前所述，在长江上游亚高山针叶林区，不但云杉属、冷杉属、落叶松属、圆柏属等针叶树种丰富，而且桦木属、杨属、椴属、槭属等伴生阔叶树种也很丰富，从而形成了亚高山针叶林生态系统独特的水平结构。其独特性主要表现在以下四方面：①受低温限制，亚高山原始针叶林优势种和建群种组成较为单一，常以单一冷云杉属树种或者两个冷云杉属树种形成优势种和建群种，并有少量生态适应性相近的树种散生或伴生。例如，山原区暗针叶林生态系统中，鳞皮冷杉常与川西云杉混交形成混交林；青藏高原东北缘-川西北亚高山针叶林和盆周亚高山针叶林生态系统中，岷江冷杉偶尔与紫果云杉混交形成混交林；在青藏高原东南缘-川西南亚高山针叶林生态系统中，长苞冷杉常与川滇冷杉、急尖长苞冷杉、中甸冷杉、丽江云杉、怒江红杉等针叶树种组成混交林。②亚高山针叶林的树种组成和径级分布与针叶林群落演替有关。在群落演替前期，冷云杉树种常与桦木属、杨属、槭属、椴属等树种形成针阔混交林，随着演替进行，冷云杉属树种逐渐成为优势树种，落叶阔叶树种逐渐退出生态系统，成熟和过熟暗针叶林阶段，冷云杉属树种占绝对优势。图 2-1 为亚高山原始暗针叶林过熟阶段后期的岷江冷杉林径级分布特征。由图可见，从树木的株数来看，该生态系统以径级小于 20cm 的岷江冷杉为主，其次为径级大于 50cm 的树木，径级 20～30cm 的岷江冷杉个体数明显较少，径级 30～40cm 的树木最少。③亚高山针叶林以林窗更新或林缘更新为主，林窗对生态系统水平结构具有显著影响。吴庆贵等（2013）对川西亚高山岷江冷杉原始过熟林的研究表明，原始岷江冷杉林的林窗大小以中小型为主，63.64%以折干形成，密度为

14.67 个/hm²。扩展林窗和林冠林窗分别占森林景观面积的 12.60%和 23.05%，干扰频率分别为 115.25m²/(hm²·a)和 63.02m²/(hm²·a)，林窗周转率为 260.30a。林窗以单株形成为主，形成木径级集中于 40~60cm，树高主要在 25~30m，每株形成扩展林窗和林冠林窗的面积分别为 103.20m² 和 56.43m²。边界木平均胸径为 50.16cm，胸径结构分布曲线尖峰左偏，平均胸径和高度与扩展林窗和林冠林窗面积呈幂函数相关。④自然干扰是影响长江上游亚高山针叶林生态系统水平结构的重要因子。如前所述，本林区主要位于高山峡谷区，受青藏高原隆升的影响，本区地质过程活跃，地震及其次生灾害、泥石流、滑坡、崩塌和雪崩等频繁发生，从而直接和间接地影响林木死亡和森林更新。此外，极端降雪、大风等极端气象事件也经常引起树木的折干、翻兜和倒伏，改变森林生态系统的水平结构（吴庆贵等，2013）。

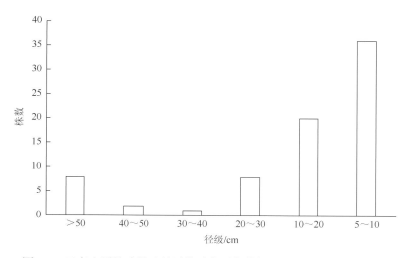

图 2-1 亚高山原始暗针叶林过熟阶段后期的岷江冷杉林径级分布特征

2.3 亚高山针叶林生态系统的垂直结构

森林生态系统的垂直结构是指生态系统内垂直方向上乔木层、灌木层、草本层、苔藓层及层外植物等不同层片的组合。森林生态系统的垂直结构与生态系统演替、树种组成、立地条件和受干扰状况等密切相关。亚高山针叶林外貌结构简单，但垂直结构因演替阶段、立地条件和受干扰状况而异。首先，在水热条件好的生境下，层次明显，一般有明显的乔木层、灌木层、草本层和苔藓层四个层片（synusia），偶尔发育层外植物和攀缘植物层片，但在立地条件较差和林冠早期郁闭的森林中，层次结构比较简单，有时仅有发达的乔木层和苔藓层。其次，在亚高山针叶林演替的早期阶段（如落叶阔叶林、针阔混交林）和过熟林阶段，由于林下透光度较大，灌草层发育较好（如箭竹、杜鹃），苔藓层发育弱。最后，在过熟林阶段，由于树木衰亡形成林窗，林缘和林窗光照条件好，灌草层和苔藓层发育都较好，并形成复层异龄林。特别是，倒木等粗木质残体为地衣和苔藓提供了良好的生长基质，苔藓层发育特别好，具有很好的水源涵养和水土保持功能。表 2-1 为川西亚高山岷江冷杉过熟林生态系统地上生物量及其比例。由表可见，该过熟林生态系统地上总生物量为 72.76t/hm²，林下生物量为 69.25t/hm²，其中木质残体储量最大，达 72.85%，灌木层生物量次之，占 13.48%，其他层片的生物量或储量表现为苔藓层＞乔木层＞凋落物层＞草本层。这说明，该森林生态系统是受干扰影响严重且正在更新的过熟林。此外，亚高山原始暗针叶林还有树干苔藓、松萝等层外植物层片，其可能对森林生态系统结构和功能的维持具有重要作用，但相关研究较少。

表 2-1　川西亚高山岷江冷杉过熟林生态系统地上生物量及其比例

项目	乔木层	灌木层	草本层	苔藓层	凋落物层	木质残体
生物量/(t/hm²)	3.51±0.36	9.81±7.0	1.08±0.31	3.86±0.21	1.50±0.66	53.00±4.41
比例/%	4.83	13.48	1.48	5.30	2.06	72.85

2.4　亚高山针叶林生态系统的时间结构

森林生态系统的时间结构是指森林生态系统结构或者生态系统类型在时间序列上的组合排列。总体上，森林生态系统的时间结构包括季相和演替。前者是指森林在不同季节表现出来的外貌；后者是指一个森林生态系统被另一个森林生态系统逐渐替代的过程，两者对于反映生态系统结构和功能的变化具有重要意义。

亚高山针叶林的季相变化与演替阶段、优势种和伴生种的组成、地形等密切相关。首先，亚高山针叶林生态系统的优势种和伴生种随着演替而变化，从而形成不同的森林季相变化特征。在亚高山针叶林演替早期阶段（灌丛、落叶阔叶林、针阔混交林），由于灌木、落叶阔叶树种占比较高，亚高山针叶林的季相变化明显，在深秋季节常形成五彩斑斓的彩叶景观；在近成熟林和成熟林阶段，由冷云杉属树种组成较为郁闭的林分，而冷云杉属树种为常绿针叶树种，因而森林外貌的季相变化不显著；在过熟林阶段，林窗更新过程中定居在林窗和林缘的落叶树种和灌木使亚高山针叶林表现出明显的季相变化。其次，地形地貌是影响亚高山针叶林季相变化的关键因子。一方面，阳坡的针叶林常伴生大量的落叶阔叶树种，森林外貌的季节性变化更明显；另一方面，亚高山针叶林区的沟谷、河岸、林线以及山原等地带常分布着杜鹃属、落叶松属、花楸属、槭属、柳属、杨属等落叶树种，从而形成了独特的彩叶景观。此外，长达 4~6 个月甚至更长的季节性降雪还使亚高山针叶林区形成了独特的森林雪被景观。这些季相变化不仅反映了亚高山针叶林对环境因子变化的响应与适应，还为长江上游地区发展生态旅游业提供了优质的景观资源。根据森林演替理论和特定区域的地形地貌特征，合理配置树种和灌木资源，可以提升和丰富亚高山针叶林区的彩叶景观资源，发展生态旅游产业。

森林更新和演替驱动着亚高山针叶林生态系统的时间结构。亚高山针叶林更新和演替具有以下三个特征：第一，亚高山原始冷杉林和云杉林的天然更新明显不同。冷杉林的天然更新普遍以林窗更新为主，倒木、大枯枝、树桩等为冷杉种子萌发、幼苗和幼树生长提供了天然基质，通常形成复层异龄林结构；云杉林常以林缘扩张更新为主，林下和林窗更新较为困难，对倒木等粗木质残体没有很强的依赖性，林分异龄现象不明显。第二，云杉林、红杉林和圆柏林林下更新受到林下灌木层和苔藓层的影响，高密度的箭竹层、深厚的苔藓层和枯枝落叶层不利于幼苗生长，从而影响这些针叶林的天然更新。第三，受采伐、火烧、雪灾、风灾、地质灾害（地震、滑坡、泥石流、雪崩）等干扰后的次生演替是亚高山针叶林生态系统结构和功能形成的重要途径，但其演替恢复进程和年限受到干扰程度、林下灌木层和苔藓层特征、地形、建群种特性等的影响。以火烧迹地、采伐迹地、灌丛和亚高山草甸为基础的次生演替过程一般遵循灌丛、械（桦、杨）落叶阔叶林、落叶阔叶针叶（冷云杉）混交林、冷云杉针叶林等演替阶段，演替年限从 60 年至 200 年。此外，受严重干扰的亚高山针叶林也可能发生逆行演替，形成亚高山草甸或亚高山灌丛。有关亚高山针叶林更新和演替过程的研究，详见《四川森林》（《四川森林》编委会，1992）、《中国西南亚高山针叶林的生态学问题》（刘庆等，2001）、《中国森林（第 2 卷）：针叶林》（《中国森林》编委会，1999）以及国内外已发表的大量相关文献。

2.5　亚高山针叶林生态系统的营养结构

生态系统的营养结构是指生态系统的生产者、消费者和分解者之间以食物营养为纽带所形成的食物链和食物网（Moore et al.，2004）。食物链（网）是生态系统物质循环和能量流动的主要通道，而食物网结构和多样性越复杂，生态系统抵抗外界干扰的能力越强，因此，食物链的多样性和食物网的复杂性是维持生态系统功能和稳定性的关键（Ives and Carpenter，2007；de Vries et al.，2013）。森林生态系统的营养结构包括捕食食物链（网）和碎屑食物链（网），但以碎屑食物网为优势，即森林是以碎屑食物链为优势的生态系统，碎屑食物链（网）在森林生态系统物质循环和能量转换过程中发挥了不可替代的作用。可见，深入研究以植物残体为基础的碎屑食物链结构和食物网组成，是理解森林生态系统过程和功能的科学基础。

亚高山森林地表植物残体储量较大，植物残体种类较多，为丰富多样的植食者、菌食者、细菌、丝状真菌、大型真菌、原生动物等提供了丰富的养料和微生境，从而形成了以植物残体为基础的碎屑食物链和食物网。如本章 2.1.2 节和 2.1.3 节所述，亚高山针叶林土壤微生物和无脊椎动物群落种类丰富，这些丰富多样的微生物和无脊椎动物构成了森林地表和土壤碎屑食物链和食物网。尽管有研究证明，土壤动物和微生物群落积极参与了亚高山针叶林凋落物分解（夏磊，2012），但迄今为止，有关亚高山针叶林碎屑食物链结构及其多样性、碎屑食物网组成的复杂性以及碎屑食物结构多样性和复杂性的维持机制等尚不清楚。特别重要的是，亚高山针叶林粗木质残体分解较为缓慢，能够持续为各种无脊椎动物、微生物、大型真菌、木生植物等提供生长基质和微生境，从而维持更加复杂和稳定的碎屑食物网结构和多样性。然而，有关粗木质残体类型、分解状态、径级大小、储量等在维持碎屑食物网结构和多样性方面的作用与机制尚待深入研究。

此外，尽管捕食食物链在亚高山针叶林生态系统物质循环和能量转换过程中的贡献可能小于碎屑食物链，但丰富多样的脊椎动物群落可能通过多种途径参与生态系统物质循环和能量转换。例如，大熊猫对箭竹的取食、金丝猴对松萝的取食、黑熊瘙痒对树木的影响等不仅直接参与生态系统物质循环，还可能通过改变亚高山森林生态系统结构，影响生态系统过程和功能。但迄今为止，有关森林野生动物对亚高山森林结构和功能的影响研究相对较少。

2.6 亚高山针叶林植物残体组成

植物残体（plant debris）是森林生态系统的基本结构，也是生态系统碳和养分的载体，在生态系统物质循环、能量转换、土壤发育与有机质形成、生物多样性保护等方面具有重要作用（杨万勤等，2007；Berg and McClaugherty，2014）。森林植物残体包括木质（woody）与非木质（non-woody）残体，前者包括细木质残体（fine woody debris）和粗木质残体（coarse woody debris）两种类型；后者是指直径小于 2cm 的植物残体，包括凋落叶、凋落枝、落花、树皮、凋落附生和水生植物等。细木质残体是指直径为 2～10cm 的木质残体，如小的枯枝、树皮、小的倒木和枯立木等；粗木质残体是指直径大于 10cm 的木质残体，如倒木、大枯枝、枯立木、树桩、大树根等（Harmon，1986）。越来越多的研究表明，粗木质残体是绝大多数森林生态系统的基本结构，以倒木为主的粗木质残体是最重要的森林植物残体（Harmon，1986），约占全球森林木质生物量的 20%～30%（Pan et al.，2011），在全球碳循环、森林更新和生物多样性保护等方面发挥着不可替代的作用（Botting and DeLong，2009；Dittrich et al.，2014）。特别重要的是，组成碎屑食物网的多数无脊椎动物和微生物在其整个生活史或生活史的某个阶段均依赖或受益于倒木（Berg et al.，1994）。可见，理解森林植物残体，特别是粗木质残体的储量、分解和分布特征及其影响因素，可为森林生态管理提供重要的科学依据。

植物残体是长江上游亚高山针叶林生态系统的基本组成（Yang et al.，2005；肖洒，2015），其储量、分解状态和分布特征与林窗更新密切相关（肖洒，2015）。尽管木质残体，特别是粗木质残体在森林生态系统结构和功能的维持中具有不可替代的作用（Chang et al.，2019），但已有的研究更加关注非木质残体（凋落物）产量和分解（Yang et al.，2005；Wu et al.，2010a，2010b；Zhu et al.，2012；He and Yang，2020），有关木质残体生态学的研究相对较少。

亚高山针叶林林窗的形成过程既是冷杉林天然更新的过程，又是木质残体产生的过程。表 2-2 为亚高山原始岷江冷杉过熟林不同类型木质残体的储量及其分配。由表可见，川西亚高山岷江冷杉过熟林木质残体储量为 152.11t/hm²，其中，林窗的储量为 50.46t/hm²，林缘的储量为 36.58t/hm²，林下的储量为 65.07t/hm²，呈现出林下储量最大，林窗次之，林缘最小的趋势，但差异不显著。林窗、林缘和林下的倒木显著高于其他类型，分别达72.37%、72.74%和 83.56%，根桩比例最小，不足 1%。相对于林下和林缘，林窗内枯立木比例较高，但是根桩比例较低。然而，大枯枝和细木质残体比例以林缘相对较高，林窗次之，林下最小。倒木、大枯枝、枯立木和根桩的储量在林窗、林缘和林下均无显著差异。

可见，倒木是亚高山岷江冷杉过熟林的主要木质残体，其对于冷杉幼苗更新具有非常重要的作用。

表 2-2　亚高山原始岷江冷杉过熟林不同类型木质残体的储量及其分配

类型	林窗		林缘		林下	
	储量/(t/hm²)	百分比/%	储量/(t/hm²)	百分比/%	储量/(t/hm²)	百分比/%
倒木	36.52Aa	72.37	26.61Aa	72.74	54.37Aa	83.56
大枯枝	2.51Ab	4.97	2.61Ab	7.14	1.69Abc	2.60
枯立木	6.23Ab	12.35	1.17Ab	3.20	4.14Ab	6.36
根桩	0.09Ab	0.18	0.14Ab	0.38	0.38Ac	0.58
细木质残体	5.11Ab	10.13	6.05Ab	16.54	4.49Ab	6.90
总储量	50.46A	100.00	36.58A	100.00	65.07A	100.00

注：同列不同小写字母表示显著差异（$P<0.05$）；同行不同大写字母表示显著差异（$P<0.05$）。

　　粗木质残体的径级分布特征能够指示亚高山针叶林受干扰的历史和状况。表 2-3 为亚高山原始岷江冷杉过熟林不同类型粗木质残体径级组成。由表可见，亚高山岷江冷杉过熟林粗木质残体的储量随着径级的增加逐渐增大，10～20cm、20～30cm、30～40cm、40～50cm 和＞50cm 的储量分别为 6.36t/hm²、8.96t/hm²、9.31t/hm²、34.09t/hm² 和 65.56t/hm²。不同径级粗木质残体储量在林窗、林缘、林下之间无显著差异，但从林窗到林下均以直径大于 40cm 的粗木质残体为主，分别为 76.44%、77.26%、82.39%。林窗中 20～30cm 的根桩储量显著高于林缘。林窗和林下大于 50cm 的粗木质残体储量与其他径级的储量相比差异显著，林缘 40～50cm 和大于 50cm 的储量与 10～20cm、20～30cm 和 30～40cm 的储量相比，分别达到显著水平。10～20cm 和 20～30cm 比例均在林缘相对较高，林下相对较低。相对林缘和林下，林窗内 30～40cm 和＞50cm 的比例相对较高，林下相对较低，林缘最小。可见，亚高山岷江冷杉过熟林粗木质残体以径级大于 50cm 的倒木为主，意味着大径级岷江冷杉衰亡是粗木质残体形成和林窗更新的主要途径。

表 2-3　亚高山原始岷江冷杉过熟林不同类型粗木质残体径级组成

类型	位置	10～20cm		20～30cm		30～40cm		40～50cm		＞50cm	
		储量/(t/hm²)	百分比/%	储量/(t/hm²)	百分比/%	储量/(t/hm²)	百分比/%	储量/(t/hm²)	百分比/%	储量/(t/hm²)	百分比/%
倒木	林窗	0.88Ab	2.41	1.94Ab	5.39	2.63Ab	7.20	5.97Ab	16.34	25.08Aa	68.66
	林缘	1.02Ab	3.83	2.13Ab	8.01	1.30Ab	4.89	11.05Aab	41.54	11.10Aa	41.73
	林下	0.84Ab	1.54	3.05Ab	5.61	4.19Ab	7.71	16.91Aab	31.10	29.38Aa	54.04
大枯枝	林窗	1.45Aa	57.77	0.87Aa	34.66	0.19Aa	7.57	0Aa	0	0Aa	0
	林缘	1.11Aa	42.53	0.41Aa	15.71	0.93Aa	35.63	0.16Aa	6.13	0Aa	0
	林下	1.06Aa	62.72	0.56Aa	33.14	0.07Aa	4.14	0Aa	0	0Aa	0

续表

类型	位置	10～20cm		20～30cm		30～40cm		40～50cm		＞50cm	
		储量/(t/hm²)	百分比/%	储量/(t/hm²)	百分比/%	储量/(t/hm²)	百分比/%	储量/(t/hm²)	百分比/%	储量/(t/hm²)	百分比/%
枯立木	林窗	0.07Aa	1.12	0.86Aa	13.78	1.68Aa	26.92	1.88Aa	30.13	1.75Aa	28.04
	林缘	0.04Aa	3.42	0Aa	0	0Aa	0	0.29Aa	24.79	0.84Aa	71.79
	林下	0.14Ab	3.38	0.30Ab	7.25	0.40Ab	9.66	0.16Ab	3.86	3.15Aa	75.85
根桩	林窗	0Aa	0	0.04Aa	44.44	0.05Aa	55.56	0Aa	0	0Aa	0
	林缘	0Aa	0	0Ba	0	0Aa	0	0Aa	0	0.14Aa	100.00
	林下	0.02Aa	5.26	0.03ABa	7.89	0.01Aa	2.63	0Aa	0	0.32Aa	84.21
合计	林窗	2.40Ab	5.29	3.74Ab	8.24	4.55Ab	10.03	7.85Ab	17.30	26.83Aa	59.14
	林缘	2.17Aa	7.11	2.54Aa	8.32	2.23Aa	7.31	11.50Aa	37.68	12.08Aa	39.58
	林下	2.06Ab	3.40	3.94Ab	6.50	4.67Ab	7.71	17.07Aa	28.18	32.85Aa	54.21

注：同行不同小写字母表示显著差异（$P < 0.05$）；同列不同大写字母表示显著差异（$P < 0.05$）。

　　森林地表粗木质残体的腐烂状态及其储量特征能够反映森林受干扰的历史和状况。表2-4为亚高山原始岷江冷杉过熟林不同类型和不同腐烂等级的粗木质残体组成。由表可知，亚高山岷江冷杉过熟林的粗木质残体储量从Ⅰ级到Ⅳ级腐烂等级逐渐增加，以Ⅳ级腐烂等级的粗木质残体为主，其次为Ⅲ级和Ⅴ级腐烂等级的粗木质残体；不同腐烂等级的粗木质残体储量在林窗、林缘、林下之间无显著差异，其中，林窗和林下以Ⅲ级、Ⅳ级腐烂等级为主，林缘以Ⅳ级和Ⅴ级腐烂等级为主。方差分析显示，林窗中各腐烂等级储量之间无显著差异，林缘Ⅳ级和Ⅴ级的储量与其他腐烂等级储量相比，分别显著高于其他腐烂等级，林下Ⅳ级的储量显著高于其他4个腐烂等级。相对于林缘和林下，林窗Ⅰ级比例相对较高，Ⅳ级比例相对较低，而Ⅳ级比例在林下相对较高。由于岷江冷杉倒木的分解年限在60～80年，从上述研究结果来看，本亚高山针叶林的天然更新至少已经有60年以上，而且还处于持续更新的过程中。

表 2-4　亚高山原始岷江冷杉过熟林不同类型和不同腐烂等级的粗木质残体组成　（单位：t/hm²）

类型	位置	Ⅰ	Ⅱ	Ⅲ	Ⅳ	Ⅴ
倒木	林窗	6.12Aa	3.91Aa	10.86Aa	9.25ABa	6.40Aa
	林缘	1.41Ac	0.05Ac	3.49Abc	13.11Ba	8.55Aab
	林下	0.62Ab	10.56Aab	10.29Aab	28.13Aa	4.77Ab
大枯枝	林窗	0.65Aa	0.82Aa	0.45Aa	0.42Aa	0.17Aa
	林缘	0Ac	0.74Aabc	0.99Aa	0.10Bb	0.87Aab
	林下	0.13Aa	0.26Aa	0.50Aa	0.10Ba	0.69Aa
枯立木	林窗	0Aa	4.07Aa	1.48Aa	0.01Aa	0.67Aa
	林缘	0Aa	0Aa	0.04ABa	0Aa	1.13Aa
	林下	0Ab	1.17Aab	0.31Bb	0.64Aab	2.03Aa

续表

类型	位置	I	II	III	IV	V
根桩	林窗	0Ab	0Ab	0Ab	0Ab	0.09Aa
	林缘	0Ab	0Ab	0Ab	0Ab	0.14Aa
	林下	0Ab	0Ab	0.34Aa	0Ab	0.05Ab
合计	林窗	6.77Aa	8.80Aa	12.79Aa	9.68Ba	7.33Aa
	林缘	1.41Ab	0.79Ab	4.52Aab	13.21Ba	10.60Aa
	林下	0.75Ab	11.99Aa	11.44Aab	28.87Aa	7.54Ab

注：同行不同小写字母表示显著差异（$P<0.05$）；同列不同大写字母表示显著差异（$P<0.05$）。

2.7　亚高山针叶林土壤结构

土壤是气候、生物、地形、母质、时间和人类活动等因素综合作用的产物。由于成土的主导因子及其组合作用千差万别，从而形成了丰富多样的土壤类型，为植物生长发育和土壤生物繁衍提供了物质基础。其中，土壤结构是最能直观反映土壤形成与发育的指标，不但直接影响植物生长所需的土壤水分和养分的储量与供应能力，而且制约着土壤的孔隙性和通气性。根据土壤发生与分类理论，长江上游亚高山针叶林土壤主要包括棕壤、暗棕壤、棕色针叶林土（漂灰土）、棕色冲积土、灰化土等类型（中国林业科学研究院林业研究所，1986；李承彪，1990；《四川森林》编委会，1992）。根据这一分类系统，研究了王朗国家级自然保护区亚高山针叶林土壤结构。表 2-5 为王朗国家级自然保护区亚高山针叶林土壤剖面形态特征。由表可见，发育于坡积物上的棕壤和暗棕壤具有较为完整的土壤剖面，腐殖质层、淀积层和枯枝落叶层发育良好。然而，发育于冲积物上的棕色冲积土剖面发育不够完整，只有完整的枯枝落叶层和腐殖质层，缺乏淀积层。可见，母岩和母质是影响亚高山针叶林土壤结构的重要因素之一。

表 2-5　王朗国家级自然保护区亚高山针叶林土壤剖面形态特征

林型	土壤类型	土壤母质	土壤剖面形态
云杉林	暗棕壤	Ao	18cm±6cm，黑褐色，主要由苔藓、凋落物等组成
		A	23cm±6cm，暗棕色，团粒结构，根系分布密集
		B	15cm±5cm，黄棕色，块状结构
		C	17cm±7cm，石块和石砾含量高
冷杉林	棕色冲积土	Ao	10cm±6cm，疏松，多孔，有弹性，黑褐色
		A	16cm±4cm，暗棕色，团粒结构，有少量石砾，根系分布密集
		C	15cm±5cm，灰棕色，小块状结构，石砾含量高
白桦林	棕壤	Ao	8cm±4cm，疏松，多孔，有弹性，黑褐色
		A	15cm±6cm，棕色，团粒结构，有少量石砾
		B	45cm±8cm，黄棕色，块状结构，紧密，根系分布少，石砾含量约35%
		C	51cm±11cm，黄棕色，粒状结构，石砾含量高于90%

资料来源：王开运等，2004。

表 2-6 为王朗国家级自然保护区亚高山针叶林土壤的物理结构特征。由表可见，暗棕壤腐殖质层的质地较轻，容重较小，土壤颗粒以 0.005～0.01mm 和 0.001～0.005mm 两个径级的含量较高，土壤团粒结构较好，这主要是长期的弱酸性腐殖质积累过程作用的结果。淀积层（B）中，粒径为 0.001～0.005mm 和 <0.001mm 的颗粒含量高于 A 层，这主要是淋溶和黏化长期作用的结果。棕色冲积土发育于河流冲积物，矿质土壤浅薄，石砾多，土体构型简单，发育层次简单，并且在 A 层中也含有少量的石块和石砾，粒径为 0.05～0.1mm 和 0.01～0.05mm 的土壤颗粒含量较高，容重较大。此外，粒径<0.001mm 和 0.001～0.005mm 的土壤颗粒均表现为 A 层高于 C 层。这表明，该土壤剖面几乎没有发生淋溶和黏化作用，主要以弱酸性腐殖质的积累过程为主。发育于坡积物上的棕壤由于弱酸性腐殖质积累对腐殖质层土壤的作用，A 层土壤为团粒结构，容重较小，B 层的黏粒含量明显高于 A 层，这可能是由于白桦林群落在采伐迹地上形成的次生森林群落，郁闭度和叶面积指数以及 Ao 层的厚度较低，对降水的截留作用比其他两个森林群落小，而且其所处的海拔较低，土壤冻结时间相对较短，因此，土壤剖面的淋溶和黏化作用较强，从而导致土壤剖面上相对较高的黏粒含量。

表 2-6　王朗国家级自然保护区亚高山针叶林土壤的物理结构特征

林型	土壤类型	土层	容重 /(g/cm³)	土壤颗粒组成/%*					
				0.1～1mm	0.05～0.1mm	0.01～0.05mm	0.005～0.01mm	0.001～0.005mm	<0.001mm
紫果云杉林	暗棕壤	A	0.61	0.55	8.99	28.23	22.59	22.58	17.06
		B	1.65	1.75	2.43	22.15	23.78	24.57	25.32
岷江冷杉林	棕色冲积土	A	1.28	7.82	26.52	22.71	6.20	16.52	20.23
		C	1.58	1.29	3.04	41.25	19.42	16.41	18.60
白桦林	棕壤	A	0.95	2.56	7.95	19.52	22.67	25.22	22.08
		B	1.67	1.64	2.25	19.73	23.84	26.42	27.12

* 土壤颗粒组成采用吸管法测定（鲁如坤，1999）；

资料来源：王开运等，2004。

一般认为，低温限制和降水是影响亚高山针叶林土壤形成与发育的主导因子，地形和母质是决定土壤分布的关键因子，而生物因素（森林发育）是影响土壤理化性质的决定性因子。然而，长江上游亚高山针叶林区地处高山峡谷地带和山原区，频繁的地质灾害（地震、滑坡、泥石流、雪崩、崩塌等）经常阻断土壤发育过程，从而使土壤结构形成更加复杂。例如，根据土壤发生与分类理论划分的漂灰土、暗棕壤和棕壤，特别是以泥石流滩地形成的土壤，常常只有一层非常浅薄的矿质土壤层，缺乏淋溶层和淀积层。如果按照土壤诊断分类的划分依据，则可能会划分为新成土或雏形土。再如，在森林洼地形成的暗棕壤或棕色针叶林土，按照土壤诊断分类的划分依据，则可能划分为泥炭土或者沼泽土。根据最近对王朗国家级自然保护区亚高山针叶林土壤的调查研究，王朗亚高山针叶林区土壤可划分为淋溶土、新成土、雏形土、潜育土等土纲，包含至少 20 种土种（未发表资料）。可见，目前有关长江上游亚高山针叶林的土壤分类研究还远远不能满足森林生态研究和森林土壤管理的科学需求。因此，深入开展长江上游亚高山针叶林区的土壤分类研究，不仅是亚高山森林生态系统过程研究的科学基础，还能为亚高山针叶林土壤生态管理提供重要的科学依据。

参 考 文 献

常晨晖，吴福忠，杨万勤，等. 2014. 川西高山森林倒木不同分解阶段的微生物群落变化特征[J]. 应用与环境生物学报，20（6）：978-985.

李承彪. 1990. 四川森林生态研究[M]. 成都：四川科学技术出版社.

刘庆，吴彦，何海. 2001. 中国西南亚高山针叶林的生态学问题[J]. 世界科技研究与发展，23（2）：63-69.

鲁如坤. 1999. "微域土壤学"——一个可能的土壤学的新分支[J]. 土壤学报，36（2）：287.

《四川森林》编委会. 1992. 四川森林[M]. 北京：中国林业出版社.

谭波. 2010. 季节性冻融对川西亚高山/高山森林土壤动物群落的影响[D]. 雅安：四川农业大学.

汤国庆. 2018. 岷江冷杉森林林窗和基质对苔藓植物群落的影响[D]. 雅安：四川农业大学.

汪沁，杨万勤，吴福忠，等. 2019. 高山森林林窗和粗木质残体对木生苔藓生物量和多样性的影响[J]. 生态学报，39（18）：6651-6659.

王奥. 2012. 季节性冻融对高山森林土壤微生物与生化特性的影响[D]. 雅安：四川农业大学.

王开运，杨万勤，胡庭兴，等. 2004. 亚高山针叶林群落生态系统过程[M]. 成都：四川科学技术出版社.

王壮，杨万勤，吴福忠，等. 2017. 高山森林粗木质残体附生苔藓植物的重金属吸存特征[J].生态学报，37（9）：3028-3035.

王壮，杨万勤，吴福忠，等. 2018. 高山森林林窗对苔藓及土壤微量元素含量的影响[J]. 生态学报，38（6）：2111-2118.

吴庆贵，吴福忠，杨万勤，等. 2013. 川西高山森林林隙特征及其干扰状况[J]. 应用与环境生物学报，19（6）：922-928.

夏磊. 2012. 土壤动物对亚高山/高山森林凋落物分解的贡献[D]. 雅安：四川农业大学.

肖洒. 2015. 川西高山森林粗木质残体与分解特征[D]. 雅安：四川农业大学.

杨芳. 2004. 川西亚高山森林土壤微生物和酶活性分布特征[D]. 重庆：西南大学.

杨万勤，张健，胡庭兴，等. 2006. 森林土壤生态学[M]. 成都：四川科学技术出版社.

杨万勤，邓仁菊，张健. 2007. 森林凋落物分解及其对全球气候变化的响应[J]. 应用生态学报，18（12）：2889-2895.

中国林业科学研究院林业研究所. 1986. 中国森林土壤[M]. 北京：科学出版社.

《中国森林》编委会. 1999. 中国森林（第 2 卷）：针叶林[M]. 北京：中国林业出版社.

Berg A，Ehnström B，Gustafsson L，et al. 1994. Threatened plant，animal，and fungus species in Swedish forests：distribution and habitat associations[J]. Conservation Biology，8：718-731.

Berg B，McClaugherty C. 2014. Plant Litter：Decomposition，Humus Formation，Carbon Sequestration（3rd）[M]. Berlin：Springer-Verlag.

Botting R S，DeLong C. 2009. Macrolichen and bryophyte responses to coarse woody debris characteristics in sub-boreal spruce forest[J]. Forest Ecology and Management，258：S85-S94.

Browning B J，Jordan G J，Dalton P J，et al. 2010. Succession of mosses，liverworts and ferns on coarse woody debris，in relation to forest age and log decay in Tasmanian wet eucalypt forest[J]. Forest Ecology and Management，260：1896-1905.

Chang C，Wu F，Wang Z，et al. 2019. Effects of epixylic vegetation removal on the dynamics of the microbial community composition in decaying logs in an alpine forest[J]. Ecosystems，22：1478-1496.

de Vries F，Thébault E，Liiri M，et al. 2013. Soil food web properties explain ecosystem services across European land use systems[J]. PNAS，110：14296-14301.

Dittrich S，Jacob M，Bade C，et al. 2014. The significance of deadwood for total bryophyte，lichen，and vascular plant diversity in an old-growth spruce forest[J]. Plant Ecology，215：1123-1137.

Harmon M E. 1986. Ecology of coarse woody debris in temperate ecosystems[J]. Advances in Ecological Research，15：133-276.

He W，Yang W. 2020. Loss of total phenols from leaf litter of two shrub species：dual responses to alpine forest gap disturbance during winter and the growing season[J]. Plant Ecology，13：369-377.

Ives A R，Carpenter S R. 2007. Stability and diversity of ecosystems[J]. Science，317：58-62.

Moore J C，Berlow E L，Coleman D C，et al. 2004. Detritus，trophic dynamics and biodiversity[J]. Ecology Letters，7：584-600.

Pan Y，Birdsey R A，Fang J，et al. 2011. A large and persistent carbon sink in the world's forests[J]. Science，333：988-993.

Wang B，Wu F，Xiao S，et al. 2015. Effect of succession gaps on the understory water-holding capacity in an over-mature alpine forest at the upper reaches of the Yangtze River[J]. Hydrological Processes，30（5）：692-703.

Wang Z，Wu F，Yang W，et al. 2018. Effect of gap position on the heavy metal contents of epiphytic mosses and lichens on the fallen logs and standing trees in an alpine forest[J]. Forests，9（7）：383.

Wu F Z，Yang W Q，Zhang J，et al. 2010a. Fine root decomposition in two subalpine forests during the freeze-thaw season[J]. Forest Research，40：298-307.

Wu F Z，Yang W Q，Zhang J，et al. 2010b. Litter decomposition in two subalpine forests during the freeze-thaw season[J]. Acta Oecologica，36：135-140.

Yang W Q，Wang K Y，Kellomaki S，et al. 2005. Litter dynamics of three subalpine forests in Western Sichuan[J]. Pedosphere，15：653-659.

Zhu J X，He F，Wu F Z，et al. 2012. Decomposition of Abies faxoniana litter varies with freeze-thaw stages and altitudes in subalpine/alpine forests of southwest China[J]. Forest Research，27（6）：586-596.

第3章　亚高山针叶林生态系统物质迁移过程

降水和凋落物是森林生态系统物质迁移的主要载体和驱动力。林窗（forest gap）是绝大多数森林生态系统中普遍存在的景观，由树木的自然死亡和其他气象事件破坏冠层而形成（Richards and Hart，2011），能够重新分配水热格局，进而在不同位置形成微环境差异（Bugmann，2001；Ritter et al.，2005）。一方面，森林林冠通过林内、林缘和林窗的不同小环境直接影响降水传输，是森林生态系统养分循环和水文学过程中的一个重要环节，大气降水经过林冠截留和再分配作用后，通过穿透水和/或树干茎流的方式进入林地，该过程对林冠的枝叶、树干等部位的养分元素和污染物质进行了淋洗，同时也吸收、过滤和截留了部分养分元素，使穿透水和树干茎流中各元素的含量发生较大变化，并间接影响土壤渗漏及其元素含量（Hatton et al.，2015）。林冠对降水及其元素的再分配主要通过林冠的直接拦截和土壤的间接过滤来完成，多借助实验样地尺度上的土壤-植被-大气传输（soil-vegetation-atmosphere transfer，SVAT）模型（包括更为微观的土壤-植物-大气连续体模型），探究垂直梯度的水文传输（del Campo et al.，2014）。森林林冠的再分配作用旨在解释林窗、林缘和林内不同小环境下植被的林冠类型、截留效果与水文循环之间的联系，明确植被的水文交互作用如何影响物质的循环和能量的交换。另一方面，凋落物产量是决定森林生态系统养分归还量的主要因素（Bigelow and Canham，2015），其凋落组分还影响着物质循环的效率（Coq et al.，2011；Wang et al.，2016；Hishinuma et al.，2017）。而凋落物的组成成分一般指凋落叶、木质部分（凋落枝与皮）、繁殖器官（凋落花、果种），以及一些不能区分来源的碎屑等（Swift et al.，1979；Schlesinger and Lichter，2001）。林窗可显著影响植物器官生长、物种多样性、群落分布以及森林空间结构，林窗作用下的生物与气候差异势必影响凋落物的类型、生产过程及以其为载体的元素归还特征。然而，已有的凋落物研究多针对优势树种，或简单从宏观角度阐述区域的总产量、凋落动态，而对凋落物森林内部空间结构、群落、物种、组分等不同层面的贡献格局整体上缺乏系统研究。因此，采用定位观测法，通过对水源涵养地高山森林林冠水文过程和凋落物生产过程的动态研究，确定该地区林冠对降水的再分配特征和对沉降物的截留、过滤作用，以及凋落物各组分的动态生产过程，可为充分认识区域生态系统的物质迁移过程和特点提供科学依据。

3.1　亚高山针叶林区降水特征

3.1.1　大气降水特征

2015 年 8 月～2017 年 8 月，在被研究的亚高山针叶林区共观测到 50 次降雨事件，46 次降雪事件。年降水量为 933.54mm，其中，年降雨量为 649.94mm，年降雪量为 283.6mm，次降雨量最大值为 30.68mm，最小值为 2.57mm（图 3-1），降雨量和降雪量分别占总降水量的 69.62%和 30.38%。据我国气象部门采用的降水强度标准（24h）可知，亚高山针叶林区降雨以小雨（Pc≤10mm）为主，其次为中雨（10mm<Pc≤25mm），大雨（Pc>25mm）频次较小，没有观测到暴雨。小雨、中雨和大雨在观测期内所占比例分别为 51%、34%和15%。在整个观测期内，降雨量超过 20mm 的单次降雨集中在 2015 年的 9 月和 2016 年的 5~7 月，而小雨在每月分布差异较小，10 月未收集到有效降水（Pc<0.1mm）。降雪量是从天空中降落到地面上的固态（经融化后）水，未经蒸发、渗透、流失，在水平面上积聚的水层深度。根据我国气象部门采用的降雪强度标准（24h）可知，所研究的亚高山针叶林区以小雪、中雪和大雪为主，暴雪频次相对较小，但降雪量大。观测期间，共观测到17 次小雪（0.1mm<Pc≤2.5mm）、9 次中雪（2.5mm<Pc≤5mm）、10 次大雪（5mm<Pc≤10mm）和 5 次暴雪（Pc>10mm），其中小雪、中雪、大雪和暴雪分别占 42%、22%、24%和 12%，暴雪来自两次连续降雪（二次降雪）事件，降雪间隔时间不超过 12h。

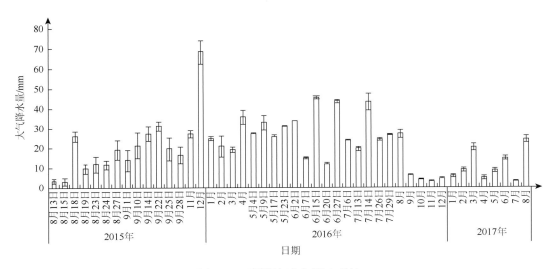

图 3-1　观测期间大气降水事件

3.1.2　亚高山针叶林林冠对降水的再分配作用

降水特征和林冠特征直接影响林冠截留和截留率。林窗、林缘和林内具有不同的林冠特征，从而改变了穿透水量、树干茎流量和地下渗漏量以及林冠截留量与截留率。降水经过林冠，形成穿透水和树干茎流，对大气降水进行第一次分配。图 3-2 显示，亚高山针叶林林窗、林缘和林内的穿透水量具有显著差异（$P<0.05$），但林窗内的穿透水与大气降水之间无显著差异（$P>0.05$），而在降雪期差异均极显著（$P<0.01$）；当大气降水量低于 5mm 时，林内穿透水仅为 0.10mm 和 0.21mm，大气降水在穿透水中的分配表现为大气降水>林窗穿透水>林缘穿透水>林内穿透水。林窗、林缘和林内的穿透水总量分别为 878.17mm、814.57mm 和 707.63mm，分别占降水总量的 94.07%、87.26%和 75.80%

（图 3-2）。大气降水量显著高于树干茎流量（$P<0.01$）（图 3-3），树干茎流量随着降水量的增加而增大。

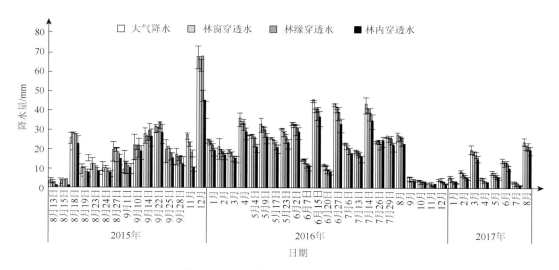

图 3-2　大气降水在亚高山针叶林林窗、林缘和林内的分配特征

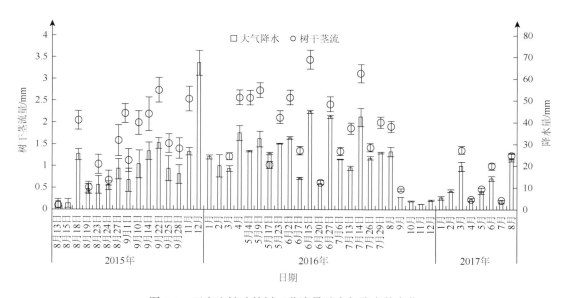

图 3-3　亚高山针叶林树干茎流量随大气降水的变化

回归分析表明（表 3-1），树干茎流量和穿透水量均随着大气降水量的增加而增加，且在不同降水等级下差异极显著（$P<0.01$）。穿透水率和树干茎流率与大气降水量呈正相关关系，随着降水量的增加，树干茎流率和林缘、林内的穿透水率表现出良好的对数函数曲线增长趋势。在观测期内，不同林冠条件下的截留量差异显著（$P<0.05$），林缘和林内的截留量与大气降水量呈正相关关系，随着大气降水量的增加而增加，且截留率随着大气

降水量的增加呈现出对数增长趋势，当降水量小于 12mm 时，林冠截留率大，而当降水量大于 12mm 时，林冠截留率相对较小。

表 3-1　亚高山针叶林穿透水、树干茎流与大气降水线性方程拟合关系

类目	位置	方程	参数 a	参数 b	n	R^2	P
TF	FG	TF = aP + b		−0.9293	45	0.9226	0.000
	FE	TF = aP + b	0.9152	−1.2799	45	0.9254	0.000
	UF	TF = aP + b	0.6571	−1.1476	45	0.9051	0.000
SF	UF	SF = aP + b	0.0743	−0.2249	45	0.9609	0.000

注：TF 表示穿透水率，SF 表示树干茎流率，FG 表示林窗，FE 表示林缘，UF 表示林内。

降水通过林冠首次分配后，主要通过穿透水和树干茎流间接影响土壤的渗漏。地下渗漏均产生在降雨期，降雪期末产生或产生的渗漏水较少（<0.5mm）。在观测期内，林窗、林缘和林内均产生了 21 次土壤渗漏水，空地共产生 20 次。不同林冠条件下，土壤渗漏水量差异显著，空地、林窗、林缘和林内的土壤渗漏水量分别为 589.64mm、477.67mm、544.85mm 和 585.80mm，分别占同期降水量的 63.16%、51.17%、58.36%和 62.75%。土壤渗漏水量随着降水量的增加而增加，与大气降水量呈正相关关系。不同降水等级之间的空地土壤渗漏水量差异显著（P<0.05），降水量显著影响了林窗、林缘和林内的土壤渗漏水量（P<0.01）（表 3-2）。

表 3-2　亚高山针叶林土壤渗漏水与大气降水的线性方程拟合关系

地下渗漏	方程	参数 a	参数 b	n	R^2	P
NF	SP = aP + b	0.8056	−0.359	20	0.9244	0.011
FG	SP = aP + b	0.6492	−0.3844	21	0.8794	0.012
FE	SP = aP + b	0.7987	−1.6616	21	0.9226	0.006
UF	SP = aP + b	0.9280	−3.2442	21	0.9446	0.004

注：SP 表示地下渗漏，FG 表示林窗，FE 表示林缘，UF 表示林内，NF 表示空地。

当单次降水量小于 10mm 时，空地土壤渗漏水量低于 0.5mm，可忽略不计；林窗和林内土壤渗漏产流的大气降水临界值均为 5.20mm，而林缘为 6.23mm。通过对各林冠条件下土壤渗漏水的动态观察，林下、林缘、林窗和空地的土壤渗漏水量差异显著（P<0.05）。当单次降水量小于 15mm 时，空地土壤渗漏水量最低，当单次降水量大于 15mm 时，林窗的土壤渗漏水量最低 [图 3-4（a）]。林缘与林内的土壤渗漏水量差异不显著（P>0.05），但空地与林窗的土壤渗漏水量差异极显著（P<0.01）。当单次降水量小于 17mm 时，土壤截留量随降水量增加而减小，当单次降水量介于 17~26mm 时，土壤截留量最小且变化趋势平稳，当单次降水量大于 26mm 时，土壤截留量随降水量的增加而增大。不同林冠条

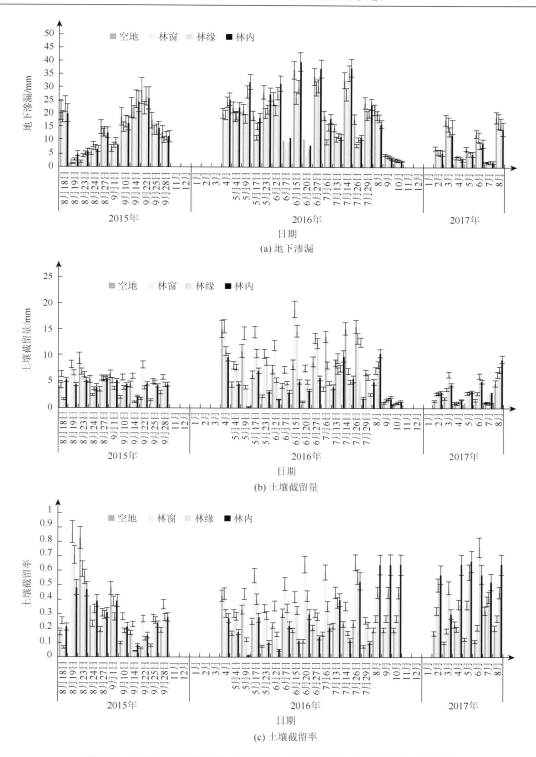

(a) 地下渗漏

(b) 土壤截留量

(c) 土壤截留率

图 3-4　亚高山针叶林林窗、林缘和林内土壤渗漏（地下渗漏）水特征

件下的土壤截留率差异显著（$P > 0.05$），且截留率与大气降水呈负相关关系［图 3-4（c）］。当单次降水量小于 18mm 时，土壤截留率随着降水量的增大而急剧减小，当单次降水量为 18～25mm 时，截留率减小趋势平缓，当单次降水量大于 25mm 时，截留率趋于稳定。

表 3-3 显示，亚高山针叶林林窗、林缘和林内的穿透水与大气降水之间均呈极显著的正相关关系，树干茎流与大气降水之间也呈现出极显著的正相关关系，林窗、林缘和林内的地下渗漏与大气降水之间也呈极显著的正相关关系。在整个降水分配过程中，各分配指标之间均具有极显著的正相关关系，且相关系数在 0.842～0.996。可见，大气降水是影响亚高山针叶林内降水分配（穿透水、树干茎流和地下渗漏）的首要因素。

表 3-3　亚高山针叶林穿透水量、树干茎流量、地下渗漏与大气降水量的相关性分析

类目		大气降水	穿透水			树干茎流	地下渗漏			
			林窗	林缘	林内		空地	林窗	林缘	林内
大气降水		1								
穿透水	FG	0.992**	1							
	FE	0.991**	0.989**	1						
	UF	0.912**	0.946**	0.996**	1					
树干茎流		0.990**	0.951**	0.921**	0.842**	1				
土壤渗漏	NF	0.975**	0.922**	0.918**	0.930**	0.966**	1			
	FG	0.974**	0.979**	0.964**	0.955**	0.951**	0.979**	1		
	FE	0.988**	0.964**	0.954**	0.961**	0.921**	0.961**	0.985**	1	
	UF	0.993*	0.966**	0.996**	0.995**	0.834**	0.966**	0.973**	0.988**	1

注：** 表示在 0.01 水平（双侧）上显著相关，FG 表示林窗，FE 表示林缘，UF 表示林内，NF 表示空地。

在林窗、林缘和林内三种林冠之下，大气降水经林冠通过穿透水和树干茎流进入森林，经土壤通过地下渗漏从森林输出。整个观测期内，相对于空地，三种林冠条件下的截留量与截留率在各层次的降水截留分配特征变化规律差异明显（表 3-4）。林窗、林缘和林内对降水的首次分配截留均表现出正截留效应，对大气降水进行了有效的吸收、吸附和截留，且截留能力表现为林内＞林缘＞林窗；在不同林冠条件下的土壤中，只有林窗表现出正截留效应，林缘和林内均表现出负截留效应，且截留能力表现为林窗＞林内＞林缘，在不计首次林冠分配的条件下，林缘和林内均表现出土壤渗漏水高于大气降水的现象；林窗、林缘和林内各林冠的整体输入与输出水分，均表现出正截留效应，且截留量与截留率均差异显著（$P < 0.05$），且截留能力表现为林窗＞林内＞林缘，其总截留量分别为 177.11mm、136.90mm 和 57.00mm，而总净截留率分别为 18.97%、14.67% 和 6.11%，且林内与林窗截留效果显著。可见，林冠特征是影响大气降水分配的关键因子。

表 3-4 亚高山针叶林林窗、林缘和林内的截留特征

类目	林冠净截留量/mm	林冠净截留率	土壤净截留量/mm	土壤净截留率	总净截留量/mm	总净截留率
FG	55.37±4.88a	5.93%±0.02%a	110.74±13.42a	11.86%±0.09%a	177.11±2.75a	18.97%±0.03%a
FE	118.97±19.03b	12.74%±0.03%b	−61.97±3.77b	−6.64%±0.08%b	57.00±3.83a	6.11%±0.01%a
UF	166.39±18.30b	17.28%±0.04%b	−29.49±4.34b	−3.16%±0.06%b	136.90±7.57b	14.67%±0.1%b

注：数据后不同小写字母表示不同林冠条件下降水截留分配差异达到 0.05 显著水平。FG 表示林窗，FE 表示林缘，UF 表示林内。

3.2 亚高山针叶林林冠对降水中碳再分配的影响

3.2.1 大气降水碳含量动态

图 3-5 为亚高山针叶林大气降水中总碳（TC）、总无机碳（TIC）和总有机碳（TOC）含量的变化特征。由图可见，大气降水中的碳含量随着降水量的增加而降低，呈现负相关关系，在一定的降水范围内 TC、TIC 和 TOC 的含量差异均显著（$P<0.05$），且平均含量表现为 TC（10.60mg/L）＞TIC（5.75mg/L）＞TOC（4.85mg/L）；在亚高山针叶林区，大气降水中 TIC 含量高于 TOC，TIC 占 TC 的 54.30%，且在降雨期和降雪期无机碳所占比例差异显著，在降雨期约为 53%，降雪期约为 62%。

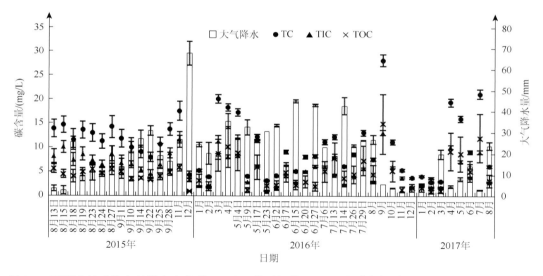

图 3-5 亚高山针叶林大气降水中总碳（TC）、总无机碳（TIC）和总有机碳（TOC）含量的变化特征

图 3-6 为亚高山针叶林林冠对穿透水总碳（TC）、总无机碳（TIC）和总有机碳（TOC）含量的影响。穿透水的碳含量均显著高于大气降水，穿透水中碳含量均表现为林内＞林缘＞林窗，林窗、林缘和林内穿透水 TC 含量分别为 16.91mg/L、22.60mg/L 和 30.85mg/L；穿透水的碳组分以 TIC 为主，且 TIC 占 TC 的比例分别为 55.33%、58.06% 和 59.73%；相对

于大气降水的 TIC 所占比例，林窗、林缘和林内穿透水 TIC 的比例分别升高了 1.08%、3.80%
和 5.48%。

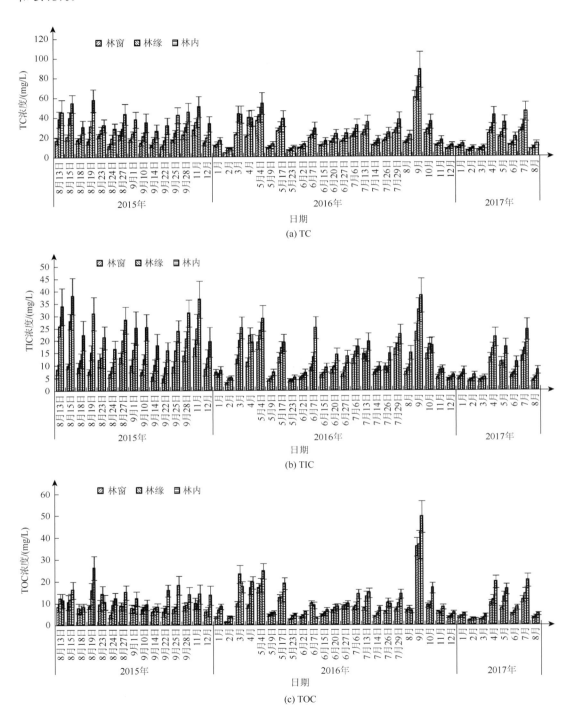

图 3-6　亚高山针叶林林冠对穿透水总碳（TC）、总无机碳（TIC）和总有机碳（TOC）含量的影响

图 3-7 为亚高山针叶林树干茎流总碳（TC）、总无机碳（TIC）和总有机碳（TOC）含量动态。由图可见，树干茎流 TC、TIC 和 TOC 含量均随着大气降水量的增加而减小，平均含量分别为 57.03mg/L、25.15mg/L 和 31.88mg/L，树干茎流中的碳以 TOC 为主，TIC 占 TC 的比例仅为 44.10%，相对于大气降水，降低了 10.20 个百分点。

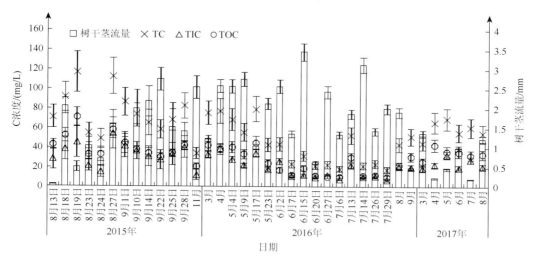

图 3-7 亚高山针叶林树干茎流总碳（TC）、总无机碳（TIC）和总有机碳（TOC）含量动态

研究还发现，土壤渗漏水碳含量与大气降水量呈正相关关系，土壤渗漏水碳含量均显著高于大气降水，且 TC、TIC 和 TOC 的含量在不同林冠条件下差异显著（$P < 0.05$）；与林窗位置相比，土壤渗漏水碳含量表现为空地＞林内＞林缘＞林窗。

3.2.2 碳再分配特征

图 3-8 显示，亚高山针叶林区大气降水中以 TIC 输入为主，且 TC、TIC 和 TOC 的输入量差异显著，降雨期的输入量高于降雪期，TC、TIC 和 TOC 在降雨期的输入量分别为 92.46kg/hm²、51.94kg/hm² 和 40.52kg/hm²，降雪期的输入量分别为 19.86kg/hm²、13.45kg/hm² 和 6.41kg/hm²。降雨期，TC、TIC 和 TOC 输入量变化规律一致，随着降水量的增大，碳输入量均显著升高，在小雨（Pc≤10mm）、中雨（10mm＜Pc≤25mm）和大雨（Pc＞25mm）等级下，中雨的频次决定了输入量。季节性降雪期间，降水的碳输入量取决于降雪量和降雪间隔时间。

经过林冠首次分配后，穿透水中的碳仍以 TIC 为主，且 TC、TIC 和 TOC 输入量变化规律一致，表现为林内＞林缘＞林窗（图 3-9）。大气降水的碳输入仍以中雨等级下的输入量最高，而在季节性降雪期间，降水的碳输入变化更为复杂，在以小雪和中雪为主的降水中，降水动能较弱，穿透能力差，使得林内穿透水减少的同时降低了碳的输入量，TC 在林窗、林缘和林内的输入量无显著差异。林窗、林缘和林内大气降水的 TC 年输入量分别为 138.02kg/hm²、166.50kg/hm² 和 196.23kg/hm²。在每年降雪初期的中雪和小雪

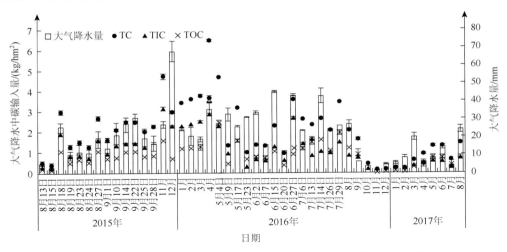

图 3-8　大气降水的总碳（TC）、总无机碳（TIC）和总有机碳（TOC）输入特征

的降水观测中发现，林内的输入量最低；随着降雪增强，如在 2015 年 12 月以中雪和大雪为主的降水中，降水动能有一定程度的增强，使得穿透水量增加，同时 TC 在林窗、林缘和林内的输入量差异显著，分别为 8.81kg/hm²、11.01kg/hm² 和 13.35kg/hm²。整个观测期内，

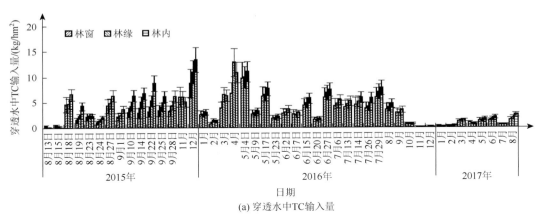

(a) 穿透水中TC输入量

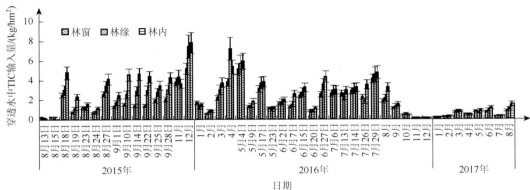

(b) 穿透水中TIC输入量

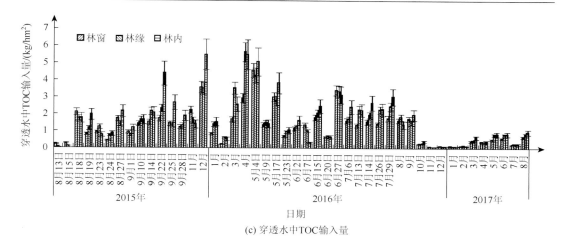

(c) 穿透水中TOC输入量

图 3-9 亚高山针叶林林冠对穿透水总碳（TC）、总无机碳（TIC）和总有机碳（TOC）输入的影响

TOC 在林窗和林缘中的输入量无显著差异，且林窗中 TOC 比例最高，林内最低，但在降雪初期，受降水动能和势能的影响显著，在 2015 年 11 月和 2016 年 11 月林内均出现较低的 TIC 输入量和 TOC 输入量。

　　树干茎流是 TC、TIC 和 TOC 输入的主要途径，其树干茎流量虽然极少，但浓度高，从而使碳在树干茎流中的输入量不可忽视（图 3-10）。受降水和温度的影响，降雪期树干茎流量少，在降雪期部分观测时段更是未收集到有效树干茎流，且相对于降雨期碳含量明显降低，使得碳在降雪期内的输入量很少。但从 2015 年 11 月的树干茎流碳输入量来看，TOC 在降雪期的比重显著上升，TC、TIC 和 TOC 的输入量分别为 0.87kg/hm²、0.32kg/hm² 和 0.55kg/hm²，TOC 约占 TC 输入量的 62.5%。单次 TC、TIC 和 TOC 的最高输入量出现在 25.45mm 的降水事件下（并非最大单次降水量），输入量分别为 1.91kg/hm²、0.81kg/hm² 和 1.09kg/hm²，其对应最高的树干茎流量但不具有最高碳含量。整个观测期内 TC、TIC 和 TOC 伴随树干茎流的输入量分别为 31.59kg/hm²、14.26kg/hm² 和 17.33kg/hm²，TOC 输入量约占 TC 输入量的 54.86%。

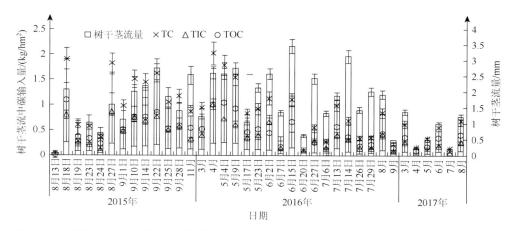

图 3-10 亚高山针叶林树干茎流总碳（TC）、总无机碳（TIC）和总有机碳（TOC）输入动态

　　碳经地下渗漏输出土壤，完成林冠分配的输出过程，随着降水量增加，TC、TIC 和 TOC 输出量也逐渐增大，地下渗漏水 TC、TIC 和 TOC 的输出规律相似，但输出量差异显著。TC 和 TIC 的总输出量均表现为空地＞林内＞林缘＞林窗，而 TOC 的总输出量表现为林窗＞林内＞林缘＞空地（图 3-11），仍以 TIC 输出为主。整个观测期内，在不同

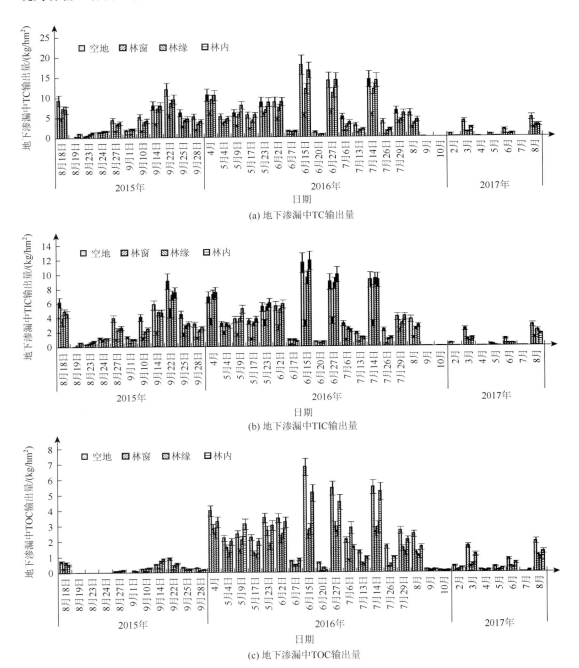

图 3-11　亚高山针叶林林冠对土壤渗漏水总碳（TC）、总无机碳（TIC）和总有机碳（TOC）输出的影响

雨量等级下，变化规律不一致，当单次降水量低于 14mm 时（特别是在小雨等级下），空地土壤渗漏水碳输出量最少，TC、TIC 和 TOC 仅为 9.16kg/hm²、5.15kg/hm² 和 4.01kg/hm²，而当单次降水量高于 25mm 时，空地土壤渗漏水碳输出量最大。

亚高山针叶林林窗、林缘和林内土壤渗漏水每年的碳输出量分别为 134.74kg/hm²、84.93kg/hm² 和 49.81kg/hm²（图 3-11）。土壤渗漏水的碳输出量随着降雨强度增加而增加，在大雨等级下 TC、TIC 和 TOC 的输出量分别约为对应空地土壤渗漏水 TC、TIC 和 TOC 总输出量的 71.68%、71.62% 和 89.52%，表明林冠截留能够降低土壤碳流失。

根据大气降水量与穿透水、树干茎流和地下渗漏中的 TC、TIC 和 TOC 输入/输出量的相关性分析可知，除了 TOC 在大气降水中的输入量与大气降水量相关但不显著外，其他指标的输入/输出量均与大气降水呈良好的显著相关（表 3-5）。对于大气降水，TC、TIC 和 TOC 的输入量与大气降水量的相关系数分别为 0.811、0.806 和 0.466；林缘穿透水 TC、TIC 和 TOC 的输入量与大气降水相关性最强，相关系数为 0.932～0.965；对于树干茎流，碳输入量相关系数为 0.744～0.820；对于土壤渗漏，林内 TC、TIC 和 TOC 的输出量与大气降水相关性最强，相关系数为 0.899～0.984。整个观测期内，碳输入/输出量与大气降水量的相关性分析中，林内土壤渗漏 TC 的输出量相关性最强（0.984），大气降水中 TOC 的输入量相关性较低（0.466）。

表 3-5　亚高山针叶林穿透水、树干茎流、土壤渗漏水碳输入/输出量与大气降水量的相关性分析

类目	林冠	TC	TIC	TOC
大气降水		0.811**	0.806**	0.466
穿透水	FG	0.906**	0.863**	0.942**
	FE	0.965**	0.944**	0.932**
	UF	0.922**	0.896**	0.875**
树干茎流		0.790**	0.744**	0.820**
土壤渗漏	NF	0.966**	0.974**	0.856**
	FG	0.914**	0.882**	0.781**
	FE	0.977**	0.959**	0.838**
	UF	0.984**	0.956**	0.899**

注：** 表示在 0.01 水平（双侧）上显著相关，FG 表示林窗，FE 表示林缘，UF 表示林内，NF 表示空地。

3.3　亚高山针叶林凋落物组成

3.3.1　凋落物产量及动态

森林凋落物是碳和养分的载体，其产量和动态与森林生产力维持密切相关，并受到各种生物因子与非生物因子的影响。亚高山针叶林郁闭林下、林窗边缘和林窗内部的凋落物年产量分别是 5407.1kg/(hm²·a)±494.0kg/(hm²·a)、3528.6kg/(hm²·a)±252.0kg/(hm²·a)、671.2kg/(hm²·a)±118.9kg/(hm²·a)（表 3-6），具有明显的差异 [图 3-12（a）]。从各凋落物组分产量分析，凋落叶和凋落枝为凋落物的主要器官组分；郁闭林下分别占 55.1% 和

32.6%，林窗边缘分别占 58.8%和 29.0%，林窗内部分别占 64.1%和 21.4%。在 3 种位置上凋落叶贡献最大，郁闭林下、林窗边缘与林窗内部分别为 55.1%、58.8%与 64.1%（图 3-13）。叶、枝、附生植物、其他组分凋落物产量均表现为郁闭林下＞林窗边缘＞林窗内部；郁闭林下树皮的凋落物产量明显高于林窗边缘、林窗内部；果种凋落物产量在三种位置无明显差异，介于 4～10kg/(hm²·a)；凋落花在林窗边缘的产量最高，达 38.3kg/(hm²·a)，明显高于林窗内部 [5.1kg/(hm²·a)]。

表 3-6　亚高山针叶林郁闭林下、林窗边缘与林窗内部森林凋落物年产总量及贡献率

组分	凋落物产量/[kg/(hm²·a)]			年贡献率/%		
	CC	GE	GC	CC	GE	GC
叶	2978.0±172.6	2074.6±153.1	430.2±100.8	55.1±3.2	58.8±4.3	64.1±15.0
枝	1761.7±277.0	1022.3±111.8	143.8±37.2	32.6±5.1	29.0±3.2	21.4±5.5
树皮	159.0±38.2	50.1±9.0	23.9±12.3	2.9±0.7	1.4±0.3	3.6±1.8
果种	7.6±3.6	9.9±2.0	4.5±2.0	0.1±0.1	0.3±0.1	0.7±0.3
花	22.6±7.9	38.3±7.6	5.1±2.5	0.4±0.1	1.1±0.2	0.8±0.4
附生植物	164.7±23.2	109.4±15.8	9.0±4.2	3.0±0.7	3.1±0.4	1.3±0.6
其他组分	313.5±30.0	224.0±20.5	54.7±9.6	5.9±0.6	6.3±0.6	8.1±1.4
汇总	5407.1±494.0	3528.6±252.0	671.2±118.9	100	100	100

注：数值为平均值±标准误差（$n=3$）。CC（郁闭林下），GE（林窗边缘），GC（林窗内部）。

如图 3-14 所示，亚高山针叶林凋落物产量具有明显的季节动态，有两个明显的凋落高峰（秋季和夏初），生长旺盛期（6～8 月）凋落物产量较低。同时，凋落物产量不仅具有明显的季节动态，还受到林冠的影响。在冰雪覆盖期（12 月至次年 4 月），郁闭林下、林窗边缘的凋落物总量均明显高于林窗内部。郁闭林下和林窗边缘的凋落物产量在 5 月分别达到最大值，分别为 1809.4kg/hm² 和 1072.4kg/hm²，分别占全年凋落物总产量的 33.5%和 30.4%；在秋末冬初（11 月），郁闭林下和林窗边缘的凋落物产量最低，分别为 65.8kg/hm² 和 10.1kg/hm²，分别占全年凋落物总产量的 1.2%和 0.3%（表 3-7）。林窗内部的凋落物产量在 10 月达到最大值（234.2kg/hm²），占全年凋落物总产量的 34.9%；在 11 月凋落物最少，这可能与该月份的风速有关，10 月大量凋落叶随着风从林窗外迁移到林窗内部，经过凋落高峰后，一方面林窗内部植物和非林窗区域凋落物已减少，可供凋落与迁移到林窗内部的凋落物不足，另一方面，11 月进入雪被形成期，风速相对较小，凋落物迁移的外部作用力减弱。在 8 月，三种位置的凋落物占全年凋落物产量的比例均较小，仅占 2%～3%，这可能是处于生长期的植物，尤其是落叶阔叶树种处于展叶期，可供凋落和迁移的凋落物有限。12 月至次年 4 月及 9 月、10 月，林窗内部的凋落物总量均明显低于郁闭林下、林窗边缘的森林凋落物总量 [图 3-14（a）]，郁闭林下、林窗边缘的森林凋落物总量无明显的区别。生长季节前期，三个位置的凋落物产量区别不大，主要表现在：6 月郁闭林下凋落物产量高于其他两处位置，7 月时三个林窗位置的凋落物产量无显著区别，产量在 48～444kg/hm² 波动变化。经过 9 月、10 月的凋落高峰后，11 月温度下降，进入雪被形成期，凋落物产量均较小，林窗内部、林窗边缘的森林凋落物总量无明显差异。

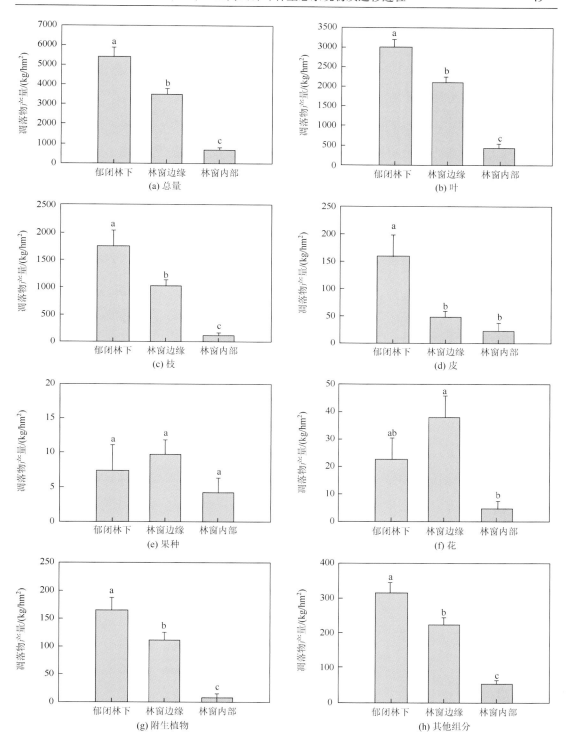

图 3-12　亚高山针叶林凋落物年产量

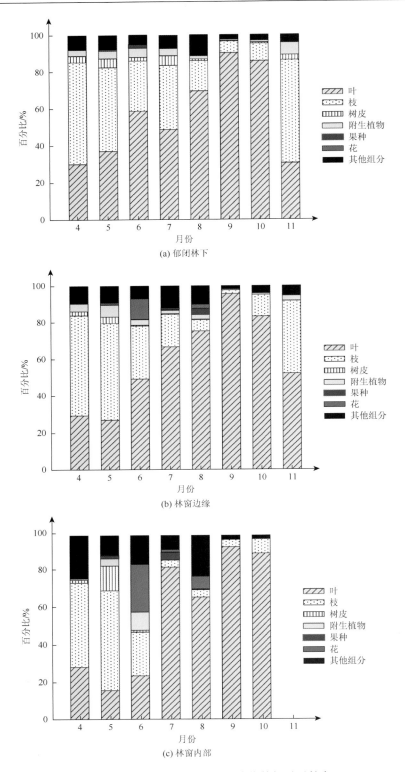

图 3-13　亚高山针叶林不同凋落物的相对贡献率

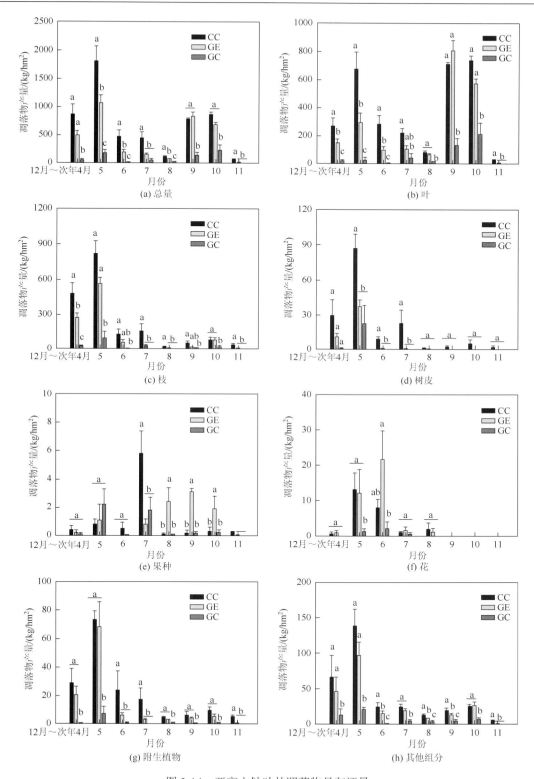

图 3-14　亚高山针叶林凋落物月归还量

表 3-7　亚高山针叶林凋落物月生产量及贡献率

月份	凋落物产量/(kg/hm²)			年贡献率/%		
	CC	GE	GC	CC	GE	GC
12 月～ 次年 4 月	869.5	495.4	50.7	16.1	14.0	7.6
5	1809.4	1072.4	175.2	33.5	30.4	26.1
6	474.1	194.2	8.2	8.8	5.5	1.2
7	443.4	157.5	48.4	8.2	4.5	7.2
8	112.2	80.6	16.8	2.1	2.3	2.5
9	782.5	836.4	137.5	14.5	23.7	20.5
10	850.0	682.1	234.2	15.7	19.3	34.9
11	65.8	10.1	0.0	1.2	0.3	0.0

注：数值为平均值（$n = 3$）。CC（郁闭林下），GE（林窗边缘），GC（林窗内部）。

　　亚高山针叶林凋落物总量的生产速率在 5 月中上旬有一个小高峰［图 3-15（a）］。在郁闭林下，凋落速率最高可达 117kg/(hm²·d)，持续时间在半个月左右；林窗边缘凋落速率最高可达 71kg/(hm²·d)，林窗内部凋落物凋落速率最高可达 12kg/(hm²·d)。三个位置的高峰值表现出明显差异：郁闭林下＞林窗边缘＞林窗内部。在雪被形成期和覆盖期（12 月～次年 4 月），凋落物生产速率维持在较低的范围［0～4kg/(hm²·d)］，在凋落高峰以外的季节，林冠、林缘和林窗中心的凋落物产量没有显著差异。从凋落物总量总体分析，林

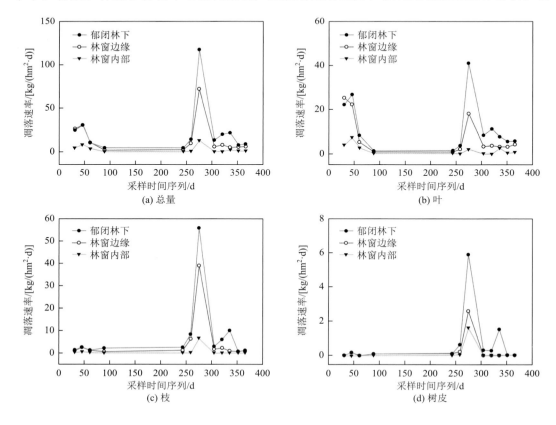

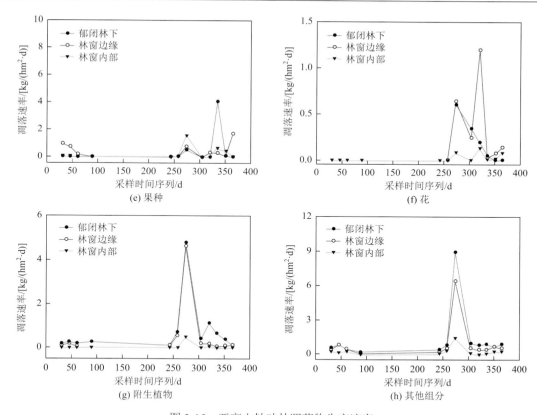

图 3-15　亚高山针叶林凋落物生产速率

窗不同位置凋落动态有明显的差异，郁闭林冠的凋落物产量表现出"单峰型"凋落动态模式，林窗边缘与林窗内部的凋落物则表现为"双峰型"凋落动态模式。

3.3.2　各组分产量与动态

亚高山针叶林凋落叶的年产量在郁闭林下、林窗边缘和林窗内部具有明显的差异[图 3-12（b）]，表现为郁闭林下 [2978.0kg/(hm²·a)±172.6kg/(hm²·a)]＞林窗边缘 [2074.6kg/(hm²·a)±153.1kg/(hm²·a)]＞林窗内部 [430.2kg/(hm²·a)±100.8kg/(hm²·a)] 的凋落物叶产量分布格局（表 3-6）。随着与林窗内部距离的减小，凋落叶产量呈减少趋势。各位置的凋落叶产量贡献率则表现为郁闭林下（55.1%）＜林窗边缘（58.8%）＜林窗内部（64.1%）的凋落物类别贡献率格局 [图 3-13（b）]，即三个位置随着与林窗内部的距离减小，凋落物叶贡献率呈增加趋势。

郁闭林下、林窗边缘和林窗内部凋落物叶产量具有明显的月动态 [图 3-14（b）]，三个位置在 9 月和 10 月的凋落叶产量均较大；在植物生长旺盛的 8 月以及 12 月～次年 4 月的冬季时段，三个位置的凋落叶产量均较小。与林窗边缘和林窗内部不同，郁闭林下凋落叶产量在 5 月（677.4kg/hm²）和 9 月（707.8kg/hm²）、10 月（731.5kg/hm²）的凋落叶产量相近，分别占相应位置凋落叶年产总量的 22.7%和 23.8%、24.6%；林窗边缘的凋落叶产量在 9 月（800.5kg/hm²）和 10 月（568.6kg/hm²）较大，分别占相应位置凋落叶年产量的 38.6%和 27.4%；林窗内部的凋落叶产量以 9 月和 10 月为主，产量高达 335.3kg/hm²，共占相应位置凋落叶年产量的 77.9%（表 3-8）。在生长季节，森林植被处于生长旺盛期，郁闭林下、林窗边缘和林窗内部凋落叶产量较小，分别是 78.4kg/hm²、60.8kg/hm² 和 11.0kg/hm²，占相应位置叶凋落年产总量的 2.6%、2.9%和 2.6%。经过 9 月、10 月的凋落高峰后，11 月雪被开始形成，温度下降，植物开始进入休眠期，凋落物产量较小。林窗内部和林窗边缘的凋落叶产量无明显差异，占相应位置凋落叶年产总量 1%以下。

林窗内外的凋落叶生产速率均具有明显的季节变化和差异。雪被融化期，郁闭林下和林窗边缘的凋落叶生产速率较大，分别为 40.8kg/(hm²·d)和 18.0kg/(hm²·d)，出现的凋落物高峰持续时间在 5 月上旬、5 月中旬 [图 3-15（b）]。在生长季节末期，凋落叶生产速率较小。在 9 月中下旬，林窗边缘凋落叶生产速率达到最大值 [25.0kg/(hm²·d)]，略高于郁闭林下 [22.1kg/(hm²·d)]，但差异不明显。10 月上旬和 10 月中旬，林窗内部的凋落叶生产速率最高 [7.3kg/(hm²·d)]，该时段郁闭林下凋落叶生产速率较前一时段增加约 4.5kg/(hm²·d)，而林窗边缘的凋落叶生产速率较前一时段减小约 3.0kg/(hm²·d)，但总体变化均不明显。10 月下旬开始，凋落速率均迅速减小，至 11 月下旬三个位置的凋落叶生产速率已无明显差异，维持在 1.3kg/(hm²·d)以下。进入冬季后雪被覆盖长达 5 个月，三个位置凋落叶生产速率较前一时段无明显变化。总体分析，不同位置的凋落叶总量表现的凋落动态有所差异。林窗内部凋落叶表现出"单峰型"凋落动态模式，林窗边缘与郁闭林下凋落叶表现为"双峰型"凋落动态模式。

表 3-8 亚高山针叶林凋落叶产量及贡献率

月份	凋落物产量/(kg/hm²)			类别贡献率/%			相对贡献率/%		
	CC	GE	GC	CC	GE	GC	CC	GE	GC
12 月～次年 4 月	264.3	146.1	14.4	8.9	7.0	3.3	30.4	29.5	28.5
5	677.4	291.5	28.1	22.7	14.1	6.4	37.4	27.2	16.0
6	280.4	96.4	1.9	9.4	4.6	0.4	59.1	49.6	23.8
7	217.9	105.4	39.5	7.3	5.1	9.2	49.1	66.9	81.5
8	78.4	60.8	11.0	2.6	2.9	2.6	69.9	75.5	65.4
9	707.8	800.5	127.0	23.8	38.6	29.5	90.4	95.7	92.4
10	731.5	568.6	208.3	24.6	27.4	48.4	86.1	83.4	88.9
11	20.2	5.3	0.0	0.7	0.3	0.0	30.8	52.4	0.0

注：数值为平均值（$n=3$）。CC（郁闭林下），GE（林窗边缘），GC（林窗内部）。

不同位置凋落物枝的年产量具有明显的差异 [图 3-12（c）]，表现为郁闭林下 [1761.7kg/(hm²·a)±277.0kg/(hm²·a)] ＞林窗边缘 [1022.3kg/(hm²·a)±111.8kg/(hm²·a)] ＞林窗内部 [143.8kg/(hm²·a)±37.2kg/(hm²·a)] 的凋落物枝产量分布格局（表 3-6），随着与林窗内部距离的减小，凋落物枝产量呈减少趋势。各位置的凋落枝产量贡献率则表现为郁闭林下（32.6%）＞林窗边缘（29.0%）＞林窗内部（21.4%）的格局（图 3-13），即随着与林窗内部距离的减小，凋落物枝贡献率呈减小的趋势，主要是由于郁闭林下和林窗边缘生长有成熟的乔木，枯枝的凋落量相对较大。

郁闭林下、林窗边缘和林窗内部凋落枝产量具有明显的月动态［图 3-14（c）］，三个位置在 5 月的枝凋落量均较大，约占相应位置枝凋落年产总量的一半；在其他月份，三个位置枝凋落量均较小，8 月的枝凋落量最少。12 月～次年 4 月，三个位置的凋落枝产量具有明显的差异：郁闭林下（479.0kg/hm²）＞林窗边缘（270.1kg/hm²）＞林窗内部（22.7kg/hm²）。5 月，郁闭林下、林窗边缘和林窗内部的枝凋落量均较高，分别占相应位置枝凋落年产总量的 46.5%、55.2% 和 64.7%（表 3-9）。6～8 月，植物开始进入生长旺盛期，枝凋落量呈现逐渐减小的趋势；8 月，枝凋落量最小，各位置的凋落枝产量相对贡献率均较小，仅占相应位置枝凋落年产总量的 1% 左右。

表 3-9 凋落枝产量及贡献率

月份	凋落物产量/(kg/hm²)			类别贡献率/%			相对贡献率/%		
	CC	GE	GC	CC	GE	GC	CC	GE	GC
12 月～次年 4 月	479.0	270.1	22.7	27.2	26.4	15.8	55.1	54.5	44.7
5	819.5	564.5	93.0	46.5	55.2	64.7	45.3	52.6	53.1
6	128.3	55.6	1.9	7.3	5.4	1.3	27.1	28.6	23.2
7	153.6	27.9	1.8	8.7	2.7	1.3	34.6	17.7	3.7
8	18.2	4.9	0.7	1.0	0.5	0.5	16.3	6.1	3.9
9	48.2	15.5	5.4	2.7	1.5	3.8	6.2	1.9	3.9
10	78.3	79.9	18.4	4.4	7.8	12.8	9.2	11.7	7.8
11	36.7	4.0	0.0	2.1	0.4	0.0	55.7	39.3	0.0

注：数值为平均值（$n=3$）。CC（郁闭林下），GE（林窗边缘），GC（林窗内部）。

凋落枝的生产速率具有明显的变化和差异。凋落枝生产速率的极大值出现在雪被融化期，郁闭林下、林窗边缘和林窗内部的凋落枝生产速率分别为 55.9kg/(hm²·d)、38.9kg/(hm²·d) 和 6.6kg/(hm²·d)，时间出现在 5 月上中旬［图 3-15（c）］。在森林植被生长期，三个位置的凋落枝生产速率较小，差异不大。总体分析，林窗内部、林窗边缘与郁闭林下凋落枝表现出"单峰型"凋落动态模式。

亚高山针叶林树皮凋落物相对较少，但在不同位置的年产量具有一定的差异［图 3-12（d）］，表现为郁闭林下［159.0kg/(hm²·a)±38.2kg/(hm²·a)］明显高于林窗边缘［50.1kg/(hm²·a)±9.0kg/(hm²·a)］、林窗内部［23.9kg/(hm²·a)±12.3kg/(hm²·a)］的产量分布格局（表 3-6），林窗边缘与林窗内部的树皮凋落物产量差异不明显。各位置的凋落树皮产量贡献率则表现为林窗内部（3.6%）＞郁闭林下（2.9%）＞林窗边缘（1.4%）的格局（图 3-13）。

5 月具有较高的树皮凋落物产量，不同林窗位置相比，树皮凋落物产量表现为郁闭林下（87.2kg/hm²）＞林窗边缘（37.4kg/hm²）＞林窗内部（22.9kg/hm²）（表 3-10）。然而，树皮凋落物的类别贡献率表现为郁闭林下（54.8%）＜林窗边缘（74.7%）＜林窗内部（95.8%）（表 3-10）。其他月份，三类位置的树皮凋落物产量无明显区别，均维持在较低值［图 3-14（d）］。

表 3-10　亚高山针叶林树皮凋落物产量及贡献率

月份	凋落物产量/(kg/hm²)			类别贡献率/%			相对贡献率/%		
	CC	GE	GC	CC	GE	GC	CC	GE	GC
12 月～次年 4 月	29.7	11.1	0.8	18.7	22.2	3.3	3.4	2.2	1.5
5	87.2	37.4	22.9	54.8	74.7	95.8	4.8	3.5	13.1
6	9.2	1.0	0.1	5.8	2.0	0.4	1.9	0.5	1.0
7	23.1	0.5	0.2	14.5	1.0	0.8	5.2	0.3	0.4
8	1.0	0.2	0.0	0.6	0.4	0.0	0.9	0.2	0.0
9	2.1	0.0	0.0	1.3	0.0	0.0	0.3	0.0	0.0
10	4.8	0.0	0.0	3.0	0.0	0.0	0.6	0.0	0.0
11	1.7	0.0	0.0	1.1	0.0	0.0	2.7	0.1	0.0

注：数值为平均值（$n=3$）。郁闭林下（CC），林窗边缘（GE），林窗内部（GC）。

树皮凋落物生产速率的极大值出现在雪被融化期，郁闭林下、林窗边缘、林窗内部的凋落树皮生产速率分别为 5.9kg/(hm²·d)、2.6kg/(hm²·d)、1.9kg/(hm²·d)，均持续出现在 5 月上中旬 [图 3-15（d）]。在森林植被生长初期，郁闭林下的树皮凋落物生产速率维持在较小的水平，而林窗内部与林窗边缘凋落树皮生产速率在 0.05kg/(hm²·d)，输入量很少。总体分析，林窗内部、林窗边缘与郁闭林下凋落树皮表现出"单峰型"凋落动态模式。

亚高山针叶林凋落果种的年产量相对较小，年产量维持在 4.5～9.9kg/hm²（表 3-6），林窗边缘略高于郁闭林下、林窗内部，但差异不明显 [图 3-12（e）]。林窗内部、林窗边缘、郁闭林下的果种凋落物产量表现出趋于一致的分布格局。然而，各位置的凋落果种产量贡献率表现为郁闭林下（0.1%）＜林窗边缘（0.3%）＜林窗内部（0.7%）的格局（图 3-13），从郁闭林下到林窗内部，果种凋落物贡献率呈增加的趋势。

郁闭林下、林窗边缘和林窗内部凋落物果种产量具有明显的月动态 [图 3-14（e）]，三个林窗位置在 7～10 月有明显的差异，其余月份的产量无明显区别。7 月，郁闭林下的果种凋落物产量（5.8kg/hm²）高于其他月份，类别贡献率最高，占相应位置果种凋落年产总量的 76.3%。8～10 月，林窗边缘的果种具有较高的归还量，分别为 2.4kg/hm²、3.1kg/hm²、1.9kg/hm²，类别贡献率分别是 24.2%、31.3%、19.2%（表 3-11）。在此期间，林窗内部与郁闭林下的果种产量相近，且远低于林窗边缘。经过凋落高峰后，各位置在 11 月未收集到凋落的果种。

三个位置凋落物果种的生产速率表现出不同的变化趋势 [图 3-15（e）]。郁闭林下的果种凋落速率一般维持在 0～0.05kg/(hm²·d)，但在 7 月上中旬果种凋落速率出现峰值 [4kg/(hm²·d)]。林窗边缘果种凋落速率在 8～10 月为 0.07～1.7kg/(hm²·d)，其他月份在 0～1kg/(hm²·d)。林窗内部收集到的果种凋落物，在 5 月上旬、中旬的生产速率最大 [1.95kg/(hm²·d)]，其次是 7 月的果种凋落物生产速率 [0.05～0.07kg/(hm²·d)]。总体分析，郁闭林下、林窗内部凋落果种表现出"单峰型"凋落动态模式，林窗边缘凋落果种表现为"双峰型"凋落动态模式。

表 3-11　凋落果种产量及贡献率

月份	凋落物产量/(kg/hm²)			类别贡献率/%			相对贡献率/%		
	CC	GE	GC	CC	GE	GC	CC	GE	GC
12月~次年4月	0.4	0.2	0.1	5.3	2.0	2.2	0.0	0.0	0.1
5	0.8	1.1	2.2	10.5	11.1	48.9	0.0	0.1	1.2
6	0.0	0.5	0.0	0.0	5.1	0.0	0.0	0.2	0.0
7	5.8	0.8	1.8	76.3	8.1	40.0	1.3	0.5	3.8
8	0.1	2.4	0.0	1.3	24.2	0.0	0.0	3.0	0.3
9	0.2	3.1	0.2	2.6	31.3	4.4	0.0	0.4	0.1
10	0.3	1.9	0.2	3.9	19.2	4.4	0.0	0.3	0.1
11	0.0	0.0	0.0	0.0	0.0	0.0	0.1	0.0	0.0

注：数值为平均值（$n=3$）。CC（郁闭林下），GE（林窗边缘），GC（林窗内部）。

亚高山针叶林凋落花的年产量相对较小，其年产量在不同位置具有明显的差异[图 3-12（f）]，林窗边缘[38.3kg/(hm²·a)]显著高于林窗内部[5.1kg/(hm²·a)]，郁闭林下[22.6kg/(hm²·a)]凋落花年产量介于林窗边缘、林窗内部凋落花年产量间（表 3-6），但与这两类位置均无明显差异。各位置的凋落花产量贡献率则表现为郁闭林下（0.4%）＜林窗内部（0.8%）＜林窗边缘（1.1%）的格局。

郁闭林下、林窗边缘和林窗内部凋落物花产量集中在 5~6 月[图 3-14（f）]。郁闭林下的花凋落物产量在 5 月（13.2kg/hm²）、6 月（7.9kg/hm²）的类别贡献率分别为 58.4%、35.0%（表 3-12），占相应位置花凋落物年产总量的绝大部分。林窗边缘的花凋落物产量在 5 月（12.2kg/hm²）、6 月（21.6kg/hm²）共占相应位置花凋落年产总量的 88.3%。林窗内部的凋落花归还量在 5 月、6 月、8 月相对较多，分别为 1.3kg/hm²、2.1kg/hm²、1.1kg/hm²，组分相对贡献率分别是 25.5%、41.2%、21.6%[图 3-14（f）]。三类位置，林窗边缘的凋落花在 6 月的产量明显多于林窗内部。经过花的凋落高峰后，各位置在 9 月、10 月、11 月未收集到凋落花。

表 3-12　凋落花产量及贡献率

月份	凋落物产量/(kg/hm²)			类别贡献率/%			相对贡献率/%		
	CC	GE	GC	CC	GE	GC	CC	GE	GC
12月~次年4月	0.6	0.9	0.0	2.7	2.4	0.0	0.1	0.2	0.0
5	13.2	12.2	1.3	58.4	31.9	25.5	0.7	1.1	0.7
6	7.9	21.6	2.1	35.0	56.4	41.2	1.7	11.1	25.4
7	0.9	1.6	0.6	4.0	4.2	11.8	0.2	1.0	1.3
8	0.03	1.9	1.1	0.1	5.0	21.6	0.03	2.4	6.7
9	0.0	0.0	0.0	0.0	0.0	0.0	0.0	0.0	0.0
10	0.0	0.0	0.0	0.0	0.0	0.0	0.0	0.0	0.0
11	0.0	0.0	0.0	0.0	0.0	0.0	0.0	0.0	0.0

注：数值为平均值（$n=3$）。CC（郁闭林下），GE（林窗边缘），GC（林窗内部）。

三个林窗位置的凋落物花生产速率在植物生长季节后期与雪被覆盖的冬季低于 $0.01kg/(hm^2 \cdot d)$［图 3-15（f）］，表明在这段时期无凋落物花归还入地表。在 5 月上中旬，郁闭林下的花凋落速率出现峰值［$0.62kg/(hm^2 \cdot d)$］，与林窗边缘的花凋落速率［$0.64kg/(hm^2 \cdot d)$］无显著差异。林窗内部收集到的花凋落物，在 6 月的生产速率最大［$0.13kg/(hm^2 \cdot d)$］。总体分析，郁闭林下表现为"单峰型"凋落动态模式，林窗边缘凋落花表现为不规则的凋落动态模式，林窗内部凋落花未表现出具体的凋落模式。

林窗内外附生植物凋落物的年产量具有明显的差异［图 3-12（g）］，产量分布格局表现为郁闭林下［$164.7kg/(hm^2 \cdot a) \pm 23.2kg/(hm^2 \cdot a)$］＞林窗边缘［$109.4kg/(hm^2 \cdot a) \pm 15.8kg/(hm^2 \cdot a)$］＞林窗内部［$9.0kg/(hm^2 \cdot a) \pm 4.2kg/(hm^2 \cdot a)$］（表 3-6），随着与林窗内部距离的减小，附生植物凋落物产量呈减少趋势。各位置的附生植物凋落物产量贡献率则表现为郁闭林下（3.0%）、林窗边缘（3.1%）大于林窗内部（1.3%）的格局（图 3-13）。

郁闭林下、林窗边缘和林窗内部附生植物凋落物产量具有明显的月动态［图 3-14（g）］，郁闭林下、林窗边缘在 5 月的附生植物凋落物产量均较大；在其他月份，三个位置附生植物凋落量均较小。在 12 月～次年 4 月冬季雪被覆盖期间，附生植物凋落物产量表现为郁闭林下（$29.0kg/hm^2$）与林窗边缘（$20.7kg/hm^2$）明显高于林窗内部（$0.4kg/hm^2$）。5 月，郁闭林下、林窗边缘的附生植物凋落物量无明显区别，分别是 $73.4kg/hm^2$、$68.5kg/hm^2$，高于林窗内部（$7.1kg/hm^2$）；三个位置的附生植物凋落物量组分相对贡献率表现为郁闭林下（44.6%）＜林窗边缘（62.6%）＜林窗内部（78.9%）（表 3-13）。6 月开始至 8 月，植物进入生长季节，三个位置附生植物凋落量无明显差异。

附生植物凋落物的生产速率具有明显的变化和差异。附生植物凋落物生产速率的极大值出现在雪被融化期，郁闭林下、林窗边缘和林窗内部的凋落物生产速率分别为 $4.8kg/(hm^2 \cdot d)$、$4.7kg/(hm^2 \cdot d)$ 和 $0.5kg/(hm^2 \cdot d)$，持续时间在 5 月上旬、5 月中旬［图 3-15（g）］。在森林植被生长期，三个位置的凋落附生植物生产速率较小，差异不大。总体分析，林窗内部、林窗边缘与郁闭林下附生植物凋落物表现出"单峰型"凋落动态模式。

表 3-13　凋落附生植物产量及贡献率

月份	凋落物产量/(kg/hm²)			类别贡献率/%			相对贡献率/%		
	CC	GE	GC	CC	GE	GC	CC	GE	GC
12 月～次年 4 月	29.0	20.7	0.4	17.6	18.9	4.4	3.3	4.2	0.7
5	73.4	68.5	7.1	44.6	62.6	78.9	4.1	6.4	4.1
6	23.8	5.9	0.8	14.5	5.4	8.9	5.0	3.0	9.6
7	17.5	2.8	0.1	10.6	2.6	1.1	3.9	1.8	0.3
8	1.9	2.3	0.0	1.2	2.1	0.0	1.7	2.8	0.2
9	5.3	3.9	0.3	3.2	3.6	3.3	0.7	0.5	0.2
10	9.5	5.2	0.3	5.8	4.8	3.3	1.1	0.8	0.1
11	4.3	0.3	0.0	2.6	0.3	0.0	6.6	2.8	0.0

注：数值为平均值（$n = 3$）。CC（郁闭林下），GE（林窗边缘），GC（林窗内部）。

其他组分凋落物在三类不同位置具有明显的差异［图 3-12（h）］，产量分布格局表现为郁闭林下［313.5kg/(hm²·a)±30.0kg/(hm²·a)］＞林窗边缘［224.0kg/(hm²·a)±20.5kg/(hm²·a)］＞林窗内部［54.7kg/(hm²·a)±9.6kg/(hm²·a)］（表 3-6）。各位置的其他组分凋落物产量贡献率则表现为郁闭林下（5.9%）、林窗边缘（6.3%）小于林窗内部（8.1%）的格局（图 3-13）。

其他组分凋落物产量具有明显的月动态［图 3-14（h）］，郁闭林下、林窗边缘在 5 月的其他组分凋落物产量均较大。在 12 月～次年 4 月冬季雪被覆盖期间，其他组分凋落物产量表现为郁闭林下（66.4kg/hm²）与林窗边缘（46.4kg/hm²）明显高于林窗内部（12.4kg/hm²），类别贡献率中郁闭林下（21.2%）、林窗边缘（20.7%）、林窗内部（22.7%）趋于相似（表 3-14）。5 月，三个位置的其他组分凋落物产量分别达到各月最大值，郁闭林下（138.0kg/hm²）、林窗边缘（97.2kg/hm²）显著高于林窗内部（20.7kg/hm²）；三个位置的其他组分凋落物量组分相对贡献率相近，郁闭林下、林窗边缘和林窗内部分别占相应位置其他组分凋落物年产总量的 44.0%、43.4% 和 37.8%。其他各月，三个位置的凋落量总体表现为郁闭林下、林窗边缘大于林窗内部。

表 3-14　凋落物其他组分产量及贡献率

月份	凋落物产量/(kg/hm²)			类别贡献率/%			相对贡献率/%		
	CC	GE	GC	CC	GE	GC	CC	GE	GC
12 月～次年 4 月	66.4	46.4	12.4	21.2	20.7	22.7	7.6	9.4	24.5
5	138.0	97.2	20.7	44.0	43.4	37.8	7.6	9.1	11.8
6	24.6	13.3	1.4	7.8	5.9	2.6	5.2	6.9	17.2
7	24.6	18.6	4.4	7.8	8.3	8.0	5.5	11.8	9.1
8	12.6	8.1	3.9	4.0	3.6	7.1	11.2	10.0	23.4
9	19.1	13.3	4.7	6.1	5.9	8.6	2.4	1.6	3.4
10	25.5	26.6	7.1	8.1	11.9	13.0	3.0	3.9	3.0
11	2.8	0.5	0.0	0.9	0.2	0.0	4.2	5.4	0.0

注：数值为平均值（n = 3）。CC（郁闭林下），GE（林窗边缘），GC（林窗内部）。

其他组分凋落物的生产速率具有明显的变化和差异。其他组分凋落物生产速率的极大值出现在雪被融化期，郁闭林下、林窗边缘和林窗内部的凋落物生产速率分别为 9.0kg/(hm²·d)、6.5kg/(hm²·d) 和 1.5kg/(hm²·d)，持续时间在 5 月上旬、5 月中旬［图 3-15（h）］。在其他时期，三个位置的其他组分凋落物生产速率较小，均小于 1kg/(hm²·d)。总体分析，林窗内部、林窗边缘与郁闭林下其他组分凋落物表现出"单峰型"凋落动态模式。

3.3.3　乔木和灌木层凋落物产量与动态

亚高山针叶林郁闭林下、林窗边缘与林窗内部的乔木凋落物年产量差异显著，分别为 4421kg/(hm²·a)±838kg/(hm²·a)、2716kg/(hm²·a)±59kg/(hm²·a) 与 423kg/(hm²·a)±

165kg/(hm²·a);郁闭林下、林窗边缘、林窗内部的灌木凋落物年产量分别为 504kg/(hm²·a)±11kg/(hm²·a)、473kg/(hm²·a)±78kg/(hm²·a)与 184kg/(hm²·a)±73kg/(hm²·a),郁闭林下和林窗边缘的凋落物产量差异不显著。林窗内外的乔木层凋落物年产量均显著高于灌木凋落物[图 3-16(a)]。其中,乔木凋落叶年产量大小顺序为郁闭林下[2662kg/(hm²·a)]>林窗边缘[1745kg/(hm²·a)]>林窗内部[293kg/(hm²·a)][图 3-16(b)]。随着与林窗内部距离减小,乔木凋落叶呈明显减少趋势。林窗边缘的灌木凋落叶年产量[325kg/(hm²·a)]高于郁闭林下[313kg/(hm²·a)],明显高于林窗内部[137kg/(hm²·a)]。郁闭林下和林窗边缘的乔木层凋落叶年产量高于灌木凋落叶产量,但在林窗内部灌木层凋落叶贡献率高于郁闭林下、林窗边缘(图 3-17)。

林窗内外的乔木层凋落枝年产总量表现为郁闭林下[2089kg/(hm²·a)]>林窗边缘[1101kg/(hm²·a)]>林窗内部[97kg/(hm²·a)][图 3-16(c)]。随着与林窗内部距离减小,乔木凋落枝呈明显减少趋势。郁闭林下和林窗边缘的灌木凋落枝年产量无显著差异,但明显高于林窗内部[46kg/(hm²·a)]。在各位置,乔木层凋落枝年产总量在郁闭林下、林窗边缘高于灌木层[图 3-16(c)],但在林窗内部灌木层凋落枝贡献率高于郁闭林下、林窗边缘(图 3-17)。树皮凋落物在乔木层与灌木层的产量格局与凋落枝相似,均为林窗内部最少[图 3-16(d)]。

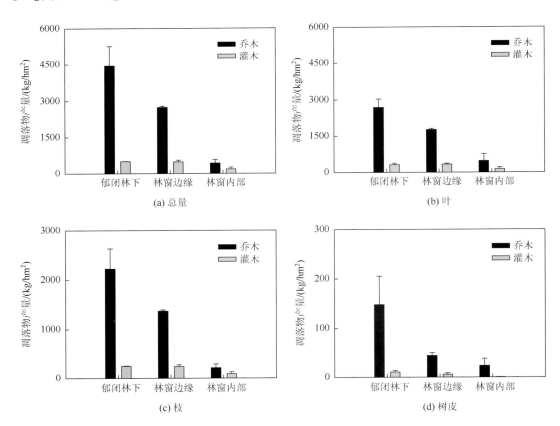

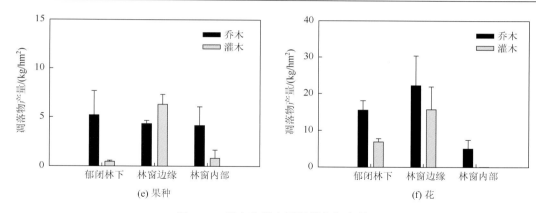

图 3-16　乔木和灌木层凋落物年产量

林窗内外的乔木果种凋落物年产量无显著差异，灌木果种凋落物在林窗边缘明显多于郁闭林下和林窗内部 [图 3-16（e）]。在郁闭林下和林窗内部，乔木果种凋落物多于灌木的果种凋落物；在林窗边缘，灌木果种凋落物产量略高于乔木果种。乔木树种花凋落物年产量在郁闭林下和林窗边缘无明显差别，均高于林窗内部 [图 3-16（f）]。来自灌木的凋落花，林窗边缘比郁闭林下多，林窗内部收集到的灌木物种凋落花很少。

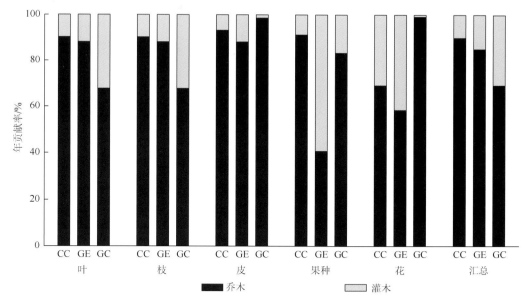

图 3-17　亚高山针叶林乔木和灌木层凋落物年贡献率

CC（郁闭林下），GE（林窗边缘），GC（林窗内部）

乔木层凋落物产量具有明显的季节动态 [图 3-18（a）]，林窗内外的凋落物产量总体表现为 5 月和 9～10 月最高；在植物生长季节前期（6～8 月）和 11 月，林窗内外的凋落物产量均较少。郁闭林下，5 月的乔木凋落量最多，高于其他月份，约占全年乔木凋落物的 32%，9 月、10 月凋落量贡献率共占全年乔木凋落物量的 33%；林窗边缘，5 月、9 月和 10 月的贡献率较大，分别约占全年乔木凋落量的 30%、27% 和 19%；林窗内部，9 月、10 月的乔木层凋落物大约共占全年的 72%。三个位置的乔木凋落物产量在大多数月份存在明显的差异，在这些月份总体表现为郁闭林下乔木凋落物产量高于林窗边缘和林窗内部；但在 9 月，林窗边缘的乔木凋落物增加，与郁闭林下的凋落物产量无明显差异；在凋落高峰的后期，林窗边缘的乔木凋落物开始减少，产量低于郁闭林下。

灌木层凋落物总产量在郁闭林下 5～7 月的量较大 [图 3-18（c）]，约占全年灌木总凋落量的 70%；在林窗边缘，灌木凋落物产量主要集中在 9～10 月，对灌木年产凋落物的贡献率为 42%；在林窗内部，10 月的灌木凋落物最多，贡献率达 57%。从三个位置间的灌木凋落物产量的比较分析，在 5 月两两之间存在明显差异，表现为郁闭林下＞林窗边缘＞林窗内部；在植物生长季节前期，郁闭林下与林窗边缘的灌木凋落物产量无明显的差异，且均明显高于林窗内部；在 10 月，林窗内部和林窗边缘的灌木产量增加至 110～116kg/hm²，且显著高于郁闭林下（61kg/hm²）。

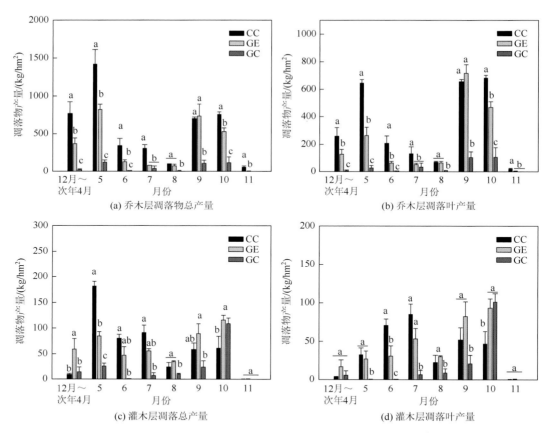

图 3-18　亚高山针叶林乔木和灌木层凋落物月归还量

CC（郁闭林下），GE（林窗边缘），GC（林窗内部）

　　乔木层和灌木层的月凋落总量相对贡献率分析结果表明,郁闭林下乔木层各时期的凋落物的相对贡献均较大(＞77%),明显高于灌木层的相对贡献;然而在林窗边缘,7 月时乔木层与灌木层的相对贡献率相差最小(约差18%);在林窗内部,8 月灌木层相对贡献率(53%)略高于乔木层,10 月二者相当,在 11 月均未收集到两个层次凋落物,其他月份内乔木层的相对贡献率高于灌木层。

　　乔木凋落物总量的生产速率在 5 月上中旬达到极大值,出现凋落物高峰[图 3-19(a)]。在郁闭林下,凋落速率最高可达 92kg/(hm²·d);林窗边缘凋落速率最高可达 55.1kg/(hm²·d),林窗内部凋落物凋落速率最高可达 8.5kg/(hm²·d)。三个位置的高峰值表现出明显差异:郁闭林下＞林窗边缘＞林窗内部。郁闭林下和林窗边缘凋落物在 10 月上旬和中旬的生产速率相近 [21～27.5kg/(hm²·d)],均显著高于林窗内部。凋落叶作为主要的成分,乔木叶在 5 月中旬、9 月和 10 月的生产速率较高,表现为“双峰型”,郁闭林下和林窗边缘表现明显,林窗内部乔木叶生产速率无明显的波动变化 [图 3-19 (b)]。

　　灌木凋落物总量的生产速率在三个位置有一定的差异 [图 3-19 (c)]。郁闭林下灌木总量在 5 月上中旬达到极大值,在 7 月出现另一个相对较小的峰值;林窗边缘的灌木则在 5 月和 10 月上旬的生产速率较大;林窗内部的灌木凋落物生产速率仅在 10 月出现极大值,且与林窗边缘的速率相近 [3～3.5kg/(hm²·d)],均高于林窗外郁闭林下的灌木凋落物生产速率 [约 2kg/(hm²·d)]。对于灌木的凋落叶,郁闭林下生产速率表现为相对平缓的“单峰型”,峰值出现在 7 月;林窗边缘叶也呈现相对平缓的“单峰型”,但峰值出现在 10 月;林窗内部灌木叶生产速率在 9 月、10 月较大,10 月上旬达到峰值,表现为“单峰型”[图 3-19 (d)]。

　　总体分析,乔木和灌木在不同位置的凋落物生产速率表现的凋落动态类型有所差异。乔木在郁闭林下、林窗边缘呈现“双峰型”的凋落模式,在林窗内部无明显的凋落模式;灌木在林窗内部、林窗边缘呈“单峰型”,但峰值出现的时间不同,灌木在郁闭林下凋落呈一大一小的“双峰型”。

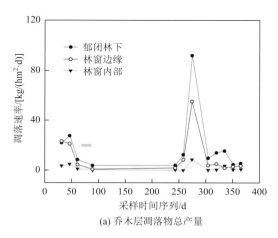

(a) 乔木层凋落物总产量

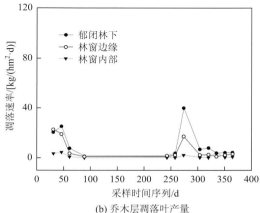

(b) 乔木层凋落叶产量

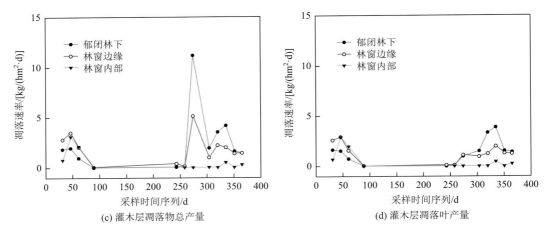

图 3-19　亚高山针叶林乔木和灌木层凋落物生产速率

3.4　讨论与小结

3.4.1　亚高山针叶林林窗对降水中碳再分配的影响

林冠对降水的再分配是指森林林冠对大气降水所具有的吸收、吸附、截持和净化缓冲的作用，这是森林生态系统具有的重要生态服务功能之一。不同的林冠结构决定了不同的林冠小生境，其植被组成、林冠下垫面、土壤环境、温度、光照、水分和养分的分配均不同，为了全面了解除大气降水量外，林冠条件对截留作用的影响，选取了林内、林缘和林窗作为整个降水期内的林冠条件研究对象。林内以高大乔木为主，有明显的建群种和优势种；林缘乔木矮小，有明显的灌木层；林窗无乔灌木层，仅有草本覆盖。不同林冠条件下大气沉降物的截留和再分配过程，即"大气系统-植被-土壤"循环差异明显（余新晓等，2013）。

本研究表明，林冠林窗、林缘和林内 TC 的输入量相对于空地均有所增加。已有研究表明，在降水量一致的情况下，影响森林林冠碳吸存的主要驱动因子包括大区域的土地利用变化、森林的恢复生长、CO_2 的施肥作用以及全球变暖，林内土地湿润、植被生长良好且冠层郁闭度高，有利于干物质的富集和碳素在植被与大气之间的交换、转移，从而在降水驱动下有较高的碳素伴随大气降水进入林内，且林窗覆盖的草本层也能吸收和转移一部分碳素，即相对于空地，林窗、林缘和林内都对碳素进行了有效的富集和利用，林内的富集效果最好，林缘次之，而林窗的作用最小。林窗穿透水 TIC/TC 为 55.33%，林缘和林内 TIC/TC 无显著差异，约为 60%，这可能是由于地上部分凋落物的分解以及大量的生态位为动植物创造了生存的机会（Gu et al.，2015），这些动植物中包括那些一般被认为是地表栖息的物种，如蚯蚓等，与此同时产生（排泄、分解）或转化出较多的 TIC（方华军等，2007）。

3.4.2 亚高山针叶林林窗对凋落物生产的影响

我国天然林的凋落物平均年产量为 4947kg/(hm²·a)±87kg/(hm²·a)（You et al.，2017），介于本研究郁闭林下和林窗边缘凋落物年产总量之间。本研究中，亚高山针叶林凋落物年总产量明显表现为郁闭林下 [5407.1kg/(hm²·a)±494.0kg/(hm²·a)] ＞林窗边缘 [3528.6kg/(hm²·a)± 252.0kg/(hm²·a)] ＞林窗内部 [671.2kg/(hm²·a)±118.9kg/(hm²·a)]，即随着与林窗距离的减小，凋落物产量呈逐渐减少的趋势。这种影响主要有两方面原因：一方面，郁闭林下的森林结构更加完善，林内的生物量比林窗边缘和林窗内部高（臧润国，1999）；另一方面，林窗的形成导致微环境的改变，如光照增加、局部温度升高、土壤湿度和理化性质的改变等，使原先适应在郁闭林下生长的植物逐渐减少（鲜骏仁等，2004），说明亚高山针叶林林窗对凋落物的分布格局有显著的影响。

亚高山针叶林凋落叶对凋落物的年贡献率由郁闭林下（55.1%）到林窗边缘（58.8%）、林窗内部（64.1%）逐渐升高，即从郁闭林下到林窗内部随着与林窗距离的减小，凋落叶的贡献逐渐增大。与之相反变化的是凋落枝，其贡献率由郁闭林下（32.6%）到林窗边缘（29.0%）、林窗内部（21.4%）逐渐减小。林窗内部的凋落叶贡献率较大，这与非林窗区域的凋落叶输入有关。因为凋落物来源主要有两种途径：一是林窗内部生长的木本植被输入；二是林窗边缘木的凋落叶输入。边缘木的凋落物在外力（如风、雨等）的作用下具有扩散迁移性（Schlesinger and Lichter，2001），而叶的扩散迁移能力最大，可以从林窗边缘迁移至林窗内部。

森林凋落物产量具有明显的季节动态（Seta et al.，2018）。本研究表明，亚高山针叶林凋落物产量以 5 月和 9～10 月凋落量较大，这两个阶段的凋落速率形成两个峰值，表现为"双峰型"凋落模式。主要的原因是：一方面，5 月温度升高、降水量增加，10 月温度开始骤降，大量凋落物进行季节性的凋落（鲜骏仁等，2004）。9～10 月为亚高山针叶林植物生长季节后期，主要为生理性的正常凋落，凋落叶是主要成分。5 月，温度升高，进入雪被融化阶段，昼夜温差大，树木上的枯枝、皮等木质部分在经过热胀冷缩后，更容易凋落，木质部分是主要凋落成分。这表明，林窗对凋落物组分的凋落动态模型的影响因组分差异而呈现明显的不同。另一方面，高山森林气候复杂，由于处于青藏高原东缘向四川盆地过渡的特殊地理位置，5 月的冰雹、暴雨等极端天气频繁。大量的常绿树叶、枝在极端天气的影响下输入地表，形成"非正常凋落物"，而非正常凋落物是森林凋落物的重要组成部分（吴仲民等，2008）。在亚高山针叶林区 5 月的非正常凋落物主要来自常绿树种，以岷江冷杉居多。由于岷江冷杉在郁闭林下、林窗边缘的密度逐渐减小，而林窗内部无岷江冷杉分布，因此，林窗内外的凋落产量在 5 月差异明显。6～8 月，植物进入生长季节前期和中期，大量的新叶生长旺盛，在林窗郁闭林下、林窗边缘和林窗内部的凋落物总量均较少，处于凋落模型中的"峰谷"。12 月～次年 4 月，凋落物以树上的枯枝为主，主要是由于亚高山针叶林植物进入休眠期，生长代谢缓慢，凋落物相对较少，同时在积雪覆盖的重力作用下枝更易从树上凋落，表现为林窗内部明显低于林窗边缘和郁闭林下。这表明，亚高山针叶林林窗对凋落物组分分布格局的影响具有季节性差异。

郁闭林下、林窗边缘与林窗内部的乔木层凋落物年产量均显著高于灌木凋落物产量，这主要与森林的垂直空间结构有关。郁闭林下，乔木树种密度高，岷江冷杉为亚高山区域优势种且种群年龄呈现连续分布格局。灌木层由于光照等自然因素的限制主要生长少部分耐荫灌木（Mccarthy，2001）；而在林窗边缘乔木优势种的密度降低，其生物量减少，进而引起凋落量减少，灌木层由于喜阴植物减少、喜光植物增加，相对于郁闭林下总体生物量变化不大，其凋落物产量变化无明显差异；在林窗内部，灌木与林窗植被演替阶段有关（Runkle，1981），亚高山冷杉林以林窗更新为主，典型林窗处于演替初期阶段，喜阴植物急剧减少，而喜光灌木由于营养限制和草本迅速占据生态空间，不能迅速增加其生物量，因此林窗内部的灌木生物量相比于林窗边缘减少，并引起灌木凋落量的变化（Fu et al.，2017）。因此，乔木层凋落物量明显表现为郁闭林下＞林窗边缘＞林窗内部；灌木层凋落物量在郁闭林下、林窗边缘无明显区别，且均高于林窗内部。这说明，亚高山针叶林林窗对凋落物来源的垂直空间结构有明显的调控作用，且乔木层凋落物更易受林窗的影响。

参 考 文 献

方华军，程淑兰，于贵瑞. 2007. 森林土壤碳、氮淋失过程及其形成机制研究进展[J]. 地理科学进展，（3）：29-37.

吴仲民，李意德，周光益，等. 2008. "非正常凋落物"及其生态学意义[J]. 林业科学，44（11）：28-31.

郝金标，张福锁，有祥亮. 2007. 中国森林生态系统 N 平衡现状[J]. 生态学报，（8）：3257-3267.

鲜骏仁，胡庭兴，王开运，等. 2004. 川西亚高山针叶林林窗特征的研究[J]. 生态学杂志，23（3）：6-10.

余新晓，史宇，王贺年，等. 2013. 森林生态系统水文过程与功能[M]. 北京：科学出版社.

臧润国. 1999. 林隙动态与森林生物多样性[M]. 北京：中国林业出版社.

Bigelow S W，Canham C D. 2015. Litterfall as a niche construction process in a northern hardwood forest[J]. Ecosphere，6（7）：117.

Bugmann H. 2001. A review of forest gap models[J]. Climatic Change，51（3）：259-305.

Coq S，Weigel J，Butenschoen O，et al. 2011. Litter composition rather than plant presence affects decomposition of tropical litter mixtures[J]. Plant and Soil，343（1-2）：273-286.

del Campo A D，Fernandes T J G，Molina A J. 2014. Hydrology-oriented（adaptive）silviculture in a semiarid pine plantation：how much can be modified the water cycle through forest management？[J]. Forest Research，133（5）：879-894.

Fan H，Wu J，Liu W，et al. 2014. Nitrogen deposition promotes ecosystem carbon accumulation by reducing soil carbon emission in a subtropical forest[J]. Plant and Soil，379（1-2）：361-371.

Fu C，Yang W，Tan B，et al. 2017. Seasonal dynamics of litterfall in a sub-alpine spruce-fir forest on the eastern Tibetan Plateau：allometric scaling relationships based on one year of observations[J]. Forests，8（9）：314.

Gu F X，Zhang Y D，Huang M，et al. 2015. Nitrogen deposition and its effect on carbon storage in Chinese forests during 1981—2010[J]. Atmospheric Environment，123：171-179.

Gundale M J，From F，Bach L H，et al. 2014. Anthropogenic nitrogen deposition in boreal forests has a minor impact on the global carbon cycle[J]. Global Change Biology，20（1）：276-286.

Hatton P J，Castanha C，Torn M S，et al. 2015. Litter type control on soil C and N stabilization dynamics in a temperate forest[J]. Global Chang Biology，21（3）：1358-1367.

Hishinuma T，Azuma J I，Osono T，et al. 2017. Litter quality control of decomposition of leaves，twigs，and sapwood by the white-rot fungus Trametes versicolor[J]. Soil Biology，80：1-8.

Mccarthy J. 2001. Gap dynamics of forest trees：a review with particular attention to boreal forests[J]. Environmental Reviews，9（1）：1-59.

Richards J D，Hart J L. 2011. Canopy gap dynamics and development patterns in secondary Quercus stands on the Cumberland Plateau，Alabama，USA[J]. Forest Ecology and Management，262（12）：2229-2239.

Ritter E，Dalsgaard L，Einhorn K S. 2005. Light，temperature and soil moisture regimes following gap formation in a semi-natural beech-dominated forest in Denmark[J]. Forest Ecology and Management，206（1-3）：15-33.

Runkle J R. 1981. Gap regeneration in some old-growth forests of the eastern United States[J]. Ecology，62（4）：1041-1051.

Seta T，Demissew S，Woldu Z. 2018. Litterfall dynamics in boter-bechoborest：moist evergreen montane forest of Southwestern Ethiopia[J]. Journal of Ecology and The Natural Environment，10（1）：13-21.

Schlesinger W H，Lichter J. 2001. Limited carbon storage in soil and litter of experimental forest plots under increased atmospheric CO_2[J]. Nature，411（6836）：466-469.

Swift M，Heal O，Anderson J. 1979. Decomposition in terrestrial ecosystems[J]. Studies in Ecology，5（14）：2772-2774.

Wang J，Xu B，Wu Y，et al. 2016. Flower litters of alpine plants affect soil nitrogen and phosphorus rapidly in the eastern Tibetan Plateau[J]. Biogeosciences Discussions，13（19）：1-31.

You C，Tan B，Wu F，et al. 2017. The national key forestry ecology project has changed the zonal pattern of forest litter production in China[J]. Forest Ecology and Management，399：37-46.

第 4 章　亚高山针叶林植物残体腐殖化过程

　　土壤有机质是森林土壤肥力的核心，是维持林木生长和提升森林生产力的关键。森林植物残体是土壤有机质的重要来源,其缓慢腐殖化的部分比快速分解的部分对于土壤有机质形成和碳库的长期稳定更为重要（Schmidt et al.，2011；Kögel-Knabner，2017）。在亚高山针叶林，低温限制了地表植物残体分解，土壤发育比较缓慢，因而植物残体腐殖化形成土壤有机质对于维持亚高山针叶林土壤肥力和森林生产力至关重要（Ni et al.，2016）。然而，亚高山针叶林具有特殊的气候特征，尤其是季节性雪被，在很大程度上调控着植物残体腐殖化过程。

　　首先，高纬度、高海拔地区冬季持续时间长、土壤冻融循环明显（Brooks et al.，2011），这种环境条件的巨大差异深刻改变了土壤分解者活性（Bokhorst et al.，2012；杨玉莲等，2012），进而影响植物残体中碳和养分释放（谭波等，2011；Kreyling et al.，2013；Sorensen et al.，2016）。秋末冬初，亚高山针叶林进入凋落高峰期，同时，温度急剧下降并伴随雪被的形成、覆盖和融化，局域微环境水热条件发生剧烈变化，这极大地限制土壤微生物活性。尽管少数嗜寒微生物能在−5℃以下仍然保持着较高活性（Robinson，2001；Brooks et al.，2011），但冬季土壤微生物活性不到全年土壤呼吸总量的20%（Schindlbacher et al.，2014）。因此，亚高山针叶林冬季低温和冻融作用对微生物的限制可能会改变植物残体腐殖化过程（杨万勤等，2007a，2007b）。同时，新鲜植物残体中含有大量易分解组分，冬季雪被的形成、覆盖和融化会加快这些水溶性组分的淋洗流失（Hobbie and Chapin，1996），且冬季强烈的冻融循环会破坏植物残体碳结构（Wu et al.，2010，2014），也可能促进易分解组分的快速释放（Taylor and Parkinson，1988）。这些环境因子的变化都深刻改变着亚高山针叶林植物残体腐殖化过程。

　　其次，季节性雪被在形成、覆盖和融化的不同时期改变着土壤微生物活性（Liptzin et al.，2009），进而影响植物残体腐殖化过程。秋末冬初的雪被形成期正是衰老叶片的凋落高峰期，大量凋落物残存于地表。此时，温度急剧下降，伴随少量降雪的发生并在林窗下形成零星的雪被斑块，这改变了凋落物/土壤界面微环境水热格局并形成破碎化的小生境，但也维持了土壤表面温度并保持较高的土壤微生物活性。新鲜凋落物中大量易分解组分能提高微生物基质利用效率，使植物残体保持较高的腐殖化程度（倪祥银等，2014a；Ni et al.，2014）。在雪被覆盖期，低温极大地限制了土壤微生物活性，使新形成的腐殖物质累积减少。同时，强烈的冻融作用可能使已形成的腐殖物质降解。在雪被融化期，随着温度的升高，土壤微生物活性增加（Liptzin et al.，2009）。同时，雪融水的淋洗和降水的增加促进凋落物中可溶性组分快速流失（Don and Kalbitz，2005），提高了土壤微生物基质利用效率。因此，亚高山针叶林季节性雪被在形成、覆盖和融化的不同时期都在明显改变着植物残体腐殖化过程（倪祥银等，2014b；Ni et al.，2015，2016）。

　　特别重要的是，受树木自然死亡和极端气象事件的影响，亚高山针叶林广泛分布着林窗，约占森林覆盖面积的 23%（吴庆贵等，2013）。林窗形成对光、温、水再分配，驱动异质的微环境水热条件（Ritter et al.，2005），改变着土壤微生物活性（Zhang and Zak，1998；Muscolo et al.，2007；Yang et al.，2017）和凋落物中碳及养分释放过程（管云云等，2016）产生重要影响。林窗对冬季雪被厚度和持续时间的这种作用均可改变植物残体腐殖化过程。一方面，林窗下厚雪被覆盖在新鲜凋落物表面，维持相对稳定的微环境，促进微生物代谢产物及残体合成腐殖物质。同时，林窗下厚雪被的形成、融化促进植物残体中易分解组分的快速淋洗流失，提高嗜寒微生物基质利用效率（Scharenbroch and Bockheim，2007，2008）。另一方面，腐殖物质在形成早期不稳定（窦森，2010），冬季冻融循环可能破坏已累积的腐殖物质，而林窗下厚雪被降低土壤冻融作用，可能影响腐殖物质稳定性。

　　2012 年，在四川省毕棚沟高山森林生态系统定位研究站（31°14′N，102°53′E，3579～3582m a.s.l.）连续监测了岷江冷杉、方枝柏、四川红杉、红桦、康定柳和高山杜鹃 6 种优势树种凋落叶和岷江冷杉凋落枝、不同径级的根在雪被形成期、雪被覆盖期、雪被融化期和生长季节的腐殖化特征（表 4-1 和表 4-2）。由于川西亚高山针叶林林窗分布广泛，扩展林窗的平均密度为 15 个/hm²，平均面积为 157m²（吴庆贵等，2013），以自然状态下沿同一坡向从林窗中心、林冠林窗边缘至扩展林窗边缘设置林窗处理，以郁闭林下为对照。本章主要从碱可提取性腐殖物质的积累、稳定性、腐殖化程度及其与植物残体中易分解组分、难降解组分和功能碳组分的联系来探讨植物残体腐殖化过程。

表 4-1　亚高山针叶林土壤有机层化学组分含量

分层	林窗	厚度/cm	C/(g/kg)	N/(g/kg)	P/(g/kg)	C/N	C/P	N/P	HS/(g/kg)	HA/(g/kg)	FA/(g/kg)	HA/FA
新鲜凋落叶层	林窗中心	0.8±0.2^c	363±14^b	6.6±0.2^b	1.6±0.02^a	55±3.5^b	233±12^b	4.2±0.1^{bc}	193±6^b	96±13^{ab}	96±14^a	1.0±0.3^a
	林冠林窗	1.6±0.2^c	429±7^{ab}	7.8±0.09^a	1.6±0.01^a	55±1.5^b	274±5^b	5.0±0.1^a	196±10^{ab}	102±8^{ab}	88±9^a	1.2±0.2^a
	扩展林窗	4.1±0.3^b	432±15^{ab}	6.7±0.09^b	1.5±0.03^a	64±3.0^b	285±14^b	4.4±0.1^b	178±5^b	77±12^b	101±1^a	0.5±0.4^a
	郁闭林下	7.0±0.4^a	478±34^a	3.7±0.06^c	0.9±0.03^b	131±9.0^a	518±50^a	3.9±0.1^c	210±3^a	112±12^a	100±7^a	1.1±0.2^a
半分解层	林窗中心	1.8±0.3^c	325±6^b	9.0±0.03^a	2.1±0.005^a	36±0.8^b	157±3^b	4.3±0.02^b	136±7^b	67±9^a	78±11^{ab}	0.9±0.2^a
	林冠林窗	1.8±0.1^c	343±20^b	7.9±0.2^b	1.9±0.05^b	44±3.2^b	178±13^b	4.1±0.2^b	133±6^b	67±8^a	73±9^{ab}	0.9±0.2^a
	扩展林窗	5.2±0.3^b	237±1^c	4.6±0.07^d	1.4±0.005^c	52±1.0^{ab}	176±1^b	3.4±0.1^c	91±1^c	57±16^a	40±16^b	1.7±1.2^a
	郁闭林下	8.1±1.2^a	401±17^a	7.1±0.02^c	1.3±0.001^c	56±2.6^a	308±17^a	5.5±0.1^a	167±5^a	89±2^a	89±7^a	0.8±0.3^a

续表

分层	林窗	厚度/cm	C/(g/kg)	N/(g/kg)	P/(g/kg)	C/N	C/P	N/P	HS/(g/kg)	HA/(g/kg)	FA/(g/kg)	HA/FA
腐殖物质层	林窗中心	8.3±0.2[a]	160±9[b]	5.8±0.05[b]	1.7±0.01[b]	28±1.8[b]	94±6[c]	3.4±0.02[b]	97±1[b]	44±7[b]	61±6[a]	0.7±0.2[ab]
	林冠林窗	6.5±0.7[a]	298±2[a]	7.5±0.03[a]	1.7±0.02[a]	40±0.09[a]	171±2[a]	4.3±0.03[a]	130±3[a]	69±8[a]	65±6[a]	1.1±0.2[a]
	扩展林窗	6.5±0.4[a]	190±14[b]	4.6±0.2[c]	1.4±0.01[c]	41±2.2[a]	141±10[b]	3.5±0.1[b]	98±2[b]	53±7[ab]	50±7[a]	1.1±0.3[a]
	郁闭林下	3.7±0.4[b]	108±4[c]	2.9±0.05[d]	0.8±0.01[d]	38±1.6[a]	130±6[b]	3.5±0.1[b]	62±4[c]	21±4[c]	48±6[a]	0.4±0.1[b]

注：数值为平均值±标准误差（$n=3$）。不同小写字母表示不同林窗样方间差异显著（$P<0.05$）。C，碳；N，氮；P，磷；HS，腐殖物质；HA，胡敏酸；FA，富里酸。

表 4-2　亚高山针叶林 6 种优势树种凋落叶初始化学组分含量

凋落叶	C/%	N/%	P/%	LC/%	WSS/%	OSS/%	ASS/%	AUR/%	C/N	AUR/%	HS/%	HD/%
岷江冷杉	50.6±3.0	0.9±0.03	0.11±0.010	19.0±0.1	40.8±0.5	27.6±2.3	27.4±1.3	23.9±2.5	57.8±3.5	27.3±2.9	12.1±0.1	24.1±0.7
方枝柏	51.6±1.8	0.9±0.01	0.12±0.006	18.6±0.3	35.7±0.7	33.2±3.4	32.4±1.3	20.6±3.4	58.9±2.2	23.5±3.9	8.7±0.1	16.8±0.1
四川红杉	54.4±0.6	0.9±0.04	0.13±0.002	20.7±0.8	40.1±1.1	19.1±0.7	29.2±0.9	21.5±0.9	63.3±3.5	25.0±2.0	11.1±0.1	20.4±0.1
红桦	49.7±1.5	1.3±0.02	0.09±0.004	16.2±0.3	25.1±2.0	11.4±0.8	27.7±0.9	51.0±1.0	37.2±1.4	38.2±1.0	8.0±0.03	16.1±0.2
康定柳	45.2±1.7	1.2±0.03	0.11±0.002	22.0±0.5	41.7±0.3	18.5±1.6	28.6±1.9	26.2±3.3	39.5±2.2	22.8±2.5	9.1±0.2	20.1±0.1
高山杜鹃	50.3±1.6	0.7±0.02	0.11±0.009	24.5±3.6	43.1±1.2	25.8±2.3	27.0±0.6	21.8±3.4	75.5±4.5	32.9±6.1	12.8±0.1	25.5±0.3

注：数值为平均值±标准误差（$n=3$）。C，碳；N，氮；P，磷；LC，易分解碳；WSS，水溶性组分；OSS，有机溶性组分；ASS，酸溶性组分；AUR，酸不溶性组分；HS，腐殖物质；HD，腐殖化度。

4.1　亚高山针叶林植物残体腐殖物质积累

4.1.1　腐殖物质提取和分离

胡敏酸（humic acid，HA）、富里酸（fulvic acid，FA）提取和分离参考国际腐殖物质学会（International Humic Substances Society，IHSS；https://humic-substances.org/）推荐方法和中华人民共和国林业行业标准（LY/T 1238—1999）。称取 1.00g 风干样品于 150mL 锥形瓶，加 100mL 0.1mol/L NaOH 和 $Na_4P_2O_7$ 混合提取液，加塞振荡 10min，无氧环境下于 80℃水浴 1h，待冷却后过滤，于 3000r/min 离心 10min，再过 0.45μm 滤膜，滤液为待测液，无氧环境下保存。取待测液 1mL，稀释 10 倍，测定总可提取腐殖物质（humic substances，HS）。取待测液 20mL 于试管，加热，逐滴加 0.5mol/L H_2SO_4 至 pH 2（絮状沉淀），无氧环境下于 80℃水浴 30min，静置过夜。用 0.05mol/L H_2SO_4 洗涤，过滤，沉淀为胡敏酸，滤液为富里酸。用热的 0.05mol/L NaOH 少量多次洗涤沉淀，过滤至 100mL 容

量瓶，定容，取溶解的胡敏酸溶液过 0.45μm 滤膜，测定胡敏酸和富里酸含量。采用 TOC（multi N/C 2100，Analytic Jena，Germany）测定腐殖物质、胡敏酸和富里酸含量。

4.1.2　质量损失

1）质量残留量

不同树种凋落叶质量残留量存在很大差异（$F=693$，$P<0.001$）（表 4-3）。分解四年后，岷江冷杉、方枝柏、四川红杉、红桦、康定柳和高山杜鹃凋落叶质量残留量在郁闭林下分别为 46.1%、33.9%、45.6%、42.1%、28.2% 和 52.1%（表 4-4）。郁闭林下的凋落叶在冬季的质量损失占全年损失总量的 43%~63%（表 4-5）。

表 4-3　时间、树种和林窗对凋落叶质量残留量、碳含量和碳残留量的三因素方差分析结果

变异来源	质量残留量		碳含量		碳残留量	
	F	P	F	P	F	P
时间	2727	<0.001	66.1	<0.001	1027	<0.001
树种	693	<0.001	60.5	<0.001	257	<0.001
林窗	18.1	<0.001	6.5	<0.001	14.0	<0.001
时间×树种	20.6	<0.001	8.4	<0.001	17.8	<0.001
时间×林窗	1.3	0.16	2.1	<0.001	1.8	0.005
树种×林窗	4.6	<0.001	1.8	0.030	4.2	<0.001

注：加粗的 P 值表示作用显著（$P<0.05$）。$n=864$。

表 4-4　亚高山针叶林凋落物分解四年后的质量和碳残留量

凋落叶	质量残留量			碳残留量		
	林窗中心/%	郁闭林下/%	P	林窗中心/%	郁闭林下/%	P
岷江冷杉	46.3±0.8	46.1±2.7	0.87	45.9±5.2	47.7±1.4	0.70
方枝柏	32.6±2.1	33.9±1.2	0.58	31.3±2.2	31.6±3.3	0.89
四川红杉	41.7±0.4	45.6±0.5	<0.001	35.5±2.0	40.9±1.3	0.021
红桦	38.2±3.1	42.1±2.2	0.23	35.6±3.3	39.9±1.5	0.17
康定柳	26.4±3.0	28.2±3.6	0.38	23.7±4.3	25.8±1.0	0.59
高山杜鹃	37.4±3.5	52.1±0.8	0.012	44.0±5.7	36.3±5.3	0.39

注：数值为平均值±标准误差（$n=3$）。加粗的 P 值表示林窗中心和郁闭林下之间差异显著（$P<0.05$）。

表 4-5　亚高山针叶林凋落叶质量和碳冬季分解占全年分解的百分比

凋落叶	质量			碳		
	林窗中心/%	郁闭林下/%	P	林窗中心/%	郁闭林下/%	P
岷江冷杉	66.6±1.1	55.6±4.2	0.042	24.6±9.1	5.8±4.6	0.080
方枝柏	50.9±3.2	43.8±1.8	0.080	32.9±3.5	34.2±2.4	0.62
四川红杉	58.9±1.6	46.2±1.1	0.001	50.4±5.4	46.8±2.7	0.65

续表

凋落叶	质量			碳		
	林窗中心/%	郁闭林下/%	P	林窗中心/%	郁闭林下/%	P
红桦	61.7±1.2	54.2±3.0	0.055	39.7±9.2	51.3±1.6	0.28
康定柳	47.4±3.9	47.5±1.0	0.99	45.6±2.4	52.7±1.7	0.058
高山杜鹃	74.1±2.0	62.2±3.7	0.068	89.6±9.7	61.3±3.6	**0.014**

注：数值为平均值±标准误差（n=3）。加粗的 P 值表示林窗中心和郁闭林下之间差异显著（P<0.05）。

林窗显著改变了凋落叶质量残留量（F=18.1，P<0.001），且林窗内的凋落叶质量残留量低于郁闭林下（图 4-1）。分解四年后，四川红杉（P<0.001）和高山杜鹃（P=0.012）凋落叶质量残留量在林窗中心显著低于郁闭林下（表 4-4）。岷江冷杉（P=0.042）和四川红杉（P=0.001）凋落叶冬季质量损失在林窗中心显著高于郁闭林下。

2）林窗对凋落物分解的影响

树木的自然死亡或其他气象事件造成的林冠不连续，形成林窗。与林下相比，林窗内的地表能够接收更多的太阳辐射和降水（降雪和降雨），提高地表温度和含水量，进而改变微生物活性和养分循环（Denslow et al.，1998；宋新章和肖文发，2006），从而改变森

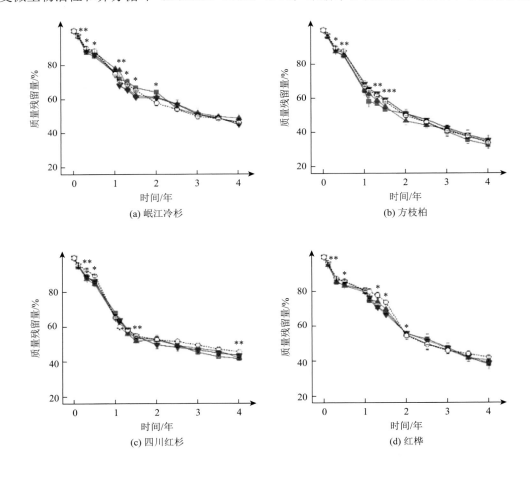

(a) 岷江冷杉　　　(b) 方枝柏

(c) 四川红杉　　　(d) 红桦

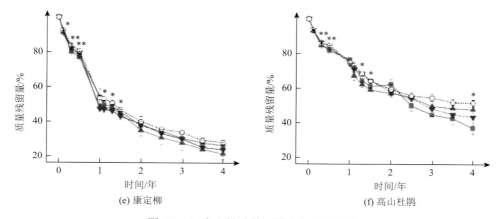

图 4-1 亚高山针叶林凋落叶质量残留量

数值为平均值±标准误差，$n = 3$。■林窗中心，▲林冠林窗，▼扩展林窗，○郁闭林下。星号表示样方间差异显著。* $P < 0.05$，** $P < 0.01$，*** $P < 0.001$

林地表化学循环，如凋落叶分解过程（Prescott，2002）。然而，在不同气候带开展的凋落叶分解实验研究结果还具有很大的不确定性。有研究表明，林窗可能促进山毛榉（*Fagus.*）凋落叶分解（Ritter and Bjørnlund，2005），但在热带和亚热带森林开展的研究却表明，林窗可能抑制凋落叶分解（Zhang and Zak，1995；Sariyildiz，2008；González et al.，2014）。这种不确定性可能是由林窗大小和样地环境差异造成的。本研究前期结果表明，亚高山针叶林林窗对凋落叶分解的影响在冬季和生长季节之间也存在很大的差异（Ni et al.，2015），其中一个重要的原因是亚高山森林经历漫长的冬季，林窗内的雪被起到隔热保温作用，降低土壤冻融，维持了较高的微生物活性（谭波等，2014；王怀玉和杨万勤，2012）。同时，雪被形成、覆盖和融化增加可溶性组分的淋洗，调节凋落叶分解（Zhang and Liang，1995）。本研究中，大小约 20m×25m 的林窗促进凋落叶分解，但这种促进作用在分解第三、四年不显著，且分解四年后，仅四川红杉和高山杜鹃在林窗处理间有差异，表明林窗对凋落叶质量损失的作用可能随分解时间而减弱。同时，林窗提高冬季凋落叶分解占全年分解的百分比，这表明林窗内冬季厚雪被极大地促进了凋落叶分解。由于碱提取的腐殖物质以碳含量为衡量标准，因此本研究重点探讨凋落叶分解过程中碳的变化。凋落叶质量损失主要是碳的分解，因而林窗也促进凋落叶中碳的损失。

4.1.3 总可提取性腐殖物质

1）腐殖物质含量

图 4-2 显示，6 种凋落叶中初始腐殖物质含量为 8%～13%。表明，新鲜凋落叶已经历一定程度的腐殖化，这打破了经典范式认为的腐殖物质累积发生于分解末期的观点（Berg and McClaugherty，2014）。少数基于碱提取的方法发现新鲜凋落叶中含有少量碱可提取性腐殖物质。例如，北美乔松（*Pinus strobus*）新鲜凋落叶的胡敏酸和富里酸含量分别达到 2.1% 和 7.5%（Qualls et al.，2003）。在四年分解过程中，6 种凋落叶中腐殖物质含量均逐渐增加（$F = 135$，$P < 0.001$）（表 4-6），且分解四年后在郁闭林下达 17.5%～21.4%（表 4-7）。凋落

叶中腐殖物质含量与质量损失显著正相关（$R^2 = 0.70$，$P < 0.001$）［图 4-3（a）］。总体上，林窗对凋落叶中腐殖物质含量的影响不显著（$F = 2.5$，$P = 0.058$），但林窗与分解时间和树种的交互作用均显著（$P < 0.001$）。分解四年后，岷江冷杉（$P = 0.002$）、四川红杉（$P = 0.014$）和康定柳（$P = 0.025$）凋落叶中腐殖物质含量在林窗中心显著低于郁闭林下（表 4-7）。

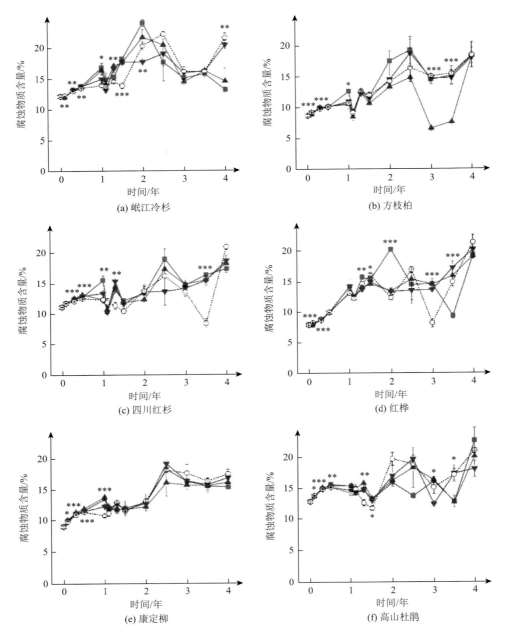

图 4-2　亚高山针叶林凋落叶腐殖物质含量动态

数值为平均值±标准误差，$n = 3$。■林窗中心，▲林冠林窗，▼扩展林窗，○郁闭林下。星号表示样方间差异显著。* $P < 0.05$，
** $P < 0.01$，*** $P < 0.001$

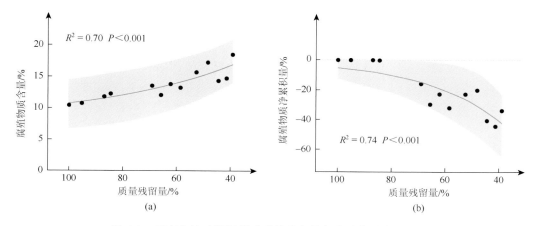

图 4-3　亚高山针叶林凋落叶质量残留量与腐殖物质净累积量

数值为各采样日期所有树种加权值（$n = 13$）。阴影部分表示 95%置信区间

表 4-6　时间、树种和林窗对腐殖物质含量和净累积量的三因素方差分析结果

变异来源	腐殖物质				胡敏酸				富里酸			
	含量		净累积量		含量		净累积量		含量		净累积量	
	F	P	F	P	F	P	F	P	F	P	F	P
时间	135	<0.001	123	<0.001	324	<0.001	213	<0.001	76.1	<0.001	253	<0.001
树种	91	<0.001	215	<0.001	82.5	<0.001	71.4	<0.001	20.6	<0.001	83.0	<0.001
林窗	2.5	0.058	3.2	**0.024**	1.9	0.12	1.0	0.38	4.4	**0.0045**	4.7	**0.0029**
时间×树种	8.8	<0.001	15.1	<0.001	14.2	<0.001	12.9	<0.001	6.6	<0.001	6.0	<0.001
时间×林窗	3.0	<0.001	2.5	<0.001	2.7	<0.001	2.0	0.001	1.9	0.0014	2.0	0.0012
树种×林窗	3.0	<0.001	2.9	<0.001	1.5	0.086	1.4	0.12	2.5	0.0014	2.4	0.0019

注：加粗的 P 值表示作用显著（$P<0.05$）。$n = 864$。

表 4-7　亚高山针叶林凋落叶分解四年后的腐殖物质含量

凋落叶	腐殖物质			胡敏酸			富里酸		
	林窗中心/%	郁闭林下/%	P	林窗中心/%	郁闭林下/%	P	林窗中心/%	郁闭林下/%	P
岷江冷杉	13.0±0.5	21.4±0.8	**0.002**	5.0±0.1	7.9±0.1	**0.001**	8.1±0.5	13.6±0.7	**0.002**
方枝柏	18.3±0.5	18.4±2.0	0.97	7.7±0.3	7.7±0.6	0.99	10.6±0.4	10.7±1.4	0.96
四川红杉	17.3±0.6	20.8±0.5	**0.014**	7.2±0.4	9.4±0.4	**0.004**	10.2±0.3	11.5±0.6	0.078
红桦	19.4±0.6	21.4±1.1	0.13	8.5±0.3	11.2±0.3	**0.001**	10.9±0.4	10.2±0.9	0.42
康定柳	15.4±0.5	17.5±0.7	**0.025**	4.1±0.5	4.7±0.5	0.10	11.3±0.1	12.8±0.2	**0.012**
高山杜鹃	22.6±2.0	21.0±0.5	0.42	9.4±1.1	10.1±0.7	0.39	13.2±1.3	10.9±0.6	0.092

注：数值为平均值±标准误差（$n = 3$）。加粗的 P 值表示林窗中心和郁闭林下之间差异显著（$P<0.05$）。

2）腐殖物质累积量

不同树种凋落叶中腐殖物质净累积量存在很大差异（$F = 215$，$P < 0.001$）（表 4-6）。在四年分解过程中，除红桦外，其余 5 种凋落叶中腐殖物质净累积量均呈逐渐降低的趋势（图 4-4）。分解四年后，红桦凋落叶中腐殖物质净累积量在郁闭林下为 12.8%，而其他树种凋落叶中腐殖物质净累积量均为负值，为 -45.7%～-14.4%（表 4-8）。凋落叶的腐殖物

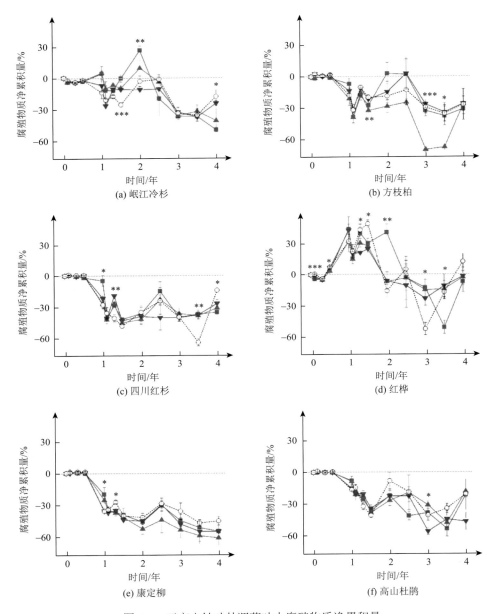

图 4-4　亚高山针叶林凋落叶中腐殖物质净累积量

数值为平均值±标准误差，$n = 3$。■林窗中心。▲林冠林窗。▼扩展林窗。○郁闭林下。星号表示样方间差异显著。* $P < 0.05$，
** $P < 0.01$，*** $P < 0.001$

质净累积量与质量损失（$R^2 = 0.74$，$P < 0.001$）［图 4-3（b）］和易分解碳的分解（$R^2 = 0.69$，$P < 0.001$）（图 4-5）均呈显著负相关。

表 4-8　亚高山针叶林凋落叶分解四年后的腐殖物质净累积量

凋落叶	腐殖物质			胡敏酸			富里酸		
	林窗中心/%	郁闭林下/%	P	林窗中心/%	郁闭林下/%	P	林窗中心/%	郁闭林下/%	P
岷江冷杉	−50.2±2.2	−18.4±6.0	**0.015**	−12.7±14.3	36.1±19.7	**0.012**	−59.9±1.1	−32.7±3.3	**0.009**
方枝柏	−31.0±5.5	−26.9±14.8	0.73	23.5±5.0	27.9±14.0	0.76	−47.7±5.0	−44.2±12.9	0.74
四川红杉	−34.9±2.6	−14.4±2.3	**0.006**	41.5±2.1	103.6±4.0	**0.030**	−52.9±1.0	−42.0±3.1	**0.033**
红桦	−7.0±10.1	12.8±7.4	0.060	36.3±12.6	98.3±4.1	**0.021**	−25.6±7.8	−23.4±7.0	0.67
康定柳	−55.2±5.6	−45.7±4.0	**0.029**	−42.3±9.4	−30.6±6.8	0.062	−58.9±3.9	−49.8±1.9	**0.043**
高山杜鹃	−21.5±14.2	−20.9±2.2	0.96	76.8±32.6	107.0±9.9	0.34	−43.6±10	−49.7±3.4	0.50

注：数值为平均值±标准误差（$n = 3$）。加粗的 P 值表示林窗中心和郁闭林下之间差异显著（$P < 0.05$）。

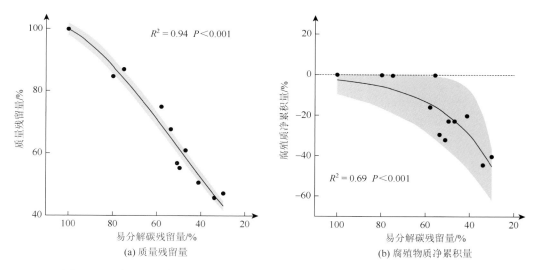

图 4-5　亚高山针叶林凋落叶易分解碳残留量与质量残留量、腐殖物质净累积量

数值为各采样日期所有树种加权值（$n = 13$）。阴影部分表示 95% 置信区间

亚高山针叶林林窗显著改变了凋落叶中腐殖物质净累积量（$F = 3.2$，$P = 0.024$），且林窗与分解时间（$F = 2.5$，$P < 0.001$）和树种（$F = 2.9$，$P < 0.001$）的交互作用均显著（表 4-6）。将 6 个树种加权合并后，林窗对凋落叶中腐殖物质净累积量的影响仅在分解第一年雪被融化期和生长季节为正值，而在其他时期均为负值（图 4-6）。分解四年后，岷江冷杉（$P = 0.015$）、四川红杉（$P = 0.006$）和康定柳（$P = 0.029$）凋落叶中腐殖物质净累积量在林窗中心显著低于郁闭林下（表 4-8）。

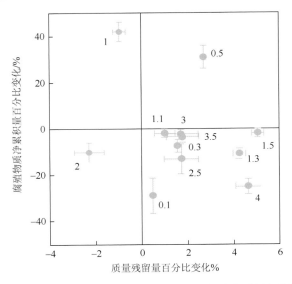

图 4-6　亚高山针叶林林窗对凋落叶分解和腐殖物质累积的影响

数值为各采样日期所有树种加权值（±SE，$n = 13$）

4.1.4　胡敏酸

1）胡敏酸含量

亚高山针叶林 6 种凋落叶的初始胡敏酸含量为 1.9%～2.8%（图 4-7）。在四年分解过程中，6 种凋落叶中胡敏酸含量均呈逐渐增加的趋势（$F = 324$，$P < 0.001$）（表 4-6），且分解四年后在郁闭林下达 4.7%～11.2%（表 4-7）。凋落叶中胡敏酸含量与质量损失呈先增加后降低的趋势（$R^2 = 0.61$，$P < 0.001$）［图 4-8（a）］。总体上，林窗对凋落叶中胡敏酸含量的影响不显著（$F = 1.9$，$P = 0.12$），但林窗与分解时间的交互作用显著（$F = 2.7$，$P < 0.001$）（表 4-6）。分解四年后，岷江冷杉（$P = 0.001$）、四川红杉（$P = 0.004$）和红桦（$P = 0.001$）凋落叶中胡敏酸含量在林窗中心显著低于郁闭林下（表 4-7）。

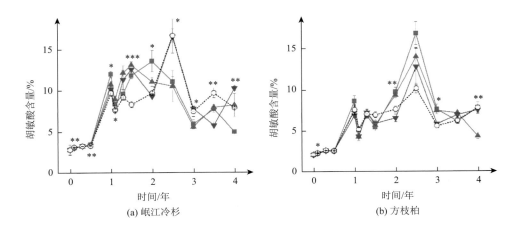

(a) 岷江冷杉　　　　　　　　　　　　　　　(b) 方枝柏

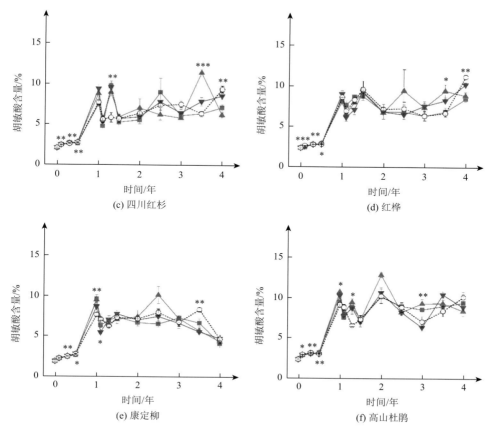

图 4-7 亚高山针叶林凋落叶胡敏酸含量动态

数值为平均值±标准误差，$n = 3$。■林窗中心，▲林冠林窗，▼扩展林窗，○郁闭林下。星号表示样方间差异显著。* $P < 0.05$，** $P < 0.01$，*** $P < 0.001$

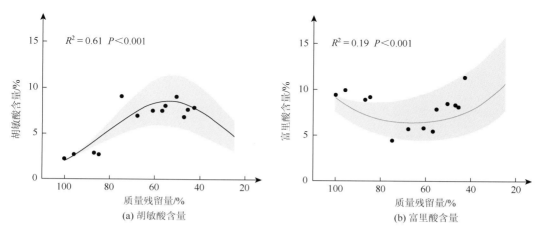

图 4-8 亚高山针叶林凋落叶质量残留量与腐殖物质含量的关系

数值为各采样日期所有树种加权值（$n = 13$）。阴影部分表示 95% 置信区间

2）胡敏酸累积量

亚高山针叶林 6 种凋落叶中胡敏酸净累积量均在分解第一年生长季节大量增加，而后降低直至分解第四年趋于稳定（图 4-9）。分解四年后，仅康定柳凋落叶中胡敏酸净累积量在郁闭林下为负值（−30.6%），其他树种凋落叶在郁闭林下均为正值（27.9%～107.0%）。总体

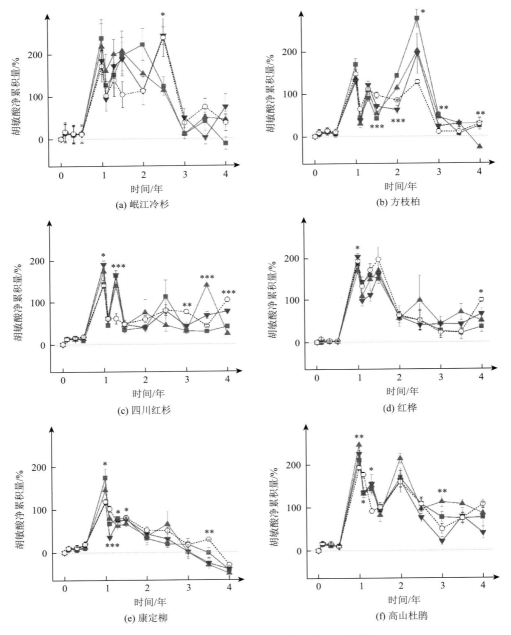

图 4-9　亚高山针叶林凋落叶的胡敏酸净累积量

数值为平均值±标准误差，$n = 3$。■林窗中心，▲林冠林窗，▼扩展林窗，○郁闭林下。星号表示样方间差异显著。*$P < 0.05$，**$P < 0.01$，***$P < 0.001$

上，林窗对凋落叶中胡敏酸净累积量的影响不显著（$F = 1.0$，$P = 0.38$），但林窗与分解时间的交互作用显著（$F = 2.0$，$P = 0.001$）。分解四年后，岷江冷杉（$P = 0.012$）、四川红杉（$P = 0.030$）和红桦（$P = 0.021$）凋落叶中胡敏酸净累积量在林窗中心显著低于郁闭林下（表 4-8）。

4.1.5　富里酸

1）富里酸含量

图 4-10 显示，亚高山针叶林 6 种凋落叶的初始富里酸含量为 5.6%～10.4%。凋落叶富里酸含量在分解第一年生长季节大量降低，在随后的三年分解过程中呈逐渐增加的趋势（$F = 76.1$，$P < 0.001$），且分解四年后在郁闭林下达 10.2%～13.6%（表 4-6 和表 4-7）。凋落叶的富里酸含量与质量损失呈先降低后增加的趋势（$R^2 = 0.19$，$P < 0.001$）[图 4-8（b）]。林窗显著改变了凋落叶的富里酸含量（$F = 4.4$，$P = 0.0045$），且林窗与分解时间（$F = 1.9$，$P = 0.0014$）和树种（$F = 2.5$，$P = 0.0014$）的交互作用均显著。分解四年后，岷江冷杉（$P = 0.002$）和康定柳（$P = 0.012$）凋落叶中富里酸含量在林窗中心显著低于郁闭林下（表 4-6 和表 4-7）。

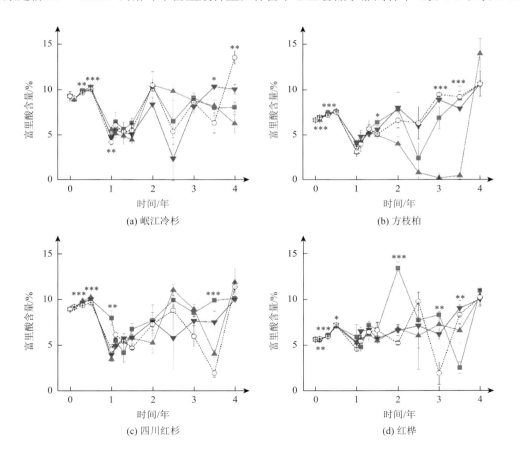

(a) 岷江冷杉　　　(b) 方枝柏　　　(c) 四川红杉　　　(d) 红桦

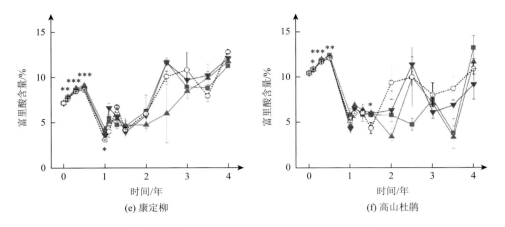

(e) 康定柳 (f) 高山杜鹃

图 4-10 亚高山针叶林凋落叶富里酸含量动态

■林窗中心，▲林冠林窗，▼扩展林窗，○郁闭林下。* P<0.05，** P<0.01，*** P<0.001

2）富里酸累积量

亚高山针叶林 6 种凋落叶的富里酸净累积量在第一分解年的生长季节均大量降低，而在随后的三年分解过程中趋于稳定（图 4-11）。分解四年后，所有树种凋落叶中富里酸净

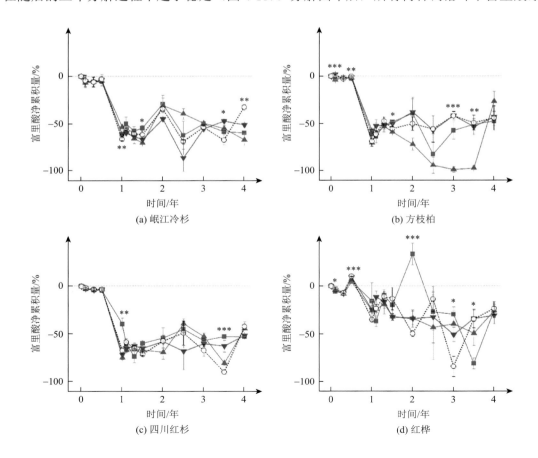

(a) 岷江冷杉 (b) 方枝柏

(c) 四川红杉 (d) 红桦

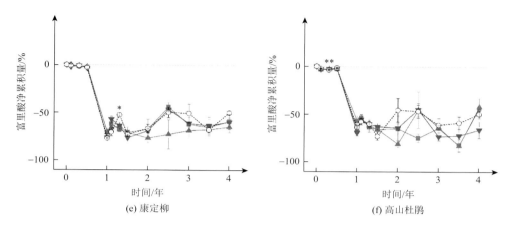

图 4-11　亚高山针叶林凋落叶的富里酸净累积量动态

数值为平均值±标准误差，$n=3$。■林窗中心，▲林冠林窗，▼扩展林窗，○郁闭林下。星号表示样方间差异显著。$* P<0.05$，$** P<0.01$，$*** P<0.001$

累积量在郁闭林下均为负值。林窗显著改变了凋落叶中富里酸净累积量（$F=4.7$，$P=0.0029$），且林窗与分解时间（$F=2.0$，$P=0.0012$）和树种（$F=2.4$，$P=0.0019$）的交互作用均显著（表 4-6）。分解四年后，岷江冷杉（$P=0.009$）、四川红杉（$P=0.033$）和康定柳（$P=0.043$）凋落叶中富里酸净累积量在林窗中心显著低于郁闭林下（表 4-8）。

4.1.6　胡敏酸/富里酸

由表 4-9 可知，亚高山针叶林凋落叶的胡敏酸/富里酸比值随分解时间变异很大（$F=515$，$P<0.001$），在第一分解年的冬季均低于 1，而在第一年生长季节大量增加且在随后的三年分解过程中均较高（图 4-12）。分解四年后，仅红桦凋落叶中胡敏酸/富里酸比值在郁闭林下大于 1，而其他树种凋落叶均小于 1。总体上，林窗对凋落叶胡敏酸/富里酸比值的影响不显著（$F=2.4$，$P=0.064$），但林窗与分解时间（$F=1.6$，$P=0.016$）和树种（$F=1.9$，$P=0.018$）的交互作用均显著。分解四年后，林窗中心和郁闭林下的凋落叶胡敏酸/富里酸比值无显著差异（$P>0.05$）（表 4-10）。可见，腐殖物质在凋落叶分解末期形成的观点应该被修正。相反，凋落叶分解初期已有一定程度的腐殖物质累积。然而，与传统观点一致的是，6 种凋落叶中腐殖物质含量随分解的进行显著增加（$R^2=0.70$，$P<0.001$）［图 4-3（a）］，且分解四年后，凋落叶中腐殖物质含量达 18%～21%。这种增加主要是胡敏酸的累积。相反，尽管富里酸含量在新鲜凋落叶中较多，但不稳定（窦森，2010），在分解前期大量降解。这表明，凋落叶分解过程中腐殖物质的累积不是持续增加，而是一个动态的过程。

表 4-9　时间、树种和林窗对腐殖化的三因素方差分析结果

变异来源	HA/FA		腐殖化度/%		腐殖化率/%	
	F	P	F	P	F	P
时间	515	**<0.001**	154	**<0.001**	115	**<0.001**
树种	16.6	**<0.001**	81.0	**<0.001**	2.3	**0.047**
林窗	2.4	0.064	7.3	**<0.001**	3.3	**0.021**
时间×树种	8.3	**<0.001**	10.4	**<0.001**	16.1	**<0.001**
时间×林窗	1.6	**0.016**	5.1	**<0.001**	7.7	**<0.001**
树种×林窗	1.9	**0.018**	3.8	**<0.001**	0.38	0.98

注：加粗的 P 值表示作用显著（$P<0.05$）。$n=864$。HA/FA 表示胡敏酸/富里酸。

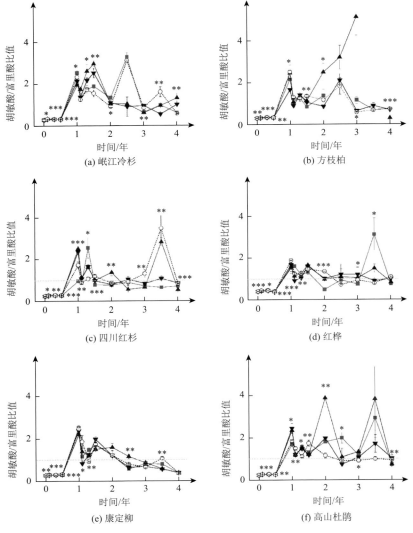

图 4-12　亚高山针叶林凋落叶胡敏酸/富里酸比值

■林窗中心，▲林冠林窗，▼扩展林窗，○郁闭林下。* $P<0.05$，** $P<0.01$，*** $P<0.001$

表 4-10　亚高山针叶林凋落叶分解四年后的腐殖化特征

凋落叶	HA/FA			腐殖化度/%			腐殖化率/(%/d)		
	林窗中心	郁闭林下	P	林窗中心	郁闭林下	P	林窗中心	郁闭林下	P
岷江冷杉	0.62±0.04	0.58±0.02	0.15	26.6±2.5	41.0±0.9	**0.048**	−0.010±0.010	0.061±0.005	**0.039**
方枝柏	0.73±0.01	0.73±0.04	0.93	37.0±0.3	38.1±3.7	0.78	0.040±0.012	0.016±0.014	0.45
四川红杉	0.70±0.02	0.82±0.02	0.070	37.6±1.0	42.8±0.2	**0.026**	0.019±0.004	0.137±0.005	**0.007**
红桦	0.77±0.02	1.11±0.08	0.069	42.0±0.4	45.6±1.9	0.26	0.122±0.020	0.083±0.007	0.21
康定柳	0.37±0.04	0.36±0.04	0.82	38.8±2.6	42.1±1.4	0.49	0.001±0.004	0.034±0.002	**0.028**
高山杜鹃	0.71±0.04	0.93±0.02	0.077	44.7±2.0	57.5±7.0	0.29	0.090±0.002	0.114±0.029	0.47

注：数值为平均值±标准误差（$n=3$）。加粗的 P 值表示林窗中心和郁闭林下之间差异显著（$P<0.05$）。HA/FA 表示胡敏酸/富里酸。

4.2　腐殖物质光谱学特性

4.2.1　$\Delta \lg K$

亚高山针叶林凋落叶中腐殖物质初始 $\Delta \lg K$ 值介于 0.96～1.07（图 4-13）。在四年分解过程中，凋落叶中腐殖物质 $\Delta \lg K$ 值随分解时间（$F=180$，$P<0.001$）的变异性小于树种间（$F=473$，$P<0.001$）的变异性（表 4-11）。分解四年后，6 种亚高山针叶林凋落叶的

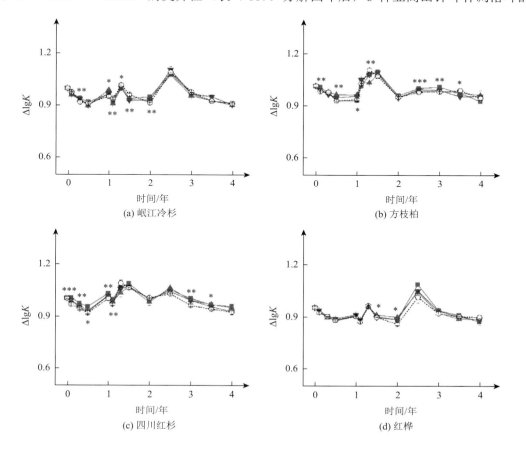

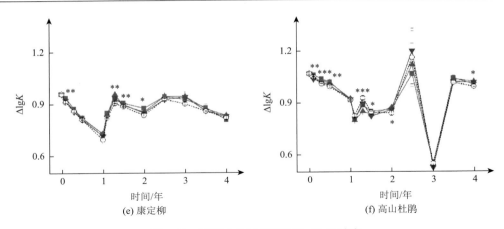

图 4-13　亚高山针叶林凋落叶 $\Delta \lg K$ 动态

数值为平均值±标准误差，$n=3$。■林窗中心，▲林冠林窗，▼扩展林窗，○郁闭林下。星号表示样方间差异显著。$*P<0.05$，$**P<0.01$，$***P<0.001$

腐殖物质 $\Delta \lg K$ 值在郁闭林下为 0.82～0.99（表 4-12）。林窗显著改变了凋落叶中腐殖物质的 $\Delta \lg K$ 值（$F=3.8$，$P=0.0097$），但林窗与分解时间（$F=1.1$，$P=0.34$）和树种（$F=1.3$，$P=0.18$）的交互作用均不显著。分解四年后，6 种凋落叶中腐殖物质 $\Delta \lg K$ 值在林窗中心和郁闭林下均无显著差异（$P>0.05$）（表 4-12）。

表 4-11　时间、树种和林窗对腐殖物质光谱学特性的三因素方差分析结果

变异来源	$\Delta \lg K$		E4/E6		A600/C	
	F	P	F	P	F	P
时间	180	**<0.001**	255	**<0.001**	773	**<0.001**
树种	473	**<0.001**	2175	**<0.001**	29.4	**<0.001**
林窗	3.8	**0.0097**	6.9	**<0.001**	2.0	0.12
时间×树种	89.4	**<0.001**	59.3	**<0.001**	10.8	**<0.001**
时间×林窗	1.1	0.34	2.8	**<0.001**	2.1	**<0.001**
树种×林窗	1.3	0.18	1.7	**0.042**	5.2	**<0.001**

注：加粗的 P 值表示作用显著（$P<0.05$）。$n=864$。

表 4-12　亚高山针叶林凋落叶分解四年后的腐殖物质光谱学特性

凋落叶	$\Delta \lg K$			E4/E6			A600/C		
	林窗中心	郁闭林下	P	林窗中心	郁闭林下	P	林窗中心	郁闭林下	P
岷江冷杉	0.91±0.002	0.91±0.007	0.88	12.1±0.07	11.6±0.2	0.15	4.2±0.2	5.4±0.1	**0.040**
方枝柏	0.93±0.007	0.94±0.008	0.079	8.2±0.3	8.0±0.2	0.37	6.1±0.2	6.2±0.5	0.88
四川红杉	0.96±0.007	0.93±0.02	0.24	11.1±0.4	10.2±0.1	0.18	6.2±0.3	5.0±0.02	**0.040**
红桦	0.88±0.02	0.90±0.008	0.23	10.2±0.1	10.5±0.2	0.20	5.1±0.3	5.0±0.3	0.89
康定柳	0.81±0.004	0.82±0.01	0.43	5.5±0.3	5.4±0.3	0.86	6.1±0.2	5.6±0.2	0.33
高山杜鹃	1.00±0.004	0.99±0.003	0.18	11.7±0.2	12.3±0.2	0.25	5.8±0.4	5.4±0.1	0.49

注：数值为平均值±标准误差（$n=3$）。加粗的 P 值表示林窗中心和郁闭林下之间差异显著（$P<0.05$）。

4.2.2　E4/E6

亚高山针叶林 6 种凋落叶的腐殖物质初始 E4/E6 值为 5.8～11.9（图 4-14）。6 种凋落叶的腐殖物质 E4/E6 值在四年分解过程中均呈逐渐增加的趋势（$F = 255$，$P < 0.001$），但

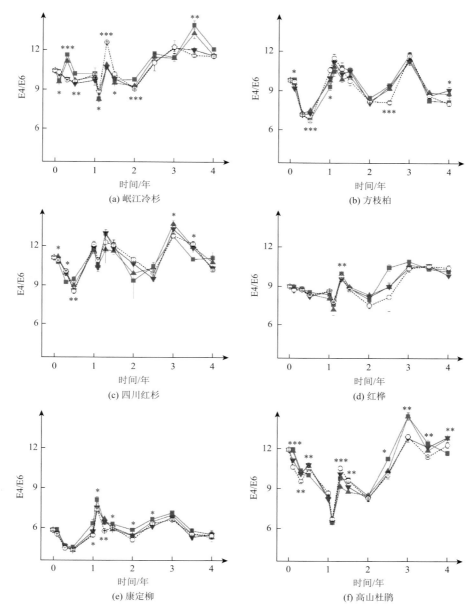

图 4-14　亚高山针叶林凋落叶 E4/E6 动态

数值为平均值±标准误差，$n = 3$。■林窗中心，▲林冠林窗，▼扩展林窗，○郁闭林下。星号表示样方间差异显著。* $P < 0.05$，** $P < 0.01$，*** $P < 0.001$

不同树种间的差异较大（$F=2175$，$P<0.001$）（表 4-11）。分解四年后，6 种凋落叶的腐殖物质 E4/E6 值在郁闭林下达 5.4～12.3（表 4-12）。林窗显著改变了凋落叶的腐殖物质 E4/E6 值（$F=6.9$，$P<0.001$），且林窗与分解时间（$F=2.8$，$P<0.001$）和树种（$F=1.7$，$P=0.042$）的交互作用均显著（表 4-11）。分解四年后，6 种凋落叶中腐殖物质 E4/E6 值在林窗中心和郁闭林下均无显著差异（$P>0.05$）（表 4-12）。

4.2.3　A600/C

亚高山针叶林凋落叶的腐殖物质初始 A600/C 值介于 1.1～2.5（图 4-15）。凋落叶的腐殖物质 A600/C 值在四年分解过程中呈逐渐增加的趋势（$F=773$，$P<0.001$），尤其是从分解第三年开始急剧增加（表 4-11）。分解四年后，6 种凋落叶的腐殖物质 A600/C 值在郁闭林下为 5.0～6.2（表 4-12）。

总体上看，林窗对凋落叶中腐殖物质 A600/C 值的影响不显著（$F=2.0$，$P=0.12$），但林窗与分解时间（$F=2.1$，$P<0.001$）和树种（$F=5.2$，$P<0.001$）的交互作用均显著（表 4-11）。分解四年后，岷江冷杉凋落叶中腐殖物质 A600/C 值在林窗中心显著低于郁闭林下（$P=0.040$），但四川红杉凋落叶则相反（$P=0.040$）（表 4-12）。

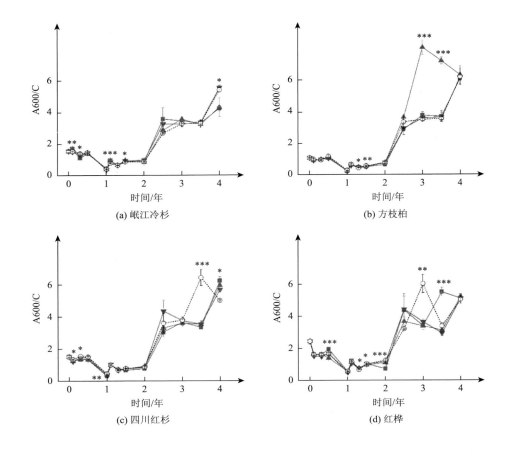

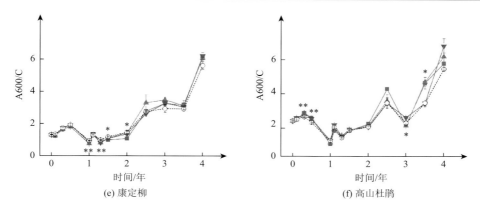

(e) 康定柳　　　　　　　　　　　　　　　(f) 高山杜鹃

图 4-15　亚高山针叶林凋落叶 A600/C 动态

数值为平均值±标准误差，$n = 3$。■林窗中心，▲林冠林窗，▼扩展林窗，○郁闭林下。星号表示样间差异显著。$* P < 0.05$，$** P < 0.01$，$*** P < 0.001$

4.2.4　腐殖物质类型

图 4-16 显示，将 6 种凋落叶的腐殖物质加权平均后，凋落叶在分解前两年的腐殖物质类型均为 R_p 型（不稳定），在分解第 2.5～3.5 年为 B 型（较稳定），而在分解第四年为 A 型（稳定）。根据腐殖物质的光谱学特性发现，亚高山针叶林凋落叶腐殖化第四年时，累积的腐殖物质已经具有稳定结构（A 型），这进一步说明传统认识上的腐殖物质形成于分解末期的观点有待商榷。相反，凋落叶分解早期（质量残留量为 28%～52%）累积的腐殖物质已比较稳定。

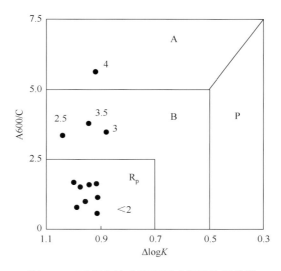

图 4-16　亚高山针叶林凋落叶腐殖物质类型

腐殖物质按稳定性分为：A＞B＞P＞R_p。数值为各采样日期所有树种加权值（$n = 13$）

4.3 亚高山针叶林植物残体腐殖化度与腐殖化率

4.3.1 腐殖化度和腐殖化率的计算

腐殖化度（humification degree，HD）表示腐殖物质累积的程度，用各阶段腐殖物质含量占碳含量的百分比表示（Gigliotti et al.，1999）：

$$HD(\%) = HuC/CC$$

式中，HuC 和 CC 分别为腐殖物质含量和碳含量。

腐殖化率（humification rate，HR）表示各阶段单位时间内腐殖物质累积的程度，用腐殖化度与各阶段天数的比值表示：

$$HR(\%) = HD/D_t$$

式中，HD 和 D_t 分别为各阶段的腐殖化度和天数（$t = 0, 1, \cdots, 12$）。

4.3.2 腐殖化度

6 种凋落叶初始腐殖化度为 16%～25%（图 4-17）。在四年分解过程中，6 种凋落叶腐殖化度均呈逐渐增加的趋势（$F = 154$，$P < 0.001$）（表 4-9），且分解四年后在郁闭林下达

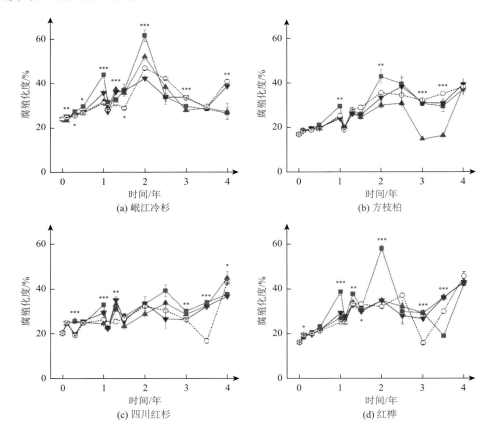

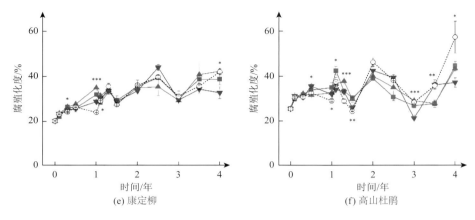

(e) 康定柳　　　　　　　　　　　　(f) 高山杜鹃

图 4-17　亚高山针叶林凋落叶腐殖化度

数值为平均值±标准误差，$n = 3$。■林窗中心，▲林冠林窗，▼扩展林窗，○郁闭林下。星号表示样方间差异显著。
$*P < 0.05$，$**P < 0.01$，$***P < 0.001$

38.1%～57.5%（表 4-10）。亚高山针叶林林窗显著改变了凋落叶腐殖化度（$F = 7.3$，$P < 0.001$），且林窗与分解时间（$F = 5.1$，$P < 0.001$）和树种（$F = 3.8$，$P < 0.001$）的交互作用均显著。分解四年后，岷江冷杉（$P = 0.048$）和四川红杉（$P = 0.026$）凋落叶腐殖化度在林窗中心显著低于郁闭林下（表 4-10）。

4.3.3　腐殖化率

四年分解过程中，6 种树种凋落叶腐殖化率均趋于稳定（$F = 2.3$，$P = 0.047$），但随分解时间显著变化（$F = 115$，$P < 0.001$）（表 4-9）。分解四年后，岷江冷杉凋落叶腐殖化率在林窗中心下为负值，而其他 5 种凋落叶腐殖化率均为正值，为 0.001%/d～0.122%/d（图 4-18）。亚高山针叶林林窗显著改变了凋落叶腐殖化率（$F = 3.3$，$P = 0.021$），且林窗与分解时间的交互作用显著（$F = 7.7$，$P < 0.001$）。岷江冷杉、四川红杉和康定柳凋落叶分解 4 年后的腐殖化率在林窗中心显著低于郁闭林下（表 4-10）。

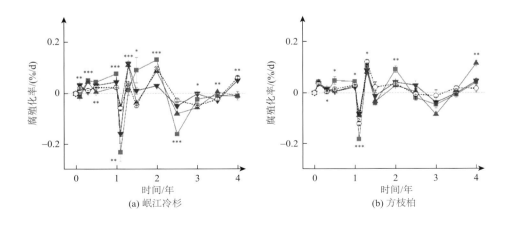

(a) 岷江冷杉　　　　　　　　　　　(b) 方枝柏

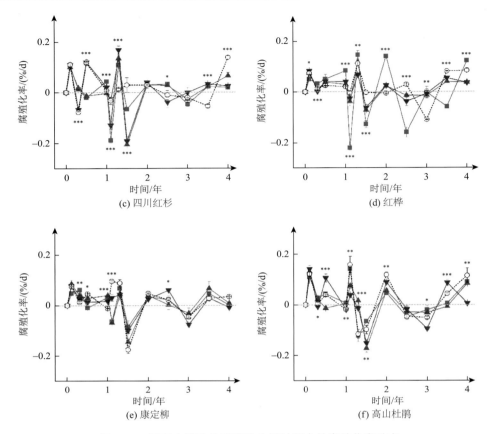

图 4-18　亚高山针叶林凋落叶分解过程中的腐殖化率动态

数值为平均值±标准误差，$n = 3$。■林窗中心，▲林冠林窗，▼扩展林窗，○郁闭林下。星号表示样方间差异显著。
$*P<0.05$，$**P<0.01$，$***P<0.001$

4.4　亚高山针叶林植物残体难降解组分与腐殖化

4.4.1　难降解组分驱动的基质质量假说

关于腐殖物质的形成，在过去几十年里，学者们曾提出过"木质素-蛋白质假说""多酚假说"等，其核心主要围绕凋落叶分解后期的难降解物质构成腐殖物质前体物质，即由凋落叶质量驱动（Piccolo，2001）。凋落叶腐殖化过程与分解伴随发生，可将其划分为两个阶段：第一阶段，新鲜凋落叶掉落在土壤表面后，土壤无脊椎动物的取食、穿梭和迁移破坏凋落叶形态结构（Coûteaux et al.，1995），其中易分解的碳和养分（大部分为水溶性组分）被微生物同化作为自身代谢的碳源和氮源，或被淋洗进入土壤（Hobbie，2008）。碳链较长的多糖（有机溶性组分）和纤维素（酸溶性组分）等在真菌分泌的纤维素酶的作用下解聚，碳链结构被切割为较小的单元。在分解后期，"木质素"含量增加。这些难降解的酸不溶性组分是由多种羟基肉桂醇单体聚合而成的多元酚类化合物（Talbot et al.，

2012），难以分解而大量残留于凋落叶中并控制凋落叶后期分解（Melillo et al.，1982；Prescott et al.，2000）。第二阶段，一部分残留的酸不溶性组分在胞外酶作用下降解为较小的单元，其中可溶性部分被微生物重新吸收进入细胞，并通过代谢途径转化为酚、醌类衍生物。这些次生代谢产物再被氧化释放进入环境，与不溶性部分在酶的作用下聚合形成腐殖物质前体，最终络合为稳定的腐殖物质高聚物（Waksman，1925）。

这种基于凋落叶分解过程的腐殖物质累积机制主要是由不同分解难易程度的馏分推测得出的。根据 Björn Berg 教授提出的三阶段分解模型，凋落叶分解后期至接近极限值时，残留的组分难以在短时间内继续分解而累积在土壤表面形成土壤腐殖物质。基于上述观点，腐殖物质通常被认为形成于凋落叶分解后期而几乎不可能形成于分解早期，且分解越少（极限值越低）的凋落叶可能固持越多的腐殖物质（Berg，2000）。然而，近年来的研究表明，基于分馏得到的 Klason "木质素" 还包含了缩合单宁和几丁质（Preston et al.，2009a），这使 "木质素" 的难分解性受到质疑。Klotzbücher 等（2011）采用 CuO 氧化法发现 "木质素" 在分解早期（82d）已大量降解，反而在分解后期（176～716d）由于易分解组分的大量释放而分解减慢。这表明以前被广泛使用的基于分馏的三阶段分解模型（Adair et al.，2008）可能不能准确反映凋落叶后期分解和腐殖化过程（Kögel-Knabner，2017）。Preston 和 Trofymow（2015）甚至提出 "It is time for the scientific community to limit use of "lignin" to chemically meaningful contexts"（是时候让科学界限制使用木质素的化学意义）。

4.4.2　馏分分离

不同分解难易程度的馏分（水溶性、有机溶性、酸溶性组分和酸不溶性组分）的分离参考 CIDET（加拿大田间分解实验）方法（Preston et al.，2009b）。称取 1.00g 风干样品于滤纸，小心折叠，用索氏提取（溶剂为三氯甲烷）去除有机溶性组分（organic soluble substances，OSS）。将剩余的样品小心转移至锥形瓶，于 80℃水浴 30min，用蒸馏水反复洗涤、砂芯漏斗真空抽滤，去除水溶性组分（water soluble substances，WSS）。将去除 WSS 的样品烘干，加 72% H_2SO_4 充分浸泡 12h，用蒸馏水反复洗涤、砂芯漏斗真空抽滤，去除酸溶性组分（acid soluble substances，ASS），剩余为酸不溶性组分（acid unhydrolyzable residue，AUR）。将样品烘干，450℃下灼烧 8h，去除灰分（Mc Claugherty et al.，1985）。C 的测定采用重铬酸钾氧化法，参考中华人民共和国林业行业标准（LY/T 1237—1999）。称取 0.01g 样品于消煮管，加 10mL 0.8mol/L 1/6 $K_2Cr_2O_7$，再加浓 H_2SO_4 5mL，摇匀，于 210℃消煮 10min。用 50mL 左右蒸馏水将消煮管内消煮液洗入锥形瓶，加邻菲罗啉指示剂 3 滴，用 0.2000mol/L $FeSO_4$（标定）滴定，溶液由橙黄经墨绿迅速变为棕红色为终点。

N 和 P 的测定分别采用凯氏定氮法 [LY/T 1228—2015] 和钼锑抗比色法 [LY/T 1232—2015]。称取 0.20g 样品于消煮管，加 7.5mL 浓 H_2SO_4 过夜。加 4mL 30% H_2O_2，摇匀，于 220℃消煮 15min，冷却，加 2mL 30% H_2O_2，于 360℃消煮至澄清，冷却。用 50mL 左右蒸馏水将消煮管内消煮液洗入 100mL 容量瓶，冷却，定容，转移至 100mL 小口瓶备用。

N 的测定：锥形瓶中加 5mL 20g/L H₃BO₃ 和甲基红-溴甲酚绿指示剂 2 滴。消煮管中加 25mL 待测液，安装于凯氏定氮仪，加 50mL 10mol/L NaOH，蒸馏 3min 左右。用 0.0100mol/L HCl （标定）滴定，溶液由绿色经透明迅速变为红色为终点。P 的测定：取待测液 5mL 于 50mL 容量瓶，加蒸馏水 20mL 左右，加 2,4-二硝基酚指示剂 2 滴，用 2mol/L NaOH 调节 pH 至 溶液微黄，加钼锑抗显色剂 5mL，定容，显色 30min，于 700nm 处测定吸光度。

K、Ca、Na、Mg、Mn、Al、Cu、Fe、Zn、Pb、Cd 和 Cr 的测定采用电感耦合等离 子体质谱仪法。称取 0.50g 样品于聚四氟乙烯坩埚，加 5mL 浓硝酸和高氯酸（5∶1，$v∶v$），置于通风橱过夜。将坩埚置于消解罐，拧紧，放入烘箱，于 80℃（20min）、120℃（1h）、160℃（1h）和 180℃（1h）呈梯度加热。待消解完全后，用去离子水将消解液转入 50mL 容量瓶，定容，过 0.45μm 滤膜，用 ICP-MS（电感耦合等离子体质谱）测定元素含量 （ICP-MS，Thermo，MA，USA）。

4.4.3　难降解组分调控植物残体腐殖化过程

主成分分析表明，在 24 个凋落叶质量因子中，C/N、AUR/N 在第二轴上具有一致性，易分解碳、水溶性、有机溶性和酸溶性组分及 C、N、P、N/P 在第二轴上具有一致性，K、Na 和 Ca 在第一轴上具有一致性，Mg、Al、Cu、Fe、Zn、Pb、Cd、Cr 在第一轴上具有一致性（图 4-19）。与其他组分相比，Mn 较为特殊。第一主成分解释度为 31%，第二主成分解释度为 16%。

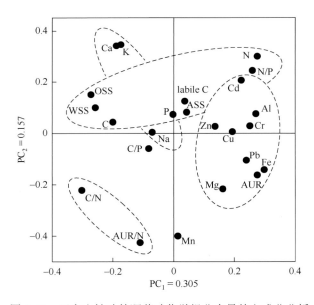

图 4-19　亚高山针叶林凋落叶化学组分含量的主成分分析

labile C，易分解碳；WSS，水溶性组分；OSS，有机溶性组分；ASS，酸溶性组分；AUR，酸不溶性组分；C，碳；N，氮；P，磷；K，钾；Ca，钙；Na，钠；Mg，镁；Mn，锰；Al，铝；Cu，铜；Fe，铁；Zn，锌；Pb，铅；Cd，镉；Cr，铬。$n = 576$

图 4-20 的偏最小二乘（partial least squares，PLS）法分析结果表明，在这 24 个因子中，对凋落叶中腐殖物质含量作用显著的因子为 Mn＞Ca＞AUR/N＞K＞水溶性组分＞Pb＞Fe＞有机溶性组分（$R^2 = 0.67$，$P<0.05$）。Mn 含量为影响凋落叶中腐殖物质含量的主控因子，其偏最小二乘法系数为 0.42。易分解碳和酸不溶性组分含量的偏最小二乘法系数分别为 0.14 和–0.20，对腐殖物质含量的作用分别为正作用和负作用。

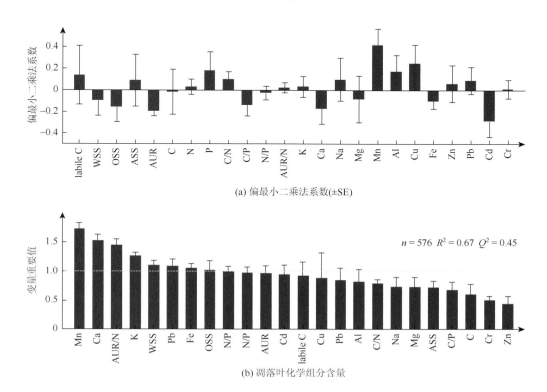

(a) 偏最小二乘法系数(±SE)

(b) 凋落叶化学组分含量

图 4-20　亚高山针叶林凋落叶化学组分含量对腐殖物质含量的偏最小二乘法分析结果

偏最小二乘法系数大于 0 表示正作用，小于 0 表示负作用。变量重要值大于 1 表示作用显著（$P<0.05$）。labile C，易分解碳；WSS，水溶性组分；OSS，有机溶性组分；ASS，酸溶性组分；AUR，酸不溶性组分；C，碳；N，氮；P，磷；K，钾；Ca，钙；Na，钠；Mg，镁；Mn，锰；Al，铝；Cu，铜；Fe，铁；Zn，锌；Pb，铅；Cd，镉；Cr，铬。数值为分解前两年数据（$n = 576$）

　　本研究表明，5 个馏分因子的容易分解程度为易分解碳＞水溶性组分＞有机溶性组分＞酸溶性组分＞酸不溶性组分，后四个组分在分解两年后的残留量分别为 22%、24%、53% 和 101%。对这 5 个馏分因子的偏最小二乘法分析结果表明，有机溶性组分和酸不溶性组分含量对凋落叶中腐殖物质含量的作用显著（$R^2 = 0.53$，$P<0.05$），且有机溶性组分＞酸不溶性组分（图 4-21）。二者的偏最小二乘法系数分别为–0.44 和–0.17。易分解碳含量的偏最小二乘系数为 0.12。

　　这 5 个馏分因子在时间序列上的偏最小二乘法分析结果表明，易分解碳和水溶性组分的作用相似，均为正作用，但随分解的进行其作用逐渐降低为负作用（图 4-21）。相反，酸溶性组分和酸不溶性组分在分解前期为负作用、后期为正作用。

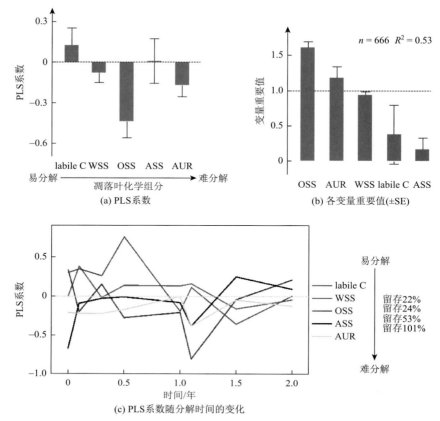

图 4-21　不同分解难易程度的化学组分含量对腐殖物质含量的 PLS 结果

偏最小二乘法系数大于 0 表示正作用，小于 0 表示负作用。变量重要值大于 1 表示作用显著（$P<0.05$）

对这 5 个馏分因子的路径分析结果表明，林窗（从郁闭林下、扩展林窗边缘、林冠林窗边缘至林窗中心）显著增加了地表温度（$r=0.15$，$P<0.001$），但对凋落叶含水量无显著影响（$P>0.05$）（图 4-22）。温度的增加显著增加了凋落叶中易分解碳、酸溶性组分和酸不溶性组分含量（$P<0.01$），而凋落叶含水量对各组分含量均无显著影响（$P>0.05$）。易分解碳显著增加了凋落叶中腐殖物质含量（$r=0.10$，$P<0.01$），而水溶性组分、有机溶性组分和酸不溶性组分均降低了凋落叶中腐殖物质含量。

PLS 分析结果表明，凋落叶在分解前两年时，Mn、Ca、K 等矿质元素已成为调控腐殖物质累积的主导因子（图 4-20）。主成分分析结果表明，凋落叶中 Mn 是一个有别于馏分、养分元素和微量元素的特殊因子（图 4-19），不仅在凋落叶分解过程中起着关键作用（Berg et al.，2013，2015b），还调节凋落叶分解-土壤有机质形成连续体动态（Berg et al.，2015a），促进腐殖物质累积（PLS 系数为 0.42）。这表明，凋落叶分解前期形成的腐殖物质通过物理作用，与从凋落叶中释放的矿质离子形成较稳定的有机质-矿质共轭体，证明乔木凋落叶同样适用于二途径腐殖物质形成模型（Cotrufo et al.，2015），也证明凋落叶分解早期已形成稳定腐殖物质的一般规律。

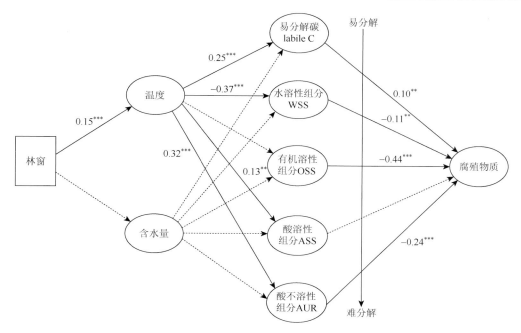

图 4-22 不同分解难易程度的化学组分含量对腐殖物质含量的路径分析结果

各化学组分的易分解程度分别为易分解碳>水溶性组分>有机溶性组分>酸溶性组分>酸不溶性组分。实线箭头表示作用显著
（黑色，正作用；灰色，负作用），虚线箭头表示作用不显著。数值为路径系数。星号表示作用显著。**P<0.01，***P<0.001。
数值为 6 个树种凋落叶在所有林窗处理和对照下分解前 2.5 年数据（n = 648）

4.5 亚高山针叶林植物残体易分解组分与腐殖化

4.5.1 易分解组分驱动的微生物源土壤有机质形成假说

不断增加的研究发现，土壤微生物分泌物和死亡的微生物残体是土壤腐殖物质的重要来源之一，甚至占 50%以上（Simpson et al.，2007；Miltner et al.，2012）。与凋落叶基质质量驱动的腐殖物质相比，由微生物驱动形成的腐殖物质具有更高的稳定性（Tamura and Tharayil，2014）。这并不是凋落叶中难降解物质选择性保留的结果（Kramer et al.，2003；Mambelli et al.，2011）。相反，这种高稳定性取决于微生物的空间不可进入性和腐殖物质自身的有机质-矿质共轭程度（Dungait et al.，2012）。

微生物驱动腐殖物质形成的一个核心观点是低分子量碳理论（van Hees et al.，2005）。该理论认为，易分解的低分子量碳具有高的基质利用效率，因而土壤微生物可同化这些可直接利用的碳源，而不必浪费过多的能量消耗去分泌胞外酶以分解难降解物质来获取碳源（Schimel and Schaeffer 2012；Bradford et al.，2013）。因此，凋落叶中易分解组分含量直接决定了土壤微生物基质利用效率（Soong et al.，2015；Campbell et al.，2016）。基于以上理论，Cotrufo 等（2013）提出了"微生物利用效率-基质稳定性"（microbial efficiency-matrix stabilization，MEMS）假说。MEMS 假说基于微生物残体及代谢产物形成土壤有机质主体、有机质-矿质共轭体维持土壤有机质稳定性的假设，提出两个基本假设：①"微生物过滤"效应控制碳和氮从凋落叶向土壤有机质的流动,即微生物基质利用效率决定凋落叶基质是被微生物吸收利用、分配到其代谢产物并形成腐殖物质,还是被矿化。②土壤有机质与矿质基质的共轭程度决定土壤有机质在时间尺度上的稳定性。因此,MEMS 假说从腐殖物质形成和稳定性两方面整合了凋落叶分解和腐殖物质累积这两个相对独立又密切联系的生物地球化学过程。

MEMS 假说的核心是凋落叶中易分解组分主导的微生物基质利用效率。F. Cotrufo 教授提出的 MEMS 假说很快被证实,并提出二途径土壤有机质形成模型(Castellano et al.,2015;Cotrufo et al.,2015),即凋落叶分解早期,大量易分解组分释放、被微生物利用,并进一步分配到其代谢产物中(生物化学途径);在分解后期,易分解的非结构碳已大量分解,凋落叶碎屑转移至糙型土壤有机质并与矿质土壤结合形成有机质-矿质共轭体(物理转移途径)。近年来的同位素示踪研究结果也佐证了 MEMS 假说。F. Cotrufo 教授所在的研究团队利用 ^{13}C 和 ^{15}N 对大须芒草(*Audropogon gayanun*)进行双标记,发现在培养第 14d、第 28d 时,已有大量易分解碳进入砂粒和黏粒(Haddix et al.,2016)。对其他乔木树种凋落叶和细根的 ^{13}C 和 ^{15}N 标记结果也表明,在凋落叶分解早期,大部分易分解碳转移至表层土壤(Bird et al.,2008;Rubino et al.,2010;Mambelli et al.,2011)。尽管这些易分解组分在进入深层矿质土壤前已被微生物大量利用(Fröberg et al.,2007;Müller et al.,2009;Kaiser and Kalbitz,2012;Kammer et al.,2012),但对进一步维持土壤有机质稳定性起着重要作用,且来源于易分解组分的腐殖物质与矿质土壤的共轭度更高,因此具有更高的稳定性(Grandy and Neff,2008)。

Lehmann 和 Kleber(2015)提出"土壤连续体模型",从而否定了传统意义上"腐殖化"的概念。该模型摒弃凋落叶分解/腐殖化分阶段进行的观点,认为植物残体从凋落至矿化成为 CO_2、固持形成土壤有机质、与矿质土壤形成共轭体或被微生物利用的整个过程都是连续、同步发生的。这一理论模型颠覆了之前被广泛使用的三阶段分解模型(Adair et al.,2008),也有别于二途径土壤有机质形成、稳定假说(Cotrufo et al.,2015),但目前仍缺乏实证。Liang 等(2017)提出两种微生物参与的碳代谢途径,即"体外修饰"(*ex vivo* modification)和"体内周转"(*in vivo* turnover),分别代表由凋落叶基质质量和微生物驱动的土壤有机质形成途径。在微生物体内周转途径中,微生物同化易分解组分,其代谢产物和残体经迭代持续累积于土壤,形成稳定的腐殖物质,即"续埋效应"(entombing effect)。这一由易分解碳经土壤微生物周转形成稳定土壤有机质的过程由"微生物碳泵"反复驱动。该模型中"续埋效应"与"激发效应"(priming effect)(Fontaine et al.,2003)刚好相反,二者共同调控土壤有机碳库动态,但目前仍缺乏实证。

不管是基于凋落叶基质质量驱动的,还是基于微生物驱动的腐殖物质形成假说,目前仍缺乏更多的实验证据。而且 MEMS 假说的直接依据来源于同位素示踪(Cotrufo et al.,2015),虽追踪了凋落叶向土壤的碳、氮流,但腐殖物质如何累积于凋落叶基质并不清楚。如果基于分馏的"木质素"概念被修正(Preston and Trofymow,2015),根据植物基质假说(难降解物质合成腐殖物质前体),腐殖物质可能形成于凋落叶分解早期。根据微生物假说(易分解组分驱动微生物合成腐殖物质),微生物代谢产物和残体也可能在凋落叶分解早期形成稳定的腐殖物质。同时,易分解碳驱动的微生物假说的核心观点是易分解碳调控微生物基质利用效率，因此高质量（如低 C/N）的凋落叶含较高的易分解碳含量，微生物基质利用效率较高，有利于腐殖物质累积（Castellano et al.，2015）。因此，凋落叶基质质量可能影响腐殖化过程。

4.5.2　易分解组分的测定

易分解碳定义为可以被 2.5mol/L H_2SO_4 酸解的组分（Rovira and Vallejo，2002）。称取 0.10g 风干样品，加 2.5mol/L H_2SO_4 于 105℃保持 30min，过滤，滤液中碳含量为易分解碳含量。

4.5.3　易分解组分含量

6 种凋落叶中初始易分解碳含量为 16%～25%（图 4-23）。表 4-13 显示，6 种凋落叶中易分解碳含量均在分解第一年雪被形成期（41d）大量降低，而后趋于稳定，直至分解第四年生长季节大量降低（$F = 381$，$P < 0.001$），易分解碳含量在郁闭林下为 0.9%～4.8%（表 4-13）。

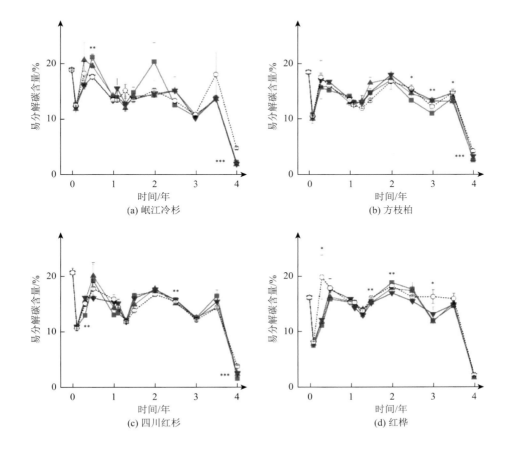

(a) 岷江冷杉　　　　　　　　　　　(b) 方枝柏

(c) 四川红杉　　　　　　　　　　　(d) 红桦

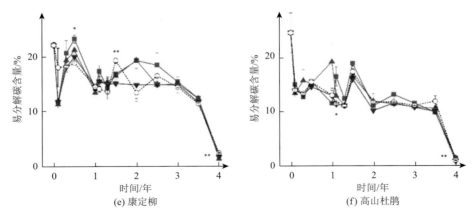

图 4-23　亚高山针叶林凋落叶易分解碳含量动态

数值为平均值±标准误差，$n = 3$。■林窗中心，▲林冠林窗，▼扩展林窗，○郁闭林下。星号表示样方间差异显著。
$*P < 0.05$，$**P < 0.01$，$***P < 0.001$

表 4-13　时间、树种和林窗对凋落叶中易分解碳的三因素方差分析结果

变异来源	易分解碳含量		易分解碳残留量		易分解性	
	F	P	F	P	F	P
时间	381	<0.001	518	<0.001	399	<0.001
树种	32.7	<0.001	222	<0.001	73.6	<0.001
林窗	2.9	0.033	5.4	0.0012	8.2	<0.001
时间×树种	9.7	<0.001	11.5	<0.001	11.2	<0.001
时间×林窗	2.0	<0.001	1.7	0.013	2.6	<0.001
树种×林窗	2.7	<0.001	2.8	<0.001	2.9	<0.001

注：加粗的 P 值表示作用显著（$P < 0.05$）。$n = 864$。

　　林窗显著改变了凋落叶的易分解碳含量动态（$F = 2.9$，$P = 0.033$），且林窗与分解时间（$F = 2.0$，$P < 0.001$）和树种（$F = 2.7$，$P < 0.001$）的交互作用均显著。分解四年后，岷江冷杉（$P = 0.001$）、方枝柏（$P = 0.012$）、四川红杉（$P = 0.001$）和康定柳（$P = 0.016$）凋落叶中易分解碳含量在林窗中心显著低于郁闭林下（表 4-14）。

表 4-14　亚高山针叶林凋落叶分解四年后的易分解碳

凋落叶	易分解碳含量/%			易分解碳残留量/%			易分解性/%		
	林窗中心	郁闭林下	P	林窗中心	郁闭林下	P	林窗中心	郁闭林下	P
岷江冷杉	2.3 ± 0.1	4.8 ± 0.2	0.001	5.6 ± 0.4	11.7 ± 1.1	0.011	4.7 ± 0.3	9.1 ± 0.3	0.016
方枝柏	2.6 ± 0.04	4.2 ± 0.2	0.012	4.5 ± 0.4	7.8 ± 1.3	0.074	5.2 ± 0.04	8.8 ± 0.3	0.010
四川红杉	1.6 ± 0.1	3.8 ± 0.2	0.001	3.1 ± 0.2	8.3 ± 0.4	0.002	3.4 ± 0.1	7.7 ± 0.1	0.001
红桦	1.9 ± 0.2	2.2 ± 0.3	0.24	4.6 ± 0.8	5.7 ± 0.9	0.057	4.1 ± 0.2	4.6 ± 0.6	0.31
康定柳	1.9 ± 0.1	2.3 ± 0.09	0.016	2.3 ± 0.4	3.0 ± 0.3	0.047	4.8 ± 0.2	5.6 ± 0.2	0.15
高山杜鹃	1.3 ± 0.1	0.9 ± 0.3	0.08	2.4 ± 0.4	1.8 ± 0.2	0.14	2.6 ± 0.1	2.4 ± 0.2	0.49

注：数值为平均值±标准误差（$n = 3$）。加粗的 P 值表示林窗中心和郁闭林下之间差异显著（$P < 0.05$）。

4.5.4 易分解组分残留量

6 种凋落叶中易分解碳残留量在四年分解过程中均显著降低（$F = 518$，$P < 0.001$）。易分解碳残留量在分解第一年雪被形成期大量降低，但在其后的雪被覆盖期和融化期大量增加。分解四年后，6 种凋落叶中易分解碳残留量在郁闭林下为 1.8%～11.7%（图 4-24，表 4-13 和表 4-14）。

林窗显著改变了凋落叶中易分解碳残留量（$F = 5.4$，$P = 0.0012$），且林窗与分解时间（$F = 1.7$，$P = 0.013$）和树种（$F = 2.8$，$P < 0.001$）的交互作用均显著。分解四年后，岷江冷杉、四川红杉和康定柳凋落叶中易分解碳残留量在林窗中心显著低于郁闭林下（表 4-14）。林窗显著降低了凋落叶中易分解碳释放和易分解性，尤其是在雪被覆盖期和融化期，这主要是雪融水的淋洗。

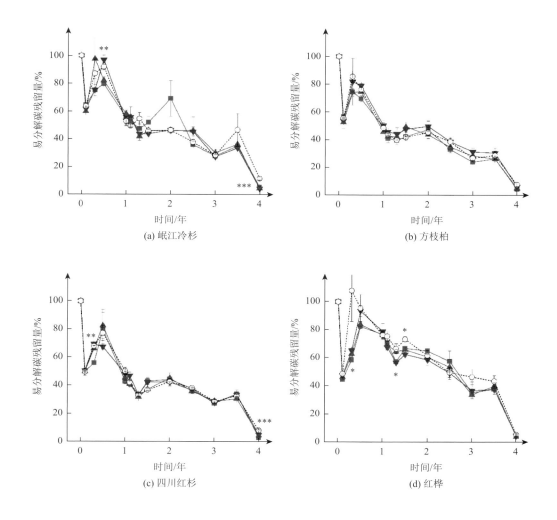

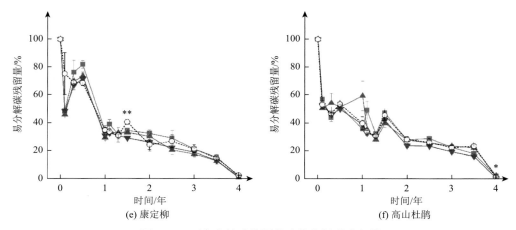

图 4-24　亚高山针叶林凋落叶易分解碳残留量

数值为平均值±标准误差，$n=3$。■林窗中心，▲林冠林窗，▼扩展林窗，○郁闭林下。星号表示样方间差异显著。
$*P<0.05$，$**P<0.01$，$***P<0.001$

4.5.5　易分解性

图 4-25 显示，亚高山针叶林 6 种凋落叶初始易分解性介于 33%～49%，易分解性在

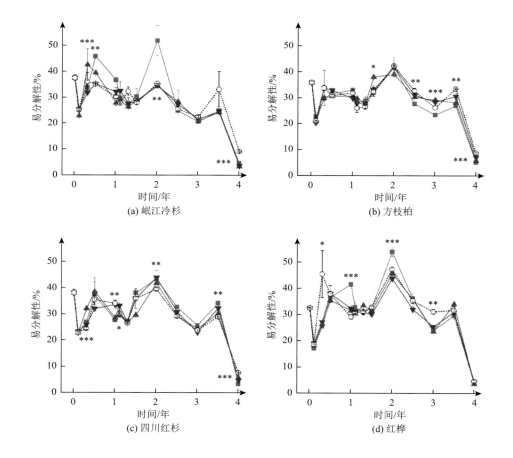

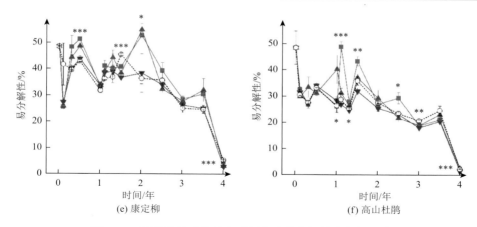

图 4-25　亚高山针叶林林窗对凋落叶易分解性动态的影响

数值为平均值±标准误差，$n = 3$。■林窗中心，▲林冠林窗，▼扩展林窗，○郁闭林下。星号表示样方间差异显著。
$*P < 0.05$，$**P < 0.01$，$***P < 0.001$

分解前三年无明显变化，但在分解第四年的生长季节大量降低。分解四年后，凋落叶易分解性在郁闭林下为 2.4%～9.1%（表 4-14）。亚高山针叶林林窗显著改变了凋落叶的易分解性（$F = 8.2$，$P < 0.001$），且林窗与分解时间（$F = 2.6$，$P < 0.001$）和树种（$F = 2.9$，$P < 0.001$）的交互作用均显著。分解四年后，岷江冷杉、方枝柏和四川红杉凋落叶易分解性在林窗中心显著低于郁闭林下（表 4-14）。

4.5.6　易分解组分调控植物残体腐殖化过程

长期以来，土壤学家认为土壤有机质来源于植物残体中残留的难降解物质（Waksman，1925；Kononova，1961）。然而在过去 10 年里，同位素示踪方法的广泛应用使生态学家可以监测碳和氮的转移，并发现腐殖物质主要来源于微生物过程而并非难降解物质的累积（Kramer et al.，2003）。后来的研究证实了这个观点，并发现约 50% 的土壤有机质来源于微生物代谢产物和残体（Simpson et al.，2007；Miltner et al.，2012）。而且基于酸解的 Klason "木质素" 也很快被证明并非选择性保留在凋落叶中（Klotzbücher et al.，2011）。如果微生物驱动腐殖物质形成的假设成立，那么易分解组分能够为微生物提供更高效的基质利用效率，促进微生物生长、代谢进而促进腐殖物质形成（Bradford et al.，2013）。据此，F. Cotrufo 教授提出了 MEMS 假说，其核心观点是，凋落叶分解早期，易分解碳的快速释放并被微生物吸收（生物化学途径），而在后期，凋落叶残体向矿质土壤转移并形成稳定的有机质-矿质共轭体（物理途径）（Cotrufo et al.，2015）。该观点很快在 ^{13}C 和 ^{15}N 标记的大须芒草分解研究中得以证实，微生物代谢的非结构碳在分解一年内甚至 14d、28d 时已转移至粉砂粒和黏粒（Haddix et al.，2016)），且这部分碳大于呼吸消耗的非结构碳。Bird 等（2008）和 Rubino 等（2010）对杨树凋落叶的 ^{13}C 标记也表明，杨树凋落叶分解 11 个月后，67% 的碳转移至土壤，而被呼吸消耗的碳仅为 30%。这表明，在凋落叶分解早期，大量碳组分被微生物利用并固持在土壤有机质中。

根据 MEMS 假说，高质量的凋落叶具有更多的易分解组分，可能累积更多的腐殖物质。本研究选取针叶树种岷江冷杉和阔叶树种红桦凋落叶进行单独比较。与红桦相比，岷江冷杉凋落叶中易分解的氧烷基碳含量低，而难降解的烷基碳、芳香基碳含量高，分解较慢。如果凋落叶基质质量驱动腐殖物质形成，那么岷江冷杉凋落叶腐殖化度应该高于红桦凋落叶。但本研究发现，岷江冷杉凋落叶腐殖化度更低，这不符合基质质量假说。另外，本研究发现，除红桦外，其余 5 种凋落叶中腐殖物质净累积量均显著降低，这种降低与易分解碳的快速释放显著相关。偏最小二乘法和路径分析结果均表明，易分解碳和氧烷基碳显著促进了腐殖物质累积（图 4-22），且在易分解碳→水溶性组分→有机溶性组分的难易分解程度梯度上，这种促进作用在逐渐降低，并由促进转为抑制。这表明，凋落叶中易分解组分调控早期腐殖化。

易分解碳的快速释放集中在凋落叶分解早期（Campbell et al.，2016）。还有研究表明，分解前 10d 已快速释放 70%的可溶性组分（Cleveland et al.，2004）。本研究发现，易分解碳在分解第一年雪被形成期（41d）已释放 25%～51%，这极大地提高了微生物基质利用效率。然而，受低温的限制，冬季微生物活性显著降低（Zhao et al.，2016），导致对易分解组分的利用降低，易分解碳在分解第一年雪被覆盖期和融化期急剧增加。亚高山针叶林的这种特殊性，即易分解碳快速释放与微生物受限的不对称性，是否会改变 MEMS 假说在寒冷生物区的应用并不清楚。本研究选取分解前两年过程中不同分解难易程度的 5 个馏分因子，并对其做时间序列上的偏最小二乘法分析。结果表明，易分解碳和水溶性组分在分解前期促进腐殖化，但这种促进作用在后期减弱，而难降解的酸溶性组分和酸不溶性组分在分解前期抑制腐殖化，这种抑制作用在后期转变为促进作用（图 4-21）。这表明，亚高山针叶林凋落叶易分解组分调控早期腐殖化，而难降解组分调控后期腐殖化。

4.6　亚高山针叶林植物残体功能碳组分与腐殖化

4.6.1　植物残体腐殖化过程中碳组分变化

凋落叶分解过程中易分解组分快速释放，难降解物质分解较慢。这些因不完全分解而残留于凋落叶中的酸不溶性组分在胞外酶的作用下解聚为较小的单元。可溶性部分进入细胞并与芳香族基团结合，其中一部分作为微生物的碳源，另外一部分在细胞内经过一系列生化反应，芳香性甲基醚脱甲基成相应的羟基衍生物，其中部分取代基被氧化成羧基，羧基再脱羧，一部分最终生成柠檬酸、乙醇等参与三羧酸代谢循环，另一部分则生成酚类次生代谢产物。这些酚类物质一部分经酶促反应氧化成醌，另一部分发生缩聚反应形成高聚物。由于这些生化反应都发生在细胞内，因此低氧浓度限制了缩聚反应的进行，只有当细胞衰老自溶，这些缩聚反应才能正常进行，腐殖物质才得以形成。

4.6.2　功能碳的测定

功能碳的测定参考 Ono 等（2009）和 Preston 等（2009a）的方法。称取 0.50g 风干样品于 50mL 离心管，加 10mL 46% HF，加盖，振荡 10min，再加 30mL 蒸馏水，于 3000r/min 离心 10min，去除上清液，残渣用蒸馏水洗出，并反复清洗数次以洗去残留的 HF，过滤，将残渣冻干。采用固体 ^{13}C 交叉极化魔角自旋核磁共振（Bruker，Germany）测定。

采用 Whittaker 法进行平滑处理，对 NMR 图谱调整相位、基线，对不同化学位移区间求积分面积，用各区间积分面积占总面积的百分比表示各功能碳相对含量。化学位移的划分参考 CIDET 方法（Preston et al.，2009a），主要分为烷基碳（alkylc，0～47ppm）、氧烷基碳（O-alkylc，47～112ppm）、芳香基碳（aromatic，112～160ppm）和羰基碳（carbonylc，160～185ppm）。其中，氧烷基碳进一步分为甲氧基碳（methoxylc，47～58ppm）、碳水化合物碳（carbohydratec，58～92ppm）和双氧烷基碳（di-O-alkylc，92～112ppm），芳香基碳进一步分为芳基碳（arylc，112～140ppm）和酚基碳（phenolicc，140～160ppm）。用 MestReNova 11.0 软件（Mestrelab Research S.L.，Spain）对化学位移进行划分和积分。

总碳及各功能碳残留量（RC）表示各阶段碳占初始值的百分比：
$$RC(\%) = (C_t \times M_t)/(C_0 \times M_0) \times 100\%$$
式中，C_0 和 C_t 分别为初始碳含量和各阶段的碳含量；M_0 和 M_t 分别为初始质量和在各阶段的质量（$t = 0, 1, \cdots, 12$）。

由于氧烷基碳易分解而烷基碳难分解，随分解的进行，A/OA（alkyl C/O-allyl C）逐渐增大，因此被认为可以反映凋落叶腐殖化（Baldock et al.，1997）：
$$A/OA(\%) = C_{alkyl}/C_{O\text{-}alkyl} \times 100\%$$
式中，C_{alkyl} 和 $C_{O\text{-}alkyl}$ 分别为烷基碳和氧烷基碳含量。

4.6.3　总有机碳

1. 有机碳含量

图 4-26 显示，亚高山针叶林 6 种凋落叶中初始碳含量为 45%～54%。凋落叶碳含量在分解前两年降低，但在分解第三年增加（$F = 66.1$，$P < 0.001$）（表 4-3）。分解四年后，6 种凋落叶碳含量在郁闭林下为 25%～48%。林窗显著改变了凋落叶碳含量（$F = 6.5$，$P < 0.001$），且林窗与分解时间（$F = 2.1$，$P < 0.001$）和树种（$F = 1.8$，$P = 0.030$）的交互作用均显著。分解四年后，6 种凋落叶中碳含量在林窗中心和郁闭林下之间均无显著差异（$P > 0.05$）。

2. 有机碳残留量

图 4-27 显示，亚高山针叶林凋落叶碳残留量在分解第一年均大量降低至 53%～86%，占四年总损失量的 24%～74%。不同树种凋落叶之间的碳残留量差异显著（$F = 257$，$P < 0.001$）（表 4-3）。分解四年后，岷江冷杉、方枝柏、四川红杉、红桦、康定柳和高山杜鹃凋落叶碳残留量在郁闭林下分别为 47.7%、31.6%、40.9%、39.9%、25.8% 和 36.3%。郁闭林下的凋落叶冬季碳损失占全年的 5.8%～61.3%（表 4-5）。碳残留量与质量残留量显著相关（$R^2 = 0.91$，$P < 0.001$）（图 4-28）。

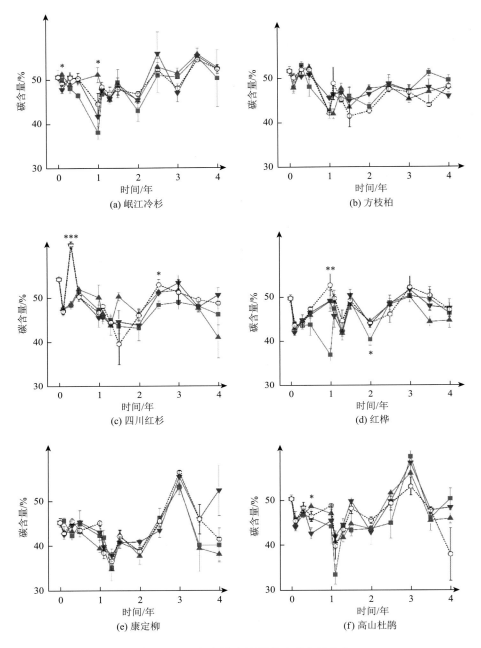

图 4-26 亚高山针叶林凋落叶碳含量动态

数值为平均值±标准误差，n = 3。■林窗中心，▲林冠林窗，▼扩展林窗，○郁闭林下。星号表示样方间差异显著。
*P＜0.05，**P＜0.01，***P＜0.001

林窗显著改变了凋落叶中碳残留量（$F = 14.0$，$P＜0.001$），且林窗与分解时间（$F = 1.8$，$P = 0.005$）和树种（$F = 4.2$，$P＜0.001$）的交互作用均显著。林窗对凋落叶中碳残留量的影响主要在分解前两年，而在分解第 3 年、第 4 年，仅岷江冷杉凋落在分解第三年生长季节的林窗之间有显著差异（$P<0.01$），其他树种在林窗之间均无显著差异（图 4-27）。

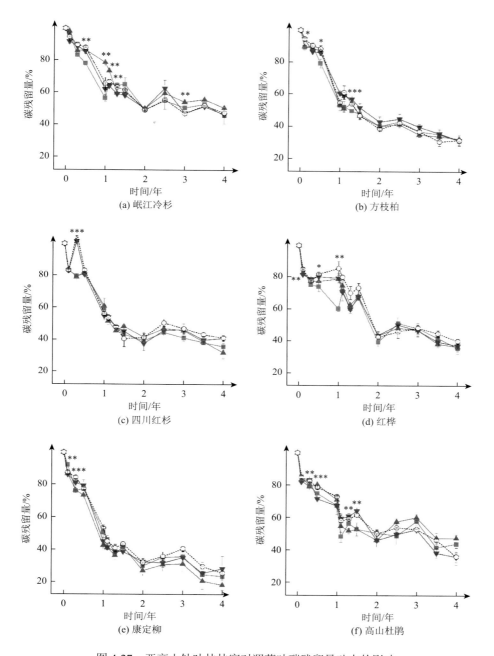

图 4-27　亚高山针叶林林窗对凋落叶碳残留量动态的影响

数值为平均值±标准误差，$n=3$。■林窗中心，▲林冠林窗，▼扩展林窗，○郁闭林下。星号表示样方间差异显著。

$*P<0.05$，$**P<0.01$，$***P<0.001$

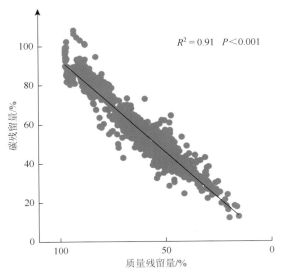

图 4-28　亚高山针叶林凋落叶质量残留量与碳残留量

$n = 864$。数据包含各时期所有树种

4.6.4　烷基碳

1. 烷基碳含量

岷江冷杉和红桦凋落叶中初始烷基碳含量分别为 31% 和 22%（图 4-29 和图 4-30）。在两年分解过程中，凋落叶中烷基碳含量无显著变化（$F = 1.7$，$P = 0.19$）（表 4-15），但岷江冷杉＞红桦（$F = 27.6$，$P＜0.001$）。分解两年后，岷江冷杉和红桦凋落叶中烷基碳含量在郁闭林下分别为 28.3% 和 25.1%（表 4-16）。林窗对凋落叶中烷基碳含量无显著影响（$F = 0.04$，$P = 0.84$）。分解两年后，林窗中心和郁闭林下之间的凋落叶烷基碳含量差异不显著（$P＞0.05$）。

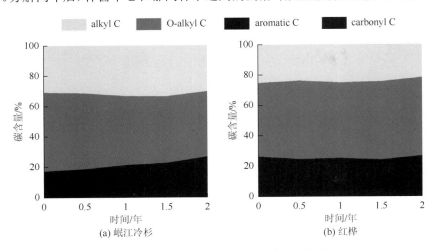

图 4-29　亚高山针叶林凋落叶功能碳含量

alkyl C，烷基碳；O-alkyl C，氧烷基碳；aromatic C，芳香基碳；carbonyl C，羰基碳

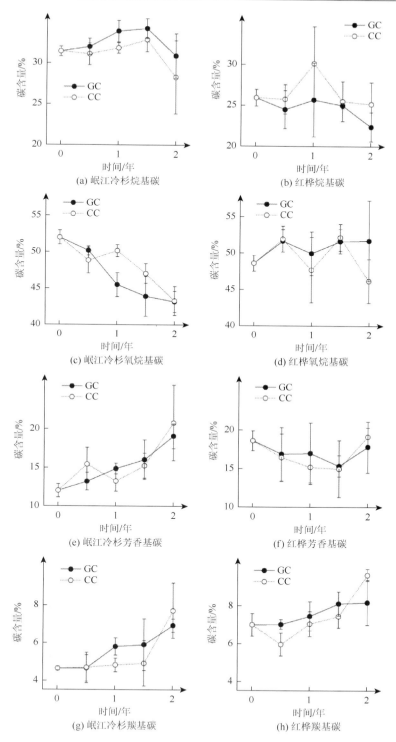

图 4-30 亚高山针叶林林窗对凋落叶功能碳含量的影响

GC，林窗中心；CC，郁闭林下。数值为平均值±标准误差，$n = 3$

表 4-15　时间、树种和林窗对功能碳的三因素方差分析结果

变异来源	烷基碳				氧烷基碳				芳香基碳				羧基碳			
	含量		残留量		含量		残留量		含量		残留量		含量		残留量	
	F	P	F	P	F	P	F	P	F	P	F	P	F	P	F	P
时间	1.7	0.19	20.2	**<0.001**	2.3	0.097	79.4	**<0.001**	2.3	0.091	2.2	0.10	7.2	**<0.001**	0.29	0.83
树种	27.6	**<0.001**	0	0.95	9.6	**0.004**	42.3	**<0.001**	0.22	0.64	22.9	**<0.001**	23.8	**<0.001**	2.0	0.17
林窗	0.04	0.84	7.4	**0.01**	0	0.96	19.6	**<0.001**	0	0.98	1.6	0.21	0.34	0.56	0.52	0.48
时间×树种	0.35	0.79	3.2	**0.034**	1.1	0.36	7.3	**<0.001**	0.54	0.66	1.6	0.21	0.17	0.91	2.1	0.12
时间×林窗	0.08	0.97	2.8	0.054	0.67	0.58	6.6	**0.001**	0.32	0.81	0.49	0.69	1.3	0.29	0.79	0.51
树种×林窗	2.7	0.11	7.0	**0.012**	1.9	0.18	1.3	0.26	0.08	0.78	0.01	0.94	0.02	0.89	0.69	0.41

注：加粗的 P 值表示作用显著（$P<0.05$）。$n=48$。

表 4-16　亚高山针叶林凋落叶分解两年后的功能碳含量

凋落叶	烷基碳/%			氧烷基碳/%			芳香基碳/%			羧基碳/%		
	林窗中心	郁闭林下	P	林窗中心	郁闭林下	P	林窗中心	郁闭林下	P	林窗中心	郁闭林下	P
岷江冷杉	30.9±2.7	28.3±4.5	0.73	43.2±1.5	43.3±2.0	0.98	19.0±1.6	20.8±4.9	0.81	6.9±0.4	7.7±1.5	0.71
红桦	22.4±1.8	25.1±2.6	0.57	51.7±5.5	46.2±3.0	0.58	17.8±3.3	19.1±1.2	0.75	8.2±1.2	9.6±0.3	0.42

注：数值为平均值±标准误差（$n=3$）。

2. 烷基碳残留量

岷江冷杉和红桦凋落叶中烷基碳残留量在两年分解过程中均大量降低（图 4-31），分解两年后在郁闭林下分别为 48.0% 和 46.9%（表 4-17）。凋落叶中烷基碳残留量与质量损失呈显著负相关（$r=-0.86$，$P<0.001$）（图 4-32）。郁闭林下的岷江冷杉和红桦凋落叶冬季烷基碳损失占全年的 27.5% 和 92.5%（表 4-18）。在两年分解过程中，岷江冷杉和红桦凋落叶中烷基碳残留量在林窗中心和郁闭林下之间均无显著差异（$P>0.05$），其冬季烷基碳损失在林窗中心和郁闭林下之间也无显著差异（$P>0.05$）。

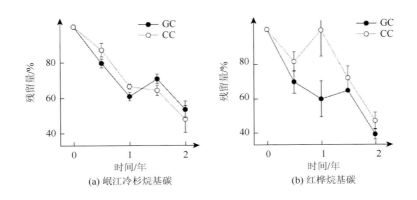

(a) 岷江冷杉烷基碳　　　　　　　(b) 红桦烷基碳

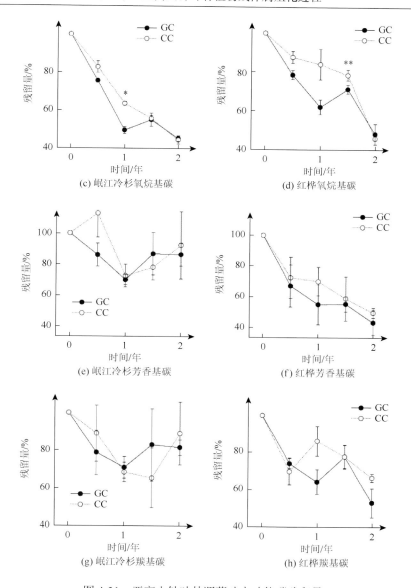

图 4-31　亚高山针叶林凋落叶中功能碳残留量

GC，林窗中心；CC，郁闭林下。星号表示样方间差异显著。*$P<0.05$，**$P<0.01$。数值为平均值±标准误差，$n=3$

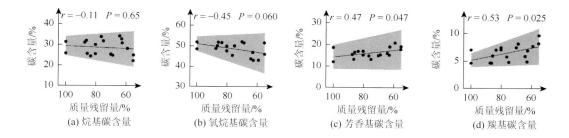

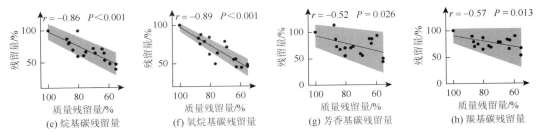

图 4-32　亚高山针叶林凋落叶质量残留量与功能碳

$n = 18$。阴影部分表示 95%置信区间

表 4-17　亚高山针叶林凋落叶分解两年后的功能碳残留量

凋落叶	烷基碳/%			氧烷基碳/%			芳香基碳/%			羰基碳/%		
	林窗中心	郁闭林下	P	林窗中心	郁闭林下	P	林窗中心	郁闭林下	P	林窗中心	郁闭林下	P
岷江冷杉	53.5±4.7	48.0±7.6	0.68	45.2±1.5	44.5±2.0	0.82	86.3±7.4	92.4±21.8	0.85	81.3±4.1	88.9±16.9	0.75
红桦	39.1±3.1	46.9±4.9	0.40	48.1±5.2	45.8±3.0	0.80	43.3±8.1	49.6±3.1	0.55	52.9±7.7	66.4±2.1	0.29

注：数值为平均值±标准误差（$n = 3$）。

表 4-18　亚高山针叶林凋落叶中功能碳冬季分解占全年分解的百分比

凋落叶	烷基碳/%			氧烷基碳/%			芳香基碳/%			羰基碳/%		
	林窗中心	郁闭林下	P	林窗中心	郁闭林下	P	林窗中心	郁闭林下	P	林窗中心	郁闭林下	P
岷江冷杉	21.9±3.2	27.5±7.4	0.35	34.5±5.3	44.9±4.5	0.10	79.7±48.5	26.7±64.3	0.78	−18.0±172.0	108.4±37.6	0.58
红桦	41.3±18.3	92.5±41.0	0.48	24.2±6.5	34.6±19.0	0.63	56.9±7.3	69.0±65.9	0.88	25.4±3.9	117.7±65.4	0.29

注：数值为平均值±标准误差（$n = 3$）。

4.6.5　氧烷基碳

1. 氧烷基碳含量

岷江冷杉和红桦凋落叶中初始氧烷基碳含量分别为 52%和 49%（图 4-30）。在两年分解过程中，两种树种凋落叶中氧烷基碳含量差异较大（$F = 9.6$，$P = 0.004$）（表 4-15），岷江冷杉凋落叶大量降低而红桦凋落叶无明显变化。分解两年后，岷江冷杉和红桦凋落叶中氧烷基碳含量在郁闭林下分别为 43.3%和 46.2%（表 4-16）。林窗对凋落叶中氧烷基碳含量无显著影响（$F = 0$，$P = 0.96$）。分解两年后，岷江冷杉和红桦凋落叶中氧烷基碳含量在林窗中心和郁闭林下之间均无显著差异（$P > 0.05$）。

2. 氧烷基碳残留量

岷江冷杉和红桦凋落叶中氧烷基碳残留量在两年分解过程中均大量降低（图 4-31），分解两年后在郁闭林下分别为 44.5%和 45.8%（表 4-17）。凋落叶中氧烷基碳残留量与质量损失呈显著负相关（$r = -0.89$，$P < 0.001$）（图 4-32）。郁闭林下的岷江冷杉和红桦凋落叶冬季氧烷基碳损失占全年的 44.9%和 34.6%（表 4-18）。分解第一年生长季节的岷江冷

杉和分解第二年冬季的红桦凋落叶中氧烷基碳残留量在林窗中心显著高于郁闭林下（$P <$ 0.05）。凋落叶中冬季氧烷基碳损失在林窗中心和郁闭林下之间无显著差异（$P > 0.05$）。

3. 甲氧基碳含量

岷江冷杉和红桦凋落叶中初始甲氧基碳含量分别为 6.4% 和 3.7%（图 4-33）。在两年分解过程中，凋落叶中甲氧基碳含量无显著变化（$F = 0.99$，$P = 0.41$）（表 4-19）。分解两年后，岷江冷杉和红桦凋落叶中甲氧基碳含量在郁闭林下分别为 6.8% 和 5.5%（表 4-20）。林窗对凋落叶中甲氧基碳含量无显著影响（$F = 0.96$，$P = 0.33$）。分解两年后，岷江冷杉和红桦凋落叶中甲氧基碳含量在林窗中心和郁闭林下之间均无显著差异（$P > 0.05$）。

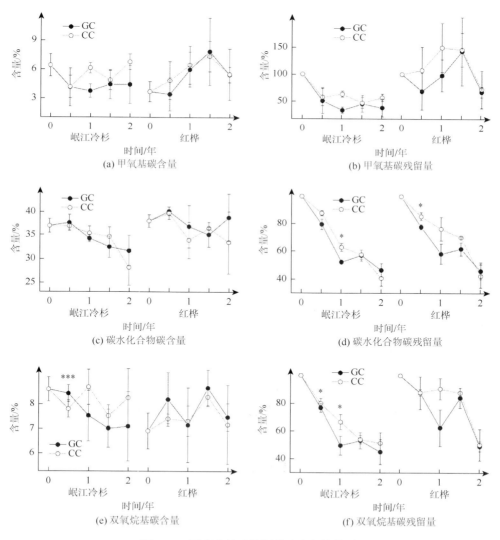

图 4-33　亚高山针叶林凋落叶中氧烷基碳

数值为平均值±标准误差，$n = 3$。GC，林窗中心；CC，郁闭林下。星号表示样方间差异显著。*$P < 0.05$，***$P < 0.001$

表 4-19　时间、树种和林窗对芳香基碳和羰基碳的三因素方差分析结果

变异来源	芳香基碳												羰基碳							
	甲氧基碳				碳水化合物				双氧烷基碳				芳基碳				酚基碳			
	含量		残留量		含量		残留量		含量		残留量		含量		残留量		含量		残留量	
	F	P	F	P	F	P	F	P	F	P	F	P	F	P	F	P	F	P	F	P
时间	0.99	0.41	1.3	0.28	2.4	0.08	46.6	**<0.001**	0.22	0.88	15.7	**<0.001**	0.96	0.42	2.5	0.080	4.7	**0.007**	1.1	0.35
树种	1.5	0.23	16.7	**<0.001**	3.8	0.06	3.3	0.076	0.04	0.84	19.0	**<0.001**	0	0.99	30.3	**<0.001**	1.3	0.26	7.6	**0.009**
林窗	0.96	0.33	1.9	0.17	0.46	0.50	5.6	**0.024**	0.07	0.80	4.5	**0.040**	0	0.98	1.1	0.30	0.01	0.91	1.9	0.18
时间×树种	0.71	0.55	1.6	0.21	0.62	0.60	1.6	0.21	1.0	0.39	3.5	**0.025**	0.28	0.84	0.82	0.49	0.97	0.42	2.9	0.047
时间×林窗	0.14	0.93	0.34	0.80	0.72	0.55	2.9	**0.047**	0.47	0.71	2.0	0.13	0.16	0.92	0.57	0.64	1.1	0.38	0.62	0.61
树种×林窗	0.31	0.58	0.14	0.71	0.28	0.60	0.84	0.36	0.99	0.33	0.04	0.84	0.03	0.87	0	0.99	0.16	0.70	0.02	0.90

注：加粗的 P 值表示作用显著（$P<0.05$）。$n=48$。

表 4-20　亚高山针叶林凋落叶分解两年后的氧烷基碳

凋落叶		甲氧基碳/%			碳水化合物/%			双氧烷基碳/%		
		林窗中心	郁闭林下	P	林窗中心	郁闭林下	P	林窗中心	郁闭林下	P
含量	岷江冷杉	4.4±2.0	6.8±0.8	0.48	31.7±3.2	28.2±3.8	0.67	7.1±1.4	8.3±1.2	0.68
	红桦	5.5±0.8	5.5±2.7	0.98	38.7±5.0	33.5±6.6	0.69	7.5±0.6	7.2±1.6	0.90
残留量	岷江冷杉	37.5±16.7	56.4±6.6	0.50	46.6±4.7	40.8±5.5	0.62	44.8±9.0	51.2±7.4	0.71
	红桦	66.9±9.8	72.0±34.5	0.88	46.2±6.0	42.5±8.3	0.82	48.9±3.7	50.0±11.3	0.95

注：数值为平均值±标准误差（$n=3$）。

4. 甲氧基碳残留量

岷江冷杉和红桦凋落叶中甲氧基碳残留量在两年分解过程中无显著变化（图 4-33），分解两年后在郁闭林下分别为 56.4% 和 72.0%（表 4-20）。凋落叶中甲氧基碳残留量与质量损失呈负相关（$r=-0.26$，$P=0.29$；图 4-34）。郁闭林下的岷江冷杉和红桦凋落叶冬季甲氧基碳损失占全年的 128.2% 和 273.9%（表 4-21）。在两年分解过程中，岷江冷杉和红桦凋落叶中甲氧基碳残留量在林窗中心和郁闭林下之间均无显著差异（$P>0.05$），其冬季甲氧基碳损失在林窗中心和郁闭林下之间也无显著差异（$P>0.05$）。

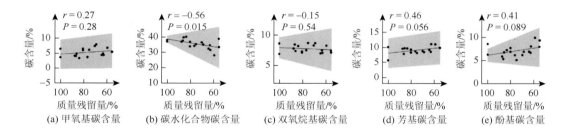

(a) 甲氧基碳含量　(b) 碳水化合物碳含量　(c) 双氧烷基碳含量　(d) 芳基碳含量　(e) 酚基碳含量

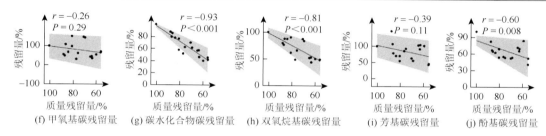

图 4-34 亚高山针叶林凋落叶质量残留量与氧烷基碳、芳香基碳

$n = 18$。阴影部分表示 95%置信区间

表 4-21 亚高山针叶林凋落叶中氧烷基碳冬季分解占全年分解的百分比

凋落叶	甲氧基碳/%			碳水化合物/%			双氧烷基碳/%		
	林窗中心	郁闭林下	P	林窗中心	郁闭林下	P	林窗中心	郁闭林下	P
岷江冷杉	29.6±60.8	128.2±24.4	0.13	27.8±8.7	29.4±2.8	0.85	35.5±6.5	70.3±9.5	0.12
红桦	−19.9±36.2	273.9±143.0	0.12	36.4±8.4	40.3±15.9	0.89	−15.8±34.8	27.4±14.7	0.37

注：数值为平均值±标准误差（$n = 3$）。

5. 碳水化合物碳含量

岷江冷杉和红桦凋落叶中初始碳水化合物碳含量分别为 37%和 38%（图 4-33）。在两年分解过程中，凋落叶中碳水化合物碳含量无显著变化（$F = 2.4$，$P = 0.08$）（表 4-19）。分解两年后，岷江冷杉和红桦凋落叶中碳水化合物碳含量在郁闭林下分别为 28.2%和 33.5%（表 4-20）。林窗对凋落叶中碳水化合物碳含量无显著影响（$F = 0.46$，$P = 0.50$）。分解两年后，岷江冷杉和红桦凋落叶中碳水化合物碳含量在林窗中心和郁闭林下之间均无显著差异（$P > 0.05$）。

6. 碳水化合物碳残留量

岷江冷杉和红桦凋落叶中碳水化合物碳残留量在两年分解过程中显著降低（$F = 46.6$，$P < 0.001$）[图 4-33（d）]，分解两年后在郁闭林下分别为 40.8%和 42.5%（表 4-20）。凋落叶中碳水化合物碳残留量与质量损失呈显著负相关（$r = -0.93$，$P < 0.001$）（图 4-34）。郁闭林下的岷江冷杉和红桦凋落冬季碳水化合物碳损失占全年的 29.4%和 40.3%（表 4-21）。分解第一年生长季节的岷江冷杉和分解第一年冬季的红桦凋落叶中碳水化合物碳残留量在林窗中心显著低于郁闭林下（$P < 0.05$），但在分解两年后均无显著差异（$P > 0.05$），其冬季碳水化合物碳损失在林窗中心和郁闭林下之间也无显著差异（$P > 0.05$）。

7. 双氧烷基碳含量

岷江冷杉和红桦凋落叶中初始双氧烷基碳含量分别为 8.6%和 6.9%[图 4-33（e）]。在两年分解过程中，凋落叶中双氧烷基碳含量无显著变化（$F = 0.22$，$P = 0.88$）（表 4-19）。分解两年后，岷江冷杉和红桦凋落叶中双氧烷基碳含量在郁闭林下分别为 8.3%和 7.2%（表 4-20）。亚高山针叶林林窗对凋落叶中双氧烷基碳含量无显著影响（$F = 0.07$，$P = 0.80$）。

分解两年后，岷江冷杉和红桦凋落叶中双氧烷基碳含量在林窗中心和郁闭林下之间均无显著差异（$P>0.05$）。

8. 双氧烷基碳残留量

岷江冷杉和红桦凋落叶中双氧烷基碳残留量在两年分解过程中显著降低（$F = 15.7$，$P<0.001$）[图 4-33（f）]，分解两年后在郁闭林下分别为 51.2% 和 50.0%（表 4-20）。凋落叶中双氧烷基碳残留量与质量损失呈显著负相关（$r = -0.81$，$P<0.001$）[图 4-34（h）]。郁闭林下的岷江冷杉和红桦凋落叶冬季双氧烷基碳损失占全年的 70.3% 和 27.4%（表 4-21）。分解第一年冬季和生长季节的岷江冷杉凋落叶中双氧烷基碳残留量在林窗中心显著低于郁闭林下（$P<0.05$），但在分解两年后两种凋落叶均无显著差异（$P>0.05$），其冬季双氧烷基碳损失在林窗中心和郁闭林下之间也无显著差异（$P>0.05$）。

4.6.6　芳香基碳

1. 芳香基碳含量

岷江冷杉和红桦凋落叶中初始芳香基碳含量分别为 12% 和 19%[图 4-30（e）和（f）]。在两年分解过程中，岷江冷杉凋落叶中芳香基碳含量大量增加，而红桦凋落叶无明显变化。分解两年后，岷江冷杉和红桦凋落叶中芳香基碳含量在郁闭林下分别为 20.8% 和 19.1%（表 4-16）。林窗对凋落叶中芳香基碳含量无显著影响（$F = 0$，$P = 0.98$）。分解两年后，岷江冷杉和红桦凋落叶中芳香基碳含量在林窗中心和郁闭林下之间均无显著差异（$P>0.05$）。

2. 芳香基碳残留量

岷江冷杉凋落叶中芳香基碳残留量在两年分解过程中无明显变化 [图 4-31（e）]，而红桦凋落叶大量降低 [图 4-31（f）]，分解两年后在郁闭林下分别为 92.4% 和 49.6%（表 4-17）。凋落叶中芳香基碳残留量与质量损失呈显著负相关（$r = -0.52$，$P = 0.026$）[图 4-32（g）]。郁闭林下的岷江冷杉和红桦凋落叶冬季芳香基碳损失占全年的 26.7% 和 69.0%（表 4-18）。在两年分解过程中，岷江冷杉和红桦凋落叶中芳香基碳残留量在林窗中心和郁闭林下之间均无显著差异（$P>0.05$），其冬季芳香基碳损失在林窗中心和郁闭林下之间也无显著差异（$P>0.05$）。

3. 芳基碳含量

岷江冷杉和红桦凋落叶中初始芳基碳含量分别为 5.8% 和 10.1% [图 4-35（a）]。在两年分解过程中，岷江冷杉凋落叶中芳基碳含量大量增加，而红桦凋落叶无明显变化。分解两年后，岷江冷杉和红桦凋落叶中芳基碳含量在郁闭林下分别为 11.0% 和 9.8%（表 4-22）。林窗对凋落叶中芳基碳含量无显著影响（$F = 0$，$P = 0.98$）（表 4-19）。分解两年后，岷江冷杉和红桦凋落叶中芳基碳含量在林窗中心和郁闭林下之间均无显著差异（$P>0.05$）。

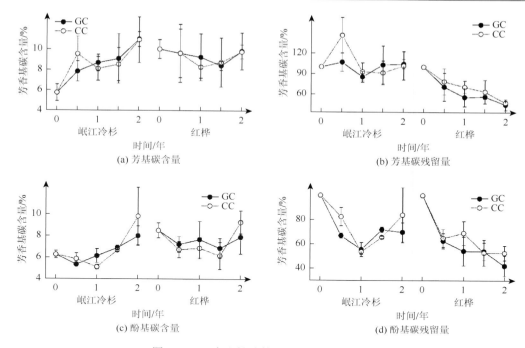

图 4-35 亚高山针叶林凋落叶芳香基碳动态

数值为平均值±标准误差，$n = 3$。GC，林窗中心；CC，郁闭林下

表 4-22 亚高山针叶林凋落叶分解两年后的芳香基碳

凋落叶		芳基碳/%			酚基碳/%		
		林窗中心	郁闭林下	P	林窗中心	郁闭林下	P
含量	岷江冷杉	11.0±0.7	11.0±2.2	0.98	8.0±0.9	9.8±2.7	0.66
	红桦	9.9±1.8	9.8±0.7	0.98	7.9±1.6	9.3±1.1	0.46
残留量	岷江冷杉	104.3±6.9	101.6±20.7	0.93	69.6±7.9	83.8±22.8	0.68
	红桦	44.4±8.1	47.1±3.2	0.83	42.0±8.3	52.6±6.0	0.31

注：数值为平均值±标准误差（$n = 3$）。

4. 芳基碳残留量

岷江冷杉凋落叶中芳基碳残留量在两年分解过程中无明显变化，而红桦凋落叶大量降低 [图 4-35（b）]，分解两年后在郁闭林下分别为 101.6% 和 47.1%（表 4-22）。凋落叶中芳基碳残留量与质量损失呈负相关（$r = -0.39$，$P = 0.11$）[图 4-34（i）]。郁闭林下的岷江冷杉和红桦凋落叶冬季芳基碳损失占全年的 -52.2% 和 49.4%（表 4-23）。在两年分解过程中，岷江冷杉和红桦凋落叶中芳基碳残留量在林窗中心和郁闭林下之间均无显著差异（$P > 0.05$），其冬季芳基碳损失在林窗中心和郁闭林下之间也无显著差异（$P > 0.05$）。

表 4-23   亚高山针叶林凋落叶芳香基碳冬季分解占全年分解的百分比

凋落叶	芳基碳/%			酚基碳/%		
	林窗中心	郁闭林下	P	林窗中心	郁闭林下	P
岷江冷杉	273.4±133.9	−52.2±194.2	0.065	72.2±32.8	27.9±3.0	0.34
红桦	51.3±20.8	49.4±77.3	0.99	64.5±9.3	100.5±53.4	0.53

注：数值为平均值±标准误差（$n=3$）。

5. 酚基碳含量

岷江冷杉和红桦凋落叶中初始酚基碳含量分别为 6.3% 和 8.5% [图 4-35（c）]。在两年分解过程中，岷江冷杉凋落叶中酚基碳含量大量增加，而红桦凋落叶无明显变化。分解两年后，岷江冷杉和红桦凋落叶中酚基碳含量在郁闭林下分别为 9.8% 和 9.3%（表 4-22）。林窗对凋落叶中酚基碳含量无显著影响（$F=0.01$，$P=0.91$）。分解两年后，岷江冷杉和红桦凋落叶中酚基碳含量在林窗中心和郁闭林下之间均无显著差异（$P>0.05$）。

6. 酚基碳残留量

红桦凋落叶中酚基碳残留量在两年分解过程中大量降低 [图 4-35（d）]，分解两年后岷江冷杉和红桦在郁闭林下分别为 83.8% 和 52.6%（表 4-22）。凋落叶中酚基碳残留量与质量损失呈显著负相关（$r=-0.60$，$P=0.008$）[图 4-34（j）]。郁闭林下的岷江冷杉和红桦凋落叶冬季酚基碳损失占全年的 27.9% 和 100.5%（表 4-23）。在两年分解过程中，岷江冷杉和红桦凋落叶中酚基碳残留量在林窗中心和郁闭林下之间均无显著差异（$P>0.05$），其冬季酚基碳损失在林窗中心和郁闭林下之间也无显著差异（$P>0.05$）。

4.6.7   羧基碳

1. 羧基碳含量

岷江冷杉和红桦凋落叶的初始羧基碳含量分别为 4.6% 和 7.0% [图 4-30（g）和（h）]。在两年的分解过程中，岷江冷杉和红桦凋落叶中羧基碳含量均大量增加（$F=7.2$，$P<0.001$）（表 4-15）。分解两年后，郁闭林下的岷江冷杉和红桦凋落叶羧基碳含量分别为 7.7% 和 9.6%（表 4-16）。亚高山针叶林林窗对凋落叶中羧基碳含量无显著影响（$F=0.34$，$P=0.56$）。分解两年后，林窗中心和郁闭林下之间的凋落叶羧基碳含量均无显著差异（$P>0.05$）。

2. 羧基碳残留量

岷江冷杉和红桦凋落叶中羧基碳残留量在两年分解过程中均大量降低 [图 4-31（g）和（h）]，分解两年后在郁闭林下分别为 88.9% 和 66.4%（表 4-17）。凋落叶的羧基碳残留量与质量损失呈显著负相关（$r=-0.57$，$P=0.013$）[图 4-32（h）]。郁闭林下的岷江冷杉和红桦凋落叶冬季羧基碳损失占全年的 108.4% 和 117.7%（表 4-18）。在两年分解过程中，岷江冷杉和红桦凋落叶中羧基碳残留量在林窗中心和郁闭林下之间均无显著差异（$P >$ 0.05），其冬季羧基碳损失在林窗中心和郁闭林下之间也无显著差异（$P > 0.05$）。

4.6.8 烷基碳/氧烷基碳

岷江冷杉凋落叶中烷基碳/氧烷基碳比值（A/OA）在分解第一年和第二年的冬季大量增加，但在分解第二年的生长季节降低，但红桦凋落叶无明显变化（图 4-36）。在两年分解过程中，岷江冷杉凋落叶中烷基碳/氧烷基碳比值均大于红桦。分解第二年冬季的岷江冷杉凋落叶中烷基碳/氧烷基碳比值在林窗中心大于郁闭林下，而红桦凋落叶中烷基碳/氧烷基碳比值在各时期的林窗中心和郁闭林下均无显著差异（$P > 0.05$）。

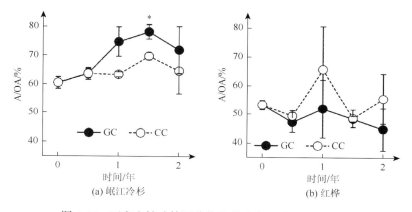

图 4-36 亚高山针叶林凋落物烷基碳/氧烷基碳比值动态

数值为平均值±标准误差，$n = 3$。GC，林窗中心；CC，郁闭林下。星号表示样方间差异显著。*$P < 0.05$

尽管碱提取方法本身存在一定的局限性（Lehmann and Kleber，2015），但碱提取的腐殖物质可以定量评估凋落叶分解过程中腐殖物质累积情况。随着 ^{13}C NMR 技术在生态学研究中的广泛应用，生态学家可以从 C 原子结构水平上了解凋落叶分解过程（Hatcher et al.，1980；Preston and Trofymow，2015）。其中，氧烷基碳是一类容易分解的短链多糖，分解较快，而烷基碳的碳链结构更复杂，分解较慢（Ono et al.，2009，2013），因而烷基碳/氧烷基碳比值（A/OA）被用于衡量腐殖化程度（Baldock et al.，1997）。然而，这种方法本身的出发点是基于凋落叶向深层土壤转移过程中腐殖物质逐渐累积。在凋落叶分解过程中的 A/OA 值并不总是持续增加（Ono et al.，2011）。同时，基于碱提取方法也佐证了这个结果。本研究发现，新鲜凋落叶中的腐殖物质含量远大于腐殖物质层。前期的研究也表明，根腐殖化也并没有随分解等级的增加而增加（刘辉等，2015）。

4.6.9 林窗对凋落物碳组分分解的影响

亚高山针叶林林窗对岷江冷杉和红桦凋落叶中烷基碳、芳香基碳和羧基碳分解均无显著影响，仅促进较易分解的氧烷基碳分解。对于氧烷基碳，林窗促进碳水化合物碳和双氧烷基碳分解，而对甲氧基碳无显著影响。对于芳香基碳，林窗对芳基碳和酚基碳均无显著影响。这表明，林窗仅促进易分解碳分解，而对难降解碳无显著作用，且林窗对易分解碳的促进作用主要表现在分解前期。这也解释了林窗对凋落叶质量损失的作用主要在分解前期，而在后期减弱（图 4-36）。

4.6.10　碳组分调控植物残体腐殖化过程

本研究中 4 种功能碳的易分解程度为氧烷基碳＞烷基碳＞芳香基碳＞羧基碳，在分解两年后的残留量分别为 46%、47%、68% 和 72%（表 4-16 和表 4-17）。对这 4 种功能碳因子的路径分析结果表明，温度显著降低氧烷基碳含量（$r = -0.64$，$P < 0.001$）、增加芳香基碳含量（$r = 0.33$，$P < 0.05$），但对烷基碳和羧基碳含量均无显著影响（$P > 0.05$）（图 4-37）。这 4 种功能碳均显著增加凋落叶中腐殖物质含量（$P < 0.001$），且随难降解程度的增加，功能碳对腐殖物质含量的解释度逐渐降低，即氧烷基碳的作用最大（$r = 0.74$），羧基碳的作用最小（$r = 0.24$，$P < 0.001$）。

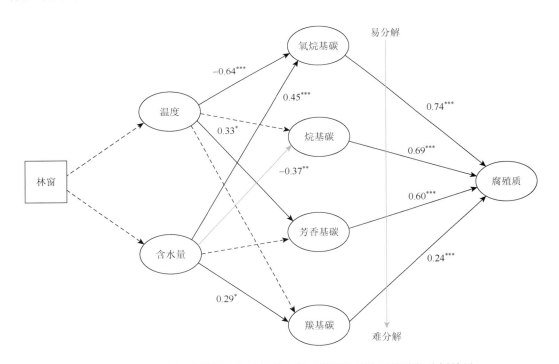

图 4-37　不同分解难易程度的功能碳含量对腐殖物质含量的路径分析结果

各功能碳的易分解程度分别为氧烷基碳＞烷基碳＞芳香基碳＞羧基碳。实线箭头表示作用显著（黑色，正作用；灰色，负作用），虚线箭头表示作用不显著。数值为路径系数。星号表示作用显著。*$P < 0.05$，**$P < 0.01$，***$P < 0.001$。数值为岷江冷杉和红桦凋落叶在林窗中心和郁闭林下分解前两年数据（$n = 48$）

4.7　小　　结

（1）亚高山针叶林 6 种优势树种凋落叶中初始腐殖物质含量为 8%～13%。凋落叶的腐殖物质含量在分解过程中逐渐增加，且分解四年后达 17.5%～21.4%，表明凋落叶分解早期已经历快速腐殖化。然而，早期腐殖化主要是胡敏酸的累积，富里酸虽形成较早，但不稳定。这表明凋落叶早期腐殖化并不是持续累积，而是累积/降解的动态过程。

（2）分解四年后，凋落叶中腐殖物质已具有较稳定的 A 型结构。分解两年时，腐殖物质与 Mn^{2+}、Ca^{2+}、K^+ 等矿质离子形成稳定的有机质-矿质共轭体，表明凋落叶分解早期已形成较稳定的腐殖物质。

（3）易分解碳的快速释放降低了腐殖物质净累积量，表明易分解组分调控凋落叶早期腐殖化过程。易分解碳和水溶性组分在前期促进腐殖物质累积，但这种促进作用在后期减弱；而酸溶性组分和酸不溶性组分在前期抑制腐殖物质累积，但这种抑制作用在后期转变为促进作用，表明凋落叶腐殖化在分解前期受易分解组分调控，在后期受难降解组分调控。

（4）亚高山针叶林林窗对凋落叶质量损失的作用可能随分解时间而减弱。林窗仅促进易分解组分的释放，且这种促进作用主要表现在分解前期，而对难降解组分无显著影响。林窗在分解前期促进凋落叶腐殖化，而在后期抑制腐殖化，这种差异主要是林窗对易分解组分的差异性影响。

综上，亚高山针叶林凋落叶在分解早期经历了快速腐殖化，并累积了较稳定的腐殖物质，且这个过程主要受快速释放的易分解组分调控。植物残体掉落地表后不仅快速分解，为植物、土壤微生物提供养分/能量，完成碳和养分元素的快速周转，而且快速腐殖化并形成土壤有机质，完成碳的快速吸存。这些结果不支持传统凋落叶分解研究认为的腐殖物质累积于凋落叶分解末期的观点。同时，研究结果从凋落叶分解过程中腐殖物质累积的角度证明了易分解组分驱动的微生物假说，为土壤有机质形成理论的构建和发展提供了新思路。然而，当易分解完全释放后，凋落叶后期腐殖化过程仍需长期监测。同时，虽然本研究中 6 种凋落叶在分解早期均快速腐殖化，但这一结果是否适用于其他生态系统仍需进一步验证。

亚高山针叶林更新过程中林窗的形成促进凋落叶分解，尤其是分解早期易分解组分的快速释放，加快了地表养分循环。同时，林窗的形成在分解前期也促进凋落叶腐殖化，而在后期抑制腐殖化，改变了亚高山针叶林土壤碳吸存。这表明，林窗形成对维持亚高山针叶林土壤肥力和可持续经营具有重要的实践意义。然而，林窗的这种差异性作用一方面说明环境干扰对凋落叶基质的易分解/难降解平衡可能影响长期分解、腐殖化；另一方面，短期效应可能错误评估了其真实影响。因此，长期、分阶段研究有助于解释已有结果的不确定性。

参 考 文 献

窦森. 2010. 土壤有机质[M]. 北京：科学出版社.

管云云，费菲，关庆伟，等. 2016. 林窗生态学研究进展[J]. 林业科学，52：91-99.

胡理乐，朱教君，李俊生，等. 2009. 林窗内光照强度的测量方法[J]. 生态学报，29：5056-5065.

刘辉，杨万勤，倪祥银，等. 2015. 高山森林不同类型粗木质残体腐殖化特征[J]. 生态环境学报，24：1143-1149.

刘庆. 2002. 亚高山针叶林生态学研究[M]. 成都：四川大学出版社.

倪祥银，杨万勤，李晗，等. 2014a. 雪被斑块对川西亚高山森林 6 种凋落叶冬季腐殖化的影响[J]. 植物生态学报，38：540-549.

倪祥银，杨万勤，徐李亚，等. 2014b. 雪被斑块对高山森林凋落叶腐殖化过程中胡敏酸和富里酸累积的影响[J]. 土壤学报，51：225-239.

宋新章，肖文发. 2006. 林隙微生境及更新研究进展[J]. 林业科学，42：114-119.

谭波，吴福忠，秦嘉励，等. 2014. 川西亚高山、高山森林土壤微生物生物量和酶活性动态特征[J]. 生态环境学报，23：1265-1271.

谭波，吴福忠，杨万勤，等. 2011. 雪被去除对川西高山森林冬季土壤温度及碳、氮、磷动态的影响[J]. 应用生态学报，22：2553-2559.

王怀玉，杨万勤. 2012. 季节性冻融对亚高山冷杉林土壤微生物数量的影响[J]. 林业科学，48（5）：88-94.

王开运，杨万勤，宋光煜，等. 2004. 川西亚高山针叶林群落生态系统过程研究[M]. 成都：四川科学技术出版社.

吴庆贵，吴福忠，杨万勤，等. 2013. 川西高山森林林隙特征及干扰状况[J]. 应用与环境生物学报，19：922-928.

杨万勤，邓仁菊，张健. 2007a. 森林凋落叶分解及其对全球气候变化的响应[J]. 应用生态学报，18：2889-2895.

杨万勤，冯瑞芳，张健，等. 2007b. 中国西部 3 个亚高山森林土壤有机层和矿质层碳储量和生化特性[J]. 生态学报，27：4157-4165.

杨玉莲，吴福忠，何振华，等. 2012. 雪被去除对川西高山冷杉林冬季土壤微生物生物量碳氮和可培养微生物数量的影响[J]. 应用生态学报，23：1809-1816.

Adair E C，Parton W J，Del Grosso S J，et al. 2008. Simple three-pool model accurately describes patterns of long-term litter decomposition in diverse climates[J]. Global Change Biol，14：2636-2660.

Adani F，Spagnol M，Genevini P. 2006. Biochemical origin and refractory properties of humic acid extracted from the maize plant[J]. Biogeochemistry，78：85-96.

Baldock J A，Oades J M，Nelson P N，et al. 1997. Assessing the extent of decomposition of natural organic materials using solid-state ^{13}C NMR spectroscopy[J]. Aust J Soil Res，35：1061-1083.

Baptist F，Yoccoz N G，Choler P. 2010. Direct and indirect control by snow cover over decomposition in alpine tundra along a snowmelt gradient[J]. Plant Soil，328：397-410.

Berg B. 2000. Litter decomposition and organic matter turnover in northern forest soils[J]. Forest Ecology Management，133：13-22.

Berg B，Erhagen B，Johansson，et al. 2013. Manganese dynamics in decomposing needle and leaf litter-a synthesis[J]. Canadian Journal of Forest Research，43：1127-1136.

Berg B，Erhagen B，Johansson，et al. 2015a. Manganese in the litter fall-forest floor continuum of boreal and temperate pine and spruce forest ecosystems-a review[J]. Forest Ecol Manage，358：248-260.

Berg B，Kjønaas O J，Johansson M B，et al. 2015b. Late stage pine litter decomposition：Relationship to litter N，Mn，and acid unhydrolyzable residue（AUR）concentrations and climatic factors[J]. Forest Ecol Manage，358：41-47.

Berg B，McClaugherty C. 2014. Plant Litter：Decomposition，Humus Formation，Carbon Sequestration[M]. 3rd ed. New York：Springer.

Bird J A，Kleber M，Torn M S. 2008. ^{13}C and ^{15}N stabilization dynamics in soil organic matter fractions during needle and fine root decomposition[J]. Org Geochem，39：465-477.

Bokhorst S，Phoenix G K，Bjerke J W，et al. 2012. Extreme winter warming events more negatively impact small rather than large soil fauna：shift in community composition explained by traits not taxa[J]. Global Change Biol，18：1152-1162.

Bradford M A，Keiser A D，Davies C A，et al. 2013. Empirical evidence that soil carbon formation from plant inputs is positively related to microbial growth[J]. Biogeochemistry，113：271-281.

Brooks P D，Grogan P，Templer P H，et al. 2011. Carbon and nitrogen cycling in snow-covered environments[J]. Geograp Compass，5：682-699.

Campbell E E，Parton W J，Soong J L，et al. 2016. Using litter chemistry controls on microbial processes to partition litter carbon fluxes with the Litter Decomposition and Leaching（LIDEL）model[J]. Soil Biol Biochem，100：160-174.

Castellano M J，Mueller K E，Olk D C，et al. 2015. Integrating plant litter quality，soil organic matter stabilization，and the carbon saturation concept[J]. Global Change Biol，21：3200-3209.

Chen Y，Senesi N，Schnitzer M. 1977. Information provided on humic substances by E4/E6 ratios[J]. Soil Sci Soc Am J, 41：352-358.

Cleveland C C，Neff J C，Townsend A R，et al. 2004. Composition，dynamics，and fate of leached dissolved organic matter in terrestrial ecosystems：results from a decomposition experiment[J]. Ecosystems，7：275-285.

Cotrufo M F，Wallenstein M D，Boot C M，et al. 2013. The microbial efficiency-Matrix Stabilization（MEMS）framework integrates plant litter decomposition with soil organic matter stabilization：do labile plant inputs form stable soil organic matter？[J]. Global Change Biol，19：988-995.

Cotrufo M F，Soong J L，Horton A J，et al. 2015. Formation of soil organic matter via biochemical and physical pathways of litter mass loss[J]. Nat Geosci，8：776-779.

Coûteaux M M，Bottner P，Berg B. 1995. Litter decomposition，climate and litter quality[J]. Trends Ecol Evol，10：63-66.

Denslow J S，Ellison A M，Sanford R E. 1998. Treefall gap size effects on above-and below-ground processes in a tropical wet forest[J]. J Ecol，86：597-609.

Don A，Kalbitz K. 2005. Amounts and degradability of dissolved organic carbon from foliar litter at different decomposition stages[J]. Soil Biol Biochem，37：2171-2179.

Dungait J A J，Hopkins D W，Gregory A S，et al. 2012. Soil organic matter turnover is governed by accessibility not recalcitrance[J]. Global Change Biol，18：1781-1796.

Fontaine S，Mariotti A，Abbadie L. 2003. The priming effect of organic matter：A question of microbial competition？[J]. Soil Biol Biochem，35：837-843.

Fröberg M，Kleja D B，Hagedorn F. 2007. The contribution of fresh litter to dissolved organic carbon leached from a coniferous forest floor[J]. Eur J Soil Sci，58：108-114.

Gigliotti G，Businelli D，Giusquiani P L. 1999. Composition changes of soil humus after massive application of urban waste compost：a comparison between FT-IR spectroscopy and humification parameters[J]. Nutr Cycl Agroecosys，55：23-28.

González G，Lodge D J，Richardson B A，et al. 2014. A canopy trimming experiment in Puerto Rico：the response of litter decomposition and nutrient release to canopy opening and debris deposition in a subtropical wet forest[J]. Forest Ecol Manage，332：32-46.

Grandy A S，Neff J C. 2008. Molecular C dynamics downstream：the biochemical decomposition sequence and its impact on soil organic matter structure and function[J]. Sci Total Environ，404：297-307.

Haddix M L，Paul E A，Cotrufo M F. 2016. Dual，differential isotope labeling shows the preferential movement of labile plant constituents into mineral-bonded soil organic matter[J]. Global Change Biol，22：2301-2312.

Hatcher P G，van der Hart D L，Earl W L. 1980. Use of solid-state ^{13}C NMR in structural studies of humic acids and humin from holocene sediments[J]. Org Geochem，2：87-92.

Hobbie S E. 2008. Nitrogen effects on decomposition：a five-year experiment in eight temperate sites[J]. Ecology，89：2633-2644.

Hobbie S E，Chapin F S. 1996. Winter regulation of tundra litter carbon and nitrogen dynamics[J]. Biogeochemistry，35：327-338.

Ikeya K，Watanabe A. 2003. Direct expression of an index for the degree of humification of humic acids using organic carbon concentration[J]. Soil Sci Plant Nutr，49：47-53.

International Humic Substances Society. 2015. What are humic substances？[EB/OL]. http://www.humic-substances.org.

Kaiser K，Kalbitz K. 2012. Cycling downwards-dissolved organic matter in soils[J]. Soil Biol Biochem，52：29-32.

Kammer A，Schmidt M W I，Hageforn F. 2012. Decomposition pathways of ^{13}C-depleted leaf litter in forest soils of the Swiss Jura[J]. Biogeochemistry，108：395-411.

Klotzbücher T，Kaiser K，Guggenberger G，et al. 2011. A new conceptual model for the fate of lignin in decomposing plant litter[J]. Ecology，92：1052-1062.

Kögel-Knabner I. 2017. The macromolecular organic composition of plant and microbial residues as inputs to soil organic matter：

fourteen years on[J]. Soil Biol Biochem，105：A3-A8.

Kononova M M. 1961. Soil Organic Matter. Its Nature，its Role in Soil Formation and in Soil Fertility[M]. New York：Pergamon Press.

Kramer M G，Sollins P，Sletten R S，et al. 2003. N isotope fractionation and measures of organic matter alteration during decomposition[J]. Ecology，84：2021-2025.

Kreyling J，Haei M，Laudon H. 2013. Snow removal reduces annual cellulose decomposition in a riparian boreal forest[J]. Can J Soil Sci，93：427-433.

Lehmann J，Kleber M. 2015. The contentious nature of soil organic matter[J]. Nature，528：60-68.

Liang C，Schimel J P，Jastrow J D. 2017. The importance of anabolism in microbial control over soil carbon storage[J]. Nat Microbiol，2：17105.

Lipson D A，Schmidt S K，Monson R K. 2004. Carbon availability and temperature control the post-snowmelt decline in alpine soil microbial biomass[J]. Soil Biol Biochem，32：441-448.

Liptzin D，Williams M W，Helmig D，et al. 2009. Process-level controls on CO_2 fluxes from a seasonally snow-covered subalpine meadow soil，Niwot Ridge，Colorado[J]. Biogeochemistry，95：151-166.

Mambelli S，Bird J A，Gleixner G，et al. 2011. Relative contribution of foliar and fine root pine litter to the molecular composition of soil organic matter after in situ degradation[J]. Org Geochem，42：1099-1108.

McClaugherty C A，Pastor J，Aber J D，et al. 1985. Forest litter decomposition in relation to soil nitrogen dynamics and litter quality[J]. Ecology，66：266-275.

Melillo J M，Aber J D，Muratore J F. 1982. Nitrogen and lignin control of hardwood leaf litter decomposition dynamics[J]. Ecology，63：621-626.

Miltner A，Bombach P，Schmidt-Brücken B，et al. 2012. SOM genesis：microbial biomass as a significant source[J]. Biogeochemistry，111：41-55.

Monson R K，Lipson D L，Burns S P，et al. 2006. Winter forest soil respiration controlled by climate and microbial community composition[J]. Nature，439：711-714.

Müller M，Alewell C，Hagedorn F. 2009. Effective retention of litter-derived dissolved organic carbon in organic layers[J]. Soil Biol Biochem，41：1066-1074.

Muscolo A，Sidari M，Mercurio R. 2007. Influence of gap size on organic matter decomposition，microbial biomass and nutrient cycle in Calabrian pine（Pinus laricio，Poiret）stands[J]. Forest Ecol Manag，242：412-418.

Ni X，Yang W，Li H，et al. 2014. The responses of early foliar litter humification to reduced snow cover during winter in an alpine forest[J]. Can J Soil Sci，94：453-461.

Ni X，Yang W，Tan B，et al. 2015. Accelerated foliar litter humification in forest gaps：dual feedbacks of carbon sequestration during winter and the growing season in an alpine forest[J]. Geoderma，241-242：136-144.

Ni X，Yang W，Tan B，et al. 2016. Forest gaps slow the sequestration of soil organic matter：a humification experiment with six foliar litters in an alpine forest[J]. Sci Rep，6：19744.

Ono K，Hirai K，Morita S，et al. 2009. Organic carbon accumulation processes on a forest floor during an early humification stage in a temperate deciduous forest in Japan：evaluations of chemical compositional changes by ^{13}C NMR and their decomposition rates from litterbag experiment[J]. Geoderma，151：351-356.

Ono K，Hiradate S，Morita S，et al. 2011. Humification processes of needle litters on forest floors in Japanese cedar（Crytomeria japonica）and Hinoki cypress（Chamaecyparisobtusa）plantations in Japan[J]. Plant Soil，338：171-181.

Ono K，Hiradate S，Morita S，et al. 2013. Fate of organic carbon during decomposition of different litter types in Japan[J]. Biogeochemistry，112：7-21.

Piccolo A. 2001. The supramolecular structure of humic substances[J]. Soil Sci，166：810-832.

Prescott C E. 2002 . The influence of the forest canopy on nutrient cycling[J]. Tree Physiol，22：1193-1200.

Prescott C E. 2005. Do rates of litter decomposition tell us anything we really need to know？[J]. Forest Ecol Manage，220：66-74.

Prescott C E, Maynard D G, Laiho R. 2000 . Humus in northern forests: friend or foe? [J]. Forest Ecol Manage, 133: 23-36.

Preston C M, Trofymow J A. 2015. The chemistry of some foliar litters and their sequential proximate analysis fractions[J]. Biogeochemistry, 126: 197-209.

Preston C M, Nault J R, Trofymow J A. 2009a . Chemical changes during 6 years of decomposition of 11 litters in some Canadian forest sites. part 2. ^{13}C abundance, solid-state ^{13}C NMR spectroscopy and the meaning of "lignin" [J]. Ecosystems, 12: 1078-1102.

Preston C M, Nault J R, Trofymow J A, et al. 2009b. Chemical changes during 6 years of decomposition of 11 litters in some Canadian forest sites. part 1. elemental composition, tannins, phenolics, and proximate fractions[J]. Ecosystems, 12: 1053-1077.

Qualls R G, Takiyama A, Wershaw R L. 2003 . Formation and loss of humic substances during decomposition in a pine forest floor[J]. Soil Sci Soc Am J, 67: 899-909.

Ritter E, Bjørnlund L. 2005 . Nitrogen availability and nematode populations in soil and litter after gap formation in a semi-natural beech-dominated forest[J]. Soil Biol Biochem, 28: 175-189.

Ritter E, Dalsgaard L, Einhorn S. 2005. Light, temperature and soil moisture regimes following gap formation in a semi-natural beech-dominated forest in Denmark[J]. Forest Ecol Manage, 206: 15-33.

Robinson C H. 2001 . Cold adaptation in Arctic and Antarctic fungi[J]. New Phytol, 151: 341-353.

Rovira P, Vallejo V R. 2002 . Labile and recalcitrant pools of carbon and nitrogen in organic matter decomposing at different depths in soil: an acid hydrolysis approach[J]. Geoderma, 107: 109-141.

Rubino M, Dungait J A J, Evershed R P, et al. 2010. Carbon input belowground is the major C flux contributing to leaf litter mass loss: evidence from a ^{13}C labelled-leaf litter experiment[J]. Soil Biol Biochem, 42: 1009-1016.

Saccone P, Morin S, Baptist F, et al. 2013. The effects of snowpack properties and plant strategies on litter decomposition during winter in subalpine meadows[J]. Plant Soil, 363: 215-229.

Sariyildiz T. 2008. Effects of gap-size classes on long-term litter decomposition rates of beech, oak and chestnut species at high elevations in northeast Turkey[J]. Ecosystems, 11: 841-853.

Scharenbroch B C, Bockheim J G. 2007. Impacts of forest gaps on soil properties and processes in old growth northern hardwood-hemlock forests[J]. Plant Soil, 294: 219-233.

Scharenbroch B C, Bockheim J G. 2008 . Gaps and soil C dynamics in old growth northern hardwood-hemlock forests[J]. Ecosystems, 11: 426-441.

Schimel J P, Schaeffer S M. 2012 . Microbial control over carbon cycling in soil[J]. Front Microbiol, 3: 348.

Schimel J P, Bilbrough C, Welker J M. 2004 . Increased snow depth affects microbial activity and nitrogen mineralization in two *Arctic tundra* communities[J]. Soil Biol Biochem, 36: 217-227.

Schindlbacher A, Jandl R, Schindlbacher S. 2014. Natural variations in snow cover do not affect the annual soil CO_2 efflux from a mid-elevation temperate forest[J]. Global Change Biol, 20: 622-632.

Schmidt M W, Torn M S, Abiven S, et al. 2011 . Persistence of soil organic matter as an ecosystem property[J]. Nature, 478: 49-56.

Simpson A J, Simpson M J, Smith E, et al. 2007. Microbially derived inputs to soil organic matter: are current estimates too low? [J]. Environ Sci Technol, 41: 8070-8076.

Soong J L, Parton W J, Calderon F, et al. 2015. A new conceptual model on the fate and controls of fresh and pyrolized plant litter decomposition[J]. Biogeochemistry, 124: 27-44.

Sorensen P O, Templer P H, Christenson L, et al. 2016. Reduced snow cover alters root-microbe interactions and decreases nitrification rates in a northern hardwood forest[J]. Ecology, 97: 3359-3368.

Talbot J M, Yelle D J, Nowick J, et al. 2012. Litter decay rates are determined by lignin chemistry[J]. Biogeochemistry, 108: 279-295.

Tamura M, Tharayil N. 2014. Plant litter chemistry and microbial priming regulate the accrual, composition & stability of soil carbon in invaded ecosystems[J]. New Phytol, 203: 110-124.

Taylor B R, Parkinson D. 1988. Does repeated freezing and thawing accelerate decay of leaf litter? [J]. Soil Biol Biochem, 20: 657-665.

van Hees PAW, Jones D L, Finlay R, et al. 2005. The carbon we do not see-the impact of low molecular weight compounds on carbon dynamics and respiration in forest soils: a review[J]. Soil Biol Biochem, 37: 1-13.

Waksman S A. 1925 . What is humus? [J]. Proc Nat Acad Sci USA, 11: 463-468.

Wu F, Peng C, Zhu J, et al. 2014. Impacts of freezing and thawing dynamics on foliar litter carbon release in alpine/subalpine forests along an altitudinal gradient in the eastern Tibetan Plateau[J]. Biogeosciences, 11: 6471-6481.

Wu F, Yang W, Zhang J, et al. 2010. Litter decomposition in two subalpine forests during the freeze-thaw season[J]. Acta Oecol, 36: 135-140.

Yang Y, Geng Y, Zhou H, et al. 2017 . Effects of gaps in the forest canopy on soil microbial communities and enzyme activity in a Chinese pine forest[J]. Pedobiologia, 61: 51-60.

Zhang Q, Liang Y. 1995. Effects of gap size on nutrient release from plant litter decomposition in a natural forest ecosystem[J]. Can J Forest Res, 25: 1627-1638.

Zhang Q, Zak J. 1995. Effects of gap size on litter decomposition & microbial activity in a subtropical forest[J]. Ecology, 76: 2196-2204.

Zhang Q, Zak J. 1998 . Potential physiological activities of fungi & bacteria in relation to plant litter decomposition along a gap size gradient in a natural subtropical forest[J]. Microb Ecol, 35: 172-179.

Zhao Y, Wu F, Yang W, et al. 2016. Variations in bacterial communities during foliar litter decomposition in the winter and growing seasons in an alpine forest of the eastern Tibetan Plateau[J]. Can J Microbiol, 62: 35-48.

第5章 亚高山针叶林生态系统分解过程

5.1 亚高山针叶林凋落叶分解速率

凋落物分解是维持森林生态系统物质循环和生产力的关键过程（Lousier and Parkinson，1976；Melillo et al.，1982；杨万勤等，2007）。经典的生态学理论认为，凋落物分解速率随着温度的升高而增加，冬季冻结环境下凋落物分解等过程处于"停滞"状态（Olson，1963）。然而，不断增加的研究表明，高寒地区凋落物分解主要发生在冬季（Aerts，1997，2006；Gavazov，2010）。大部分相关研究将冬季凋落物分解归因于雪被的绝热作用为分解者提供了相对稳定的微环境，以及雪被形成和融化过程中强烈的冻结作用和淋溶作用（Groffman et al.，2001；Lemma et al.，2007）。受到风力、地形和植被等因素的影响，亚高山针叶林区在季节性雪被覆盖时期常常具有明显不同厚度的雪被覆盖，或者无雪被覆盖。这些雪被在形成、覆盖和融化过程中必然形成不同的内部环境和冻融作用，进而影响凋落物分解过程。显然，厚雪被能够维持覆盖期间更加稳定的内部环境，在融化期间具有较强的淋溶作用（Groffman et al.，2001）；无雪被覆盖地区必须面对冬季严酷的环境，强烈的冻结作用和频繁的冻融循环可以提高凋落物的可分解性，从而影响下一阶段的分解（Lemma et al.，2007）。然而，现有的研究结果往往忽视了不同厚度的冬季雪被在形成、覆盖以及消融过程中的物理、化学和生物作用对凋落物分解的影响，这极大地限制了对高寒生态系统过程的认识。更为重要的是，当前气候变化特别是冬季变暖的趋势使得雪被面积正在缩小、雪被厚度正在降低，将极大地影响凋落物分解等关键生态过程，但具体机制仍不清晰，亟待深入的研究。

地处长江上游和青藏高原东缘的亚高山针叶林区具有明显的季节性雪被（杨万勤等，2007），季节性雪被覆盖时间达 5～6 个月，冬季林内雪被厚度变化明显（Tan et al.，2010）。前期研究表明，季节性雪被期的亚高山针叶林凋落物分解占第一年分解的 60%以上（邓仁菊等，2009），而且由于冻结、融化和冻融循环的差异，冬季凋落物分解在不同时期具有不同的分解特征（夏磊等，2011；Zhu et al.，2012）。然而，这些研究仍然忽略了冬季不同厚度雪被及其对凋落物分解的不同作用。因此，在前期研究结果的基础上，以该区 4 种优势物种岷江冷杉（*Abies faxoniana*）、红桦（*Betula albosinensis*）、四川红杉（*Larix mastersiana*）和方枝柏（*Sabina saltuaria*）的凋落物为研究对象，采用凋落物分解袋法，研究亚高山针叶林天然形成的雪被对不同关键时期凋落物分解的影响，以期为深入认识亚高山针叶林生态系统过程及其对气候变化的响应提供基础数据。

5.1.1 材料与方法

1. 研究区域概况

本研究样地位于四川省阿坝藏族羌族自治州米亚罗自然保护区（102°53′E～102°57′E，31°14′N～31°19′N，2458～4619m a.s.l.）。该区域地处青藏高原东缘与四川盆地的过渡带，年降水量约为 850mm，年平均气温为 2～4℃，最高气温和最低气温分别为 23℃和−18℃。土壤季节性冻融始于每年 11 月初，冻融期长达 5～6 个月且冻融明显。研究区域的乔木层为岷江冷杉和方枝柏；林下灌木主要有康定柳（Salix paraplesia）、华西箭竹（Fargesia nitida）、高山杜鹃（Rhododendron lapponicum）、刺黑珠（Berberis sargentiana）、红毛花楸（Sorbus rufopilosa）、扁刺蔷薇（Rosa sweginzowii）等。草本植物主要有蟹甲草（Parasenecio forrestii）、高山冷蕨（Cystopteris montana）、薹草属（Carex）和莎草属（Cyperus）植物等。此外，根据前期的调查发现，该区域灌木生物量占生态系统总生物量的比例达 15%（肖洒等，2014）。该区域土壤性质及特征详见 Zhu 等（2013）和 Ni 等。

2. 样地设置

凋落物分解袋采用大小为 20cm×20cm 的尼龙网制作。贴地面层孔径 0.055mm，表面层孔径 1mm，埋设在森林群落内开展实验。基于前期的调查结果，于 2010 年 10 月 26 日，在人为干扰少的岷江冷杉原始林内设置 3 个标准样地（100m×100m），总面积 3hm²。样地位于一个以岷江冷杉为优势树种的原始林群落中，位于大雪塘（102°53′E，31°15′N），海拔 3582～3650m。年均降水量约为 801mm，年均气温约为 2.9℃。乔木层主要有岷江冷杉、红桦和细齿樱桃（Cerasus serrula），郁闭度约 0.7，树龄约 130 年。3hm² 的样地内有林隙 44 个，形成木 67 株，边界木 298 株。林隙密度为 14.67 个/hm²，形状近似椭圆形，63.64%以折干形成，近 20 年形成的林隙占总数的 45.45%。扩展和林冠林隙分别占森林景观面积的 12.60%和 23.05%，林隙周转率为 260 年。林下植物主要为高山杜鹃、三颗针、羊茅（Festuca ovina）、薹草、高山冷蕨等。土壤为发育于坡积物上的雏形土。在每个林隙中沿顺风方向由林隙中心到林下完全覆盖区域设置 5 个 4m×4m 的样方,每个样方间距为 3～4m,以保证冬季形成不同厚度雪被梯度（分别记为厚雪被、较厚雪被、中雪被、薄雪被和无雪被），以此进行定位研究。

3. 实验设计与样品采集

2010 年 9 月，收集岷江冷杉、红桦、四川红杉和方枝柏凋落物，自然风干至恒重。每物种分别称取 5 份凋落物，每份 10g 于 65℃烘箱烘干至恒重，由其推算凋落物样品的含水率及初始干重，测定全碳、全氮、全磷、纤维素、木质素和总酚含量（表 5-1）。称取相当于烘干重 10g 的凋落物装入分解袋中，每物种 450 袋，共 1800 袋备用。然后，将凋落物分解袋平铺于样方中，相邻凋落物分解袋间至少保持 2cm 间距以免相互影响。同时，在每种雪被处理下设置纽扣式温度记录器（iButtonDS1923-F5，Maxim Com. USA），放置于相应的凋落物分解袋内以自动记录温度变化。

表 5-1　亚高山针叶林凋落叶初始特征

物种	C/(g/kg)	N/(g/kg)	P/(g/kg)	纤维素 /%	木质素 /%	总酚 /(g/kg)	C/N	木质素 /N	总酚	（总酚＋木质素）/N	C/P	N/P
岷江冷杉	520.35 ±4.35a	11.20 ±0.22b	1.39 ±0.07b	10.64 ±0.41b	25.06 ±0.42c	47.35 ±0.44a	46.46 ±0.50c	22.37 ±0.06c	4.23 ±0.04b	26.60 ±0.10b	375.05 ±14.54b	8.07± 0.23b
四川红杉	515.71 ±2.37ab	8.98 ±0.33d	2.49 ±0.06a	10.08 ±0.53b	32.39 ±0.39b	45.18 ±0.65b	57.43 ±1.83a	36.07 ±0.87a	5.03 ±0.11a	41.10 ±0.98a	206.85 ±3.67d	3.60± 0.05d
方枝柏	512.58 ±1.38ab	9.90 ±0.41c	1.48 ±0.02b	10.85 ±0.65ab	21.60 ±0.41d	32.22 ±0.84c	51.78 ±2.02c	21.82 ±0.50c	3.25 ±0.05c	25.07 ±0.55c	346.72 ±4.76c	6.70± 0.17c
红桦	514.80 ±2.38b	14.65 ±0.23a	1.04 ±0.05c	11.73 ±0.68a	37.29 ±0.53a	15.02 ±0.36d	35.14 ±0.39d	25.45 ±0.04b	1.03 ±0.01d	26.48 ±0.03b	492.91 ±19.81a	14.03± 0.41a

注：数值为平均值±标准偏差（$n=5$）。

为了解雪被形成、覆盖、融化以及生长季节凋落物分解特征，在前期的观测基础上分别于每年的初冻期、深冻期、融化期及生长季节进行采样，即 2010 年 12 月 23 日（第一年冻结初期）、2011 年 3 月 3 日（第一年深冻期）、2011 年 4 月 19 日（第一年融化期）、2011 年 8 月 19 日（第一年生长季节初期）、2011 年 11 月 8 日（第一年生长季节末期）、2011 年 12 月 27 日（第二年冻结初期）、2012 年 3 月 7 日（第二年深冻期）、2012 年 4 月 28 日（第二年融化期）、2012 年 8 月 25 日（第二年生长季节初期）和 2012 年 10 月 29 日（第二年生长季节末期），每次采样随机从每个样点内采集岷江冷杉、红桦、四川红杉和方枝柏凋落物分解袋各 5 袋，小心去除泥土杂物及新生根系，带回实验室 65℃烘干至恒重后称量，计算凋落物质量损失率。采样时用直尺直接多点测量雪被厚度。同时，读取不同雪被处理情况的温度数据。

4. 样品分析与数据统计

测定凋落物残留量与失重率后，将样品按需要分为两部分，一部分经消煮后（H_2SO_4-H_2O_2）供全氮、全磷含量测定，剩余样品用于有机碳含量测定。全磷含量采用钼锑钪比色法测定；全碳含量采用重铬酸钾外加热法测定；全氮含量采用凯氏定氮法测定。

凋落物失重率采用差量法计算：

$$L_t(\%) = (M_0-M_t)/M_0 \times 100\% \tag{5-1}$$

式中，M_0 为凋落物初始重；M_t 为不同采样时间凋落物的瞬时残留量。

不同分解阶段的凋落物质量损失、全碳、全氮、全磷释放量所占比重（贡献率）计算如下：

$$P(\%) = (M_{t-1}-M_t)/(M_0-M_T) \times 100\% \tag{5-2}$$

式中，M_0 为凋落袋埋置前的烘干凋落物质量；（$M_{t-1}-M_t$）为相邻两阶段凋落物分解袋残留量差；M_T 为最后一次采样凋落物袋内凋落物残留量（Zhu et al.，2012）。

凋落物的残留量和失重率以及凋落物分解速率的模型模拟，采用经典的 Olson 指数衰减模型（Olson，1963），凋落物分解指数衰减模型为 $y = ae^{-kt}$。其中，y 为凋落物月残留率，%；k 为分解系数。

分解半衰期（50%分解）：$t_{0.05} = \ln[0.5/(-k)]$；

完全分解时间（95%分解）：$t_{0.95} = \ln[0.05/(-k)]$（宋新章等，2009）。

数据统计与分析采用 SPSS 20.0 和 Excel 完成，非线性回归分析（non-linear regression）拟合凋落物分解曲线；单因素方差分析（one-way ANOVA）和最小显著差异法（LSD）比较同时期 4 种凋落物不同雪被情况下的失重率、全碳、全氮和全磷的释放率。双因素方差分析（two-way ANOVA）和最小显著差异法比较雪被与物种两因素对凋落物失重率、全碳、全氮和全磷释放率之间的交互影响。Pearson 相关指数法对不同时期凋落物质量与分解率进行相关性分析。

5.1.2　结果与分析

1. 土壤温度及雪被变化特征

实验期内冻融作用频繁时期（2010 年 10 月 26 日～2011 年 4 月 19 日；2011 年 11 月 27 日～2012 年 4 月 28 日），土壤温度按厚雪被—较厚雪被—中雪被—薄雪被—无雪被顺序，波动幅度逐渐增大，不同雪被条件处理下白天温度较气温波动迟缓，夜间温度明显高于气温。进入生长季节（2011 年 4 月 19 日～2011 年 11 月 8 日；2012 年 4 月 28 日～2012 年 10 月 29 日），由于地形、地貌、林隙大小、林隙位置等异质性因素，阳光对实验样地地表的直射程度不同，不同雪被处理条件下的土壤温度都表现出了较大的波动趋势，且幅度从林隙到林下递减，昼夜温差明显（图 5-1）。

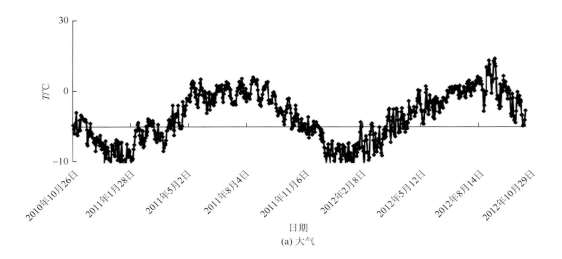

(a) 大气

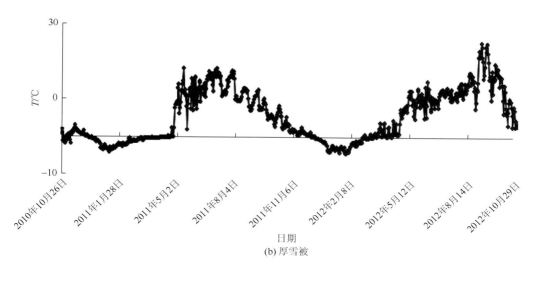

(b) 厚雪被

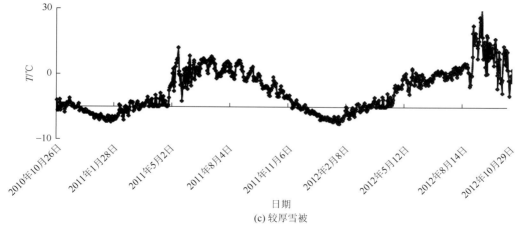

(c) 较厚雪被

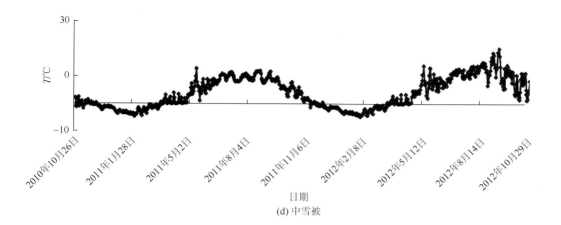

(d) 中雪被

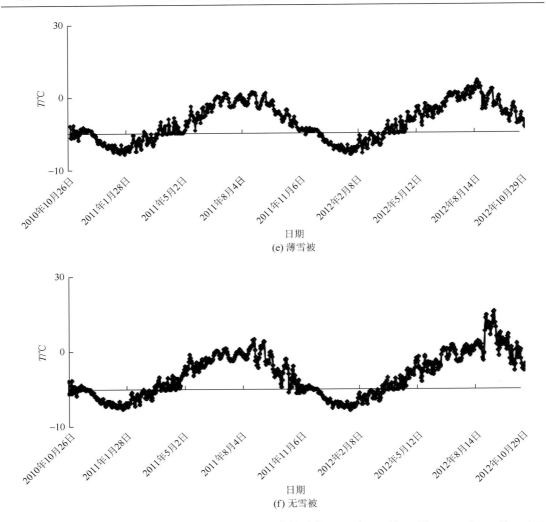

图 5-1　亚高山针叶林不同雪被下土壤温度和大气温度的动态（2010 年 10 月 26 日～2012 年 10 月 29 日）

实验期的冬季实验样地雪被覆盖效果明显。其中第一年雪被留存时期较长，2010 年 12 月 23 日～2011 年 4 月 19 日，各样地均有雪被出现；第二年内，雪被自 2011 年 11 月 8 日开始，直到 2012 年 3 月 7 日覆盖实验样地，同时 2012 年 3 月 7 日中，仅厚型、较厚型样地中有雪被覆盖，至实验结束无雪被出现。各雪被类型样地中的雪被厚度，从厚到薄均按厚雪被—较厚雪被—中雪被—薄雪被—无雪被顺序排列，达到了实验预期设计效果（图 5-2）。

2. 不同雪被下凋落物质量损失动态

经过两年的分解，不同雪被覆盖下岷江冷杉凋落物分解达 33.98%～39.55%，四川红杉凋落物达 42.30%～44.93%，方枝柏凋落物达 40.34%～43.84%，红桦凋落物达 46.49%～48.22%。4 种凋落物在不同雪被条件下失重率的变化趋势相似，雪被厚度对凋落物分解有一定影响，但差别幅度不大，失重率随雪被的减小而降低，即厚雪被中失重最多，无雪被中失重最少。相同雪被条件下的失重率总是红桦最高，岷江冷杉最低（图 5-3）。

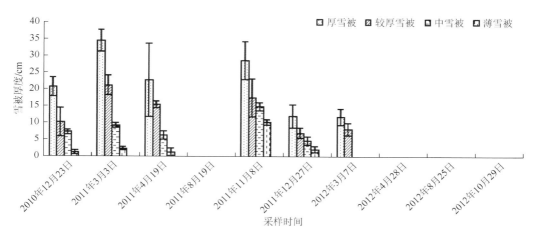

图 5-2　不同采样时间雪被覆盖厚度的动态变化

平均值±标准偏差，$n = 5$

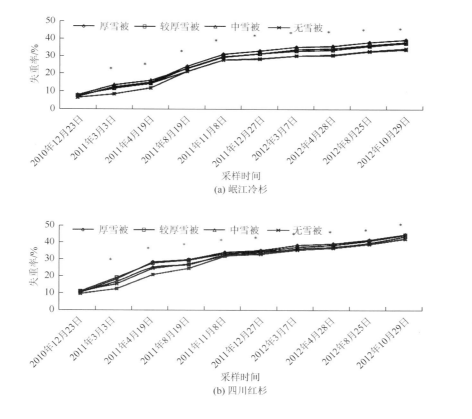

(a) 岷江冷杉

(b) 四川红杉

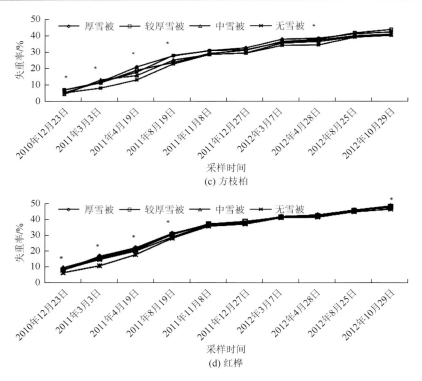

图 5-3　不同雪被下 4 个树种凋落物失重率

平均值±标准偏差，$n = 3$。*处理间差异显著（LSD 多重比较；$P < 0.05$）

　　不同厚度雪被下岷江冷杉和四川红杉凋落物失重率在第一年初冻期并无显著差异（$P > 0.05$），但在两年中的其他分解阶段均表现出随雪被厚度减小而降低的趋势。尽管较厚雪被下方枝柏凋落物失重率在第一年初冻期、融化期、生长季节初期、生长季节末期和第二年深冻期略大于中雪被覆盖，但整体仍然表现出随雪被厚度的减小而降低的趋势。第一年各分解阶段红桦凋落物失重率表现出随雪被厚度的增加而降低的趋势，但第二年各个时期不同雪被覆盖下凋落物分解并无显著差异（$P > 0.05$）。

　　尽管凋落物分解整个过程均受物种因素的显著影响（$P < 0.01$），但雪被厚度显著（$P < 0.01$）影响了两年深冻期、融化期和生长季节初期以及第二年生长季节末期凋落物分解（表 5-2）。相对于其他时期，物种与雪被厚度交互作用仅显著（$P < 0.05$）影响第一年融化期凋落物分解。

表 5-2　物种（S）与雪被（C）对亚高山森林凋落物失重率的影响

	OF_1	DF_1	TS_1	EGS_1	LGS_1	OF_2	DF_2	TS_2	EGS_2	LGS_2
p_S	0.00**	0.00**	0.00**	0.00**	0.00**	0.00**	0.00**	0.00**	0.00**	0.00**
p_C	0.08	0.00**	0.00**	0.00**	0.22	0.05	0.00**	0.00**	0.00**	0.00**
$p_{S×C}$	0.70	0.44	0.02*	0.15	0.97	0.63	0.32	0.32	0.33	0.40

注：OF，冻结初期；DF，深冻期；TS，融化期；EGS，生长季节初期；LGS，生长季节末期；p_S，物种因素对失重率的影响；p_C，雪被因素对失重率的影响；$p_{S×C}$，物种与雪被因素对失重率的交互影响；*$P < 0.05$；**$P < 0.01$。

　　岷江冷杉、四川红杉凋落物的 k 值均以厚雪被覆盖最大，薄雪被覆盖最小，而阔叶树种红桦 k 值由大到小表现为无雪被＞薄雪被＞较厚雪被＞厚雪被＞中雪被（表 5-3）。同一厚度雪被下，红桦 k 值明显大于其他物种，方枝柏次之。四川红杉 k 值在中雪被、薄雪被和无雪被明显大于岷江冷杉，但在厚雪被和较厚雪被中小于岷江冷杉。

表 5-3　四个树种凋落物不同雪被下的分解系数、相关系数、半分解和 95%分解时间

物种	雪被	回归方程	分解系数 k	相关系数 R^2	半分解时间/年	95%分解时间/年
岷江冷杉	厚雪被	$y = 94.89\mathrm{e}^{-0.257t}$	0.257	0.95**	2.73	11.80
	较厚雪被	$y = 94.70\mathrm{e}^{-0.240t}$	0.240	0.96**	2.93	12.66
	中雪被	$y = 93.21\mathrm{e}^{-0.224t}$	0.224	0.96**	3.13	13.55
	薄雪被	$y = 93.65\mathrm{e}^{-0.201t}$	0.201	0.95**	3.45	15.12
	无雪被	$y = 96.03\mathrm{e}^{-0.215t}$	0.215	0.94**	3.27	14.12
四川红杉	厚雪被	$y = 87.58\mathrm{e}^{-0.249t}$	0.249	0.92**	2.76	11.94
	较厚雪被	$y = 86.91\mathrm{e}^{-0.236t}$	0.236	0.92**	2.98	12.88
	中雪被	$y = 88.88\mathrm{e}^{-0.237t}$	0.237	0.95**	2.96	12.81
	薄雪被	$y = 88.87\mathrm{e}^{-0.230t}$	0.230	0.95**	3.05	13.19
	无雪被	$y = 92.19\mathrm{e}^{-0.253t}$	0.253	0.96**	2.77	11.99
方枝柏	厚雪被	$y = 94.31\mathrm{e}^{-0.279t}$	0.279	0.95**	2.52	10.87
	较厚雪被	$y = 94.42\mathrm{e}^{-0.273t}$	0.273	0.99**	2.57	11.11
	中雪被	$y = 97.76\mathrm{e}^{-0.279t}$	0.279	0.97**	2.52	10.89
	薄雪被	$y = 94.97\mathrm{e}^{-0.271t}$	0.271	0.95**	2.60	11.23
	无雪被	$y = 98.35\mathrm{e}^{-0.272t}$	0.272	0.98**	2.58	11.15
红桦	厚雪被	$y = 92.88\mathrm{e}^{-0.321t}$	0.321	0.97**	2.19	9.46
	较厚雪被	$y = 93.92\mathrm{e}^{-0.326t}$	0.326	0.96**	2.16	9.32
	中雪被	$y = 92.71\mathrm{e}^{-0.317t}$	0.317	0.97**	2.22	9.58
	薄雪被	$y = 94.42\mathrm{e}^{-0.327t}$	0.327	0.97**	2.15	9.30
	无雪被	$y = 97.49\mathrm{e}^{-0.338t}$	0.338	0.96**	2.08	8.98

注：**$P<0.01$。

3. 各阶段凋落物质量损失贡献率

　　不同雪被下 4 种凋落物前两年质量损失主要发生在第一年（达 69.26%）（图 5-4）。除无雪被情况的岷江冷杉、方枝柏和红桦第一年整个冬季凋落物失重率略小于当年生长季节外，其余雪被覆盖阶段凋落物失重率均明显大于当年生长季节。第一年冬季三个时期对凋落物失重均表现出明显的贡献，但第二年冬季三个时期凋落物，除无雪被的四川红杉之外，失重主要发生在深冻期。在两年的深冻期，三个针叶树种凋落物无雪被情况下的失重贡献率均显著低于厚雪被和较厚雪被覆盖情况，但阔叶凋落物红桦在不同厚度雪被覆盖间并无

显著差异。不同物种凋落物在两年冬季中分解贡献率基本呈现出随雪被厚度的增加而增加的趋势。与无雪被覆盖情况相比较，厚雪被覆盖下的岷江冷杉凋落物两年冬季质量损失贡献率升高了 7.68%，四川红杉升高了 10.62%，方枝柏升高了 24.48%，红桦升高了 21.73%。与冬季分解相反，各物种生长季节质量损失贡献率均表现出随冬季雪被厚度的增加而减少的趋势。相对于厚雪被覆盖情况，无雪被情况增加了岷江冷杉凋落物生长季节质量损失贡献率，达 13.57%，四川红杉达 55.83%，方枝柏达 62.49%，红桦达 17.72%。

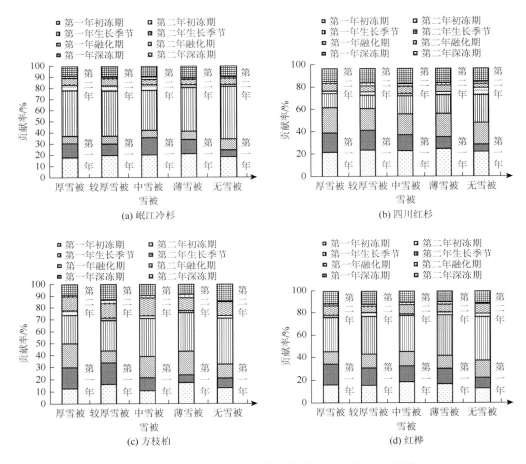

图 5-4　不同雪被下 4 种凋落物各阶段对质量损失的贡献率

5.1.3　讨论与结论

气候变化情景下，亚高山针叶林异质性环境形成的雪被可能显著影响凋落物分解等系统关键生态学过程。两年的凋落物分解结果表明，冬季雪被厚度不仅显著影响冬季雪被完全覆盖时期（深冻期）和融化期亚高山针叶林凋落物分解，还持续影响生长季节前期各物种凋落物分解。冬季各时期中，凋落物分解的贡献率随雪被厚度的增加而增加，厚雪被中冬季分解贡献最大；但在生长季节中，贡献率情况与冬季相反，体现出冬季无雪被的情况中生长季节分解贡献最大，与已有的研究结论一致（胡霞等，2012）。这些结果一方面说明冬季雪被可以明显地促进冬季凋落物分解，进而影响整个凋落物分解进程；另一方面表明，气候变暖情景下冬季雪被的改变将进一步影响亚高山森林凋落物分解等物质循环过程。

Olson 凋落物分解系数是表征凋落物分解速率的常用指标（Olson，1963）。本项研究中，针叶凋落物和阔叶凋落物分解速率对雪被厚度的变化具有明显的响应。岷江冷杉、四川红杉和方枝柏针叶凋落物在厚雪被覆盖下的分解速率最大，而阔叶凋落物（红桦）分解速率在无雪被情况下最大。已有的研究结论（林波等，2004）和本研究结果均表明阔叶凋落物较针叶凋落物更易于分解。由于雪被对凋落物分解的影响是冻融作用、淋洗作用和分解者活动的综合效应（刘彬等，2010），因而分解较快的阔叶凋落物受分解者活动限制可能较小，而受无雪被覆盖下冬季强烈的冻融物理破坏作用和淋溶过程影响更为显著。相反，厚雪被为分解者提供了相对稳定的环境（胡霞等，2012）。冻融作用频繁时期，土壤温度按厚雪被—较厚雪被—中雪被—薄雪被—无雪被顺序，波动幅度逐渐增大，不同雪被条件处理下白天温度较气温波动迟缓，夜间温度明显高于气温。进入生长季节，由于地形、地貌、林隙大小、林隙位置等异质性因素，光照对试验样地地表的直射程度不同，不同雪被处理条件下的土壤温度都表现出较大的波动趋势，且幅度随林隙到林下递减，昼夜温差明显，使雪被所提供的稳定环境更多地作用于针叶凋落物分解。同时，相对于针叶凋落物，阔叶凋落物单叶表面积更大，受到的物理破坏作用更为强烈。值得注意的是，针叶凋落物在薄雪被覆盖下分解最慢而非无雪被覆盖，阔叶凋落物在中雪被覆盖下分解最慢而无雪被下。这说明冻融作用和分解者活动间存在一个平衡点，且随着凋落物质量的差异具有一定差异。与此类似，Vossbrinc 等发现，植物残体分解过程中的理化因素贡献占 7.2%，微生物因素占 8%，土壤动物因素占 14.2%；Zlotin 的三个对应值则为 21%、24% 和 28%。这说明在诸多影响凋落物分解的因素之间均存在一定的平衡点，与本项研究结果一致。然而，受实验条件及自然条件所限，相关过程仍然需要进行持续研究。

由于雪被覆盖不同时期对凋落物分解具有不同的作用机制，不同的凋落物分解阶段可能对雪被表现出不同的响应特征。Hobbie 和 Chapin 认为，高寒地区凋落物分解主要发生在第一年，第二年以后分解以冬季为主，这与本项研究结果基本一致。本项研究中，4 种凋落物第一年的分解量占两年分解总量的 69.26%以上，且第一年冬季时期的分解贡献率普遍大于生长季节时期。这些结果充分表明，冬季对于亚高山森林凋落物分解的重要作用，也与其他高寒系统凋落物分解的研究结果一致（Nadelhoffer and Raich，1992）。纵观两年的凋落物分解，各物种在有雪被覆盖中的冬季分解贡献率总是大于无雪被情况的冬季分解贡献率，特别是厚雪被覆盖及无雪被覆盖之间的差距明显。这些结果至少与三方面原因有关：①地表存在的雪被可以有效地保护雪层下面的土壤动物、酶类及多种微生物，为其活性提供相对稳定的环境（Stieglitz et al.，2003；夏磊等，2011）；②雪被在融化期可能具有更为强烈的淋洗作用（Tomaselli，1991）；③无雪被覆盖直接面对冬季严酷环境和频繁的温度变化（特别是冰点温度附近），具有更为频繁的冻融循环、破坏凋落物的物理结构，提高凋落物易分解程度，进而促进下一阶段的分解过程。本项研究表明，无雪被覆盖条件下的环境温度昼夜波动较大，并且波动频繁，与大气温度变化趋势接近，冻融循环显著；而厚雪被覆盖下的环境温度较为稳定，冻融循环不显著，并且这种温度的稳态随雪被厚度的减小而消失。因此，雪被覆盖显著提高了各物种凋落物在冬季的分解贡献率。雪被的存在使岷江冷杉冬季分解贡献率平均提高 7.68%，四川红杉冬季分解贡献率平均提高 10.62%，方枝柏冬季分解贡献率平均提高 24.48%，红桦冬季分解贡献率平均提高 21.73%。生长季节特别是生长季节前期无雪被情况下各物种凋落物的分解贡献率明显大于有雪被覆盖情况，直接证明了冬季无雪被覆盖强烈的物理破坏作用提高了凋落物的可分解程度。此外，由于冬季雪被覆盖下凋落物的快速分解，易分解组分的大量流失也是生长季节有雪被覆盖分解较慢的重要原因（Tomaselli，1991）。本研究中也观察到冬季分解较快的凋落物，生长季节失重率较小。随着凋落物分解的进行，分解较慢的凋落物往往残存的易分解组分相对丰富，因而受冻融等环境影响更为持久。本研究中不同雪被下岷江冷杉和四川红杉凋落物分解在第二年冬季仍然存在显著差异（$P < 0.05$），但各雪被覆盖下红桦凋落物失重率在第一年分解后并无明显差异。

5.2　亚高山针叶林倒木分解速率

木质残体（woody debris，WD）是森林生态系统中树木死亡以后形成的倒木、枯立木、根桩和大枯枝等粗木质残体（coarse woody debris，CWD），以及碎根残片和小枝等细木质残体（fine woody debris，FWD）的总称。其中，粗木质残体是构成木质残体的主要部分，它是生态系统中重要的结构性和功能性组成要素（Harmon et al.，1986）。通过物理和生物的作用，粗木质残体影响着系统内外相关的生物过程和非生物过程，在保持森林生态系统的完整性方面发挥着重要的作用（侯平和潘存德，2001）。粗木质残体还能通过为植物的种子和幼苗提供定居地，为真菌、细菌等提供养分和能量，为微生物、节肢动物和某些脊椎动物提供栖息环境，维持生态系统生物多样性（Harmon et al.，1986；Fukasawa et al.，2015），而且在减少降水对土壤的侵蚀，增加土壤有机质含量，促进土壤发育，储存养分等方面具有重要作用（侯平和潘存德，2001）。因此，粗木质残体不仅为植物生长提供必需的营养，为森林更新充当良好介质，还是许多生物的食物来源和栖息场所（杨礼攀等，2007）。粗木质残体也是生态系统中重要的碳库之一，以往的研究只注重植物活体和土壤碳库的研究，而忽视了粗木质残体中碳储量的研究（Woodwell et al.，1978）。据估计，粗木质残体约占森林地上生物量的 2%～10%，如果不把这部分计算在内，将会低估全球陆地生态系统中的碳储量（Delaney et al.，1998）。此外，在森林生态系统养分循环过程中，80%的氮、磷、钙等营养元素储量来自木质残体（杨礼攀等，2007）。因此，木质残体储量的多少直接关系整个森林生态系统的养分储量及物质循环状态。

自然环境条件下，倒木、枯立木以及某些大径级枯枝等粗木质残体的产生往往伴随着林窗的形成（唐旭利等，2003），这些林窗内的木质残体分解以后为森林系统更新提供了必要的基础养分。由于木质残体的分解往往需要数十年乃至上百年时间（Harmon et al.，1986；Progar et al.，2000），腐烂程度所代表的分解过程与森林更新导致的林窗消亡过程密切相关。碳是木质残体的主要组成成分，木质残体也是生态系统的重要氮源，木质残体的分解快慢决定了其在生态系统中存在的时间，其碳、氮、磷储量更直接影响整个生态系统的养分流动。目前，对于粗木质残体，主要集中在从微观途径对其分解过程中某一种成分的变化，如真菌、木质素、可溶性碳氮等进行研究，鲜有文章从宏观层面研究其储量的变化，以及林窗对其分布的影响。长江上游亚高山针叶林是我国西南林区的主体，在指示气候变化、水土保持、生物多样性保育及水源涵养等方面具有不可替代的重要地位和作用（Yang et al.，2005）。相对于低纬度和同纬度低海拔森林而言，亚高山针叶林受季节性雪被及其导致的冻融循环作用明显，木质残体储量巨大，木质残体的分解在维持生态系统结构和功能方面具有更加重要的作用和功能。

因此，以长江上游亚高山针叶林区分布最广和面积最大的岷江冷杉（*Abies faxoniana*）原始林为研究对象，运用空间代替时间的研究方法，把处于相同环境条件下的不同分解阶段的粗木质残体，按分解年龄或腐烂等级排成序列，依次测定其密度和其他指标的变化规律，结合不同指标的比例和密度的变化，计算粗木质残体的分解速率，探明粗木质残体的分解规律。这为认识亚高山针叶林生态系统木质残体储量及其分解过程以及亚高山针叶林生态管理提供了科学依据。

5.2.1　材料与方法

1. 研究区域概况

研究区域位于长江上游青藏高原东缘的理县米亚罗自然保护区，研究区域概况详见 5.1.1 节。研究区域土壤浅薄，为发育于坡积物上的暗棕壤（Tan et al.，2010）。土壤理化性质见表 5-4。

表 5-4　研究区土壤理化性质

土层	pH	土壤容重/(g/cm³)	有机碳/(g/kg)	全氮/(g/kg)	全磷/(g/kg)	全钾/(g/kg)
土壤有机层	6.1±0.5	1.09±0.02	150.3±15.9	9.7±0.9	1.2±0.2	13.4±1.0
矿质土壤层	5.7±0.4	1.2±0.04	45.2±5.0	1.9±0.3	0.7±0.1	13.6±2.7

2. 样地设置

2013 年 8 月 2~20 日，以研究区域内海拔 3600m 的岷江冷杉原始林为研究对象，根据区域内的地势、坡度、坡向、林分组成等因素设置 3 个 100m×100m 的典型样地，样地基本情况见表 5-5。在每个样地，选择 3 个大林窗，在每个林窗内设置 1 个 20m×20m 的样方，同时在林缘和林下分别设置 3 个 20m×20m 的样方，每个样方之间的间距均超过 5m，每块样地包括 9 个样方，如图 5-5 所示。

表 5-5　研究样地基本情况

项目	基本特征
海拔	3588~3614m
位置	102°53′02″E~102°53′19″E，31°14′39″N~31°14′45″N
坡角	25°~30°
群落特征	岷江冷杉-方枝柏群落，岷江冷杉占优势，林内倒木数量多，林窗干扰频繁，倒木以干/基折为主，草本层丰富

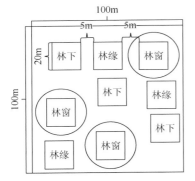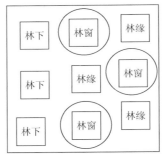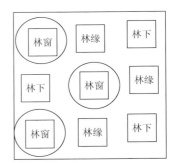

图 5-5　研究样地及林窗示意图

3. 样地调查、样品采集与分析

研究主要关注直径≥2.5cm 的木质残体，结合 Harmon 的分类标准和我国普遍采用的划分方法（Harmon et al.，1986；侯平和潘存德，2001；唐旭利等，2003），将 2.5cm≤直径<10cm 的木质残体作为细木质残体，将直径≥10cm 的木质残体作为粗木质残体。在此基础上，进一步将粗木质残体分为倒木（fallen log）、枯立木（snag）、根桩（stump）和大枯枝（large branch）。为了与倒木进行区分，枯立木指的是倾斜度不超过 45°，粗头直径≥10cm，长度>1m 的木质残体；与枯立木的其他特征相似，高度<1m 的定义为根桩（Harmon et al.，1994；Currie and Nadelhoffer，2002）。同时，根据已有的森林粗木质残体的分级系统并参考最新的研究方法对调查的粗木质残体进行腐烂等级划分，通过观察木质残体结构的完整性、是否存在树皮、木质部的状态和颜色、是否着生附生植物等来确定其腐烂程度。然后，采用间接的手段进一步核实腐烂程度是否划分正确，即Ⅰ级，新鲜，死不足 1 年；Ⅱ级，开始腐解，小刀可刺进几毫米；Ⅲ级，小刀可刺进 2cm；Ⅳ级，小刀可刺进 2~5cm；Ⅴ级，小刀可任意刺穿木质体。

在林窗、林缘和林下的每个 20m×20m 的样方内逐一记录直径≥10cm 的粗木质残体（倒木、枯立木、大枯枝、根桩），记录内容包括长度或高度、大小头直径、枯立木记录胸径、腐烂等级等，对于长度超出样方大小的粗木质残体，只记录其在样方内的部分。对Ⅰ、Ⅱ、Ⅲ腐烂等级的粗木质残体，取圆盘带回实验室，Ⅳ、Ⅴ腐烂等级的粗木质残体用封口袋直接采样，粗木质残体取样以后，去除泥土、石块、根系、附生物等，密封保存，带回实验室分析。

采用排水法（杨方方等，2009；张利敏和王传宽，2010）测定其体积 V，烘干后得到其重量 G，粗木质残体的密度即 G 与 V 的比值。样品烘干以后粉碎过 60 目筛，装袋备用。有机碳含量采用重铬酸钾外加热法测定（LY/T 1237—1999），全氮采用半微量凯氏定氮法测定（LY/T 1228—2015），全磷用钼锑抗比色法测定（LY/T 1270—1999），凋落物木质素、纤维素含量用酸性洗涤纤维法测定（鲁如坤，1999）。

4. 数据的计算与分析

根据研究目的，在查阅相关文献的基础上，选择以下 4 个公式来计算粗木质残体的体积，其中，倒木、枯立木和大枯枝的体积计算公式分别参考了已有研究，根桩的体积根据圆柱体的体积公式来进行计算，具体公式如下：

倒木的体积计算公式为（Waddell，2002）

$$V = \frac{1}{8}\pi(d_r^2 + d_R^2)L \qquad (5\text{-}3)$$

枯立木的体积计算公式为（徐化成，1998）

$$V = \text{DBA} \times H \times f \qquad (5\text{-}4)$$

大枯枝的体积计算公式为（张修玉等，2009）

$$V = \frac{1}{12}\pi(d_r^2 + d_M^2 + d_R^2)L \qquad (5\text{-}5)$$

根桩的体积计算公式为

$$V = \frac{1}{16}\pi(d_r + d_R)^2 H \qquad (5\text{-}6)$$

式中，V 为体积，m^3；d_r 为细头直径，cm；d_R 为粗头直径，cm；d_M 为中间直径，cm；DBA 为胸高断面积，m^2；H 为枯立木和根桩高度，m；L 为倒木和大枯枝的长度，m；f 为形数（取 0.45）。

采用 Microsoft Excel 2010 软件进行数据的整理及作图，采用 SPSS 20.0 软件进行统计分析，用单因素方差分析和最小显著差异法比较不同类型、不同腐烂等级、不同径级粗木质残体在林窗、林缘、林下的储量差异，比较不同类型和不同腐烂等级粗木质残体含水率、C、N、P、木质素和纤维素含量，以及不同类型、不同腐烂等级粗木质残体的 C/N、N/P、木质素/N、纤维素/N、木质素/纤维素的差异性。

5.2.2 结果与分析

1. 木质残体总储量及其分布

基于前期的调查和计算得出，样地林窗面积为 3058.74m^2，林缘面积为 2667.29m^2，林下面积为 4273.97m^2。结合表 5-6 不同类型粗木质残体分别在林窗、林缘、林下的储量，计算得出亚高山针叶林木质残体储量为 53.00t/hm^2，林窗、林缘和林下的木质残体储量分别为 50.46t/hm²、36.58t/hm² 和 65.07t/hm²。林窗、林缘和林下倒木显著高于其他类型,分别达 72.37%、72.74 和 83.56%,根桩比例最小,不足 1%。相对于林下和林缘,林窗内枯立木比例相对较高,但是根桩比例相对较低。然而,大枯枝和细木质残体比例以林缘相对较高,林窗次之,林下最小。倒木、大枯枝、枯立木和根桩的储量在林窗、林缘和林下差异不显著。

表 5-6　亚高山针叶林不同类型木质残体的储量及其分配

类型	林窗			林缘			林下		
	储量 /(t/hm²)	百分比/%	变异系数 CV/%	储量 /(t/hm²)	百分比/%	变异系数 CV/%	储量 /(t/hm²)	百分比/%	变异系数 CV/%
倒木	36.52Aa (13.48)	72.37	36.89	26.61Aa (18.44)	72.74	69.30	54.37Aa (32.28)	83.56	59.37
大枯枝	2.51Ab (2.55)	4.97	101.36	2.61Ab (0.27)	7.14	10.22	1.69Abc (0.75)	2.60	44.28
枯立木	6.23Ab (5.93)	12.35	95.31	1.17Ab (1.28)	3.20	108.76	4.14Ab (1.87)	6.36	45.10
根桩	0.09Ab (0.04)	0.18	49.52	0.14Ab (0.24)	0.38	173.21	0.38Ac (0.54)	0.58	141.37
细木质残体	5.11Ab (3.49)	10.13	68.30	6.05Ab (1.79)	16.54	29.53	4.49Ab (0.03)	6.90	0.77
总储量	50.46A (8.66)	100.00	17.17	36.58A (17.81)	100.00	48.69	65.07A (34.61)	100.00	53.18

注:括号内为标准偏差。同列不同小写字母表示显著差异($P<0.05$)。同行不同大写字母表示显著差异($P<0.05$)。

2. 不同径级粗木质残体储量及其分布

由表 5-7 可见,亚高山针叶林粗木质残体的储量随着径级的增加逐渐增大,10~20cm、20~30cm、30~40cm、40~50cm 和 >50cm 的储量分别为 6.63t/hm²、10.19t/hm²、11.45t/hm²、36.42t/hm² 和 71.76t/hm²。不同径级粗木质残体储量在林窗、林缘、林下之间无显著差异,但从林窗到林下均以直径大于 40cm 的粗木质残体为主,分别为 76.15%、74.55% 和 75.68%。林窗内,20~30cm 的根桩储量显著高于林缘。林窗和林下 >50cm 的粗木质残体储量与其他径级的储量相比差异显著,林缘 40~50cm 和 >50cm 的储量与 10~20cm、20~30cm 和 30~40cm 的储量相比,分别达到显著水平。10~20cm 和 20~30cm 比例均在林缘相对较高,林下相对较低。相对林缘和林下,林窗内 30~40cm 和 >50cm 的比例相对较高,林下相对较低,林缘最小。

表 5-7　亚高山针叶林不同类型粗木质残体径级组成

类型	位置	10~20cm		20~30cm		30~40cm		40~50cm		>50cm	
		储量 /(t/hm²)	百分比 /%	储量 /(t/hm²)	百分比 /%	储量 /(t/hm²)	百分比 /%	储量 /(t/hm²)	百分比 /%	储量 /(t/hm²)	百分比 /%
倒木	林窗	0.88Ab	2.41	1.94Ab	5.39	2.63Ab	7.20	5.97Ab	16.34	25.08Aa	68.66
	林缘	1.02Ab	3.83	2.13Ab	8.01	1.30Ab	4.89	11.05Aab	41.54	11.10Aa	41.73
	林下	0.84Ab	1.54	3.05Ab	5.61	4.19Ab	7.71	16.91Aab	31.10	29.38Aa	54.04

续表

类型	位置	10~20cm 储量/(t/hm²)	百分比/%	20~30cm 储量/(t/hm²)	百分比/%	30~40cm 储量/(t/hm²)	百分比/%	40~50cm 储量/(t/hm²)	百分比/%	>50cm 储量/(t/hm²)	百分比/%
大枯枝	林窗	1.45Aa	57.77	0.87Aa	34.66	0.19Aa	7.57	0Aa	0	0Aa	0
	林缘	1.11Aa	42.53	0.41Aa	15.71	0.93Aa	35.63	0.16Aa	6.13	0Aa	0
	林下	1.06Aa	62.72	0.56Aa	33.14	0.07Aa	4.14	0Aa	0	0Aa	0
枯立木	林窗	0.07Aa	1.12	0.86Aa	13.78	1.68Aa	26.92	1.88Aa	30.13	1.75Aa	28.04
	林缘	0.04Aa	3.42	0Aa	0	0Aa	0	0.29Aa	24.79	0.84Aa	71.79
	林下	0.14Ab	3.38	0.30Ab	7.25	0.40Ab	9.66	0.16Ab	3.86	3.15Aa	75.85
根桩	林窗	0Aa	0	0.04Aa	44.44	0.05Aa	55.56	0Aa	0	0Aa	0
	林缘	0Aa	0	0Ba	0	0Aa	0	0Aa	0	0.14Aa	100.00
	林下	0.02Aa	5.26	0.03ABa	7.89	0.01Aa	2.63	0Aa	0	0.32Aa	84.21
合计	林窗	2.40Ab	5.29	3.71Ab	8.24	4.55Ab	10.03	7.85Ab	17.30	26.83Aa	59.14
	林缘	2.17Aa	7.11	2.54Aa	8.32	2.23Aa	7.31	11.50Aa	37.68	12.08Aa	39.58
	林下	2.06Ab	3.40	3.94Ab	6.50	4.67Ab	7.71	17.07Aa	28.18	32.85Aa	54.21

注：同行不同小写字母表示显著差异（$P<0.05$）。同列不同大写字母表示显著差异（$P<0.05$）。

3. 不同腐烂等级粗木质残体储量及其分布

如表 5-8 所示，亚高山针叶林粗木质残体 Ⅰ 到Ⅳ腐烂等级，储量逐渐增加，Ⅰ 到Ⅴ级粗木质残体的储量分别为 8.93t/hm²、21.58t/hm²、28.75t/hm²、51.76t/hm² 和 25.56t/hm²。不同腐烂等级粗木质残体储量在林窗、林缘、林下之间无显著差异，其中，林窗和林下以Ⅲ、Ⅳ腐烂等级为主，林缘以Ⅳ和Ⅴ腐烂等级为主。方差分析显示，林窗中各腐烂等级储量之间无显著差异，林缘Ⅳ级和Ⅴ级的储量与其他腐烂等级储量相比，分别显著高于其他腐烂等级，林下Ⅳ级的储量显著高于其他 4 个腐烂等级。相对于林缘和林下，林窗Ⅰ级比例相对较高，Ⅳ级比例相对较低，而Ⅳ级比例在林下相对较高。

表 5-8　亚高山针叶林不同类型粗木质残体腐烂等级组成

类型	位置	Ⅰ 储量/(t/hm²)	百分比/%	Ⅱ 储量/(t/hm²)	百分比/%	Ⅲ 储量/(t/hm²)	百分比/%	Ⅳ 储量/(t/hm²)	百分比/%	Ⅴ 储量/(t/hm²)	百分比/%
倒木	林窗	6.12Aa	16.75	3.91Aa	10.70	10.86Aa	29.72	9.25ABa	25.31	6.40Aa	17.52
	林缘	1.41Ac	5.30	0.05Ac	0.19	3.49Abc	13.12	13.11Ba	49.27	8.55Aab	32.13
	林下	0.62Ab	1.14	10.56Aab	19.42	10.29Aab	18.93	28.13Aa	51.74	4.77Ab	8.77
大枯枝	林窗	0.65Aa	25.90	0.82Aa	32.67	0.45Aa	17.93	0.42Aa	16.73	0.17Aa	6.77
	林缘	0Ac	0	0.74Aabc	28.35	0.99Aa	37.93	0.10Bb	3.83	0.87Aab	29.89
	林下	0.13Aa	7.74	0.26Aa	15.48	0.50Aa	29.76	0.10Ba	5.95	0.69Aa	41.07
枯立木	林窗	0Aa	0	4.07Aa	65.33	1.48Aa	23.76	0.01Aa	0.16	0.67Aa	10.75
	林缘	0Aa	0	0Aa	0	0.04ABa	3.42	0Aa	0	1.13Aa	96.58
	林下	0Ab	0	1.17Aab	28.19	0.31Bb	7.47	0.64Aab	15.42	2.03Aa	48.92

续表

类型	位置	I		II		III		IV		V	
		储量/(t/hm²)	百分比/%	储量/(t/hm²)	百分比/%	储量/(t/hm²)	百分比/%	储量/(t/hm²)	百分比/%	储量/(t/hm²)	百分比/%
根桩	林窗	0Ab	0	0Ab	0	0Ab	0	0Ab	0	0.09Aa	100.00
	林缘	0Ab	0	0Ab	0	0Ab	0	0Ab	0	0.14Aa	100.00
	林下	0Ab	0	0Ab	0	0.34Aa	87.18	0Ab	0	0.05Ab	12.82
合计	林窗	6.77Aa	14.92	8.80Aa	19.40	12.79Aa	28.19	9.68Ba	21.34	7.33Aa	16.16
	林缘	1.41Ab	4.62	0.79Ab	2.59	4.52Aab	14.81	13.21Ba	43.27	10.69Aa	34.72
	林下	0.75Ab	1.24	11.99Aa	19.79	11.44Aab	18.88	28.87Aa	47.65	7.54Ab	12.44

注：同行不同小写字母表示显著差异（$P < 0.05$）。同列不同大写字母表示显著差异（$P < 0.05$）。

4. 粗木质残体的分解

根据粗木质残体密度随时间的变化趋势，用非线性回归分析（nonlinear regression）分别拟合 4 种类型粗木质残体的分解曲线（表 5-9）。结果表明，倒木、大枯枝、枯立木和根桩的相关系数 R^2 分别为 0.88、0.90、0.90 和 0.91，倒木、大枯枝、枯立木和根桩的分解常数分别为 0.105、0.114、0.097 和 0.127。在相同条件下，不同类型的粗木质残体的分解速率不一样，表现为根桩＞大枯枝＞倒木＞枯立木。粗木质残体分解到 50% 的时间在 5.46～7.15 年，而分解到 95% 的时间需要 23.59～30.88 年，说明粗木质残体的分解是一个"先快后慢"的过程。

表 5-9　亚高山针叶林粗木质残体分解模型与分解常数

类型	分解模型	分解常数 k	相关系数 R^2	50%分解时间	95%分解时间
倒木	$y = 0.6929e^{-0.105x}$	0.105	0.88	6.60	28.53
大枯枝	$y = 0.626e^{-0.114x}$	0.114	0.90	6.08	26.28
枯立木	$y = 0.5663e^{-0.097x}$	0.097	0.90	7.15	30.88
根桩	$y = 0.5978e^{-0.127x}$	0.127	0.91	5.46	23.59

5.2.3　讨论与结论

1. 亚高山针叶林木质残体储量与分布特征

长江上游亚高山针叶林粗木质残体的储量明显高于北美落叶林和热带雨林（Wilcke et al., 2005；Gough et al., 2007），也高于同处亚热带的广东常绿阔叶林、针阔混交林和针叶林（张修玉等，2009），但低于新疆的针叶林和青藏高原贡嘎山冷杉原始林（刘翠玲等，2009），与长白山和北美的针叶林木质残体储量相当（Spies et al., 1988；Zhou et al., 2011）（表 5-10）。亚高山针叶林粗木质残体储量在中国天然针叶林粗木质残体储量范围内

（0.09～91.75t/hm^2），位于大部分生态系统粗木质残体储量（5～50t/hm^2）的上限。这是由于通常情况下，随着海拔升高，温度逐渐降低，不利于分解木质单体的微生物存活，所以木质残体的分解速率较慢，残存量较大。何东进等（2009）在福建天宝岩国家级自然保护区的研究结果也得出了类似的结论，猴头杜鹃阔叶林和长苞铁杉林的粗木质残体储量随海拔的升高而增大。长江上游亚高山针叶林巨大的木质残体储量将会为森林生态系统提供丰富的营养库。木质残体分解是重要的碳源和氮源（张利敏和王传宽，2010），也是温带森林生态系统 CO_2 的主要来源（Bantle et al.，2014）。此外，分解过程中释放的可溶性有机碳是森林土壤可溶性有机碳的重要来源。因此，亚高山针叶林木质残体分解过程中释放的氮素补充了土壤淋溶损失的氮，是维持亚高山针叶林生态系统平衡和生产力的重要机制。

表 5-10　不同类型森林生态系统粗木质残体储量

研究区域	森林类型	CWD 储量/(t/hm^2)	海拔/m
青藏高原贡嘎山 （高甲荣等，2003）	冷杉林过熟林	91.75	3020
	冷杉成熟林	71.72	3080
	冷杉中龄林	50.45	3050
新疆（刘翠玲等，2009）	云杉针叶林	79.80	1680
美国 （Gough et al.，2007）	针阔混交林	4.57	—
厄瓜多尔 （Wilcke et al.，2005）	山地常绿阔叶林	9.10	1950
哥斯达黎加	热带雨林	46.3	
长白山 （Zhou et al.，2011）	冷杉林	53.40	1260
美国 （Spies et al.，1988）	道格拉斯冷杉林	52.00	—
本项研究	岷江冷杉原始林	53.00	3580

　　木质残体储量主要是木质残体的输入量和分解量相互作用的结果，其中木质残体的输入占主导地位（Bantle et al.，2014），而细木质残体的数量和生态功能相对次要，所以木质残体储量主要取决于粗木质残体的储量。亚高山针叶林倒木储量占木质残体储量的86.64%，说明倒木是木质残体输入的重要部分。不同类型的粗木质残体，其径级大小表现出不同的分布规律，亚高山针叶林倒木和枯立木以直径＞40cm 的为主，而大枯枝的直径主要集中在 10～30cm。由于木质残体的分解是一个长期的过程（Harmon et al.，1986；Freschet et al.，2012），粗木质残体分解时间因径级而异，表现为径级越大，分解速率越慢，分解时间越长，存在森林生态系统中的时间越长，粗木质残体储量越大。亚高山针叶林不同类型粗木质残体腐烂等级组成也有所不同，以Ⅲ和Ⅳ腐烂等级为主，表明该林型是一个更新时间较长的过熟林。

　　亚高山针叶林木质残体的储量表现为林窗大于林缘，但小于林下，且均未达到显著水平，因为木质残体的分解是由木材本身的特性以及分解群落的丰度和活跃程度共同作用决定的。林窗中木质残体的储量小于林下，说明林窗的形成加快了林窗内木质残体的分解，从而减小了木质残体的储量，这是因为林窗的形成改变了林分光照、水分、温度条件等，促进了分解者的活动。同时，干扰程度不同也会导致木质残体储量的差异，所以表现为林窗中木质残体的储量大于林缘。不同类型的粗木质残体随林窗的变化特征各有不同，林窗形成时，大量树木的倒伏、折断、枯死，增加了林窗内枯立木的储量。林窗形成以后，减缓了新的倒木和根桩的积累速度，倒木和根桩的分解量大于输入量，进而减少了倒木和根桩的储量。受此影响，林窗内低腐烂等级（Ⅰ级、Ⅱ级）木质残体的比例相对较高，林下Ⅳ腐烂等级木质残体的比例相对较高。

标准差与平均数的比值称为变异系数，记为 CV，变异系数可以作为各观测值变异程度的一个统计量。结果表明，林缘和林下的根桩储量变异系数均大于 100%，这是因为根桩在亚高山森林数量极少，其储量占木质残体的比例约为 0.5%，且分布极为不均，所以本研究中未深入讨论根桩随林窗的变化特征。

不同生境细木质残体储量的大小为林缘＞林窗＞林下，林窗、林缘和林下细木质残体储量分别为 6.05t/hm²、5.11t/hm² 和 4.49t/hm²。已有研究表明，粗木质残体储量大时，细木质残体储量也会相对较大（何帆等，2011），但本研究结果与此相反。主要的原因是，本研究的粗木质残体形成时间较长，伴随着产生的细木质残体分解很快，从而导致较低的储量。

2. 粗木质残体的分解特征

通过拟合粗木质残体密度随时间的变化规律发现，川西高山森林倒木、大枯枝、枯立木和根桩的分解到 95% 的时间约为 28.53 年、26.28 年、30.88 年和 23.59 年。这一结果与唐旭利的研究结果相近（唐旭利等，2005），但是低于陈华等（2002）、杨丽韫和代力民（2002）、杨方方等（2009）的研究结果，树种不同导致的基质质量的差异严重影响了分解的时间。粗木质残体分解到 50% 时所需的时间与含水量呈显著正相关，与粗木质残体初始 pH 呈负相关，与初始 N 含量、P 含量、C/N、木质素/N、木材密度没有显著相关性（Weedon et al.，2009；Freschet et al.，2012）。粗木质残体分解是一个复杂的过程，除了与基质质量有关以外，树种、径级的不同也会导致分解的时间有所差异。一般来说，阔叶林粗木质残体的分解速率大于针叶林粗木质残体分解速率，径级越大，分解时间越长，这可能也与大径级粗木质残体的 C/N 和木质素含量较高有关（张修玉等，2009）。由于粗木质残体径级在一定程度上是由林龄直接决定的，所以从森林生长的角度看，粗木质残体的径级组成等特征也是影响森林粗木质残体分解的一个因素。另外，森林粗木质残体在不同季节的分解速率也有所不同，粗木质残体作为森林生态系统中的重要碳库，其重要性一方面体现在储量与分解等生物物理的作用上，另一方面其生态结构与功能对森林碳循环的潜在影响也不容忽视（唐旭利等，2005），但由于粗木质残体在林地表面滞留时间相对较长，其存在状态及其生态功能对森林生态系统碳循环的影响还有待长期深入的研究。

亚高山针叶林生态系统木质残体储量巨大，尤其是粗木质残体，并且在林窗、林缘、林下分布存在较大差异。从林窗到林下木质残体的类型均以倒木为主，直径大于 40cm 的木质残体储量占粗木质残体的 74.55%～76.15%，林窗、林缘和林下Ⅲ和Ⅳ腐烂等级的粗木质残体储量分别占粗木质残体储量的 49.53%、58.08%和 66.53%。相对于林下和林缘，林窗内倒木和根桩的储量比例相对较小，但枯立木和细木质残体的储量比例相对较高。亚高山针叶林倒木、大枯枝、枯立木和根桩的分解到 95%的时间约为 28.53 年、26.28 年、30.88 年和 23.59 年，在相同条件下，不同类型的粗木质残体的分解速率不一样，表现为根桩＞大枯枝＞倒木＞枯立木。研究结果为充分认识亚高山针叶林生态系统过程提供了基础数据。

5.3　亚高山针叶林凋落叶碳和养分释放

季节性雪被及其相关的过程是影响高纬度和高海拔地区生态系统过程的关键生态因子（Matzner and Borken，2008；Henry et al.，2008）。然而，以暖冬、极端气象事件等为主要特征的全球气候变化正在改变着季节性雪被格局。季节性雪被厚度降低促进了土壤表层冻融循环及干湿交替过程（Kazakou et al.，2009），可能作用于凋落物分解过程。同时，雪被厚度降低，融雪期的淋溶作用势必减弱，也会减缓凋落物分解过程。总之，雪被厚度的这些变化必将影响亚高山针叶林凋落物分解，进而影响生态系统碳和养分循环过程。天然林中分布的大小不一的林隙，会在降雪季节促使林下形成厚度不一的雪被条件，可在理想自然条件下模拟因全球气候变化所造成的冬季雪被厚度降低。利用这些天然形成的雪被梯度，可以最大限度地探究雪被对高山森林凋落物分解的影响效果。但有关雪被的研究也主要集中在 1m 以上的长年积雪区域（McBrayer and Cromack，1980；Taylor and Jones，1990；Uchida et al.，2005），缺乏对积雪留存时间短积雪较薄的季节性雪被的研究。

亚高山针叶林内雪被斑块是一种常见的自然因素。自然环境条件下，风的作用、树冠的遮挡与集流、地形地貌的异质性等因素往往导致冬季林下具有明显不同厚度的雪被斑块。这些雪被斑块不但对雪被覆盖期间凋落物分解有重要影响，而且可能通过改变凋落物质量调控后一阶段凋落物分解以及整个分解过程（Baptist et al.，2010；Christenson et al.，2010），但迄今的研究主要集中在雪被对土壤温度的影响（Goodrich，1982）和雪被下土壤热状况（Overduin et al.，2006）等方面，均忽视了林下雪被斑块的异质性，更没有注意到雪被斑块对林下凋落物分解的影响，这极大地限制了对冬季森林生态学过程的理解。此外，现阶段有关雪被下凋落物分解的研究多集中在北半球高纬度、高海拔的针叶林生态系统中，该区域长年积雪覆盖，且积雪厚度普遍大于 1m，雪被留存时间较长（McBrayer and Cromack，1980；Taylor and Jones，1990；Uchida et al.，2005），不能完全代表其他地区雪被对凋落物分解产生的影响。所以，选取低纬度高海拔地区，进一步研究雪被覆盖对森林凋落物分解特征的影响，这不仅是理解全球气候变化情景下冬季生态学过程的需要，还能为研究区域适应性管理提供科学依据。

长江上游亚高山针叶林生态战略地位重要（刘庆和吴彦，2002）。已有的研究已经注意到，每年长达 5～6 个月的季节性雪被期对该区森林生态系统过程的影响（Tan et al.，2010），先期的研究对整个冬季生态学变化或者冬季冻融状态进行了深入测定，但缺乏对季节性雪被的进一步关注。因此，本研究以长江上游亚高山针叶林区典型树种岷江冷杉、红桦、四川红杉和方枝柏凋落物为研究对象，采用凋落物分解袋法，在天然形成的冬季雪被斑块下动态采样分析, 对比研究了 4 个树种凋落物于不同雪被条件下的质量损失和元素释放以及木质素、纤维素和总酚的降解, 深入揭示了亚高山针叶林凋落物分解等物质循环过程。

5.3.1　材料与方法

研究材料与方法详见本章 5.1 节。

5.3.2　结果与分析

1. 不同雪被下凋落物碳、氮和磷含量变化

图 5-6 为不同雪被条件下, 亚高山针叶林 4 个树种凋落物分解过程中的碳含量动态。由图可见, 位于不同雪被下的 4 种凋落物碳含量在两年分解过程中, 分解初期均呈现出反复上升-下降的波动趋势; 但进入分解后期, 针叶树种凋落物的碳含量仍然持续稳定下降, 并以第二年融化期碳含量下降最为显著; 而红桦凋落物碳含量在经过第一年冬季的短暂波动后, 于第一年生长季节开始表现为稳定不变。虽然在研究过程中同种凋落物不同雪被覆盖下碳含量各不相同, 但大致表现为厚雪被覆盖碳含量最高, 无雪被覆盖最低, 实验结束时尤为明显。碳含量变化动态与 4 种凋落物失重动态表现一致。

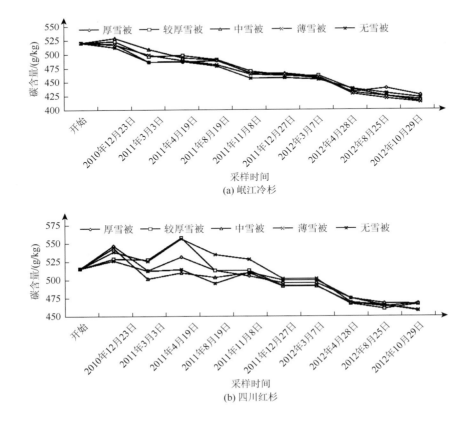

(a) 岷江冷杉

(b) 四川红杉

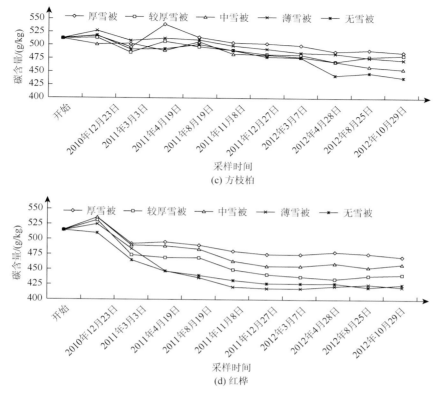

图 5-6　不同雪被下 4 种凋落物分解过程中碳含量变化

图 5-7 为不同雪被条件下，亚高山针叶林 4 个树种凋落物分解过程中的氮含量动态。由图可见，不同雪被条件下的 4 种凋落物氮含量在第一年初冻期大致呈快速增加趋势，4 种凋落物均表现出氮含量的最高值。氮含量达到峰值后，针叶凋落物、阔叶凋落物氮含量变化情况产生差异。针叶树种凋落物的氮含量频繁波动，于第一年生长季节开始稳定下降。下降至第二年融化期，氮含量达到实验中最低值。随后氮含量在第二年生长季节中短暂上升，后在第二年生长季节末期中下降。而阔叶凋落物的氮含量在第一年初冻期经历峰值后，开始稳定下降，于第二年融化期中再次上升，高的氮含量一直持续到第二年生长季节结束，随之开始稳定下降。整个实验期中同种凋落物不同雪被覆盖下的氮含量差异不显著，但较厚雪被覆盖下冷杉与红杉凋落物氮含量最低；中雪被覆盖下方枝柏与红桦凋落物氮含量最低。说明冬季时期一定厚度的雪被覆盖会对该时期内凋落物氮含量产生影响，这种影响会持续到后续的分解过程中。

图 5-8 为不同雪被条件下，亚高山针叶林 4 个树种凋落物分解过程中的磷含量动态。凋落物磷含量动态因树种、雪被厚度和分解时期而变化，冷杉与四川红杉凋落物磷含量表现为先下降再保持稳定不变的趋势；四川红杉与红桦凋落物磷含量在第一年初冻期短暂上升，达到磷含量最高值后在第一年深冻期中急剧下降，随后以交替波动的状态进入到第二年生长季节中，两种凋落物的磷含量均又上升。不同雪被覆盖下的同种凋落物磷含量，冷杉凋落物在第一年融化期之前，无雪被覆盖最低，第一年融化期过后薄雪被覆盖下转为最低；四川红杉凋落物磷含量均以无雪被覆盖最低；方枝柏凋落物磷含量在第一年生长季节

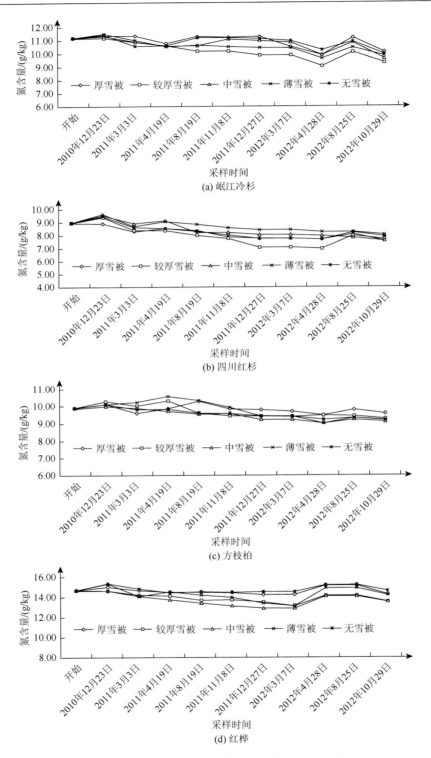

图 5-7　不同雪被下 4 种凋落物分解过程中氮含量变化

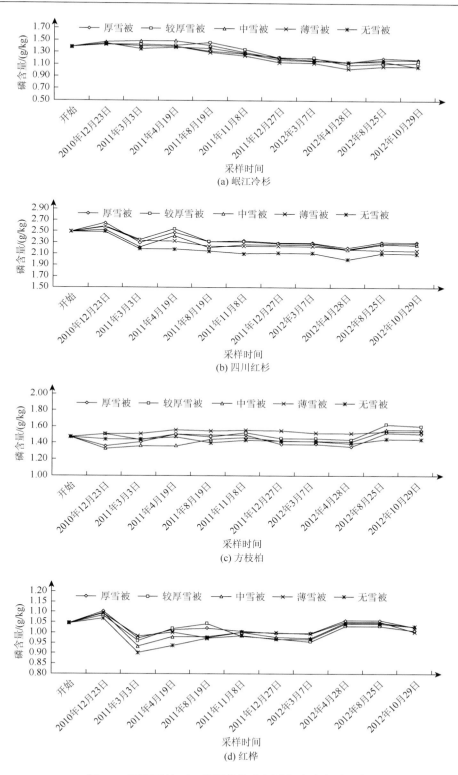

图 5-8　不同雪被下 4 种凋落物分解过程中磷含量动态

之前的中雪被覆盖最低，后期厚雪被与无雪被覆盖交替最低；红桦凋落物磷含量在第一年生长季节之前无雪被覆盖最低，后期较厚雪被覆盖最低。实验结束时，除阔叶树种红桦，其余 3 种凋落物磷含量均表现为无雪被覆盖最低。

2. 凋落物分解过程中的碳释放动态

图 5-9 为亚高山针叶林季节性雪被对凋落物分解过程中碳季节释放率的影响。四川红杉、岷江冷杉、方枝柏和红桦凋落物两年的碳释放率分别为 48.78%～50.97%、46.45%～50.62%、45.29%～48.78% 和 52.72%～56.93%。四川红杉和岷江冷杉凋落物碳释放率随着雪被厚度增加而增加，方枝柏和红桦凋落物碳释放率均以厚雪被覆盖最低，而分别以无雪被覆盖和薄雪被覆盖最高。在不同雪被条件下 4 种凋落物碳元素释放主要发生在第一年分解过程中，第一年碳释放率约占凋落物总含碳量的 30% 以上，此时期内不同雪被条件下，凋落物分解过程中碳元素释放率有所区别，说明雪被覆盖影响凋落物分解过程中碳元素的释放。分解进入第二年，碳释放率较第一年明显降低，但不同雪被条件下的同种凋落物碳释放率之间差异不显著，呈基本持平的态势。以释放作用显著的第一年时间为例，4 种凋落物冬季碳释放量占当年释放总量的 50% 左右，并且碳释放率均表现出有雪被覆盖大于无雪被覆盖。具体表现为中雪被覆盖下的针叶树种碳释放率最高，薄雪被覆盖下的阔叶树种碳释放率最高；生长季节碳释放动态则与冬季相反，无雪被覆盖下 4 种凋落物的碳释放率最高。这说明冬季时期的雪被覆盖改变了凋落物自身质量，使生长季节中凋落物以不同质量开始分解，造成有雪被覆盖与无雪被覆盖下碳释放率的差异，所以冬季雪被覆盖改变了碳元素释放格局，冬季时期的碳释放过程不容忽视。

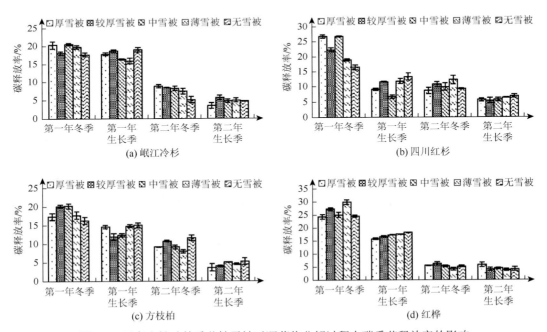

图 5-9　亚高山针叶林季节性雪被对凋落物分解过程中碳季节释放率的影响

平均值±标准偏差，$n = 5$

第一分解年各个关键时期的凋落物碳释放率均显著高于第二分解年对应的时期。除第一年生长季节初期、第二年生长季节初期和第二年生长季节末期外，物种因素显著影响整个两年不同关键时期的凋落物碳释放率，但雪被斑块仅显著影响第一年深冻期及第二年初冻期的凋落物碳释放率，二者交互作用仅对第二年融化期的碳释放率有显著影响（表 5-11）。

表 5-11　物种（S）与雪被（C）对高山森林凋落物碳释放率的影响

	OF_1	DF_1	TS_1	EGS_1	LGS_1	OF_2	DF_2	TS_2	EGS_2	LGS_2
p_S	6.03**	41.50**	8.612**	4.97	8.01**	19.22**	16.24**	76.22**	0.39	1.61
p_C	1.93	14.23**	2.04	1.47	0.20	3.19*	1.28	1.90	1.10	0.11
$p_{S×C}$	1.77	2.91	1.36	0.87	0.30	1.81	0.27	5.12**	0.75	0.22

注：OF，初冻期；DF，深冻期；TS，融化期；EGS，生长季节初期；LGS，生长季节末期；p_S，物种因素对碳释放率影响；p_C，雪被因素对碳释放率影响；$p_{S×C}$，物种与雪被因素对碳释放率的交互影响。*，$P<0.05$，**，$P<0.01$。$n=12$ 物种数，$n=15$。下同。

图 5-10 为不同雪被下 4 种凋落物各阶段碳释放贡献率。由图可见，第一个分解年的凋落物碳释放约占两个分解年的 70%以上。第一个分解年中，除较厚雪被、中雪被覆盖

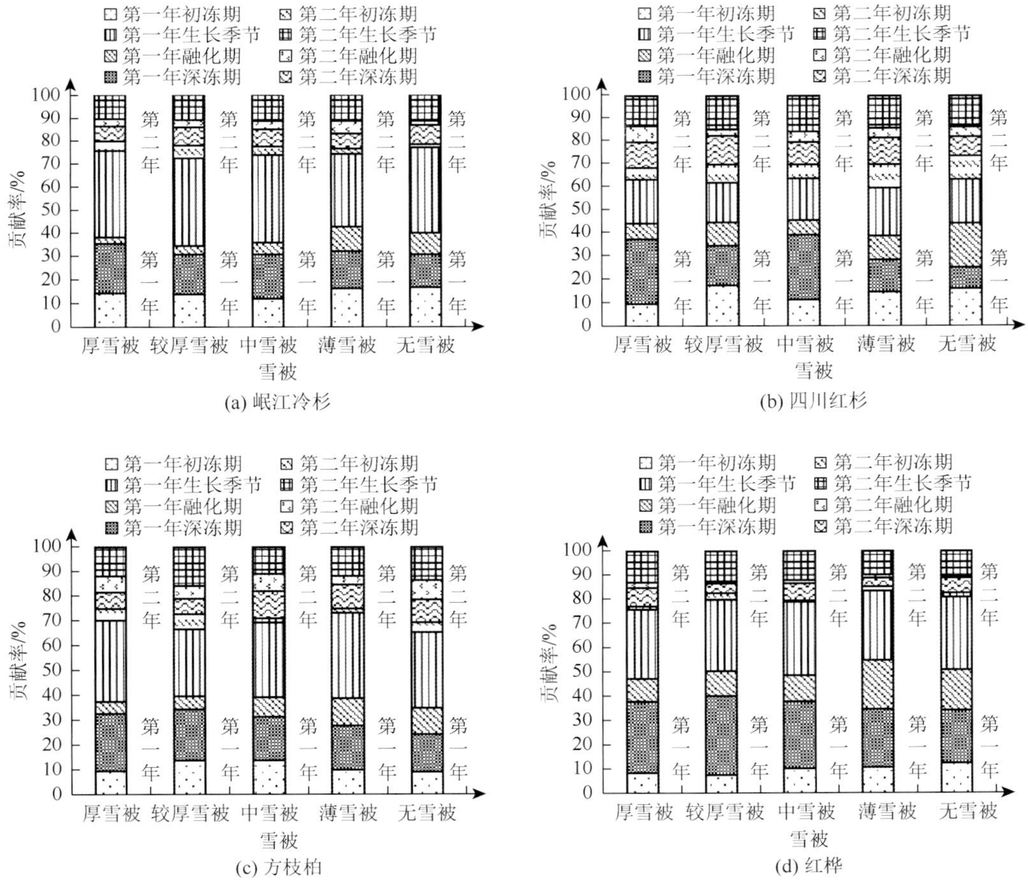

(a) 岷江冷杉　(b) 四川红杉　(c) 方枝柏　(d) 红桦

图 5-10　不同雪被下 4 种凋落物各阶段碳释放贡献率

下的岷江冷杉之外,其余各雪被覆盖下4种凋落物碳释放贡献率均表现为冬季大于生长季节;第二个分解年中,除阔叶树种红桦表现为冬季贡献小于生长季节之外,其余3种针叶凋落物均表现为冬季贡献大于生长季节。以雪被覆盖较为明显的第一年深冻期为例,4种凋落物的碳释放贡献率从大到小按厚雪被—较厚雪被—中雪被—薄雪被—无雪被排列,雪被越厚碳释放贡献率越高。

图5-11为雪被厚度对凋落物分解过程中氮释放率的影响。由图可见,凋落物的氮释放主要发生在第一个分解年,约占凋落物氮的30%以上。第二个分解年的凋落物氮释放速率放缓,氮释放率开始下降,显著低于第一年释放率。经过两个分解年后,不同厚度冬季雪被斑块下四川红杉、岷江冷杉、方枝柏和红桦凋落物氮释放率分别为48.87%~53.37%、41.29%~48.60%、44.34%~47.37%和46.58%~51.81%。第一个分解年中,氮释放主要发生在冬季雪被时期,占全年释放总量50%以上。不同雪被覆盖下,同种凋落物氮元素释放率有所区别,说明雪被覆盖影响凋落物分解过程中氮元素的释放。具体表现为,第一年冬季时期4种凋落物的氮释放率均表现为有雪被覆盖大于无雪被覆盖,并且针叶凋落物的氮释放率以厚雪被或较厚雪被覆盖最高,无雪被覆盖最低;阔叶树种红桦氮释放率则表现为中雪被覆盖最高,无雪被覆盖最低。与冬季时期相反,第一年生长季节中除岷江冷杉、红桦外的其他2种凋落物氮释放率均为无雪被覆盖下最大。说明冬季时期一定厚度的雪被覆盖,会影响凋落物冬季时期氮元素的释放动态,进而影响整年的分解情况。

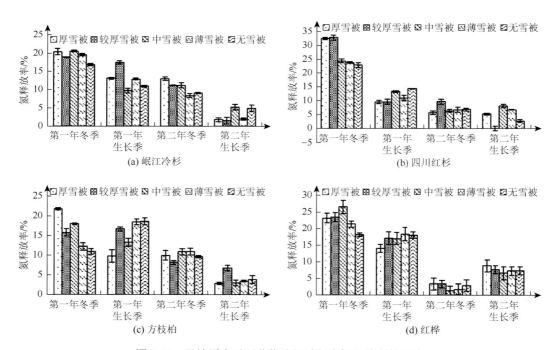

图5-11　雪被厚度对凋落物分解过程中氮释放率的影响

平均值±标准偏差,$n = 5$

除第一年初冻期、第一年生长季节末期、第二年初冻期之外，物种因素显著影响整个两年不同关键时期的凋落物氮释放率，但雪被斑块仅显著影响第一年除生长期末期外的关键时期及第二年初冻期和深冻期的凋落物氮释放率，二者交互作用对两年凋落物分解中雪被覆盖明显的第一年初冻期、第一年深冻期、第二年初冻期及第二年融化期的氮释放率有显著影响，但对其他时期的氮释放率并无显著影响（表 5-12）。

表 5-12　物种（S）与雪被（C）对高山森林凋落物氮释放率的影响

	OF_1	DF_1	TS_1	EGS_1	LGS_1	OF_2	DF_2	TS_2	EGS_2	LGS_2
p_S	2.95	33.78**	3.21*	7.92**	0.54	4.91	12.15**	144.75**	20.35**	19.75**
p_C	4.64*	1.51*	1.10*	3.38*	2.48	4.38*	2.72*	0.80	1.16	1.24
$p_{S×C}$	4.72**	4.17**	0.83	1.49	0.90	4.24**	1.58	2.34*	1.70	0.82

图 5-12 显示，第一个分解年的凋落物氮释放达 60%以上，并且针叶凋落物、阔叶凋落物氮释放贡献情况不同。以雪被覆盖明显的第一年时间为例，初冻期及深冻期中，针叶

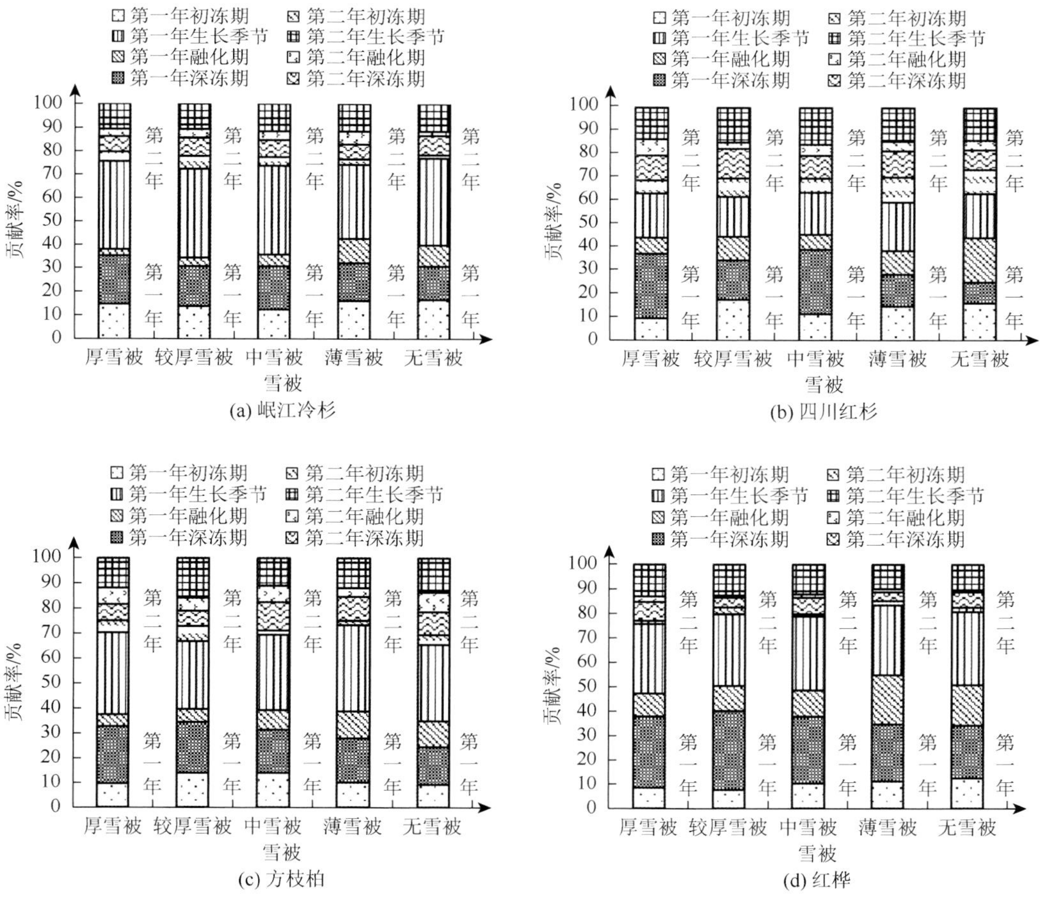

(a) 岷江冷杉　　　　(b) 四川红杉

(c) 方枝柏　　　　(d) 红桦

图 5-12　不同雪被下 4 种凋落物各阶段氮释放贡献率

树种（除方枝柏外）凋落物氮释放贡献率均表现为厚雪被覆盖最大，无雪被覆盖最小；融化期及生长季节中情况相反，除方枝柏氮释放贡献率以无雪被覆盖最大。而阔叶树种红桦在第一年中各时期的氮释放贡献率均以雪被厚度较为中等的较厚雪被、中雪被、薄雪被中较大。不同雪被覆盖下同树种凋落物氮释放贡献率的异同，说明冬季雪被覆盖改变了凋落物的氮释放格局。

3. 凋落物分解过程中磷的释放

图 5-13 显示，第一个分解年的凋落物磷元素释放约占凋落物磷的 80%以上。第二个分解年中，磷释放率开始下降，甚至出现富集现象（第二年生长季节方枝柏）。经过两个分解年后，四川红杉、岷江冷杉、方枝柏和红桦凋落物的磷释放率分别为 48.95%～51.32%、45.48%～49.84%、36.95%～41.58%和 47.33%～49.79%。雪被覆盖明显的第一年冬季时期是 4 种凋落物磷释放的主要时期，该时期内 4 种凋落物磷释放率均以中雪被覆盖下最高。岷江冷杉、四川红杉该时期内的磷释放占当年释放总量的 40%左右，而方枝柏和红桦达到了 70%以上。说明凋落物中磷元素在雪被覆盖作用明显的第一年冬季时期开始大规模地直接释放，没有经历富集阶段。相对于其他雪被斑块，第一年生长季方枝柏凋落物磷释放率均以无雪被覆盖下最高，而中雪被覆盖下最低；红桦凋落物磷释放率以较厚雪被覆盖下最高，而无雪被覆盖下最低。而进入分解第二年中，开始有富集现象发生，可能是冬季雪被覆盖改变了磷元素释放的动态。

物种显著影响两个分解年不同关键时期的凋落物磷释放率，但雪被斑块仅显著影响两个初冻期、深冻期和第一年融化期的凋落物磷释放率，除两年深冻期及第二年整个生长季节外，物种与雪被斑块二者交互作用对两年凋落物分解中各关键时期均有显著影响（表 5-13）。

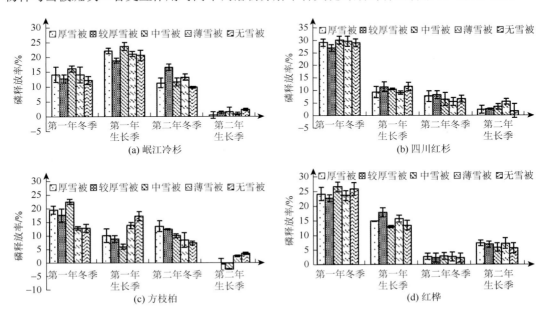

图 5-13　雪被对凋落物分解过程中磷释放率的影响

平均值±标准偏差，$n = 5$

表 5-13　物种（S）与雪被（C）对高山森林凋落物磷释放率的影响

	OF$_1$	DF$_1$	TS$_1$	EGS$_1$	LGS$_1$	OF$_2$	DF$_2$	TS$_2$	EGS$_2$	LGS$_2$
p_S	48.21**	77.93**	10.57**	6.78*	40.83**	92.77**	20.25**	132.24**	7.07*	8.25**
p_C	4.75*	1.29*	5.94*	1.33	1.80	9.10**	0.98*	4.16	1.96	0.98
$p_{S\times C}$	9.34**	1.75	3.80*	3.13*	2.01*	7.12**	0.46	3.22*	1.04	0.68

图 5-14 为不同雪被下 4 种凋落物各阶段磷释放贡献率。由图可见，凋落物的磷释放主要发生在第一年，4 种凋落物第一年时间内磷释放所做贡献显著大于第二年释放，但不同雪被下的凋落物磷释放贡献情况不尽相同。

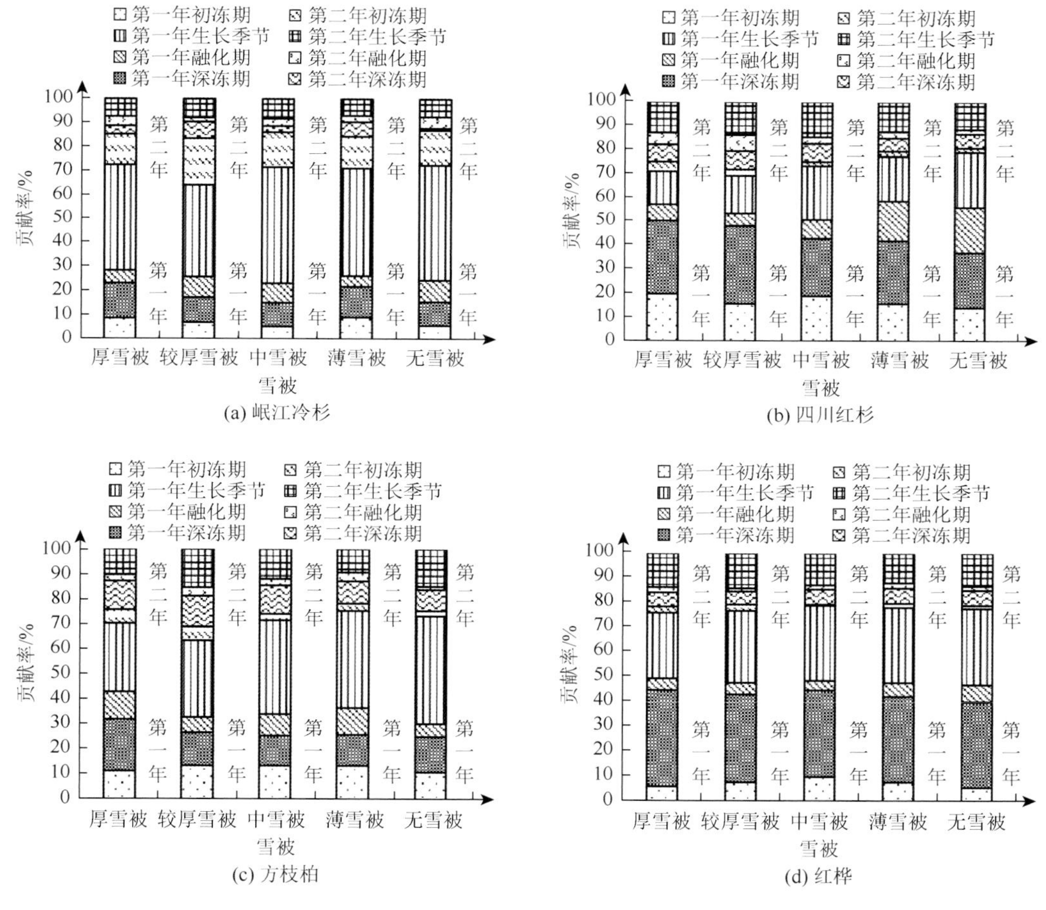

图 5-14　不同雪被下 4 种凋落物各阶段磷释放贡献率

第一个分解年中，凋落物磷释放主要在冬季雪被期，初冻期与深冻期不同雪被下的 4 种凋落物磷释放贡献率均表现为有雪被覆盖大于无雪被覆盖，即冬季时期无雪被覆盖下凋落物磷释放量占释放总量的比例最小。进入生长季节后，不同雪被下各物种凋落物磷释放贡献率表现为无雪被下最大，向厚雪被方向依次递减，厚雪被覆盖下磷释放贡献率较低，特别以第一年生长季节明显。说明冬季雪被覆盖不仅影响了磷元素在冬季释放过程，同时还会对生长季节中的释放情况造成影响。

5.3.3 讨论与结论

1. 雪被斑块对凋落物质量变化的影响

亚高山针叶林区频繁的冻结作用、融化作用以及冻融循环对凋落物质量的影响显著（Zhu et al.，2012），进而影响后续的整个分解过程。本项研究结果表明，雪被斑块对凋落物碳、氮和磷含量动态具有显著的影响，但影响程度因树种而异。在本项研究中，第一个分解年的初冻期并未形成明显的冬季雪被斑块差异，各斑块下的环境条件基本一致，且凋落物质量也完全相同，因而凋落物碳含量并不受到雪被斑块的显著影响。但 4 种凋落物碳含量均有升高表现，说明该时期有大量的质量损失发生，因而 4 种凋落物碳含量均表现出略有增加的现象。进入深冻期后，雪被厚度随之增加，分解者开始活跃，该时期内大部分的碳释放与分解者有关。进入雪被融化期间，强烈的淋洗作用显著降低了凋落物碳含量。进入分解后期，易分解物质含量相对较大的红桦凋落物碳含量开始趋于稳定，说明该时期中红桦凋落物内部易分解物质已经分解殆尽，无大量的质量损失发生，因质量损失而损失的碳含量也开始趋于平稳；而其他易分解物质含量相对较少的针叶凋落物，碳含量在后期仍有较大范围的下降，说明经历冬季完全冻结后的凋落物仍有机会损失大量质量。生长季节随温度的增加，凋落物碳可随着淋溶作用和分解者活动的增加而损失，不同雪被斑块下雪被融化的淋溶作用以及在完全冻结期的冻结作用差异（Henry et al.，2008），导致碳含量对雪被斑块间具有显著的响应特征。

凋落物分解过程的氮、磷释放常被看作是为分解者类群提供适用底物的过程，从营养方面对凋落物分解过程进行调控。虽然其释放特征可以根据土壤营养情况而分别表现为富集和释放，但释放出来的氮、磷经常被认为是凋落物对于分解者可食性的指标（Berg and Laskowski，2006；Hobbie et al.，2012）。本项研究中，雪被斑块显著影响了第一个分解年的融化期和生长季节前期氮、磷含量，第二个分解年冻结初期、冻结期和生长季节后期的氮含量，以及第二个分解年生长季节前期和后期的磷含量。氮和磷是易于淋溶损失的营养元素（Berg and Laskowski，2006），因而不同冬季雪被斑块下融化期淋溶差异导致了氮和磷的快速损失。同时，氮和磷也是易于被分解者利用的元素，不同冬季雪被斑块对凋落物质量的影响差异，直接作用于生长季节前期分解者的利用程度，导致该阶段冬季雪被斑块对氮和磷含量仍然具有显著影响。由于大量的氮和磷通过淋溶作用和分解者活动大量损失，后期氮和磷可能主要通过分解者的竞争富集（Preston et al.，2009）。然而，冬季雪被斑块显著影响分解类群，第二个分解年冬季雪被斑块对氮含量仍然表现出显著的影响。雪被斑块对凋落物分解过程中氮和磷含量动态的影响还与树种有关，氮磷含量较低的凋落物在分解后期氮和磷表现出明显的富集作用也充分地证明了这一点。

2. 雪被斑块对亚高山针叶林凋落物碳释放的影响

以 CO_2 等温室气体浓度增加、全球温度升高为代表的全球气候变化已经受到了广泛关注，而凋落物分解过程中碳元素的释放也是区域内碳循环中重要的过程。本项研究表明不同雪被覆盖下凋落物碳释放率有显著差异。在针叶林中，雪被斑块显著影响第一年深冻期和第二年初冻期的碳释放率，但对其余时期碳释放并无显著影响。因此，未来全球气候变化情形下的雪被厚度降低，将会重点改变冬季时期高山森林凋落物碳的释放。4 种凋落物碳释放过程均主要发生在分解的第一年时间，第二年释放率显著低于第一年。并且两年过程中所有的碳释放过程主要发生于冬季时期，与 Zhu 等（2012）研究结果一致，说明经过第一年的分解后凋落物可分解性降低，制约了第二年的分解。同时，本研究所涉及的两种凋落物在不同雪被覆盖下，碳释放过程有两种不同的模式：①四川红杉与岷江冷杉碳释放率随雪被厚度增加而增加；②方枝柏与红桦碳释放率与雪被厚度之间无明显联系。这充分说明了凋落物质量是影响凋落物分解中碳释放的主要因子，同时为研究凋落物分解与环境温度之间的关系提供了依据（Moore，1998；Withington and Sanford，2007；Wickland and Neff，2008）。

由于物种间凋落物初始碳含量的显著差异，物种因素成为影响各个分解关键时期碳含量的显著因素。然而，对于针叶树种冬季雪被斑块仅在积雪明显的第一年深冻期和第二年初冻期显著影响碳释放率，这说明雪被对凋落物碳释放的影响主要发生于冬季时期。经过冬季雪被覆盖的影响后，生长季节中碳释放发生巨大的变化，而雪被与物种两者对碳释放率的交互作用，在分解后期的第二年融化季节达到最显著：雪被影响凋落物碳含量主要发生在冻结期之后，即雪被对碳释放过程影响的滞后效应。另外，凋落物碳释放率在不同冬季雪被斑块下的规律与失重率基本吻合，说明凋落物先期分解部分主要为易分解的含碳物质。这也与其他研究结果一致（Moore et al.，1998；Berg and Laskowski，2006）。

不同关键时期内，影响凋落物碳释放的因素不同。相对而言，两年的冻结期（初冻期和深冻期）及第二分解年融化期的凋落物碳释放差异较大。主要原因可能来自三个方面：①冻结期内温度相对较低，大部分时段处于 0℃以下，淋溶作用相对较弱（Wickland and Neff，2008），所以主要贡献于凋落物碳释放的是土壤动物、微生物等分解者类群（Moore，1998）。虽然很多学者认为冬季冻结环境下凋落物分解等过程处于"停滞"状态，但不断增加的证据表明，冬季冻结环境中凋落物分解仍在进行，并且该时段的分解主要得益于分解者的作用（夏磊等，2011）。②在第一年的分解过程中，凋落物内大量的易分解物质率先分解，碳释放率相对较小，因而对温度具有较低的敏感性。相反，第一年凋落物具有丰富的易分解物质作为分解者底物，冻结温度极易限制分解者的活动（Mackelprang et al.，2011）。③前两年冬季时期频繁的冻融循环及第一年融化期强烈的淋溶作用，增加了凋落物的可分解性，虽然不易分解物质聚集，但仍使该时期内物种、雪被因素对碳释放的影响作用更显著（Tomaselli，1991）。因此，雪被覆盖显著提高了各物种凋落物在第一年冻结期（深冻期与初冻期）中的碳释放贡献率。雪被的存在使岷江冷杉冬季冻结期碳释放贡献率平均提高 1.46%，四川红杉冬季冻结期碳释放贡献率平均提高 9.74%，方枝柏冬季冻结期碳释放贡献率平均提高 7.06%，红桦冬季冻结期碳释放贡献率平均提高 3.48%。

3. 雪被斑块对凋落物氮和磷释放的影响

氮与磷是植物生长中重要的两种营养元素,森林凋落物分解过程中氮与磷的富集与释放具有明显的阶段性特征,主要有 3 种模式:直接释放、富集—释放和淋溶—富集—释放(郭剑芬等,2006)。与碳元素释放过程一致,本研究第一年分解时间中氮、磷元素的释放率显著大于第二年,同时第一年中冬季时期两元素的释放量占当年的大部分。

实验初期 4 种凋落物氮、磷元素始终处于释放状态。同时以第一年分解时期中释放量最大,不同时期冬季释放量显著大于生长季节,再次证明了冬季时期分解者类群具有一定活性,使凋落物分解得以在冬季继续进行。进入分解后期,4 种凋落物两种元素均有不同程度的富集作用发生,与 Zhu 等(2012)研究结果一致。这可能是因为在雪被覆盖下,环境温度较为稳定,为分解者的活动提供了适宜的环境(Stieglitz et al.,2003;夏磊等,2011)。同时,进入融化期后,雪被融化随之而来的强烈淋洗作用也极大地促进了元素的释放过程(Tomaselli,1991)。进入分解后期,两种元素均有不同程度的富集现象发生,可能是经过淋溶作用后,易分解物质含量降低,分解随之进入以分解生物为主导的阶段。由于先期的淋溶作用,氮、磷含量降低,不能满足分解者活动的需求,分解者开始从外界固定分解所需的氮、磷,大量的氮、磷从土壤中向凋落物转移,产生明显的富集现象(Melillo et al.,1982)。有雪被与无雪被情况之间,元素释放情况差异显著,说明不同厚度雪被显著影响了氮、磷元素的释放过程。

雪被对凋落物分解氮、磷元素释放率的影响情况较为一致,均显著影响了两种元素两年冻结期(初冻期、深冻期)和第一年融化期的释放率。这说明冬季时期雪被覆盖与融化期雪被的融化过程均能对两种元素的释放产生显著影响。并且,由于初始氮、磷元素含量不同,物种因素均显著影响了两年分解过程中氮、磷元素的释放率。

纵观两年凋落物氮、磷的释放动态,冬季雪被显著提高了冬季冻结时期内元素释放贡献率,即各物种在有雪被覆盖中的元素释放贡献率总是大于无雪被情况的元素释放贡献率,特别以厚雪被覆盖及无雪被覆盖之间的差距明显。并且,在生长季节,4 种凋落物在无雪被下的元素释放贡献率又显著大于其他有雪被情况。

可见,雪被覆盖显著提高了各物种凋落物在冬季时期元素释放的贡献率。雪被的存在使岷江冷杉冬季氮元素释放贡献率平均提高 6.69%,磷平均提高 4.12%;四川红杉冬季氮元素释放贡献率平均提高 5.85%,磷平均提高 3.14%;方枝柏冬季氮元素释放贡献率平均提高 7.24%,磷平均提高 13.01%;红桦冬季氮元素释放贡献率平均提高 5.15%,磷平均提高 1.40%。这些结果不但表明不同冬季雪被斑块下温度导致的冻结作用、融化作用以及冻融循环对凋落物氮和磷的释放具有显著影响,而且分解后期明显的富集作用表明了分解者对氮和磷的竞争,进一步证明氮和磷在高山森林生态系统中生态系统过程的限制作用。

5.4　亚高山针叶林倒木碳和养分释放

林窗是群落演替的重要场所,是森林更新循环和动态维持的主要形式(吴庆贵等,

2013）。树木自然衰老、气候变化、自然灾害和人为作用等因素都将导致高山森林林窗的形成（Allen et al.，2010；Hicke and Zepple，2013；Anderegg et al.，2015）。林窗的产生导致森林组成和结构的异质性（梁晓东和叶万辉，2001），林地内光照、林窗内近地面温度和近地层湿度等水热特征发生相应变化（Canham et al.，1989），这些环境因子的改变将影响土壤理化性质、土壤微生物活性等。林窗对降水和光照等环境条件的再分配以及对分解者群落的影响可能深刻作用于倒木的分解过程。因此，在林窗不同位置下研究倒木的分解过程是阐明亚高山针叶林林窗对森林生态系统物质循环作用机制的重要环节。

倒木是森林生态系统中重要的结构性和功能性组成要素（Harmon et al.，1986），在维持生物多样性、调控碳库与养分循环、涵养水源和促进土壤发育等方面发挥着重要作用（Tinker and Knight，2000；Forrester et al.，2012）。并且，森林生态系统中的倒木储存着大量的碳素和养分物质，其储存的养分物质在林地上具有与长效化肥类似的功能，这些养分物质以不同的速率逐渐分解释放，对森林生态系统的物质循环和能量流动具有重要的生态学功能。研究表明，倒木的生物量及其碳、氮、磷含量在森林生态系统中都占有不小的比例（Rice and Lockaby，1997）。然而，倒木分解是一个长期且复杂的生态学过程，由树种、基质质量、环境因子、微生物活性等生物因素和非生物因素共同驱动。林窗的产生导致光照、温度等微环境的差异性，改变影响倒木分解的环境因子，最终影响倒木的分解过程及其碳和养分动态变化（Lawton and Putz，1988）。因此，研究亚高山针叶林林窗对倒木分解过程中碳和养分动态的影响可为亚高山森林经营和管理提供科学依据。

长江上游亚高山针叶林生态战略地位重要，且具有 4 个显著的特点：①森林更新以林窗为主（刘庆和吴彦，2002），倒木及林窗在森林更新中具有突出作用（吴宁和刘庆，2000）；②受低温限制和频繁的地质灾害的影响，土壤发育缓慢且经常受阻断，因而土层浅薄（Yang et al.，2005），倒木分解对其地力维持起着举足轻重的作用；③受低温限制，倒木分解缓慢，在森林地表普遍存在不同分解阶段的倒木（肖洒等，2014；常晨晖等，2015）；④附生植物生物量在陆地生态系统中占据较大比例（王壮等，2017），多样性丰富，发挥着重要的生态功能。因此，该地区是探讨亚高山森林林窗对倒木分解影响机制的理想场所。

以往的研究受研究手段的限制多采用时间序列的方法（Harmon et al.，1994；Laiho and Prescott，2004），该方法要求有相同干扰历史的林分，但一般干扰扰动较大，使研究受到很大限制。Harmon 等（2000）和 Freschet 等（2012）提出了时间序列与年龄序列相结合的研究方法，这种新方法结合直接观察和年龄序列方法的优势，能可靠地比较各种因素对倒木分解的贡献，为比较各种生物因素与非生物因素对倒木长期分解过程的影响提供了机会和可借鉴的实验方法。因此，本实验采用时间序列与年龄序列相结合的研究方法，通过对不同分解阶段不同林窗位置下倒木的短期培养，获取亚高山森林倒木分解特征的动态数据，以认识林窗对不同分解阶段倒木分解的贡献，为深入揭示亚高山针叶林林窗对倒木分解的影响机制以及倒木分解过程中碳和养分动态的变化提供一定理论依据，为其经营和管理提供科学依据。

5.4.1　材料与方法

1. 研究区域概况

研究区域特征详见本章 5.1.1 节。

2. 样地设置与样品采集

前期调查发现，该区域林窗面积占森林覆盖面积的 36%，林窗密度为 14.67 个/hm²（吴庆贵等，2013）。结合前期的研究工作，本研究于 2013 年 8 月海拔 3600m 左右的亚高山岷江冷杉林设置 3 个坡度、冠层相似的 100m×100m 典型样地，样地间隔 500~2000m。在每个典型样地中，以自然状态下沿同一坡向分别设置林窗、林缘和郁闭林下。

根据 Rouvinen 等（2002）提出的 CWD 5 级腐烂系统的划分：Ⅰ级，新鲜，死不足 1 年；Ⅱ级，开始腐解，小刀可刺进几毫米；Ⅲ级，小刀可刺进 2cm；Ⅳ级，小刀可刺进 2~5cm；Ⅴ级，小刀可任意刺穿木质体。在样地收集直径 30cm±5cm（避免径级差异造成的影响）、长度 100cm 的Ⅰ~Ⅴ五个腐烂等级的岷江冷杉倒木，按照林窗、林缘、林下不同位置放置，每个腐烂等级 6 段，其中 3 段做去除附生植物处理，总计 90 段倒木（3 样地重复×3 林窗不同位置×5 腐烂等级×2 附生植物处理）。

在已选定的样方范围内放置倒木后，2014~2016 年于雪被期（2 月）、生长期（8 月）进行倒木样品采集（2 次/年）。按照林窗、林缘和郁闭林下三个不同位置，Ⅰ~Ⅴ 5 个腐烂等级，心材、边材和树皮三个结构组分采样。其中，附生植物去除处理采集倒木上树皮（upper bark）（远离地表位于倒木上方的倒木树皮）和倒木下树皮（lower bark）（靠近地表位于倒木下方的倒木树皮）。共计 6 次采样（2014~2016 年）×3 样地重复×3 位置（林窗、林缘、郁闭林下）×｛5（心材Ⅰ~Ⅴ）+5（边材Ⅰ~Ⅴ）+3（树皮Ⅰ~Ⅲ）×［1（附生植物不去除处理）+2（附生植物去除处理）］｝= 1026 份。

用纽扣式温度计（iButton DS1923-F5，Maxim/Dallas semiconductor，Sunnyvale，USA）分别测定林窗中心、林窗边缘和郁闭林下的大气温度，设定每两个小时测定一次。

3. 样品分析与计算

倒木含水量测定：将样品置于 65℃条件下烘干，差量法测定倒木含水率。

$$含水率(\%) = (鲜质量 - 干质量)/鲜质量 \times 100\%$$

倒木 pH 测定：将采回的倒木烘干后粉碎，取部分加入蒸馏水（倒木与水的比例为 1：20）后充分振荡使其混合均匀，静置 30min，过滤取上清液，用 pH 计测其酸碱度。

倒木密度测定：将采集的样品带回实验室，采用水置换法测定倒木各结构组分的体积，计算倒木密度：

$$密度 = 干质量/体积（g/cm^3）$$

将样品烘干粉碎后过 60 目筛，于 65℃条件下烘干至恒重，存放于干燥环境中待测。倒木全碳（C）含量用重铬酸钾外加热法测定（LY/T 1237—1999）；倒木全氮（N）

含量用半微量凯氏定氮法测定（LY/T 1228—2015）；倒木全磷（P）含量用钼锑钪比色法测定（LY/T 1232—2015）。

倒木样品按采样份数分别测定，即每个分解阶段 3 个重复，结果取平均值。

4. 数据处理与统计分析

数据统计与分析采用 SPSS 20.0 和 Excel 完成。用单因素方差分析和最小显著差异法检验倒木不同结构组分不同腐解等级（也称为"腐烂等级"）密度和养分含量的变化；采用双因素方差分析检验林窗位置和采样时期对倒木不同结构组分分解过程中碳和养分动态的影响以及附生植物和林窗位置对倒木树皮分解的交互作用。用 Pearson 相关分析法分析各林窗位置下倒木不同结构碳和养分含量与空气温度、倒木含水量和倒木 pH 之间的相关性。显著性水平设定为 $P = 0.05$。

5.4.2　结果与分析

1. 倒木分解过程中的密度及碳和养分动态变化

随着腐解等级的增加，倒木不同结构（心材、边材、树皮）的密度均呈降低趋势（图 5-15）。倒木心材密度从 I 腐解等级的 0.35g/cm³ 降低到 V 腐解等级的 0.26g/cm³；边材密度由 I 腐解等级的 0.44g/cm³ 降低到 V 腐解等级的 0.23g/cm³；树皮密度由 I 腐解等级的 0.54g/cm³ 降低到 III 腐解等级的 0.42g/cm³。单因素方差分析表明，倒木不同结构组分的密度随腐解等级的变化均为极显著（$P < 0.01$）。同一腐解等级下倒木不同结构组分的密度表现为树皮＞边材＞心材，这与不同结构的代谢机制以及对生物因素和非生物因素的响应机制的不同有关。

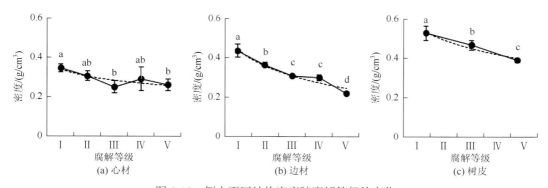

图 5-15　倒木不同结构密度随腐解等级的变化

平均值±标准偏差，$n = 3$。不同小写字母表示不同腐解等级之间差异显著（$P < 0.05$）。I，新鲜，树木死亡不足 1 年；II，开始腐解，小刀可刺进几毫米；III，小刀可刺进 2cm；IV，小刀可刺进 2～5cm；V，小刀可任意刺穿木质体。下同

拟合倒木分解过程中不同结构组分的密度（y）与腐解等级（x）的对数函数方程反映岷江冷杉倒木不同结构密度变化。倒木心材的密度与腐解等级的关系可近似用方程 $y = -0.051\ln(x) + 0.339(R^2 = 0.723)$ 表示；倒木边材的密度与腐解等级的关系可近似用方程 $y = -0.124\ln(x) + 0.4516(R^2 = 0.9462)$ 表示；倒木树皮的密度与腐解等级的关系可近似用方程 $y = -0.124\ln(x) + 0.5473(R^2 = 0.9481)$ 表示。

　　倒木碳含量动态：由图 5-16 可知，同一腐解等级下倒木不同结构（心材、边材、树皮）的碳含量均不相同，具体表现为心材＞边材＞树皮。其中，倒木心材碳含量在 480～600mg/g 内变化，倒木边材碳含量在 370～550mg/g 内变化，倒木树皮碳含量在 300～410mg/g 内变化。随着分解程度加深，倒木各结构组分碳含量均显著降低，降低程度为树皮＞边材＞心材。倒木心材碳含量降低显著（$P<0.05$），边材和树皮降低极显著（$P<0.01$）。其中，心材与边材碳含量在 I 和 II 腐解等级均呈缓慢降低的趋势，在 III 腐解等级开始显著降低；树皮碳含量在 I 腐解等级呈先增加后缓慢降低的趋势，在 II 腐解等级呈先缓慢增加后显著降低，在 III 腐解等级显著降低。单因素方差分析结果表明，同一腐解等级不同采样时期内，心材碳含量在 I～IV 腐解等级内差异均不显著（$P>0.05$），V 腐解等级内差异显著（$P<0.05$）；边材碳含量在

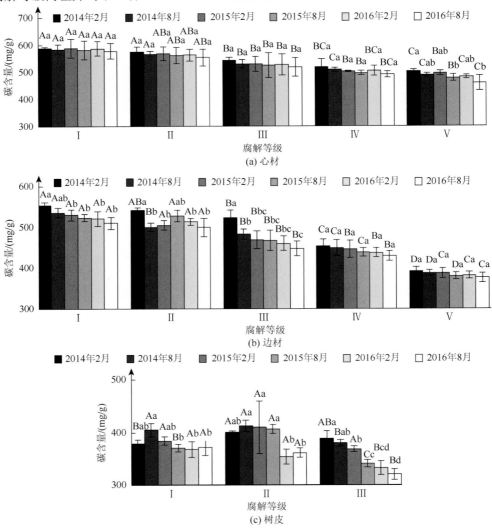

图 5-16　倒木不同结构在不同腐解等级的碳含量动态变化

平均值±标准偏差，$n=3$。不同大写字母表示同一采样时期不同腐解等级之间差异显著（$P<0.05$），不同小写字母表示相同腐解等级不同采样时期之间差异显著（$P<0.05$）。I，新鲜，树木死亡不足 1 年；II，开始腐解，小刀可刺进几毫米；III，小刀可刺进 2cm；IV，小刀可刺进 2～5cm；V，小刀可任意刺穿木质体。下同

Ⅰ腐解等级内差异显著（$P<0.05$），在Ⅱ～Ⅴ腐解等级内差异极显著（$P<0.01$）；树皮碳含量在Ⅰ和Ⅱ腐解等级内差异显著（$P<0.05$），在Ⅲ腐解等级内差异极显著（$P<0.01$）。

倒木氮含量动态：同一腐解等级下倒木不同结构（心材、边材、树皮）的氮含量均不相同，具体表现为树皮>边材>心材（图 5-17）。其中，倒木树皮氮含量在 5～11mg/g 内变化，倒木边材氮含量在 1～6mg/g 内变化，倒木心材氮含量在 1～3.5mg/g 内变化。随着腐解等级的增加，倒木心材和边材氮含量变化极显著（$P<0.01$），树皮氮含量变化显著（$P<0.05$）。随着分解程

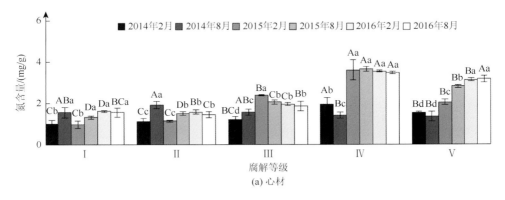

(a) 心材

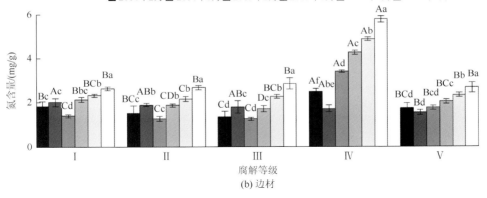

(b) 边材

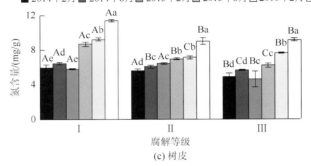

(c) 树皮

图 5-17　倒木不同结构在不同腐解等级的氮含量动态变化

平均值±标准偏差，$n=3$

度加深，倒木各结构组分氮含量呈增加趋势。其中，心材氮含量在 I ~ III 腐解等级均先增加后降低，在IV腐解等级显著增加，在 V 腐解等级缓慢增加；边材氮含量在 I ~ III、V 腐解等级均呈缓慢增加而在IV腐解等级极显著增加；心材和边材氮含量均在IV腐解等级下的 2015 年 2 月出现急剧增加的现象；树皮氮含量呈 I 和III腐解等级显著增加、在 II 腐解等级缓慢增加的趋势。经单因素方差分析，同一腐解等级不同采样时期内，倒木心材和边材氮含量在 I ~ V 腐解等级内差异均为极显著（$P < 0.01$），树皮氮含量在 I ~ III腐解等级内差异也极显著（$P < 0.01$）。

倒木磷含量动态：同一腐解等级下倒木不同结构（心材、边材、树皮）的磷含量各不相同，具体表现为树皮磷含量最大，在 0.18 ~ 0.58mg/g 内变化；心材和边材磷含量变化范围大致相同，均在 0.01 ~ 0.5mg/g 内变化（图 5-18）。倒木各不同结构组分磷含量在各分解阶段的

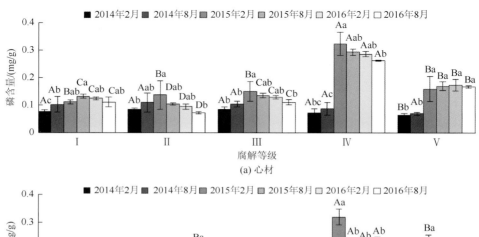

(a) 心材

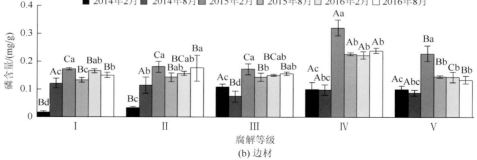

(b) 边材

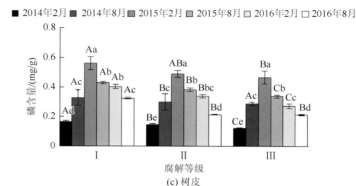

(c) 树皮

图 5-18　倒木不同结构在不同腐解等级的磷含量动态变化

平均值±标准偏差，$n = 3$

表现不同。随着腐解等级的增加，倒木心材磷含量变化显著（$P<0.05$），边材和树皮磷含量变化极显著（$P<0.01$）。其中，心材磷含量在Ⅰ～Ⅲ腐解等级均呈缓慢增加后缓慢降低，在Ⅳ和Ⅴ腐解等级均呈先急剧增加后缓慢减少的趋势；边材磷含量在Ⅰ～Ⅴ腐解等级均大致呈先增加后降低再增加的趋势，但变化程度因腐解等级不同而异；树皮磷含量在Ⅰ～Ⅴ腐解等级变化趋势完全一致，均呈现增加后降的趋势。单因素方差分析结果表明，同一腐解等级不同采样时期内，倒木心材磷含量除了在Ⅱ腐解等级内差异不显著外，其余各腐解等级内差异均为极显著（$P<0.01$）；边材和树皮在所有腐解等级内的差异均极显著（$P<0.01$）。

由表 5-14 可知，倒木结构的差异性显著改变了倒木的碳含量（$F = 1590.330$，$P<0.001$），且倒木结构与腐解等级和时间的交互作用均极显著（$P<0.01$），尽管腐解等级和时间对倒木碳含量的影响均为极显著（$P<0.01$），腐解等级和时间的交互作用却不显著。倒木结构的差异性显著改变了倒木的氮含量（$F = 12513.114$，$P<0.001$），倒木结构与腐解等级和时间的交互作用均极显著（$P<0.001$），且腐解等级与时间对倒木氮含量的交互作用也极显著。倒木结构的差异性也显著改变了倒木的磷含量（$F = 1742.909$，$P<0.001$），倒木结构与腐解等级和时间的交互作用均极显著（$P<0.001$），且腐解等级与时间对倒木磷含量的交互作用也极显著。

表 5-14　倒木结构、腐解等级和时间对碳、氮、磷浓度的三因素方差分析结果

变异来源	碳		氮		磷	
	F	P	F	P	F	P
倒木结构	1590.330	**<0.001**	12513.114	**<0.001**	1742.909	**<0.001**
腐解等级	264.623	**<0.001**	456.115	**<0.001**	140.856	**<0.001**
时间	16.765	**<0.001**	702.073	**<0.001**	413.988	**<0.001**
倒木结构×腐解等级	10.579	**<0.001**	105.549	**<0.001**	26.921	**<0.001**
倒木结构×时间	2.619	**<0.01**	157.396	**<0.001**	70.257	**<0.001**
腐解等级×时间	0.943	0.534	36.833	**<0.001**	4.994	**<0.001**

注：加粗的 P 值表示作用显著（$P<0.05$）。$n = 234$。

2. 林窗位置对倒木分解过程中密度及碳和养分动态的影响

林窗对倒木密度的影响：倒木心材在不同林窗位置不同腐解等级的密度均随着时间的推移呈降低趋势（图 5-19）。林窗位置对倒木心材密度的影响随腐解程度的加深而增强，具体表现为对Ⅰ、Ⅱ腐解等级密度影响不显著，对Ⅲ～Ⅴ腐解等级影响极显著（$P<0.01$）。采样时间对Ⅲ腐解等级倒木心材密度的影响显著（$P<0.05$），对Ⅳ腐解等级密度的影响极显著（$P<0.001$），对其余腐解等级影响不显著。由双因素方差分析结果可知，林窗位置和时间对倒木心材密度的交互作用在Ⅰ、Ⅱ腐解等级不显著，在Ⅲ、Ⅳ腐解等级极显著（$P<0.001$），在Ⅴ腐解等级显著（$P<0.05$）（表 5-15）。Ⅰ～Ⅲ腐解等级的倒木心材密度

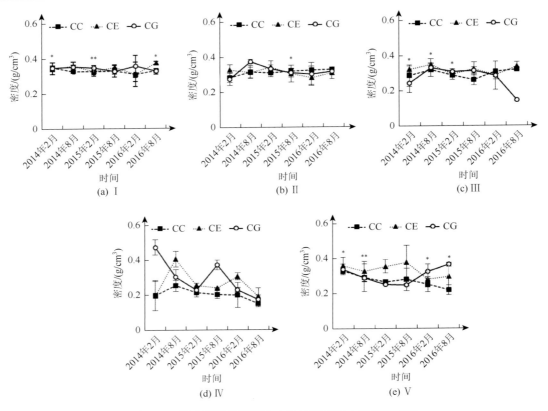

图 5-19　林窗不同位置倒木心材分解过程中的密度变化

平均值±标准偏差，$n = 3$。Ⅰ，新鲜，树木死亡不足 1 年；Ⅱ，开始腐解，小刀可刺进几毫米；Ⅲ，小刀可刺进 2cm；Ⅳ，小刀可刺进 2～5cm；Ⅴ，小刀可任意刺穿木质体。CC，林下；CE，林缘；CG，林窗。***表示差异极显著（$P < 0.001$），**表示差异极显著（$P < 0.01$），*表示差异显著（$P < 0.05$）。下同

在各个采样时间均有林窗、林缘、林下相差不大的趋势；而Ⅳ腐解等级的倒木心材密度在各个采样时间表现为林缘＞林下，林窗＞林下，林窗与林缘交替变化的趋势，2014 年 2 月～2015 年 2 月林窗内心材密度逐渐降低，林缘与林下心材密度先升高后降低，2015 年 2 月～2016 年 2 月林窗内心材密度先升高后降低，林缘与林下逐渐升高，2016 年 2～8 月各不同林窗位置内心材密度均降低；Ⅴ腐解等级的倒木心材密度在 2014 年 2 月～2015 年 8 月表现为林缘＞林下＞林窗，在 2016 年 2～8 月表现为林窗＞林缘＞林下。

倒木边材在不同林窗位置不同腐解等级的密度均随着时间的推移呈降低趋势（图 5-20）。林窗位置对Ⅰ、Ⅴ腐解等级倒木边材密度的影响极显著（$P < 0.01$），对Ⅲ腐解等级影响显著（$P < 0.05$），对Ⅱ、Ⅳ腐解等级影响不显著。采样时间对Ⅰ、Ⅱ、Ⅴ腐解等级倒木边材密度的影响极显著（$P < 0.01$），对Ⅲ腐解等级密度的影响显著（$P < 0.05$），对Ⅳ腐解等级影响不显著（表 5-15）。由双因素方差分析结果可知，林窗位置和时间对倒木边材密度的交互作用随着腐解程度的加深而加强，具体表现为Ⅰ～Ⅳ腐解等级不显著，在Ⅴ腐解等级极显著（$P < 0.001$）。Ⅰ～Ⅲ腐解等级的倒木边材密度在多数采样时间有林窗中心略大于林下的趋势，且Ⅰ、Ⅱ腐解等级的密度随时间的变化不明显；而腐解程度较高的（Ⅳ、Ⅴ

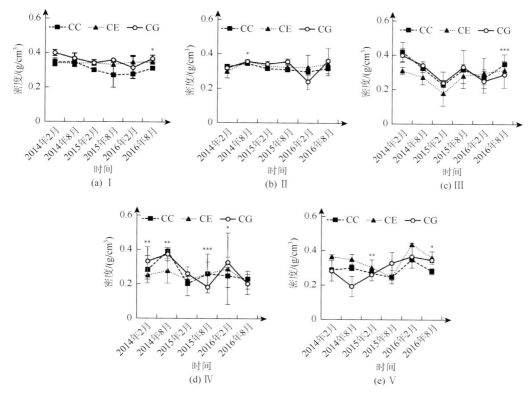

图 5-20　林窗不同位置倒木边材分解过程中的密度变化

平均值±标准偏差，$n = 3$

腐解等级）倒木边材受林窗位置影响较大，Ⅳ腐解等级的倒木边材密度在 2014 年 2 月～2015 年 2 月林窗、林缘、林下均先升高后降低，2015 年 2 月～2016 年 2 月林窗内密度先降低后升高，林缘与林下先升高后降低，2016 年 2～8 月林窗、林缘、林下均逐渐降低；Ⅴ腐解等级的倒木边材密度在 2014 年 2 月～2015 年 2 月表现为林缘＞林下＞林窗，2015 年 2～8 月表现为林窗内逐渐升高，林缘、林下逐渐降低，2016 年 2～8 月表现为林窗、林缘、林下均逐渐降低。

　　倒木树皮在不同林窗位置不同腐解等级的密度均随着时间的推移呈降低趋势（图 5-21）。林窗位置对 Ⅰ 腐解等级倒木树皮密度的影响极显著（$P < 0.001$），对Ⅲ腐解等级影响显著（$P < 0.05$），对 Ⅱ 腐解等级影响不显著。采样时间对 Ⅰ 、Ⅲ腐解等级倒木树皮密度的影响极显著（$P < 0.01$），对 Ⅱ 腐解等级密度的影响不显著。尽管林窗位置与时间对 Ⅱ 腐解等级倒木树皮密度的影响均不显著，但双因素方差分析结果表明（表 5-15），其交互作用在 Ⅱ 腐解等级极显著（$P < 0.01$）。尽管林窗位置（$P < 0.05$）与时间（$P < 0.01$）对Ⅲ腐解等级倒木树皮密度的影响均显著，但双因素方差分析结果表明，其交互作用在Ⅲ腐解等级不显著。林窗位置与时间的交互作用在 Ⅰ 腐解等级显著（$P < 0.05$）。 Ⅰ 腐解等级的倒木树皮密度在各个采样时间表现为林缘最大、林窗次之、林下最小；而 Ⅱ 、Ⅲ腐解等级倒木树皮的密度随时间的动态变化不明显。

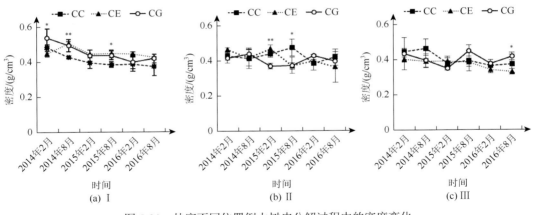

图 5-21　林窗不同位置倒木树皮分解过程中的密度变化

平均值±标准偏差，$n = 3$

表 5-15　林窗位置和时间对不同腐解等级倒木密度的双因素方差分析

倒木结构	因子	I	II	III	IV	V
心材	林窗位置	1.283	0.236	8.182***	23.290***	7.395**
	时间	0.811	2.234	3.404*	13.305***	1.748
	林窗位置×时间	0.946	1.669	5.686***	9.928***	2.575*
边材	林窗位置	13.658***	0.524	4.858*	0.312	10.721***
	时间	3.889**	4.410**	4.291*	2.135	11.681***
	林窗位置×时间	1.498	1.692	1.293	0.696	4.424***
树皮	林窗位置	15.213***	1.287	4.026*		
	时间	13.091***	1.764	5.049**		
	林窗位置×时间	2.352*	2.983**	1.855		

注：*$P<0.05$，**$P<0.01$，***$P<0.001$。

相关性分析结果表明（表 5-16），倒木心材密度在林窗、林缘、林下与倒木含水量均具有显著的负相关关系（$P<0.01$）；在林窗、林缘、林下与倒木 pH 均具有显著的正相关关系（$P<0.01$）。倒木边材密度在林窗、林缘、林下与倒木含水量均具有显著的负相关关系（$P<0.01$）；在林窗、林缘、林下与倒木 pH 均具有显著的正相关关系（$P<0.01$）。倒木树皮密度在林窗、林缘与倒木含水量具有显著的负相关关系（$P<0.01$）。

表 5-16　林窗不同位置下倒木不同结构组分的密度与空气温度、含水量、倒木 pH 的相关性分析

结构	心材			边材			树皮		
	AT	WC	pH	AT	WC	pH	AT	WC	pH
林窗	0.080	−0.244**	0.482**	−0.097	−0.435**	0.404**	0.078	−0.521**	−0.125
林缘	0.026	−0.396**	0.404**	0.091	−0.394**	0.329**	−0.251	−0.502**	−0.248
林下	0.031	−0.607**	0.562**	0.024	−0.488**	0.377**	−0.055	−0.138	0.071

注：AT，空气温度；WC，倒木含水量；pH，倒木 pH。**$P<0.01$。

　　由图 5-22 可知，倒木心材在不同林窗位置不同腐解等级的碳含量均随着时间的推移呈降低趋势。林窗位置对不同腐解等级倒木心材的碳含量影响不显著。采样时间对倒木心材碳含量的影响随腐解程度的加深而增强，具体表现为采样时间对Ⅰ～Ⅲ腐解等级倒木心材的碳含量影响不显著，对Ⅳ和Ⅴ腐解等级的倒木心材碳含量有极显著影响（$P<0.01$）（表 5-17）。由双因素方差分析结果可知，林窗位置和时间对倒木心材碳含量的交互作用在各腐解等级均不显著（表 5-17）。Ⅰ～Ⅳ腐解等级的倒木心材碳含量在各个采样时间均有从林窗中心到林下逐渐增大的趋势，林窗位置对Ⅴ腐解等级的倒木心材碳含量在各个采样时间的动态变化影响不明显。

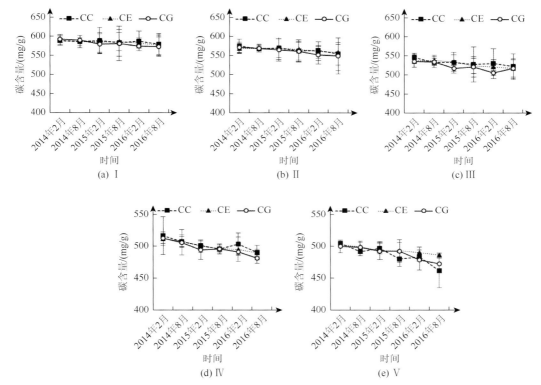

图 5-22　林窗不同位置倒木心材分解过程中的碳含量动态变化

平均值±标准偏差，$n = 3$

表 5-17　林窗位置和时间对不同腐解等级倒木全碳浓度的双因素方差分析

倒木结构	因子	Ⅰ	Ⅱ	Ⅲ	Ⅳ	Ⅴ
心材	林窗位置	0.127	0.198	0.949	0.861	2.017
	时间	0.355	0.681	1.249	4.749**	6.636***
	林窗位置×时间	0.068	0.050	0.159	0.149	0.734
边材	林窗位置	1.670	7.819**	1.306	2.032	4.054*
	时间	8.470***	4.580**	5.975***	3.003*	2.428*
	林窗位置×时间	0.048	1.824	0.283	0.097	0.063

续表

倒木结构	因子	I	II	III	IV	V
	林窗位置	2.218	1.091	0.799		
树皮	时间	11.253***	20.021***	38.308***		
	林窗位置×时间	0.340	0.027	0.814		

注：*$P<0.05$，**$P<0.01$，***$P<0.001$。

倒木边材在不同林窗位置不同腐解等级的碳含量均随着时间的推移呈显著降低趋势（图 5-23）。林窗位置对 II 腐解等级倒木边材的碳含量影响极显著（$P<0.01$），对 V 腐解等级影响显著（$P<0.05$），对其余各腐解等级的边材碳含量影响均不显著。采样时间对 I～III 腐解等级的倒木边材碳含量均有极显著影响（$P<0.01$），对IV、V 腐解等级影响显著（表 5-17）（$P<0.05$）。由双因素方差分析结果可知，林窗位置和时间对倒木边材碳含量的交互作用在各腐解等级均不显著（表 5-17）。I～V 腐解等级的倒木边材碳含量在各个采样时间均有从林窗中心到林下逐渐增大的趋势，其中II 腐解等级的倒木边材碳含量在各个采样时间的变化趋势不完全相同，在 2014 年生长季节出现林窗中心到林下逐渐降低的现象。

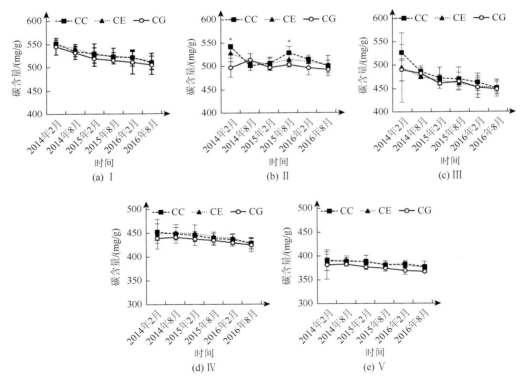

图 5-23 林窗不同位置倒木边材分解过程中的碳含量动态变化

平均值±标准偏差，$n=3$

　　倒木树皮在不同林窗位置不同腐解等级的碳含量均随着时间的推移呈显著降低趋势（图 5-24）。林窗位置对不同腐解等级倒木树皮的碳含量影响不显著。采样时间对 I～III 腐解等级的倒木树皮碳含量均有极显著影响（$P < 0.01$）（表 5-17）。由双因素方差分析结果可知，林窗位置和时间对倒木树皮碳含量的交互作用在各腐解等级均不显著（表 5-17）。I～III 腐解等级的倒木树皮碳含量在各个采样时间均有从林窗中心到林下逐渐增大的趋势。

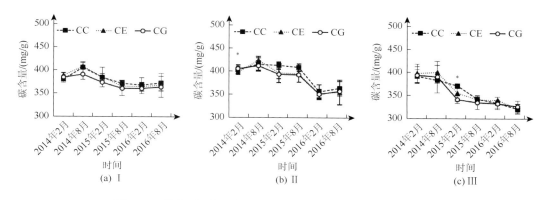

图 5-24　林窗不同位置倒木树皮分解过程中的碳含量动态变化

平均值±标准偏差，$n = 3$

　　相关性分析结果表明（表 5-18），倒木心材、边材的碳含量在林窗、林缘、林下均与倒木含水量具有显著的负相关关系（$P < 0.01$）；倒木心材、边材的碳含量在林窗、林缘、林下均与倒木 pH 具有显著的正相关关系（$P < 0.01$）。倒木树皮的碳含量在林窗内与 pH 具有显著的正相关关系（$P < 0.05$）。

表 5-18　不同林窗位置倒木不同结构组分的碳含量与空气温度、含水量、倒木 pH 的相关性分析

结构	心材			边材			树皮		
	AT	WC	pH	AT	WC	pH	AT	WC	pH
林窗	−0.23	−0.425**	0.799**	−0.020	−0.303**	0.809**	−0.22	−0.220	0.377*
林缘	−0.047	−0.411**	0.876**	−0.064	−0.536**	0.866**	−0.035	−0.040	0.097
林下	−0.122	−0.601**	0.845**	−0.106	−0.372**	0.880**	−0.042	0.237	0.192

注：AT，空气温度；WC，倒木含水量；pH，倒木 pH。*$P < 0.05$，**$P < 0.01$。

　　倒木心材在不同林窗位置不同腐解等级的氮含量均随着时间的推移呈显著增加的趋势（图 5-25）。林窗位置对 II、V 腐解等级倒木心材的氮含量影响极显著（$P < 0.001$），对 I、III 腐解等级的氮含量影响显著（$P < 0.05$），对 IV 腐解等级的氮含量影响不显著。采样时间对 I～V 腐解等级的倒木心材氮含量均有极显著影响（$P < 0.001$）。由双因素方差分析结果可知，林窗位置和时间对倒木心材氮含量的交互作用在各腐解等级均为极显著（$P < 0.001$）（表 5-19）。I 腐解等级的倒木心材氮含量在各个采样时间总体表现为林窗＞

林下；Ⅱ腐解等级的氮含量在各个采样时间表现为林缘最大，林窗次之，林下最小；Ⅲ腐解等级的氮含量在 2014～2015 年表现为林窗＜林下，在 2016 年表现为林窗＞林下；Ⅴ腐解等级的氮含量有从林窗中心到林下先减小后逐渐增大的趋势，而Ⅳ腐解等级的倒木心材氮含量在各个采样时间的动态变化趋势不明显。

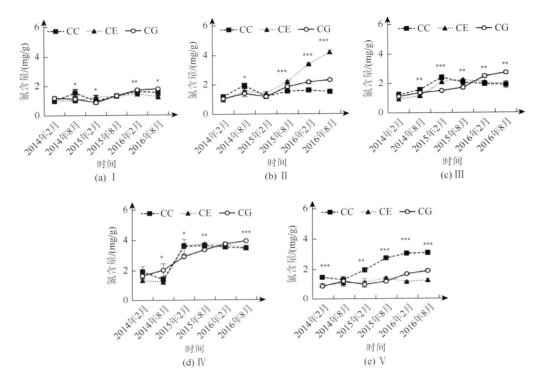

图 5-25　林窗不同位置倒木心材分解过程中的氮含量动态变化

平均值±标准偏差，$n = 3$

表 5-19　林窗位置和时间对不同腐解等级倒木全氮浓度的双因素方差分析

倒木结构	因子	Ⅰ	Ⅱ	Ⅲ	Ⅳ	Ⅴ
心材	林窗位置	5.134[*]	232.147[***]	4.965[*]	0.897	334.860[***]
	时间	26.213[***]	260.336[***]	155.852[***]	221.331[***]	79.666[***]
	林窗位置×时间	6.467[***]	84.390[***]	30.207[***]	7.542[***]	22.957[***]
边材	林窗位置	5.177[*]	29.090[***]	75.233[***]	501.551[***]	155.860[***]
	时间	156.978[***]	152.462[***]	128.567[***]	222.146[***]	11.860[***]
	林窗位置×时间	9.717[***]	23.990[***]	31.960[***]	89.087[***]	23.745[***]
树皮	林窗位置	263.833[***]	7.063[**]	37.746[***]		
	时间	493.690[***]	353.158[***]	286.551[***]		
	林窗位置×时间	51.348[***]	19.490[***]	8.590[***]		

注：*$P<0.05$，**$P<0.01$，***$P<0.001$。

　　倒木边材在不同林窗位置不同腐解等级的氮含量也随着时间的推移呈显著增加的趋势（图 5-26）。林窗位置对倒木边材氮含量的影响随腐解程度的加深而增强，具体表现为对Ⅰ腐解等级影响显著（$P<0.05$），对Ⅱ～Ⅴ腐解等级影响极显著（$P<0.001$）。采样时间对Ⅰ～Ⅴ腐解等级的倒木边材氮含量均有极显著影响（$P<0.001$）。由双因素方差分析结果可知，林窗位置和时间对倒木边材氮含量的交互作用在各腐解等级均为极显著（$P<0.001$）（表 5-19）。Ⅱ腐解等级的倒木边材氮含量在各采样时间有从林窗中心到林下逐渐降低的趋势；Ⅲ腐解等级的倒木边材氮含量在采样后期表现为林缘最大，林下次之，林窗最小；Ⅳ、Ⅴ腐解等级的边材氮含量与Ⅱ腐解等级趋势相反，表现为从林窗中心到林下逐渐增大的趋势；而Ⅰ腐解等级的倒木边材氮含量在各个采样时间的动态变化趋势不明显。

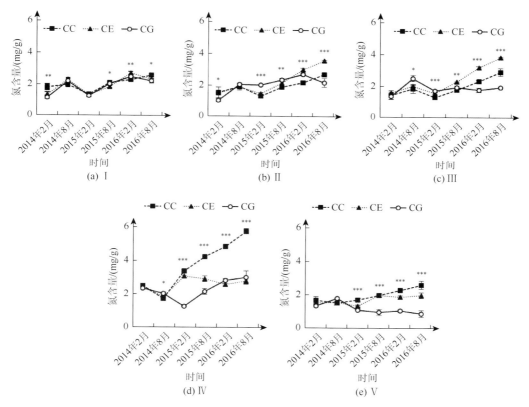

图 5-26　林窗不同位置倒木边材分解过程中的氮含量动态变化

平均值±标准偏差，$n=3$

　　倒木树皮在不同林窗位置不同腐解等级的氮含量也随着时间的推移呈显著增加的趋势（图 5-27）。林窗位置对Ⅰ～Ⅲ腐解等级倒木树皮氮含量的影响均极显著（$P<0.01$）。采样时间也对所有腐解等级的倒木树皮氮含量均有极显著影响（$P<0.001$）（表 5-19）。由双因素方差分析结果可知，林窗位置和时间对倒木树皮氮含量的交互作用在各腐解等级均

极显著（$P<0.001$）（表 5-19）。Ⅰ腐解等级的倒木树皮氮含量在各采样时间有从林窗中心到林下逐渐增加的趋势；而Ⅱ、Ⅲ腐解等级的倒木树皮氮含量与Ⅰ腐解等级趋势相反，表现为从林窗中心到林下逐渐降低的趋势。

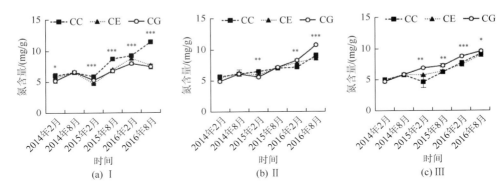

图 5-27　林窗不同位置倒木树皮分解过程中的氮含量动态变化

平均值±标准偏差，$n = 3$

相关性分析结果表明（表 5-20），倒木心材氮含量在林窗、林缘、林下与倒木含水量均具有显著的正相关关系（$P<0.01$）；倒木心材氮含量在林窗内与倒木 pH 具有显著的负相关关系（$P<0.01$），而在林下与倒木 pH 具有显著的正相关关系（$P<0.01$）。倒木边材氮含量在林窗、林缘与空气温度具有显著的正相关关系（$P<0.05$）；在林缘、林下与倒木含水量具有显著的正相关关系（$P<0.05$）；在林窗、林下与倒木 pH 具有显著的正相关关系（$P<0.01$）。倒木树皮氮含量在林窗、林下与大气温度具有显著的正相关关系（$P<0.01$），在林缘与大气温度具有显著的负相关关系（$P<0.01$）；在林窗、林下与倒木含水量有显著的正相关关系（$P<0.05$）。

表 5-20　林窗不同位置下倒木各不同结构组分的氮含量与空气温度、含水量、倒木 pH 的相关性分析

结构	心材			边材			树皮		
	AT	WC	pH	AT	WC	pH	AT	WC	pH
林窗	0.167	0.371**	−0.297**	0.251*	0.202	0.329**	0.355**	0.273*	−0.196
林缘	0.112	0.325**	−0.177	0.256*	0.235*	0.069	−0.355**	0.168	−0.067
林下	0.074	0.597**	0.589**	0.197	0.308**	0.358**	0.421**	0.328*	−0.178

注：AT，空气温度；WC，倒木含水量；pH，倒木 pH。*$P<0.05$，**$P<0.01$。

不同林窗位置下的倒木心材磷含量在各不同腐解等级均随着时间的推移呈显著增加的趋势（图 5-28）。林窗位置对Ⅱ腐解等级倒木心材磷含量影响不显著，对Ⅰ、Ⅲ～Ⅴ腐解等级影响极显著（$P<0.001$）。采样时间对倒木心材磷含量的影响随腐解程度的加深而增强，具体表现为对Ⅰ腐解等级影响不显著，对Ⅱ腐解等级影响极显著（$P<0.01$），对Ⅲ～

Ⅴ腐解等级影响极显著（$P<0.001$）。由双因素方差分析结果可知，林窗位置和时间对倒木心材磷含量的交互作用在Ⅲ～Ⅴ腐解等级为极显著（$P<0.01$），对其余腐解等级作用不显著（表 5-21）。Ⅳ腐解等级的倒木心材磷含量在各个采样时间表现为林缘最大，林下次之，林窗最小；而Ⅲ、Ⅴ腐解等级的磷含量均为林缘最小，其中，Ⅲ腐解等级中磷含量林窗最大，林下次之，Ⅴ腐解等级中的磷含量林下最大，林窗次之；而Ⅰ、Ⅱ腐解等级的倒木心材磷含量在各个采样时间的动态变化趋势不明显。

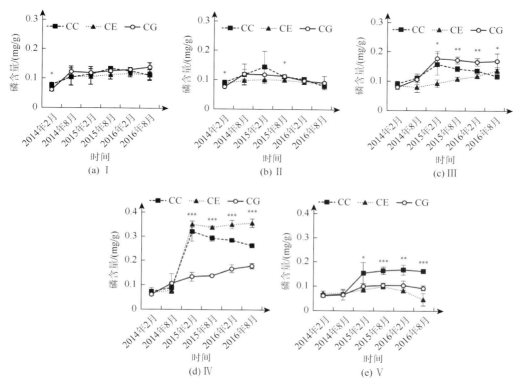

图 5-28　林窗不同位置倒木心材分解过程中的磷含量动态变化

平均值±标准偏差，$n=3$

　　不同林窗位置下的倒木边材磷含量在各不同腐解等级均随着时间的推移呈显著增加的趋势（图 5-29）。林窗位置对所有腐解等级倒木边材磷含量的影响均极为显著（$P<0.001$）。采样时间也对所有腐解等级的倒木边材磷含量均有极显著影响（$P<0.001$）。由双因素方差分析结果可知，林窗位置和时间对倒木边材磷含量的交互作用在Ⅰ、Ⅳ、Ⅴ腐解等级极显著（$P<0.001$），对其余腐解等级作用不显著（表 5-21）。Ⅰ～Ⅲ腐解等级的倒木边材磷含量在各个采样时间均表现为林下最小，林窗和林缘因腐解等级的不同而不同；而Ⅳ腐解等级的磷含量均为林缘最大，林下次之，林窗最小；Ⅴ腐解等级中的磷含量在各个采样时间的动态变化趋势不明显。

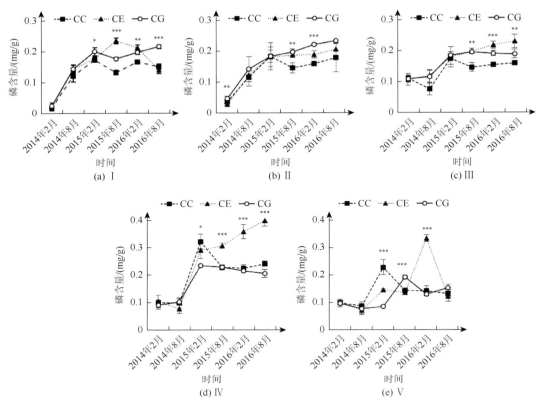

图 5-29　林窗不同位置倒木边材分解过程中的磷含量动态变化

平均值±标准偏差，$n = 3$

表 5-21　林窗位置和时间对不同腐解等级倒木全磷浓度的双因素方差分析

倒木结构	因子	I	II	III	IV	V
心材	林窗位置	107.320***	2.336	32.475***	25.879***	52.717***
	时间	1.622	5.596**	25.316***	35.488***	21.918***
	林窗位置×时间	1.551	1.000	4.269**	4.269**	6.972***
边材	林窗位置	62.139***	10.228***	27.749***	100.068***	20.664***
	时间	425.219***	68.266***	60.478***	267.276***	97.549***
	林窗位置×时间	22.778***	1.118	3.295	25.875***	60.940***
树皮	林窗位置	30.704***	25.821***	1.067		
	时间	317.490***	217.933***	132.162***		
	林窗位置×时间	9.775***	23.921***	7.798***		

注：**$P < 0.01$，***$P < 0.001$。

　　不同林窗位置下的倒木树皮磷含量在各不同腐解等级随着时间的推移均呈先增加后降低的趋势，且随时间的变化表现为极显著（$P < 0.01$）（图 5-30）。林窗位置对 I 、II 腐

解等级倒木树皮磷含量的影响均为极显著（$P<0.001$），对Ⅲ腐解等级的磷含量影响不显著。采样时间也对所有腐解等级的倒木树皮磷含量均有极显著影响（$P<0.001$）。由双因素方差分析结果可知，林窗位置和时间对倒木树皮磷含量的交互作用在各腐解等级均为极显著（$P<0.001$）（表 5-21）。Ⅰ～Ⅲ腐解等级的倒木树皮磷含量在各个采样时间均大致表现为林窗到林下逐渐增加的趋势。

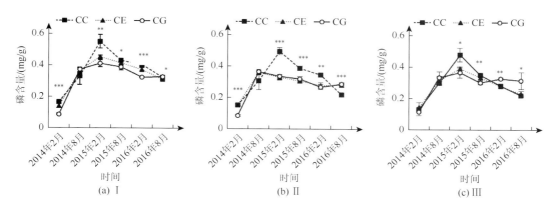

图 5-30　林窗不同位置倒木树皮分解过程中的磷含量动态变化

平均值±标准偏差，$n=3$

相关性分析结果表明（表 5-22），倒木心材磷含量在林窗、林缘、林下与倒木含水量均具有显著的正相关关系（$P<0.01$）；在林下与倒木 pH 具有显著的负相关关系（$P<0.01$）。倒木边材磷含量在林窗、林下与倒木含水量具有显著的正相关关系（$P<0.01$），在林缘与倒木含水量具有显著的正相关关系（$P<0.05$）。倒木树皮磷含量在林窗与空气温度具有显著的正相关关系（$P<0.01$），与倒木含水量也具有显著的正相关关系（$P<0.01$）；在林缘与倒木 pH 具有显著的负相关关系（$P<0.01$）。

表 5-22　林窗不同位置下倒木各不同结构组分的磷含量与空气温度、含水量、倒木 pH 的相关性分析

结构	心材			边材			树皮		
	AT	WC	pH	AT	WC	pH	AT	WC	pH
林窗	0.172	0.413**	0.131	0.204	0.457**	−0.022	0.377**	0.475**	−0.114
林缘	0.024	0.340**	−0.162	0.031	0.246*	−0.112	0.219	−0.087	−0.482**
林下	−0.011	0.407**	−0.343**	−0.019	0.391**	−0.330	−0.061	0.246	0.055

注：AT，空气温度；WC，倒木含水量；pH，倒木 pH。*$P<0.05$，**$P<0.01$。

5.4.3　讨论与结论

1. 林窗位置对倒木密度的影响

本研究发现，随着腐解等级的增加，倒木树皮、边材、心材的密度均表现为降低

的趋势。这与已有的相关研究结果基本一致（吕明和等，2006；Seedre et al.，2013；Petrillo et al.，2015），其原因主要是随着分解的进行，倒木受淋溶作用、破碎化及呼吸作用的影响，导致木质变得疏松，倒木密度下降。但由于物理结构和化学组分的不同及对环境的响应差异（Schwarze，2007；Augusto et al.，2008），不同结构组分的密度变化明显不同。相对于心材和边材，树皮包裹于倒木系统之外，最先受到土壤生物的侵入，也最易受环境变化的影响。因此，树皮密度变化大，说明树皮质量变化迅速，具有较高的分解速率。然而，随着分解的进行，活立木保护机制逐渐消失，且树皮保护功能减弱，土壤动物和外界环境的影响加剧，边材和心材在分解后期或腐解等级较高时密度出现较大变化。

亚高山针叶林林窗通过树冠截留、遮挡和风等因素影响着雪被、光照、温度、湿度、分解者等资源的再分配（Adair et al.，2008；Preston et al.，2009），各腐解等级倒木在林窗、林缘、林下形成差异性的微环境，对不同结构组分的物理作用及生物化学作用程度不同，其作用可显著影响亚高山针叶林倒木密度的变化，进而影响倒木的分解过程。本研究发现，林窗、林缘、林下倒木心材和边材的密度在分解前期（Ⅰ～Ⅲ腐解等级）没有显著差异，这是由于新形成或初步分解的倒木上生物群落较为单一（常晨晖等，2015），林窗位置不同所造成的光照、温度等环境因子的差异性对其影响较小，使得低腐解等级倒木在林窗、林缘、林下的密度变化差异不大。林窗位置对倒木密度的影响随腐解程度的加深而增强，这是由于腐解程度较高的倒木产生大量的有机质、活性有机碳等养分物质（Lajtha，2005；Gessner et al.，2010），使得倒木通透性增强，促进微生物生长（Schmidt，2005），微生物群落结构复杂，因而腐解等级高的倒木密度变化差异较大。

本研究还表明，腐解程度较高的倒木心材和树皮密度在生长期大致表现为林窗降低程度小于林下的趋势；而在雪被期表现为林窗降低程度大于林下的趋势；腐解等级较高的倒木边材密度在生长期大致表现为林窗降低程度大于林下的趋势，而在雪被期林窗与林下的倒木密度差异并不明显。该结果可能受温度、光照、雪被厚度和微生物作用的共同影响。随着季节的变化，林窗不同位置下的环境因子差异较大，林窗对倒木密度变化的影响可能在不同季节形成差异性。因此，林窗对腐解等级较高的倒木密度的影响可能存在季节性差异，但林窗位置如何通过环境因子影响倒木的分解过程还有待进一步研究。

2. 林窗位置对倒木分解过程中碳和养分动态的影响

碳是植物体最主要的构成元素，氮和磷是影响植物残体分解速率和维持生态系统碳平衡的主要元素。本研究发现，倒木结构、腐解等级和时间均极显著影响倒木的碳、氮、磷含量（$P<0.01$）。随着腐解等级的增加，倒木碳含量呈逐渐降低的趋势，这是由于微生物的分解作用将碳以 CO_2 的形式释放到大气中，使碳含量下降。这与 Lombardi 等（2012）和常晨晖等（2015）对倒木碳含量的研究结果一致，而与 Sandström 等（2007）和 Harmon 等（2013）对裸子植物倒木碳含量的研究结果相反。

随着分解程度加深，倒木各结构组分氮含量呈增加趋势。这与其他相关研究结果基本一致（Palviainen et al.，2008；张修玉等，2009；Köster et al.，2015）。其原因可归于以下几个方面：首先，倒木分解初期氮含量较低，随着分解的进行，倒木的水热条件得到改善，促进了微生物的入侵和繁殖，固氮细菌数量增多，固氮作用增强，使氮含量增加。其次，高海拔地区的氮沉降现象严重，这为倒木分解提供了较好的氮源。本研究中，倒木心材和边材的磷含量在Ⅰ～Ⅲ腐解等级相对较少，在Ⅳ腐解等级开始增加。这可能是由于在分解后期一些木材腐朽菌的菌丝把营养从土壤转移到倒木中（Clinton et al.，2009），同时有机物质的分解导致磷的相对富集作用（Manzoni et al.，2010）。

倒木心材、边材、树皮的碳、氮、磷含量变化程度均不同，表明倒木不同结构组分的碳、氮、磷含量在分解过程中的动态变化因倒木化学成分和物理结构的不同存在差异。倒木各结构组分碳含量降低程度为树皮＞边材＞心材。该结果与倒木密度的变化趋势相同。树皮最易受到外界环境的影响，其质量变化迅速，分解作用较强，碳分解速率较大，因而树皮的碳含量降低最快。本研究结果发现边材的总体平均氮含量显著高于心材，与 Cowling 和 Merrill（1966）的研究结果基本一致。但Ⅳ腐解等级的倒木氮、磷含量在 2015 年 2 月急剧增加，这可能是由于 2015 年的 2 月采样前强烈的冻融循环作用，破坏了倒木的物理结构（Groffman et al.，2001；Bokhorst et al.，2010），以及雪被期土壤动物及微生物的破碎作用加强了氮、磷的固持（Stieglitz et al.，2003）。当氮、磷含量到达一定阈值时开始释放，因而Ⅴ腐解等级倒木的氮、磷含量低于Ⅳ腐解等级。

倒木分解是土壤营养元素矿化和森林物质循环的重要环节，维持着森林生态系统的平衡和稳定。然而，倒木分解是一个复杂的生物学过程，代谢基质的差异、土壤动物和微生物活性的变化等生物因素与非生物因素都会对其产生重要影响。而林窗的产生形成差异性的微环境可显著影响亚高山针叶林倒木的分解。本实验研究结果表明，倒木不同结构组分的碳含量在不同腐解等级大致表现为从林窗中心到林下逐渐增大的趋势。这可能是由于林窗的产生改变了林内的光环境（Chazdon and Fetcher，1984），光照、光持续时间明显大于林下，同时林窗的产生还改变了林内的水热条件（Canham，1989），使得林窗内温度高于林下、湿度低于林下。这些环境因子的改变使土壤动物及微生物活性增强（Schmidt，2005），加快土壤有机质的分解（刘瑞龙等，2013），从而促进倒木的碳元素分解，使得林窗内倒木的碳含量低于林下。本研究还发现，倒木不同结构组分（心材、边材、树皮）的碳含量动态变化均表现出相似的趋势，说明物理结构和化学成分不同的倒木组分对林窗位置的响应相同。同时，倒木在不同采样时期（生长期、雪被期）的碳含量动态变化差异也不大。

本研究发现，倒木树皮氮含量在Ⅰ、Ⅱ腐解等级表现为林窗＜林下，而在Ⅲ腐解等级表现为林窗＞林下的趋势。倒木树皮的磷含量在所有腐解等级内均表现为林窗＜林下。这可能与树皮含水量有关，树皮的氮含量在林窗和林下均与含水量有显著的正相关关系（$P < 0.05$）。倒木树皮最先受环境的影响，林窗内适宜的环境条件下土壤动物的作用更强，而Ⅲ腐解等级的树皮木质更疏松，易吸收降水（袁杰和张硕新，2012），其含水量在林窗内相比于Ⅰ、Ⅱ腐解等级更高，这不仅让树皮吸收了降水中的氮元素，还使影响倒木上微生物数量与活性的因素增加，使得林窗内倒木上微生物的固氮作用增强，而

林下树皮的含水量随腐解等级的增加呈降低趋势,因而Ⅲ腐解等级的树皮氮含量在林窗内高于林下。倒木树皮中的磷元素随着分解的进行表现出"富集—释放"模式,由于林冠对降水具有截留作用,相比于林窗,林下的淋溶作用较弱,倒木磷含量损失较少,从而导致磷含量不断积累,造成倒木树皮磷含量在林窗内低于林下的结果。

倒木心材和边材的氮、磷含量在低腐解等级(除心材Ⅰ、Ⅱ腐解等级的磷含量外)表现为林窗＞林下的趋势,而在高腐解等级表现为林窗＜林下的趋势。低腐解等级的心材和边材含有丰富的低分子糖类,碳活性较高,适于细菌的生长(Clausen,1996;Boer and Wal,2015),且在树皮的保护下避免受到太阳的直射,而林下长时间的低温不利于微生物的活动,导致低腐解等级的林窗氮含量低于林下。随着腐解程度的加深,倒木树皮逐渐分解直至完全分解,倒木心材和边材与地面接触面积增大,林窗位置不同所造成的环境差异性对心材、边材影响增大,林下的倒木由于在低腐解等级氮含量较低,于此时可能发生元素富集作用。高腐解等级的倒木易吸收养分快速消耗,大量微生物在竞争中逐渐死亡(严海元等,2010),倒木的通透性增强,同时分解后期(Ⅳ、Ⅴ腐解等级)产生大量的活性有机碳、有机质等养分物质,因而可能出现高腐解等级的倒木心材和边材氮含量在林窗内低于林下的现象。心材由于初期酚类、萜类等抑菌类物质的化学保护其分解较慢(Cornwell et al.,2009;Carpenter et al.,2011),因而Ⅰ、Ⅱ腐解等级的心材磷含量在林窗与林下的动态变化特征并不明显。倒木心材和边材的氮、磷含量在某些采样时期出现林缘内最大的现象。这可能是由于林缘具有林窗和林下的共同特性,在该采样时期的光照水平、温度、含水量等环境因子适中,最适于氮和磷的累积。

本研究初步得出以下结论。

(1)林窗位置对倒木密度的影响随腐解程度的加深而增强,低腐解等级倒木在林窗、林缘、林下的密度变化差异不大,腐解等级高的倒木密度变化差异较大。林窗对腐解等级较高的倒木密度的影响可能存在季节性差异,但具体如何影响有待进一步研究。

(2)林窗的产生促进倒木碳的释放。倒木不同结构组分的碳含量在不同腐解等级大致表现为从林窗中心到林下逐渐增大的趋势,且物理结构和化学成分不同的倒木组分对林窗位置的响应相同,倒木在不同采样时期(生长期、雪被期)的碳含量动态变化差异也不大。

(3)林窗的产生促进低腐解等级倒木树皮氮的释放,促进高腐解等级倒木树皮氮的累积,促进倒木树皮磷的释放。林窗的产生对倒木心材和边材氮含量的作用与树皮相反,对倒木心材和边材的磷含量作用与氮含量相同。倒木树皮氮含量在Ⅰ、Ⅱ腐解等级表现为林窗＜林下,而在Ⅲ腐解等级表现为林窗＞林下。倒木树皮的磷含量在所有腐解等级内均表现为林窗＜林下。倒木心材和边材的氮、磷含量在低腐解等级(Ⅰ～Ⅲ腐解等级)表现为林窗＞林下(除心材Ⅰ、Ⅱ腐解等级的磷含量外),而在高腐解等级(Ⅳ、Ⅴ腐解等级)表现为林窗＜林下。

5.5　亚高山针叶林细根碳和养分释放

细根分解是在土壤物理、化学和生物综合因子作用下,死亡细根不断地与土壤环境进行物质交换的复杂过程(Aerts,1997)。最终结果是将部分有机碳以气体形式释放到空气中，部分与矿物质结合形成复杂的土壤腐殖质，并在此过程中释放植物和微生物生长所需要的无机养分（Chapin et al.，2002）。细根分解过程和大多数凋落物分解过程一样，主要包括以淋溶、破碎等物理过程和生物作用为主的化学过程。淋溶是细根中可溶性糖和矿质离子在雨水和冰雪融化引起的淋溶作用下淋失到土壤中的物理过程，是细根分解最快的阶段。破碎是指完整的细根分解成小碎段的过程，破碎扩大了细根的表面积，为微生物提供了更多的机会，土壤动物的取食、冻融循环、干湿交替是细根破碎过程的主要动力。化学变化主要是指难分解的木质素、纤维素和单宁等，在微生物分泌的酶作用下参与微生物新陈代谢的缓慢降解过程。分解初始阶段大多数水溶性化合物容易被淋洗，干物质损失较快，是一个以物理过程为主要特征的过程，随着时间的推移，纤维素、木质素等难溶物质残留并累积下来，微生物与土壤动物起主要作用，是一个以生化作用为主的缓慢过程（Aerts，1997；温达志等，1999）。但迄今为止，有关细根分解的研究更强调化学和生物学过程，而物理过程的研究相对较少，有关冻融、干湿交替（Mondini et al.，2002）、淋溶（物理化学过程）（Park et al.，2003）等对细根分解过程的影响的研究相对较少。亚高山森林地下的细根长时期处于季节性冻融状态，冻融作用可能引起细根的物理破坏、化学变化及相关微生物、酶活性的变化（Sulkava and Huhta，2003），从而对细根分解具有显著的影响，但相关研究并未形成统一认识，亟待深入研究。

长江上游亚高山针叶林生态战略地位重要，也是全球气候变化响应敏感的生态脆弱区（吴宁和刘庆，2000）。然而，在全球气候变化下，季节性冻融及其变化如何影响细根的分解速率、细根分解过程中的元素释放、细根分解过程中的微生物和酶活性还不清楚。随着时间的推移，亚高山森林土壤作为相对长期的巨大碳库可能会逐渐丧失，可能会对全球变化施加更强烈的反馈作用，但目前还很难预测这种变化趋势，因而很难满足长江上游亚高山地区森林生态系统过程研究的需要。因此，以长江上游亚高山地区分布范围最广和面积最大的岷江冷杉林和白桦林为研究对象，采用对照处理实验和动态采样分析相结合的研究方法，初步研究了长江上游亚高山冷杉和白桦细根一个季节性冻融期间和生长季节内的质量损失和元素释放动态，以期为深入揭示亚高山森林生态系统过程提供科学依据，丰富森林生态学的研究内容。

5.5.1　材料与方法

1. 研究区域概况

研究地点位于四川绵阳市平武县境内的王朗国家级自然保护区，地理位置在103°55′E～104°10′E，32°49′N～33°02′N，总面积为 322.97km²。保护区地处青藏高原东缘，地势由西北向东南倾斜，属深山切割型山地。海拔范围为 2400～4980m，相对高差在 2500m左右，平均海拔 3200m 以上。土壤类型随海拔从低到高有山地棕壤（2300～2850m）、亚高山草甸（阳坡海拔 2300～3500m）、山地暗棕壤（2600～3500m）、高山草甸土（3500～4000m）和高山流石滩荒漠土（＞4000m）。

保护区内气候属丹巴-松潘半湿润气候，垂直分布随海拔从低到高呈现出暖温带、温带、寒温带、亚寒带、永冻带类型。受季风的影响，该地区干湿季节差异明显。干季（11 月～次年 4 月）表现为日照强烈、降水少、气候寒冷、空气干燥等特点。湿季（5～10 月）的气候特征表现为降水集中、多云雾、日照少、气候暖湿。平均气温为 2.9℃，7 月平均气温为 12.7℃，1 月平均气温为–6.1℃，全年≥10℃的积温为 1056.7℃。年降水量依海拔的不同为 801～825mm，降水日数 195d，主要集中在 5～7 月。冬季较低的气温导致土壤的季节性冻融，冻结时间大于 150d，冻结深度大于 40cm，对森林群落内的物质循环具有显著的影响。

保护区内主要资源有大熊猫等国家一级、二级保护动物 20 多种。区内地带性植被为常绿阔叶林，植被垂直分异明显，山地针阔混交林分布在 2600m 以下，亚高山针叶林分布在 2600～3800m，组成树种为岷江冷杉、紫果云杉。阔叶树种有红桦、白桦等。2600～3800m 有大片的华西箭竹和缺苞箭竹（*Fargesia denudata*）。

2. 样地设置与实验设计

依据植被类型差异，分别选取了保护区内以冷杉为优势树种和以白桦为优势树种的两种森林类型，分别位于小牧羊场和七坪沟，样地面积为 20m×30m，样地分布情况如图 5-31 所示。

冷杉林（FF），海拔为 2600m，年降水量为 801mm，年均温度为 2.9℃，坡角为 4°，坡向为 NS170°。主要树种为岷江冷杉，林分密度 1049 棵/hm²，林龄约为 200 年，叶面积指数（leaf area index，LAI）为 1.9。林下植物主要是忍冬（*Lonicera japonica*）、黑茶蔗子属（*Ribes nigrum*）、铁线蕨（*Adiantum capillus-veneris*）、凤仙花（*Impatiens balsamina*）、苔藓（*Hyocomium splendens*）和赤茎藓（*Pleurozium schreberi*）。土壤类型为山地暗棕壤。

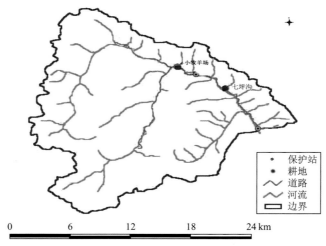

图 5-31　四川王朗自然保护区研究样地分布图

冷杉林位于小牧羊场，白桦林位于七坪沟

白桦林（BF），海拔为 2540m，年降水量为 825mm，年平均温度为 3.2℃，样地坡角为 40°，坡向为 NS120°。优势树种为白桦。林分密度为 615 棵/hm²，林龄为 40 年，叶面积指数为 1.1。林下植被主要有虎榛子（*Ostryopsis davidiana*）、悬钩子（*Rubus palmatus*）和白苞蒿（*Artemistia lactiflora*）。土壤类型为棕壤。有关土壤理化性质的详细特征见文献

（杨万勤等，2006）。样地 1 和样地 2 的冷杉和白桦细根生物量和细根养分初始含量分别见表 5-23 和表 5-24。

表 5-23　冷杉（FF）和白桦（BF）细根生物量　　　　（单位：t/hm²）

| 树种 | 径级 | 细根现存量 | | |
		活细根	死细根	总量
FF	0～1mm	3.012±0.147（46.5）	1.159±0.172（17.9）	4.171±0.167（64.4）
	1～2mm	1.865±0.211（28.8）	0.440±0.159（6.8）	2.305±0.267（35.6）
	小计	4.877±0.309（75.3）	1.599±0.264（24.7）	6.476±0.385（100）
BF	0～1mm	1.619±0.207（50.2）	0.489±0.054（15.2）	2.108±0.215（65.4）
	1～2mm	0.882±0.051（27.4）	0.233±0.023（7.2）	1.115±0.070（34.6）
	小计	2.501±0.196（77.6）	0.722±0.056（22.4）	3.223±0.168（100）

注：平均值±标准偏差（$n = 3$）。

表 5-24　冷杉（FF）和白桦（BF）不同径级细根养分初始含量

树种	径级	C/(g/kg)	N/(g/kg)	P/(g/kg)	K/(g/kg)	C/N	C/P
FF	0～1mm	448.34±7.81b	6.29±0.03b	1.13±0.07a	0.74±0.01a	71.48±2.58a	400.39±22.79c
	1～2mm	495.92±5.35a	6.07±0.30b	1.14±0.06a	0.74±0.00a	82.21±4.86a	438.79±19.45c
BF	0～1mm	420.62±4.34c	10.28±0.98a	0.73±0.01b	0.69±0.00b	41.75±4.38b	574.82±2.10b
	1～2mm	433.66±2.12ab	6.22±0.42b	0.60±0.01b	0.69±0.01b	64.33±8.50b	725.13±20.07a

注：平均值±标准偏差（$n = 3$）。

本实验采用埋袋法研究细根分解，于 2006 年 4～9 月，在林地内挖取细根。将采集到的细根洗净，去除颜色发暗、无弹性的死细根，仔细用游标卡尺测量，分为 0～1mm 和 1～2mm 径级，风干，剪成≤5cm 的小段，取各径级细根 10.0g，分别装入 15cm×15cm 的尼龙网（80 目）内，共 260 袋（冻融处理 140 袋，非冻融 120 袋），分别标记后，冻融处理于 2006 年 10 月中旬埋于样地 10cm 处，取样时间为 2007 年 4～10 月，即每月中旬取样。非冻融处理于 2007 年 4 月中旬埋于地表，尽可能接近自然状态，取样时间为 2007 年 5～10 月。同时留下部分根样，分析初始养分（表 5-24）。每月中旬冻融处理和对照处理同步取样，不同样地每个径级细根各取出 5 个分解袋，带回实验室，拆开网袋，将附在样品上的土抖落，去除新长入的根，称重；再从中取 4～5g 放在铝盒中于 65℃烘箱中烘 12h 后测定干重，得到水分系数，换算成整个样品的分解失重。剩下的样品粉碎用于微生物与酶活性的测定，烘干的样品粉碎用于养分分析。

细根全碳采用重铬酸钾外加热法测定，全氮采用半微量凯氏定氮法测定，全磷采用钼锑钪比色法测定，钾采用火焰光度计法测定（LY/T 1271—1999）。

5.5.2　结果与分析

1. 季节性冻融对细根失重率的影响

表 5-25 为季节性冻融处理的冷杉林（FF）和白桦林（BF）细根的失重率变化。由表

可见，经过季节性冻融后的 0～1mm 和 1～2mm 冷杉和白桦细根在生长季节内的细根质量损失率分别为 18.22%、19.22%、21.87% 和 17.53%，分别是全年细根分解失重率的 47.08%、53.81%、60.13% 和 50.09%。生长季节内的细根分解失重率和冻融期间的细根分解失重率因不同树种和不同直径而不同。

表 5-25　季节性冻融处理的冷杉林（FF）和白桦林（BF）细根的失重率变化

林分	直径/mm	取样时间					
		5 月	6 月	7 月	8 月	9 月	10 月
FF	0～1	22.39±3.51	24.99±3.89	28.39±3.94	35.02±1.07	37.23±2.06	38.70±2.15
	1～2	19.28±3.67	21.98±2.82	26.19±3.60	31.97±2.25	33.83±2.50	35.72±0.94
BF	0～1	15.52±2.11	19.65±2.58	28.27±1.63	34.40±2.88	35.51±3.62	36.37±2.01
	1～2	19.72±2.08	21.55±3.95	25.85±3.98	31.78±3.61	34.21±2.36	35.00±1.03

图 5-32 为冷杉林（FF）和白桦林（BF）细根的失重率变化。由图可见，经过冻融处理的细根在分解初期，分解速率较慢，显著低于对照处理的细根失重率。随着分解的进行，冻融处理的细根失重率与对照细根的分解失重率逐渐接近，0～1mm 白桦冻融处理的细根在 8 月的失重率超过了对照的失重率。经过冻融处理的 0～1mm 和 1～2mm 冷杉细根在一个生长季节内的失重率分别为 22.76% 和 23.19%，显著低于对照处理细根在一个生长季节内的失重率（28.15% 和 27.05%）；经过冻融处理的 0～1mm 白桦细根在一个生长季节内的失重率为 25.91%，高于对照处理细根的失重率，1～2mm 白桦细根在一个生长季节内的失重率为 21.30%，与对照处理的细根失重率差异性不显著。

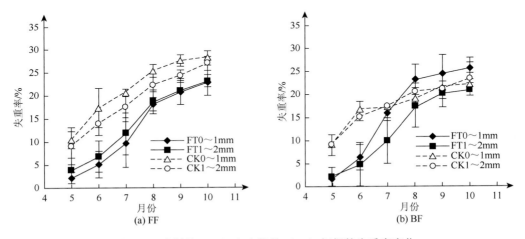

图 5-32　冷杉林（FF）和白桦林（BF）细根的失重率变化

FT 0～1mm 表示季节性冻融处理 0～1mm 细根，FT 1～2mm 表示季节性冻融处理的 1～2mm 细根；CK0～1mm 表示对照处理的 0～1mm 细根，CK 1～2mm 表示对照处理的 1～2mm 细根。下同

细根分解过程和大多数凋落物分解过程一样，分解初始阶段大多数水溶性化合物容易被淋洗，干物质损失较快，是一个以物理过程为主的过程。随着时间的推移，纤维素、木质素等难溶物质残留并累积下来，微生物与土壤动物起主要作用，是一个以生化作用为主的缓慢过程。用 Olsen 指数方程来模拟细根干物质保持率和时间的关系，其拟合程度较好（$P<0.05$）（表 5-26），季节性冻融处理的细根是根据分解 1 年（一个季节性冻融期 + 一个生长季节）的失重率变化拟合出回归方程，对照细根是根据一个生长季节内细根分解失重率变化拟合出回归方程。从表中可以看出，冻融处理后，0～1mm 冷杉细根分解 50% 和分解 95% 的时间分别是 482d 和 1921d，比对照细根分解 50%和分解 95% 所需时间分别多 150d 和 377d；1～2mm 冷杉分解 50% 和分解 95% 的时间分别是 503d 和 1942d，比对照细根分解 50% 和分解 95% 所需时间分别多 114d 和 199d。0～1mm 白桦细根分解 50% 和分解 95% 的时间分别是 476d 和 1688d，比对照细根分解50% 和分解 95% 所需时间分别多 119d 和 52d；1～2mm 白桦细根分解 50% 和分解 95%的时间分别是 526d 和 2061d，比对照细根分解 50% 和分解 95% 所需时间分别多 145d和 326d。冻融处理后，冷杉和白桦在 0～1mm、1～2mm 细根分解 1 年干重损失率分别为 39.72%、37.65%、38.28% 和 36.38%，比对照细根分解 1 年干重损失率分别小 13.34、10.30、12.42 和 12.22 个百分点。

表 5-26　冷杉林（FF）和白桦林（BF）细根的分解模型

分解样	处理	回归方程	相关系数	50%分解期/d	95%分解期/d	1 年干重损失率/%
FF0～1mm	FT	$y=1.0808e^{-0.0016t}$	0.9662	482	1921	39.72
	CK	$y=0.9392e^{-0.0019t}$	0.8747	332	1544	53.06
FF1～2mm	FT	$y=1.1182e^{-0.0016t}$	0.9794	503	1942	37.65
	CK	$y=0.9680e^{-0.0017t}$	0.9668	389	1743	47.95
BF0～1mm	FT	$y=1.2349e^{-0.0019t}$	0.9343	476	1688	38.28
	CK	$y=0.9509e^{-0.0018t}$	0.8887	357	1636	50.70
BF1～2mm	FT	$y=1.1000e^{-0.0015t}$	0.9625	526	2061	36.38
	CK	$y=0.9559e^{-0.0017t}$	0.9100	381	1735	48.60

2. 季节性冻融对细根 C 含量及其释放率的影响

经过冻融处理的细根和没有经过冻融处理的细根 C 含量总是随着分解的进行不断降低（图 5-33）。冻融处理后，冷杉和白桦 0～1mm 和 1～2mm 细根分解过程中 C 含量总是低于对照处理细根分解过程中 C 含量。在生长季节末，1～2mm 冷杉冻融处理的细根 C含量显著小于对照处理的细根，0～1mm 冷杉和 0～1mm、1～2mm 白桦冻融处理的细根C 含量与对照处理相比差异性不显著。

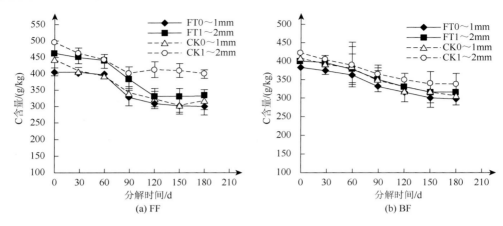

图 5-33　冷杉林（FF）和白桦林（BF）细根分解过程中 C 元素含量的变化

从图 5-34 可以看出，无论是冻融处理还是对照处理的细根，在整个细根分解过程中都表现为净释放。经过冻融处理的 0～1mm 冷杉细根在整个分解过程中的 C 释放率总是显著小于对照处理的 0～1mm 细根的 C 释放率；经过冻融处理的 1～2mm 冷杉细根在分解 120d 后，C 释放率大于对照处理的 1～2mm 细根的 C 释放率。经过冻融处理的 0～1mm白桦细根在前 90d 的分解过程中 C 释放率显著小于对照处理的 0～1mm 细根 C 释放率，在分解 90d 后，两者的 C 释放率差异性不大；经过冻融处理的 1～2mm 白桦细根在前 120d分解过程中的释放率显著小于对照处理的 1～2mm 细根 C 释放率，分解 150d 后，两者的C 释放率趋于相等。由图可以看出，冻融处理的冷杉和白桦细根在分解初期 C 释放率较低，但分解 60d 后冻融处理的细根 C 分解明显加快。经过一个生长季节的分解后，冻融处理的冷杉和白桦 0～1mm、1～2mm 细根的 C 释放率分别为 42.54%、44.46%、42.24%和 38.15%，对照处理的冷杉和白桦 0～1mm、1～2mm 细根的 C 释放率分别为 48.18%、40.92%、42.05%和 39.14%。

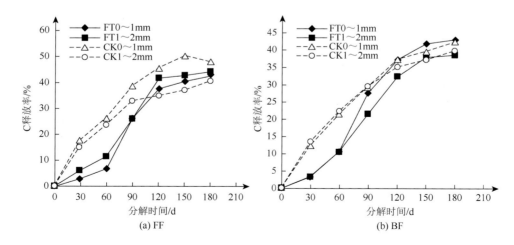

图 5-34　冷杉林（FF）和白桦林（BF）细根分解过程中 C 元素的释放率

3. 季节性冻融对细根 N 含量及其释放率的影响

由图 5-35 可见，冷杉和白桦细根在分解过程中，N 含量有所增加，表现为富集。季节性冻融处理对生长季节内的细根分解过程中 N 含量的变化有不同程度的影响。经过季节性冻融处理，0～1mm 和 1～2mm 冷杉细根在分解 30d 后，细根 N 含量显著小于对照处理的细根 N 含量。经过季节性冻融处理的 0～1mm 和 1～2mm 白桦细根在分解过程中 N 含量总体小于对照处理的细根 N 含量。

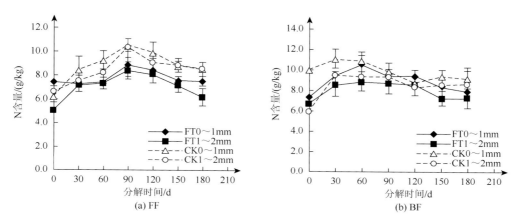

图 5-35　冷杉林（FF）和白桦林（BF）细根分解过程中 N 元素含量的变化

从图 5-36 可以看出，N 在冷杉和白桦细根分解过程中大多表现为富集。季节性冻融处理的 0～1mm 冷杉细根在分解过程中的 N 释放率显著小于对照处理的 0～1mm 细根的 N 释放率；而季节性冻融处理的 1～2mm 冷杉细根 N 释放率显著高于对照处理的 1～2mm 细根的 N 释放率。季节性冻融处理的 0～1mm 白桦细根在分解过程中 N 的释放率显著小于对照处理的 0～1mm 细根的 N 释放率，而季节性冻融处理的 1～2mm 白桦细根 N 释放

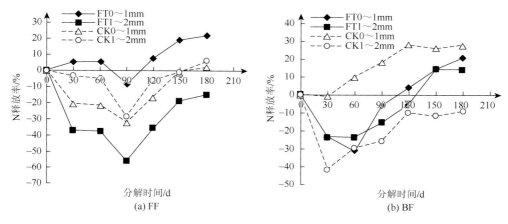

图 5-36　冷杉林（FF）和白桦林（BF）细根分解过程中 N 元素的释放率

率显著高于对照处理的 1～2mm 细根的 N 释放率。季节性冻融处理的 0～1mm 冷杉细根在分解 120d 表现为释放，而 1～2mm 冷杉细根在整个生长季节内的分解过程中总表现为富集，对照处理的 0～1mm 和 1～2mm 冷杉细根在分解 150d 后都表现为释放。季节性冻融处理的 0～1mm 和 1～2mm 白桦细根在分解 150d 后都表现为释放；对照处理的 0～1mm 白桦细根在分解过程中总表现为释放，而 1～2mm 细根总表现为富集。经过一个生长季节的分解后，季节性冻融处理的冷杉和白桦在 0～1mm、1～2mm 细根的 N 释放率分别为 21.97%、−14.90%、21.22% 和 14.02%；对照处理的冷杉和白桦在 0～1mm、1～2mm 细根的 N 释放率分别为 2.07%、5.78%、28.09% 和 −9.34%。

4. 季节性冻融对细根 P 含量及其释放率的影响

由图 5-37 可见，在整个生长季节内的分解过程中，P 含量在冷杉和白桦细根中总的表现为降低。经过季节性冻融的 0～1mm 和 1～2mm 冷杉细根在分解 30d 时，细根中 P 含量显著小于没有经过冻融处理的细根 P 含量，在分解 30d 后，冻融处理的细根 P 含量和没有经过冻融处理的细根 P 含量差异性不显著。经过季节性冻融的白桦细根和没有经过冻融处理的细根初始 P 含量差异性不显著，分解 30d 时，冻融处理的细根 P 含量显著小于对照处理的 P 含量，在随后的分解过程中两者 P 含量差异性不显著。在生长季节末期，1～2mm 冷杉细根和白桦两种径级的细根 P 含量均表现为冻融处理显著高于对照处理。

从图 5-38 可以看出，冷杉和白桦细根在分解过程中表现为释放。经过冻融处理的 1～2mm 冷杉细根在分解过程中的 P 释放率总是显著小于对照处理的细根 P 释放率，0～1mm 冷杉细根在分解 30d、120d 和 150d 时的 P 释放率显著小于对照细根的 P 释放率，在其他分解时间差异性不显著。经过冻融处理的白桦细根在分解过程的 P 释放率基本上小于对照处理的 P 释放率，在分解 180d 后，对照处理细根 P 释放率显著大于冻融处理的细根 P 释放率。经过一个生长季节的分解后，季节性冻融处理的冷杉和白桦在 0～1mm、1～2mm 细根的 P 释放率分别为 52.59%、47.49%、52.06% 和 42.75%；对照处理的冷杉和白桦在 0～1mm、1～2mm 细根的 P 释放率分别为 52.49%、64.38%、61.96% 和 66.87%。

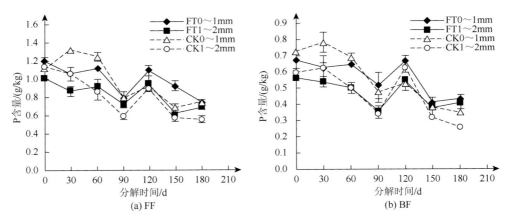

图 5-37　冷杉林（FF）和白桦林（BF）细根分解过程中 P 元素含量的变化

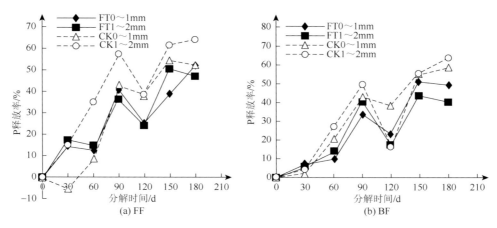

图 5-38　冷杉林（FF）和白桦林（BF）细根分解过程中 P 元素的释放率

5. 季节性冻融对细根 K 含量及其释放率的影响

从图 5-39 可以看出，K 含量在冷杉和白桦细根的整个分解过程中总是在不断降低。经过冻融处理的冷杉和白桦细根的 K 初始含量显著小于对照处理的细根的 K 初始含量。经过冻融处理的冷杉细根在分解 60d 后，K 含量和对照处理的 K 含量的变化趋势相同，差异性不显著。经过冻融处理的白桦细根在分解初期 K 含量变化较小，显著小于对照处理细根的 K 含量。经过一个生长季节的分解后，冻融处理的细根 K 含量和对照的细根 K 含量差异性不显著。

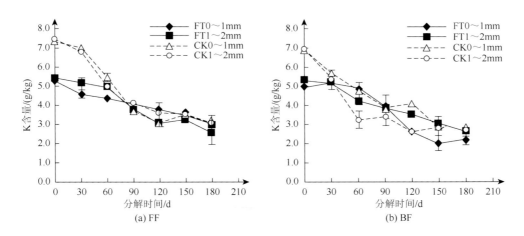

图 5-39　冷杉林（FF）和白桦林（BF）细根分解过程中影响 K 元素含量的变化

在整个分解过程中 K 总是处于释放特征。经过冻融处理的 0～1mm 和 1～2mm 冷杉细根在分解过程中的 K 释放率总是显著低于对照处理的细根 K 释放率（图 5-40）。经过冻融处理的白桦在分解前 120d，K 释放率显著低于对照处理的细根 K 释放率，分解 150d 后 1～2mm 白桦的 K 释放率和对照处理趋于接近，差异性不显著，而 0～1mm 白桦细根

K 释放率在整个分解过程中均显著小于对照处理的 K 释放率。经过一个生长季节的分解后，季节性冻融处理的冷杉和白桦在 0～1mm、1～2mm 细根的 K 释放率分别为 55.57%、63.72%、68.75% 和 62.69%，对照处理的冷杉和白桦在 0～1mm、1～2mm 细根的 K 释放率分别为 68.39%、69.68%、69.32% 和 71.57%。

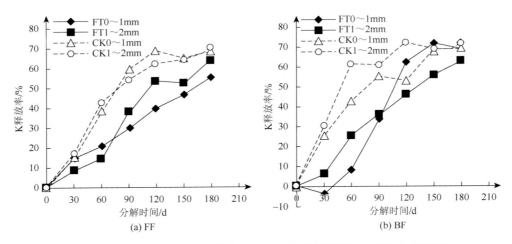

图 5-40　冷杉林（FF）和白桦林（BF）细根分解过程中 K 元素的释放率

6. 季节性冻融对细根分解过程中的 C/N 和 C/P 的影响

由图 5-41 可见，冷杉和白桦细根分解过程中 C/N 随着分解时间的进行是不断降低的。经过季节性冻融处理的 0～1mm 冷杉细根的初始 C/N 显著小于对照，但是分解 30d 后，经过季节性冻融处理的 0～1mm 冷杉细根的 C/N 总是高于对照；经过冻融处理的 1～2mm 冷杉细根，整个分解过程中的细根 C/N 基本上都高于对照处理。经过季节性冻融处理的 0～1mm 白桦细根的初始 C/N 显著高于对照，而 1～2mm 白桦细根相反，在生长季节的分解过程中，经过冻融处理的 0～1mm 和 1～2mm 白桦细根的 C/N 和对照没有显著性差异。

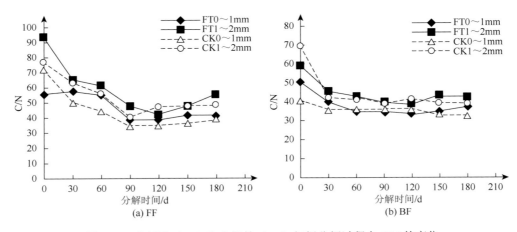

图 5-41　冷杉林（FF）和白桦林（BF）细根分解过程中 C/N 的变化

从图 5-42 可以看出，季节性冻融处理对冷杉和白桦细根分解过程中的 C/P 有不同程度的影响。在生长季节的分解过程中，经过季节性冻融处理的冷杉和白桦细根的 C/P 基本上都小于对照处理（分解 30d 时除外）。在生长季节末期，经过冻融处理的冷杉和白桦在 0~1mm、1~2mm 细根的 C/P 比对照分别低 6.0%、33.3%、20.7%和 40.9%。

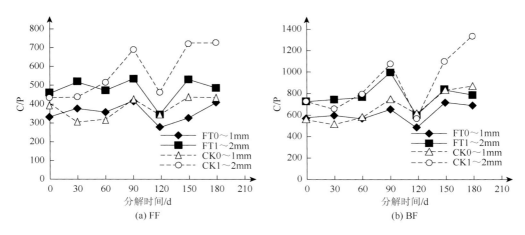

图 5-42　冷杉林（FF）和白桦林（BF）细根分解过程中 C/P 比的变化

5.5.3　讨论与结论

1. 细根干物质失重率变化及其对季节性冻融的响应

林木细根分解主要受细根自身特性和分解所处的环境（如土壤温度、水分、微生物和土壤动物等）的影响（Schuur，2001；张秀娟等，2006）。本研究表明，冷杉和白桦细根的干物质失重率都表现为先快后慢的趋势。这主要与分解初期水溶性物质和易分解的碳水化合物的快速淋失和降解有关（Berg，2000a）。随着分解的继续，木质素等难分解物质比例上升，细根的分解受到抑制，分解速率明显减慢。凋落物的质地直接影响其分解速率，木质素最难分解，纤维素次之，半纤维素又次之，淀粉最易分解（Gallardo and Merino，1999；Berg，2000b）。0~1mm 细根干物质失重率显著高于 1~2mm 细根干物质失重率，这主要与细根中的物质组成和质量有很大的关系。0~1mm 细根的 C/N 和 C/P 显著大于 1~2mm 细根。一般而言，随着根系直径的增加，N 含量降低、C/N 增加，并且易分解的细胞比例降低（Pregizer et al.，2002），因此，较大径级的细根分解较慢。一般认为，针叶树种根系 N 含量低、C/N 高（Silver and Miya，2001），直径较大的细根中含有难分解的树脂道（Chen et al.，2001），因此认为针叶树种分解缓慢。根系中 N 和 P 浓度高（C/N 和 C/P 低）的树种通常具有较快的分解速率（Chapin et al.，2002）。Olsen 方程模拟结果表明，对于相同径级的细根而言，冷杉细根平均分解系数和 1 年分解失重率都大于白桦细根，但差异性不显著，这和"阔叶树细根分解速率一般高于针叶树种"（Gill and Jackson，2000；

廖利平等，1995）的报道不一致。分析两种树种细根的初始 C/N 和 C/P 发现：冷杉细根平均 C/N 显著大于白桦细根，但 C/P 显著小于白桦，C/N 和 C/P 的综合影响可能是冷杉细根分解速率大于白桦细根的原因。

川西亚高山地区森林地下的细根长时期处于冻融状态，季节性冻融作用可能引起细根的物理破坏、化学变化及相关微生物活性的变化，从而对细根的分解速率具有显著的影响。本研究表明，经过一个自然季节性冻融期分解后，0～1mm 和 1～2mm 冷杉细根的分解失重率分别为 38.70%和 35.72%，约为一年中细根分解的 52.9%和 46.19%；0～1mm 和 1～2mm 白桦细根经过一个季节性冻融期的分解失重率分别为 36.37%和 35.00%，约为一年细根分解失重率的 39.86%和 49.91%。这表明季节性冻融对川西亚高山森林细根的分解具有十分显著的影响。普遍认为，凋落物分解速率随着温度和湿度的增加而增加（Swift et al.，1979），这主要是由于季节性冻融期间，频繁的冻融循环对凋落物的结构破坏以及冰雪融化产生的水流对凋落物的淋洗作用、凋落物的结构和化学组成产生了显著的影响（杨万勤等，2007）。由于亚高山森林土壤长期处于冻融状态，森林细根死亡后，进入土壤也将处于长期的冻融状态，因而本项研究结果能够反映出亚高山森林生态系统现实的细根分解过程。

经过季节性冻融处理的细根，在一个生长季节内的细根分解失重率和冻融期间的细根失重率差异性不大。一方面可能是因为细根分解速率较快的时期出现在分解初期（即季节性冻融期），而后在生长季节内由于纤维素和木质素等难分解的物质累积而表现出分解速率较慢的阶段；另一方面可能是季节性冻融加大了细根的机械破坏和淋洗作用，细根在季节性冻融期有较大的失重率。但是，在季节性冻融期，与细根分解有关的土壤微生物、土壤动物和酶受低温限制，活性较低对细根分解不利。而在生长季节内随着土壤温度和湿度的回升，土壤微生物、土壤动物和酶活性逐渐升高，有利于细根的分解，因此生长季节内的细根也有较大的失重率。以上几方面因素，可能导致季节性冻融期间的细根失重率和生长季节内的失重率差异性不显著。采用 Olson 指数衰减模型拟合出回归方程，估算凋落物分解 50%和分解 95%所需的时间。结果表明，季节性冻融处理的细根，其分解 50%和分解 95%所需的时间均比对照细根分解所需的时间长。这是因为经过季节性冻融期的细根，水溶性物质和易分解的碳水化合物被大量淋失以及难分解的纤维素和木质素等累积，导致之后的分解速率显著降低，因而延长了分解时间，而只根据生长季节内凋落物的分解模拟得出的细根分解动态有可能低估细根的分解周期。因此，在模拟亚高山森林细根分解动态时，不可忽视季节性冻融期这一重要生态过程。

2. 细根生物元素的释放及其对季节性冻融的响应

细根分解过程中的生物元素的释放在森林生态系统的养分循环和物质流动、维持树木自身生长以及林地生产力维护方面起着十分重要的作用，并受到生物因素与非生物因素的影响（张秀娟等，2006），例如，有的元素以积累为主，有的则以释放为主，或积累与释放过程交替进行（温达志和魏平，1998）。本研究表明，冷杉和白桦细根在分解过程中，细根中 C 和 K 的含量随着分解时间是不断下降的，P 含量在分解过程表现为先下降再升高再下降的趋势，N 含量在分解过程中大部分时间表现为增加。分解过程中的冷杉和白桦细根 C、N、P 和 K 的释放规律和其元素含量变化规律一致，C、P 和 K 表现为释放特征，而 N 在分解过程中大部分时间表现为富集特征。这种释放动态可能与细根本身质量、生物元素本身特性（王瑾和黄建辉，2001）、取样时间和凋落物分解阶段性决定凋落物分解过程中生物元素的固定和释放有关（李志安等，2004）。陈光水等（2002）认为，细根分解过程中 N、P 可能出现富集作用，N、P 浓度的变化与细根中的 C/N 和 C/P 有关，C/N 或 C/P 越大（大于某一临界值，一般为 25），分解过程中就会发生 N 或 P 的富集，且 C/N 或 C/P 越大，N 或 P 浓度出现最大值的时间越迟，而 C、P 和 C/N 呈不同程度的降低。初始养分 N、P 浓度常常作为凋落物的分解指标，浓度低的凋落物易发生养分的富集或者富集量较大，或分解过程中无明显的规律，常常出现波动；初始浓度高的元素，能够满足微生物生命活动的需要，一般富集量较小或直接释放，变化相对比较平稳（王瑾和黄建辉，2001）。如本研究中的 N 表现为富集，可溶性较强的 K 元素释放率最大。

以往研究表明，经过一个季节性冻融期的分解后，冷杉和白桦细根中的细根 C、N、P、K 元素，均有较大程度的释放。说明季节性冻融对细根质量及生物元素释放产生了显著的影响。结合细根生物量，可以推算出 0～1mm 冷杉细根在一个季节性冻融期间释放到土壤的 C、N、P 和 K 分别是 141.86kg/hm²、0.416kg/hm²、0.196kg/hm² 和 3.656kg/hm²，1～2mm 冷杉细根分别是 47.87kg/hm²、0.89kg/hm²、0.13kg/hm² 和 1.27kg/hm²；0～1mm 白桦细根分别是 42.25kg/hm²、1.81kg/hm²、0.074kg/hm² 和 1.31kg/hm²，1～2mm 白桦细根分别为 22.11kg/hm²、0.11kg/hm²、0.031kg/hm² 和 0.58kg/hm²。由于亚高山森林土壤融化期间的微生物活性较低，对土壤养分有效性的作用较小，而此时的植物已经进入萌芽生长状态，因而季节性冻融期间细根释放的养分可为春季亚高山森林植物的生长发育提供一定的养分，这对于亚高山森林生态系统过程具有十分重要的生态学意义。

经过季节性冻融后的 0～1mm 冷杉细根在一个生长季节内释放到土壤的 C、N、P 和 K 分别是 201.01kg/hm²、1.09kg/hm²、0.74kg/hm² 和 3.38kg/hm²，均显著高于冻融期间的元素释放率；1～2mm 冷杉细根分别是 90.62kg/hm²、–0.33kg/hm²、0.21kg/hm² 和 1.52kg/hm²，显著低于冻融期间的 N 和 K 释放率。0～1mm 白桦细根分别是 63.97kg/hm²、0.80kg/hm²、0.17kg/hm² 和 1.65kg/hm²，显著低于冻融期间的 N 释放率，而高于 C、P 和 K 释放率；1～2mm 白桦细根分别是 36.30kg/hm²、0.23kg/hm²、0.06kg/hm² 和 0.77kg/hm²，显著高于冻融期间的释放率。这一方面表明季节性冻融期间的细根养分释放率为春季的亚高山森林植物的生长提供了丰富的养分，另一方面说明了季节性冻融改变了细根质量，使其在生长季节内的养分释放速率可能升高和降低。由此可见，季节性冻融对细根分解过程中的生物元素释放率产生了一定的影响。

参 考 文 献

安树青，洪必恭，李朝阳，等. 1997. 紫金山次生林林窗植被和环境的研究[J]. 应用生态学报，8（3）：245-249.

常晨晖，吴福忠，杨万勤，等. 2015. 高寒森林倒木在不同分解阶段的质量变化[J]. 植物生态学报，39（1）：14-22.

陈光水，蔡丽平，林瑞余，等. 2002. 杉木观光木混交林凋落物热值及灰分含量的季节动态分析[J].福建林业科技，29（1）：9-13.

陈华，代力民，徐振邦，等. 2002. 长白山红松阔叶混交林紫椴枝条的分解实验[J]. 生态学报，22（6）：854-858.

池玉杰. 2003. 木材腐朽与木材腐朽菌[M]. 北京：科学出版社.

邓仁菊, 杨万勤, 冯瑞芳, 等. 2009. 季节性冻融期间亚高山森林凋落物的质量损失及元素释放[J]. 生态学报, 29（10）: 5730-5735.

高甲荣, 王敏, 毕利东, 等. 2003. 贡嘎山不同年龄结构峨眉冷杉林粗木质残体的贮存量及其特征[J]. 中国水土保持科学, 1（2）: 47-51.

郭剑芬, 杨玉盛, 陈光水, 等. 2006. 森林凋落物分解研究进展[J]. 林业科学, 42（4）: 93-100.

何东进, 谢益林, 李树忠, 等. 2009. 中国南方高保护价值森林判定研究[J]. 福建林学院学报, 29（2）: 103-108.

何帆, 王得祥, 雷瑞德. 2011. 秦岭火地塘林区四种主要树种凋落叶分解速率[J]. 生态学杂志, 30（3）: 521-526.

侯平, 潘存德. 2001. 森林生态系统中的粗死木质残体及其功能[J]. 应用生态学报, 12（2）: 309-314.

胡霞, 吴宁, 吴彦, 等. 2012. 川西高原季节性雪被覆盖对窄叶鲜卑花凋落物分解和养分动态的影响[J]. 应用生态学报, 23（5）: 1226-1232.

李志安, 邹碧, 丁永祯, 等. 2004. 森林凋落物分解重要影响因子及其研究进展[J]. 生态学杂志, 23（6）: 77-83.

梁晓东, 叶万辉. 2001. 美国对入侵种的管理对策[J]. 生物多样性, 9（1）: 90-94.

廖利平, 陈楚莹, 张家武, 等. 1995. 杉木、火力楠纯林及混交林细根周转的研究[J]. 应用生态学报, 6（1）: 7-10.

林波, 刘庆, 吴彦, 等. 2004. 森林凋落物研究进展[J]. 生态学杂志, 23（1）: 60-64.

林成芳, 郭剑芬, 陈光水, 等. 2008. 森林细根分解研究进展[J]. 生态学杂志, 27（6）: 1029-1036.

刘彬, 杨万勤, 吴福忠. 2010. 亚高山森林生态系统过程研究进展[J]. 生态学报, 30（16）: 4476-4483.

刘翠玲, 潘存德, 巴扎尔别克·阿斯勒汗, 等. 2009. 自然火干扰对新疆喀纳斯旅游区森林景观树种结构的影响[J]. 植物生态学报, 33（3）: 555-562.

刘庆, 吴彦. 2002. 滇西北亚高山针叶林林窗大小与更新的初步分析[J]. 应用与环境生物学报, 8（5）: 453-459.

刘瑞龙, 李维民, 杨万勤, 等. 2013. 土壤动物对川西高山/亚高山森林凋落物分解的贡献[J]. 应用生态学报, 24（12）: 3354-3360.

鲁如坤. 1999. "微域土壤学"——一个可能的土壤学的新分支[J]. 土壤学报, 36（2）: 287.

吕明和, 周国逸, 张德强, 等. 2006. 鼎湖山锥栗粗木质残体的分解和元素动态[J]. 热带亚热带植物学报, 14（2）: 107-112.

瑞芳, 杨万勤, 张健. 2006. 人工林经营与全球变化减缓[J]. 生态学报, 26（11）: 3870-3877.

宋新章, 江洪, 余树全, 等. 2009. 中亚热带森林群落不同演替阶段优势种凋落物分解试验[J]. 应用生态学报, 20（3）: 537-542.

谭波, 吴福忠, 杨万勤, 等. 2012. 川西亚高山/高山森林土壤氧化还原酶活性及其对季节性冻融的响应[J]. 生态学报, 32（21）: 6670-6678.

唐旭利, 周国逸. 2005. 南亚热带典型森林演替类型粗死木质残体贮量及其对碳循环的潜在影响[J]. 植物生态学报, 29（4）: 559-568.

唐旭利, 周国逸, 周霞, 等. 2003. 鼎湖山季风常绿阔叶林粗死木质残体的研究[J]. 植物生态学报, 27（4）: 484-489.

王瑾, 黄建辉. 2001. 暖温带地区主要树种叶片凋落物分解过程中主要元素释放的比较[J]. 植物生态学报, 25（3）: 375-380.

王壮, 杨万勤, 吴福忠, 等. 2017. 高山森林粗木质残体附生苔藓植物的重金属吸存特征[J]. 生态学报, 37（9）: 3028-3035.

温达志, 魏平. 1998. 鼎湖山南亚热带森林细根分解干物质损失和元素动态[J]. 生态学杂志, 17（2）: 1-6.

温达志, 魏平, 孔国辉, 等. 1999. 鼎湖山南亚热带森林细根生产力与周转[J]. 植物生态学报, 23（4）: 361-369.

吴福忠, 王开运, 杨万勤, 等. 2005. 密度对缺苞箭竹凋落物生物元素动态及其潜在转移能力的影响[J]. 植物生态学报, 29（4）: 537-542.

吴宁, 刘庆. 2000. 长江上游地区的生态环境与可持续发展战略[J]. 世界科技研究与发展, 21（3）: 70-73.

吴庆贵, 吴福忠, 杨万勤, 等. 2013. 川西高山森林林隙特征及干扰状况[J]. 应用与环境生物学报, 19（6）: 922-928.

夏磊, 吴福忠, 杨万勤. 2011. 季节性冻融期间土壤动物对岷江冷杉凋落叶质量损失的贡献[J]. 植物生态学报, 35（11）: 1127-1135.

肖洒, 吴福忠, 杨万勤, 等. 2014. 川西高山森林生态系统林下生物量及其随林窗的变化特征[J]. 生态环境学报, 23（9）: 1515-1519.

徐化成, 郑均宝, 秦勇, 等. 1998. 生态土地分类及其在林业上的应用前景[J]. 林业科学, 34（1）: 1-8.

严海元, 辜夕容, 申鸿. 2010. 森林凋落物的微生物分解[J]. 生态学杂志, 29（9）: 1827-1835.

杨方方, 李跃林, 刘兴诏. 2009. 鼎湖山木荷（*Schima Superba*）粗死木质残体的分解研究[J]. 山地学报, 27（4）: 442-448.

杨礼攀, 刘文耀, 杨国平, 等. 2007. 哀牢山湿性常绿阔叶林和次生林木质物残体的组成与碳贮量[J]. 应用生态学报, 18（10）: 2153-2159.

杨丽韫, 代力民. 2002. 长白山北坡苔藓红松暗针叶林倒木分解及其养分含量[J]. 生态学报, 22（2）: 185-189.

杨丽韫, 代力民, 张扬建. 2002. 长白山北坡暗针叶林倒木贮量和分解的研究[J]. 应用生态学报, 13（9）: 1069-1071.

杨万勤, 张健, 胡庭兴, 等. 2006. 森林土壤生态学[M]. 成都: 四川科学技术出版社.

杨万勤, 邓仁菊, 张健. 2007. 森林凋落物分解及其对气候变化的响应[J]. 应用生态学报, 18（12）: 2889-2895.

袁杰, 张硕新. 2012. 秦岭火地塘天然次生油松林倒木密度与含水量变化特征研究[J]. 中南林业科技大学学报, 32（11）: 105-109.

臧润国, 刘静艳, 辛国荣. 1999. 南亚热常绿阔叶林林隙小气候初步分析[J]. 植物生态学报, 23（1）: 123-129.

张利敏, 王传宽. 2010. 东北东部山区 11 种温带树种粗木质残体分解与碳氮释放[J]. 植物生态学报, 34（4）: 368-374.

张修玉, 管东生, 张海东. 2009. 广州三种森林粗死木质残体（CWD）的储量与分解特征[J]. 生态学报, 29（10）: 69-78.

张秀娟, 吴楚, 梅莉, 等. 2006. 水曲柳和落叶松人工林根系分解与养分释放[J]. 应用生态学报, 17（8）: 1370-1376.

Adair E C, Parton W J, Grosso S J D, et al. 2008. Simple three-pool model accurately describes patterns of long-term litter decomposition in diverse climates[J]. Global Change Biology, 14: 2636-2660.

Aerts R. 1997. Climate, leaf chemistry and leaf litter decomposition in terrestrial ecosystem: a triangular relationship[J]. Oikos, 79: 439-449.

Allen C D, Macalady A K, Chenchouni H, et al. 2010. A global overview of drought and heat-induced tree mortality reveals emerging climate change risks for forests[J]. Forest Ecology & Management, 259: 660-684.

Anderegg W R L, Hicke J A, Fisher R A, et al. 2015. Tree mortality from drought, insects, and their interactions in a changing climate[J]. New Phytologist, 208: 674-683.

Arthur M A, Fahey T J. 2011. Biomass and nutrients in an Engelmann spruce-subalpine fir forest in north central Colorado: pools, annual production, and internal cycling[J]. Canadian Journal of Forest Research, 22: 315-325.

Augusto L, Meredieu C, Bert D, et al. 2008. Improving models of forest nutrient export with equations that predict the nutrient concentration of tree compartments[J]. Annals of Forest Science, 65: 808.

Bantle A, Borken W, Matzner E. 2014. Dissolved nitrogen release from coarse woody debris of different tree species in the early phase of decomposition[J]. Forest Ecology and Management, 334: 277-283.

Baptist F, Yoccoz N G, Choler P. 2010. Direct and indirect control by snow cover over decomposition in alpine tundra along a snowmelt gradient[J]. Plant and soil, 328（1-2）: 397-410.

Barber S A. 1984. Nutrient absorption by plant roots//Soil Nutrient Bioavailability: A Mechanistic Approach[M]: 49-85.

Bauhus J, Mackensen J. 2003. Density loss and respiration rates in coarse woody debris of Pinus radiata, Eucalyptus regnans and *Eucalyptus maculata*[J]. Soil Biology and Biochemistry, 35（1）: 177-186.

Bello D, Wardle B L, Yamamoto N, et al. 2009. Exposure to nanoscale particles and fibers during machining of hybrid advanced composites containing carbon nanotubes[J]. Journal of Nanoparticle Research, 11（1）: 231-249.

Berg B. 2000a. Initial rates and limit values for decomposition of Scots pine and Norway spruce needle litter: a synthesis for N-fertilized forest stands[J]. Canadian Journal of Forest Research, 30: 122-135.

Berg B. 2000b. Litter decomposition and organic matter turnover in northern forest soils[J]. Forest Ecology and Management, 133: 13-22.

Berg B, Laskowski R. 2006. Litter decomposition: a guide to carbon and nutrient turnover[J]. Adv Ecol Res, 38: 428.

Berg B, Müller M, Wessén B. 1987. Decomposition of red clover（*Trifolium pratense*）roots[J]. Soil Biology and Biochemistry, 19: 589-593.

Boer W D, Wal A V D. 2015. Chapter 8 Interactions between saprotrophic basidiomycetes and bacteria[J]. British Mycological Society Symposia, 28: 143-153.

Bokhorst S, Bjerke J W, Melillo J, et al. 2010. Impacts of extreme winter warming events on litter decomposition in a sub-Arctic heathland[J]. Soil Biology & Biochemistry, 42: 611-617.

Bowden R D，Newkirk K M，Rullo G M. 1998. Carbon dioxide and methane fluxes by a forest soil under laboratory-controlled moisture and temperature conditions[J]. Soil Biology and Biochemistry，30（12）：1591-1597.

Canham C D. 1988. Growth and canopy architecture of shade-tolerant trees：response to canopy gaps[J]. Ecology，69：786-795.

Canham C D. 1989. Different responses to gaps among shade-tolerant tree species[J]. Ecology，70：548-550.

Carpenter S E，Harmon M E，Ingham E R，et al. 2011. Early patterns of heterotroph activity in conifer logs[J]. Proceedings of the Royal Society of Edinburgh，94：33-43.

Chambers J Q，Higuchi N，Schimel J P，et al. 2000. Decomposition and carbon cycling of dead trees in tropical forests of the central Amazon[J]. Oecologia，122：380-388.

Chapin III F S，Matson P M，Mooney H A. 2002. Principles of Terrestrial Ecosystem Ecology[M]. Berlin: Springer-Verlag: 151-175.

Chazdon R L，Fetcher N. 1984. Photosynthetic light environments in a lowland tropical rain forest in Costa Rica[J]. The Journal of Ecology，72：553-564.

Chen H，Harmon M E，Griffiths R P. 2001. Decomposition and nitrogen release from decomposing woody roots in coniferous forests of the Pacitic Northwest[J]. Canadian Journal of Forest Research，31：246-260.

Christenson L M，Mitchell M J，Groffman P M，et al. 2010. Winter climate change implications for decomposition in northeastern forests：comparisons of sugar maple litter with herbivore fecal inputs[J]. Global Change Biology，16（9）：2589-2601.

Clausen C A. 1996. Bacterial associations with decaying wood：a review[J]. International Biodeterioration & Biodegradation，37：101-107.

Clinton P W，Buchanan P K，Wilkie J P，et al. 2009. Decomposition of Nothofagus wood in vitro and nutrient mobilization by fungi[J]. Canadian Journal of Forest Research，39：2193-2202.

Cornwell W K，Cornelissen J H C，Allison S D，et al. 2009. Plant traits and wood fates across the globe：rotted，burned，or consumed？[J]. Global Change Biology，15：2431-2449.

Cowling E B，Merrill W. 1966. Nitrogen in wood and its role in wood deterioration[J]. Canadian Journal of Botany，44（11）：1539-1554.

Currie W S，Nadelhoffer K J. 2002. The Imprint of Land-use History：patterns of carbon and nitrogen in downed woody debris at the Harvard forest[J]. Ecosystems，5：446-460.

Delaney M，Brown S，Lugo A E，et al. 1998. The quantity and turnover of dead wood in permanent forest plots in six life zones of Venezuela[J]. Biotropica，30：2-11.

Forrester J A，Mladenoff D J，Gower S T，et al. 2012. Interactions of temperature and moisture with respiration from coarse woody debris in experimental forest canopy gaps[J]. Forest Ecology and Management，265：124-132.

Freschet G T，Weedon J T，Aerts R，et al. 2012. Interspecific differences in wood decay rates：insights from a new short-term method to study long-term wood decomposition[J]. Journal of Ecology，100：161-170.

Fukasawa Y，Takahashi K，Arikawa T，et al. 2015. Fungal wood decomposer activities influence community structures of myxomycetes and bryophytes on coarse woody debris[J]. Fungal Ecology，14：44-52.

Galen C，Stanton M L. 1995. Responses of snowbed plant species to changes in growing-season length[J]. Ecology，76（5）：1546-1557.

Gallardo A，Merino J. 1999. Control of leaf litter decomposition in a mediterranean shrub land as indicated by N，P and lignin concentrations[J]. Pedobiologia，43：64-72.

Ganjegunte G K，Condron L M，Clinton P W，et al. 2004. Decomposition and nutrient release from radiata pine（Pinus radiata）coarse woody debris[J]. Forest Ecology and Management，187：197-211.

Garrett L G，Oliver G R，Pearce S H，et al. 2008. Decomposition of Pinus radiata，coarse woody debris in New Zealand[J]. Forest Ecology and Management，255：3839-3845.

Gavazov K S. 2010. Dynamics of alpine plant litter decomposition in a changing climate[J]. Plant and Soil，337（1-2）：19-32.

Gessner M O，Swan C M，Dang C K，et al. 2010. Diversity meets decomposition[J]. Trends in Ecology & Evolution，25：372.

Gholz H L，Clark K L. 2002. Energy exchange across a chronosequence of slash pine forests in Florida[J]. Agricultural and Forest

Meteorology，112（2）：87-102.

Gill R A，Jackson R B. 2000. Global patterns of root turnover for terrestrial ecosystems[J]. New Phytologist，147：13-32.

Goodrich L E. 1982. The influence of snow cover on the ground thermal regime[J]. Canadian Geotechnical Journal，19（4）：421-432.

Gough C M，Vogel C S，Harrold K H，et al. 2007. The legacy of harvest and fire on ecosystem carbon storage in a north temperate forest[J]. Global Change Biology，13：1935-1949.

Groffman P M，Driscoll C T，Fahey T J，et al. 2001. Effects of mild winter freezing on soil nitrogen and carbon dynamics in a northern hardwood forest[J]. Biogeochemistry，56：191-213.

Harmon M E，Franklin J F，Swanson F J，et al. 1986. Ecology of Coarse Woody Debris in Temperate Ecosystems[J]. Advances in ecological research，15：133-302.

Harmon M E，Sexton J，Caldwell B A，et al. 1994. Fungal sporocarp mediated losses of Ca，Fe，K，Mg，Mn，N，P and Zn，from conifer logs in the early stages of decomposition[J]. Canadian Journal of Forest Research，24：1883-1893.

Harmon M E，Krankina O N，Sexton J. 2000. Decomposition vectors：a new approach to estimating woody detritus decomposition dynamics[J]. Canadian Journal of Forest Research，30（1）：76-84.

Harmon M E，Fasth B，Woodall C W，et al. 2013. Carbon concentration of standing and downed woody detritus：effects of tree taxa，decay class，position，and tissue type[J]. Forest Ecology & Management，291：259-267.

Henry H A L，Brizgys K，Field C B. 2008. Litter decomposition in a California annual grassland：interactions between photodegradation and litter layer thickness[J]. Ecosystems，11（4）：545-554.

Herrmann S，Bauhus J. 2013. Effects of moisture，temperature and decomposition stage on respirational carbon loss from coarse woody debris（CWD）of important European tree species[J]. Scandinavian Journal of Forest Research，28：346-357.

Hicke J A，Zeppel M J B. 2013. Climate‐driven tree mortality：insights from the piñon pine die-off in the United States[J]. New Phytologist，200：301-303.

Hobbie S E，Eddy W C，Buyarski C R，et al. 2012. Response of decomposing litter and its microbial community to multiple forms of nitrogen enrichment[J]. Ecological Monographs，82（3）：389-405.

Hua C，Harmon M E，Hanqin T. 2001. Effects of golbal change on litter decomposition in terretrial ecosystems[J]. Acta Ecologica Sinica，21（9）：1549-1563.

Huang J，Wang X，Yan E. 2007. Leaf nutrient concentration，nutrient resorption and litter decomposition in an evergreen broad-leaved forest in eastern China[J]. Forest Ecology and Management，239（1-3）：150-158.

Janisch J E，Harmon M E，Hua C，et al. 2005. Decomposition of coarse woody debris originating by clearcutting of an old-growth conifer forest[J]. Ecoscience，12：151-160.

Kazakou E，Violle C，Roumet C，et al. 2009. Litter quality and decomposability of species from a Mediterranean succession depend on leaf traits but not on nitrogen supply[J]. Annals of Botany，104（6）：1151-1161.

Kim R H，Son Y，Lim J H，et al. 2006. Coarse woody debris mass and nutrients in forest ecosystems of Korea[J]. Ecological Research，21：819-827.

Köster K，Metslaid M，Engelhart J，et al. 2015. Dead wood basic density，and the concentration of carbon and nitrogen for main tree species in managed hemiboreal forests[J]. Forest Ecology & Management，354：35-42.

Laiho R，Prescott C E. 2004. Decay and nutrient dynamics of coarse woody debris in northern coniferous forests：a synthesis[J]. Canadian Journal of Forest Research，34：763-777.

Lajtha K. 2005. The imprint of coarse woody debris on soil chemistry in the Western Oregon Cascades[J]. Biogeochemistry，71：163-175.

Lawton R O，Putz F E. 1988. Natural disturbance and gap-phase regeneration in a wind-exposed tropical cloud forest[J]. Ecology，69：764-777.

Lawton R O，Putz F E. 1988. Natural disturbance and gap-phase regeneration in a wind-exposed tropical cloud forest[J]. Ecology，69（3）：764-777.

Leifeld J，Bassin S，Fuhrer J. 2005. Carbon stocks in Swiss agricultural soils predicted by land-use，soil characteristics，and altitude[J]. Agriculture, Ecosystems & Environment, 105 (1-2): 255-266.

Lemma B, Kleja D B, Olsson M, et al. 2007. Factors controlling soil organic carbon sequestration under exotic tree plantations: a case study using the CO_2 fix model in southwestern Ethiopia[J]. Forest Ecology and Management, (252) 1-3: 124-131.

Lombardi F, Cherubini P, Tognetti R, et al. 2012. Investigating biochemical processes to assess deadwood decay of beech and silver fir in Mediterranean mountain forests[J]. Annals of Forest Science, 70: 101-111.

Lousier J D, Parkinson D. 1976. Litter decompo-sition in a cool temperate deciduous forest[J]. Canadian Journal of Botany, 54: 419-436.

Mackelprang R, Waldrop M P, DeAngelis K M, et al. 2011. Metagenomic analysis of a permafrost microbial community reveals a rapid response to thaw[J]. Nature, 480 (377): 368-371.

Männistö M K, Tiirola M, Häggblom M M. 2009. Effect of freeze-thaw cycles on bacterial communities of Arctic tundra soil[J]. Microbial Ecology, 58 (3): 621-631.

Manzoni S, Trofymow J A, Jackson R B, et al. 2010. Stoichiometric controls on carbon, nitrogen, and phosphorus dynamics in decomposing litter[J]. Ecological Monographs, 80: 89-106.

Matzner E, Borken W. 2008. Do freeze - thaw events enhance C and N losses from soils of different ecosystems? A review[J]. European Journal of Soil Science, 59 (2): 274-284.

McBrayer J F, Cromack Jr K. 1980. Effect of snow-pack on oak-litter breakdown and nutrient release in a Minnesota forest[J]. Pedobiologia, 20: 47-54.

Melillo J M, Aber J D, Muratore J F. 1982. Nitrogen and lignin control of hardwood leaf litter decomposition dynamics[J]. Ecology, 63 (3): 621-626.

Melin E. 1930. Biological decomposition of some types of litter from north american forests[J]. Ecology, 11 (1): 72-101.

Metzger K L, Smithwick E A H, Tinker D B, et al. 2008. Influence of coarse wood and pine saplings on nitrogen mineralization and microbial communities in young post-fire Pinus contorta[J]. Forest Ecology and Management, 256: 59-67.

Mondini C, Confin M, Leita L, et al. 2002. Response of microbial biomass to air-drying and rewetting in soils and compost[J]. Geoderma, 105: 111-124.

Moore P A. 1998. Best management practices for poultry manure utilization that enhance agricultural productivity and reduce pollution//Hatfield J, Stewart B. Animal waste utilization: effective use of manure as a soil resource. Chelsea: Ann Arbor Press: 89-117.

Nadelhoffer K, Raich J. 1992. Fine root production estimates and belowground carbon allocation in forest ecosystems[J]. Ecology, 73: 1139-1147.

Nascimbene J M L, Caniglia G, Cester D, et al. 2008. Lichen diversity on stumps in relation to wood decay in subalpine forests of Northern Italy[J]. Biodiversity & Conservation, 17: 2661-2670.

Nicholas K, Clas F, Bengt G J, et al. 1999. Wood-inhabiting cryptogams on dead Norway spruce (Piceaabies) trees in managed Swedish boreal forests[J]. Canadian Journal of Forest Research, 29: 178-186.

Olson J S. 1963. Energy Storage and the balance of producers and decomposers in ecological systems[J]. Ecology, 44: 322-331.

Olsson J, Jonsson B G, Hjältén J, et al. 2011. Addition of coarse woody debris-the early fungal succession on Piceaabies, logs in managed forests and reserves[J]. Biological Conservation, 144: 1100-1110.

Overduin P P, Kane D L, van Loon W K P. 2006. Measuring thermal conductivity in freezing and thawing soil using the soil temperature response to heating[J]. Cold Regions Science and Technology, 45 (1): 8-22.

Palviainen M P, Laiho R L, Mäkinen H, et al. 2008. Do decomposing scots pine, norway spruce, and silver birch stems retai[J]. Canadian Journal of Forest Research, 38: 3047-3055.

Park J K, Jung J Y, Park Y H. 2003. Cellulose production by Gluconacetobacter hansenii in a medium containing ethanol[J]. Biotechnology Letters, 25 (24): 2055-2059.

Petrillo M, Cherubini P, Sartori G, et al. 2015. Decomposition of Norway spruce and European larch coarse woody debris (CWD) in relation to different elevation and exposure in an Alpine setting[J]. iForest-Biogeosciences and Forestry, 9 (1): 154.

Pregizer K S，Deforest J L，Burton A J，et al. 2002. Fine root architecture of nine North American trees[J]. Ecological Monographs，72：293-309.

Prescott C E，Hope G D，Blevins L L. 2003. Effect of gap size on litter decomposition and soil nitrate concentrations in a high-elevation spruce-fir forest[J]. Canadian Journal of Forest Research，33：2210-2220.

Preston C M，Nault J R，Trofymow J A，et al. 2009. Chemical changes during 6 years of decomposition of 11 litters in some Canadian forest sites. Part 1. elemental composition，tannins，phenolics，and proximate fractions[J]. Ecosystems，12：1053-1077.

Progar R A，Schowalter T D，Freitag C M，et al. 2000. Respiration from coarse woody debris as affected by moisture and saprotroph functional diversity in Western Oregon[J]. Oecologia，124（3）：426-431.

Reiners W A，Olson R K. 1984. Effects of canopy components on throughfall chemistry：an experimental analysis[J]. Oecologia，63：320-330.

Rice M D，Lockaby B G. 1997. Woody debris decomposition in the Atchafalaya River Basin of Louisiana following hurricane disturbance[J]. Soilence Society of America Journal，61：1264-1274.

Rouvinen S，Kuuluvainen T，Karjalainen L. 2002. Coarse woody debris in old Pinus sylvestris dominated forests along a geographic and human impact gradient in boreal Fennoscandia[J].Canadian Journal of Forest Research，32：2184-2200.

Sandström F，Petersson H，Kruys N，et al. 2007. Biomass conversion factors（density and carbon concentration）by decay classes for dead wood of *Pinus sylvestris*，*Picea abies*，and *Betula* spp. in boreal forests of Sweden[J]. Forest Ecology & Management，243：19-27.

Schmidt O. 2005. Wood and Tree Fungi[M]. Berlin：Springer Verlag.

Schuur E A G. 2001. The effect of water on decomposition dynamics in mesic to wet Hawaiian montanne forests[J]. Ecosystems，4：259-273.

Schwarze F W M R. 2007. Wood decay under the microscope[J]. Fungal Biology Reviews，21：133-170.

Seedre M，Taylor A R，Chen H Y H，et al. 2013. Deadwood density of five boreal tree species in relation to field-assigned decay class[J]. Forest Science，59：261-266.

Silver W L，Miya R K. 2001. Global patterns in root decomposition：comparisons of climate and litter quality effects[J]. Oecologia，129：407-419.

Solomon S. 2007. IPCC（2007）：Climate change the physical science basis[J]. AGUFM：U43D-01.

Spies T A，Franklin J F，Thomas T B. 1988. Coarse woody debris in Douglas-fir forests of western Oregon and Washington[J]. Ecology，69：1689-1702.

Stieglitz M，Déry S J，Romanovsky V E，et al. 2003. The role of snow cover in the warming of arctic permafrost[J]. Geophysical Research Letters，30：51-54.

Sulkava P，Huhta V. 2003. Effects of hard frost and freeze-thaw cycles on decomposer communities and N mineralization in boreal forest soil[J]. Applied Soil Ecology，22：225-239.

Swift M J，Heal O W，Anderson J M. 1979. Decomposition in Terrestrial Ecosystems[M]. Oxford：Blackwell Scientific Publications.

Tan B，Wu F Z，Yang W Q，et al. 2010. Characteristics of soil animal community in the subalpine/alpine forests of western Sichuan during onset of freezing[J]. Acta Ecologica Sinica，30（2）：93-99.

Taylor B R，Jones H G. 1990. Litter decomposition under snow cover in a balsam fir forest[J]. Canadian Journal of Botany，68（1）：112-120.

Tinker D B，Knight D H. 2000. Coarse woody debris following fire and logging in Wyoming lodgepole pine forests[J]. Ecosystems，3：472-483.

Tomaselli M. 1991. The snow-bed vegetation in the Northern Apennines[J]. Vegetatio，94（2）：177-189.

Uchida M，Mo W，Nakatsubo T，et al. 2005. Microbial activity and litter decomposition under snow cover in a cool-temperate broad-leaved deciduous forest[J]. Agricultural and Forest Meteorology，134（1-4）：102-109.

Vitousek，Peter M，Turner，et al. 1994. Litter decomposition on the Mauna Loa Environmental Matrix，Hawaii：patterns，mechanisms，and models[J]. Ecology，75：418-429.

Waddell K L. 2002. Sampling coarse woody debris for multiple attributes in extensive resource inventories[J]. Ecological Indicators，1（3）：139-153.

Wang A，Wu F，Yang W，et al. 2012. Abundance and composition dynamics of soil ammonia-oxidizing archaea in an alpine fir forest on the eastern Tibetan Plateau of China [J]. Canadian Journal of Microbiology，58：572-580.

Weedon J T，Cornwell W K，Cornelissen J H C，et al. 2009. Global meta-analysis of wood decomposition rates：a role for trait variation among tree species[J]. Ecology Letters，12：45-56.

Wickland K P，Neff J C. 2008. Decomposition of soil organic matter from boreal black spruce forest：environmental and chemical controls[J]. Biogeochemistry，87（1）：29-47.

Wilcke W，Hess T，Bengel C，et al. 2005. Coarse woody debris in a montane forest in Ecuador：mass，C and nutrient stock，and turnover[J]. Forest Ecology and Management，205（1-3）：139-147.

Withington C L，Sanford Jr R L. 2007. Decomposition rates of buried substrates increase with altitude in the forest-alpine tundra ecotone[J]. Soil Biology and Biochemistry，39（1）：68-75.

Woodwell G M，Whittaker R H，Reiners W A，et al. 1978. The biota and the world carbon budget[J]. Science，199（4325）：141-146.

Yang F F，Li Y L，Zhou G Y，et al. 2010. Dynamics of coarse woody debris and decomposition rates in an old-growth forest in lower tropical China[J]. Forest Ecology and Management，259：1666-1672.

Yang W Q，Wang K Y，Kellomäki S，et al. 2005. Litter dynamics of three subalpine forests in Western Sichuan[J]. Pedosphere，15：653-659.

Yang W，Wang K，Kellomäki S，et al. 2006. Annual and monthly variations in litter macronutrients of three subalpine forests in western China[J]. Pedosphere，16（6）：788-798.

Zhou G，Wei X，Liu S，et al. 2011. Quantifying the hydrological responses to climate change in an intact forested small watershed in Southern China[J]. Global Change Biology，17（2011）：3736-3746.

Zhu J，He X，Wu F，et al. 2012. Decomposition of Abies faxoniana litter varies with freeze-thaw stages and altitudes in subalpine/alpine forests of southwest China[J]. Scandinavian Journal of Forest Research，27（6）：586-596.

Zhu J，Yang W，He X. 2013. Temporal dynamics of abiotic and biotic factors on leaf litter of three plant species in relation to decomposition rate along a subalpine elevation gradient[J]. PloS One，8（4）：e62073.

第6章　亚高山针叶林土壤碳氮过程

全球森林生态系统总面积约为 $41×10^8hm^2$，其中人工林面积约为 $1.396×10^8hm^2$，且以 2%的速率在持续增加（Pan et al.，2011）。森林作为陆地生态系统的主体，在陆地生态系统碳循环中起着重要的作用（Christopher，1999）。据估计，全球 1m 土层中，有机碳储量约 $1550×10^9t$，占陆地生态系统总碳储量的 3/4，是陆地碳库的重要组成部分（Sedjo，1993）。森林土壤碳库的微小变化可能导致大气碳库波动，并对全球气候变化具有潜在正反馈效应。土壤平均每年排放到大气中的二氧化碳（CO_2）以碳计为 $68×10^9\sim100×10^9t$（Raich and Potter，1995）。同时，森林土壤通过地上和地下凋落物输入不断积累有机碳。因此，森林土壤不仅是一个巨大的碳库，还是巨大的碳汇或碳源（Dixon et al.，1994）。

森林土壤碳含量及其分布特征是全球碳收支的重要组成部分。过去几十年，围绕区域及国家尺度，开展了大量土壤碳储存调查研究。研究囊括了热带森林、亚热带森林、温带森林、寒带森林以及青藏高原东缘亚高山森林（Wang et al.，2002；Chave et al.，2003；Canadell and Rapauch，2008；Zhang et al.，2013）。最近，美国《国家科学院院刊》（PNAS）以专辑形式发表了中国科学院战略性先导科技专项"应对气候变化的碳收支认证及相关问题"之"生态系统固碳"项目群 7 篇研究论文。2011～2015 年，科研人员系统调查了中国陆地生态系统（森林、草地、灌丛、农田）的碳储量及其分布，调查样方 17000 多个，累计采集各类植物和土壤样品超过 60 万份。研究显示，中国陆地生态系统年均固碳 2.01亿 t（相当于 7.37 亿 tCO_2），其中，森林生态系统贡献了约 80%的固碳量，农田和灌丛生态系统分别贡献 12%和 8%，草地生态系统基本处于碳收支平衡状态（Lu et al.，2018；Zhao et al.，2018）。同时，数据显示，我国重大生态工程（如天然林保护工程、退耕还林工程、退耕还草工程以及长江和珠江防护林工程等）和秸秆还田农田管理措施的实施，分别贡献了中国陆地生态系统固碳总量的 36.8%和 9.9%（Lu et al.，2018；Zhao et al.，2018）。其次，研究阐明了植物养分同系统固碳的关系（Tang et al.，2018），并证实了增加生物多样性可以增加土壤碳储量（Chen et al.，2018）。研究从时间和空间尺度上证明，森林经营管理措施能直接或间接影响森林生态系统土壤碳动态。研究同时凸显了森林土壤系统在我国陆地生态系统碳平衡的重要地位。

土壤呼吸是指土壤释放 CO_2 的所有代谢过程，包括三个生物学过程（土壤微生物呼吸、土壤动物呼吸和根呼吸）和一个化学氧化过程（土壤矿化）（Singh and Gupta，1977）。土壤呼吸是陆地生态系统中仅次于植物光合作用的碳通量过程，占整个生态系统呼吸量的 60%～90%，是生态系统碳循环的重要组成部分，更是调控全球碳循环和气候变化的关键过程（Schlesinger and Andrews，2000；Hibbard et al.，2005）。土壤呼吸主要受控于气候条件、土壤基质和土壤微生物群落。已有的研究表明，全球变化（如大气温度升高、氮沉降和土地利用变化等）可能直接或间接影响土壤呼吸的调控因子，并对土壤碳排放产生深刻影响（Zhou et al.，2016）。另外，森林经营管理措施（如采伐、施肥和更新等）都在不同程度上影响着土壤呼吸（Priess and Fölster，2001；Wang et al.，2018）。全球变化因子和森林管理措施交互作用对森林生态系统土壤碳排放产生更为复杂的影响（Xu et al.，2010a）。此外，全球气候变化背景下，土壤碳矿化温度敏感性及土壤碳周转模型是过去近20年的研究热点和重点（Davidson et al.，2006；Luo and Weng，2010）。有研究表明，土壤碳矿化在时间和空间上存在异质性，表现为高纬度森林土壤碳矿化对温度变化更敏感，冬季土壤碳矿化比生长季具有更高温度敏感性（Kirschbaum，2006；Davidson et al.，2006）。另外，不同组分库温度敏感性仍存在极大的不确定性（Davidson and Janssens，2006）。

　　氮素是植物需求量最大的养分元素，是植物生长的主要限制因子。全球 1m 土层中，土壤氮储量约 $300 \times 10^9 t$（Jobbagy and Jackson，2000）。陆地生态系统土壤氮储量约为植物储量的 3 倍，森林土壤氮储量占整个生态系统氮储量的 90%～95%。因此，研究土壤氮储量是理解陆地生态系统氮循环的关键。由于森林特殊的气候和物质传导过程，土层中有机物质累积丰富，腐殖化作用相对强烈，土壤氮含量相对较高。尽管森林土壤拥有较大的氮储量，但大多数土壤氮以复杂的有机物形式存在，不能被植物直接吸收利用（Xu et al.，2014）。土壤有机质只有在微生物作用下分解矿化为无机氮（铵态氮和硝态氮），才能被植物吸收利用。尽管有研究表明，一些植物能够直接吸收利用土壤可溶性有机氮，但吸收数量相对低（邹婷婷等，2017）。当矿质氮不能被土壤微生物固持和植物利用时，土壤氮素可能通过淋溶和地表径流等方式进入水体，导致水体污染（Xu et al.，2010b）。

　　土壤氮转化的多个环节通常在微生物和专属酶作用下才能完成，因此各形态土壤氮库之间的转化过程（如氨化和反硝化）都在特定微生物群落和土壤酶参与下完成。例如，铵根离子在氨氧化细菌（ammonia oxidizing bacteria，AOB）和氨氧化古菌（ammonia oxidizing archaea，AOA）作用下转化为硝酸盐，它们被认为是地球氮循环过程中最为重要的承担者（Purkhold et al.，2000）。研究发现，亚高山针叶林冬季极端低温下仍存在显著的土壤氨氧化细菌和氨氧化古菌，这暗示季节性雪被覆盖下亚高山森林土壤仍存在氨氧化过程（Wang et al.，2012）。硝酸根离子在反硝化酶（denitrification enzyme activity，DEA）参与下转化为氧化亚氮（N_2O）。土壤 DEA 与 N_2O 排放之间存在显著相关性，DEA 能反映采样时土样中具有反硝化能力菌群的酶的丰度，测定 DEA 能间接表征反硝化作用大小（史奕和黄国宏，1999）。因此，测定与土壤氮转化过程密切相关的土壤微生物群落和酶活性能在很大程度上表征土壤氮转化过程，理解土壤氮组分库动态变化。

　　长江上游亚高山针叶林除碳汇、生物多样性保育和水源涵养功能以外，还在全球氮循环中具有十分重要的作用。亚高山针叶林土壤有机层是植物根系和土壤生物进行物质交换的重要生态界面（Yang et al.，2005）。有机物输入、积累和周转不同，土壤有机层和矿质土壤层底物基质质量和有效性不同，可能导致土壤碳氮矿化以及养分积累的分异。森林经营管理措施（如林业采伐和新造林）通常引起系统生物与非生物环境发生显著变化（如群落环境、群落组成和凋落物类型及输入量等），进而可能对土壤碳氮过程产生深远影响。亚高山针叶林具有几个与全球气候变化有关的独特性：①相比于高纬度生态系统，长江上游亚高山针叶林冬季降雪周期短、年际波动大、雪被覆盖的时间相对较短、厚度较浅及温度日较差明显；②在寒冷和短生长季条件下，全球温度升高会延长无冰雪覆盖时间，改变季节性雪被时空格局，这对亚高山针叶林土壤碳氮动态有着特殊的生态学意义；③亚高山针叶林生态系统具有相对长期的土壤碳库，系统养分循环过程极大地取决于系统内分解、矿化以及土壤水状态的转化速率；④降雪格局变化将可能改变系统水和养分的有效性，相对于森林生态系统地上部分，季节性降雪格局变化可能对地下土壤库产生更强烈的作用。所有这些特征使得亚高山针叶林成为研究土壤生物地球化学循环与人为活动及气候变化相互作用的天然平台。过去 10 年，为了揭示人为活动及气候变化对亚高山森林土壤碳氮动态的潜在影响，研究人员利用野外调查、室内培养和控制实验等研究手段，对亚高山森林土壤碳氮储量、矿化特征以及与之紧密联系的微生物和酶活性特征开展了一系列原创性研究工作。本章主要从亚高山针叶林碳氮库、碳氮矿化以及微生物和酶活性等几个方面整理总结已有的研究结果，以期为气候变化背景下长江上游亚高山针叶林土壤碳氮管理提供科学依据。

6.1　亚高山针叶林土壤碳氮库特征

6.1.1　材料与方法

1. 研究区域与样地概况

本研究在四川绵阳平武王朗国家级自然保护区（103°55′E～104°10′E，32°49′N～33°2′N，2300～4980m a.s.l.）开展。在保护区选取 3 个典型亚高山森林类型，分别是紫果云杉（*Picea purpurea*，SF）林、岷江冷杉（*Abies faxoniana*，FF）林和白桦（*Betula platyphylla*，BF）林，代表了长江上游亚高山针叶林区分布范围最广、面积最大的 3 种森林类型（鲜骏仁等，2004）。研究区域的自然概况及样地特征详见相关的研究报道（杨万勤和王开运，2004；Yang et al.，2005）。

2. 样品采集与分析

2005 年 7 月，采集 3 种森林群落土壤有机层（soil organic layer，OL）、矿质土壤层（mineral soil layer，ML）样品。土壤有机层分未分解层（LL，主要由新鲜的或轻微变色的未分解的凋落物构成）、半分解层（FL，主要由具有菌丝和细根的中度到强度的呈片断的凋落物构成）和完全分解层（HL，主要由腐殖化的无定形的凋落物构成）三层分别采集（Papamichos，1990）。采集的土壤样品，去掉石块、动植物残体和根系后，研磨，过 0.25mm 筛，用于有机碳和全氮的测定。容重采用环刀法。有机碳的测定采用重铬酸钾外加热法；易氧化有机碳采用袁可能法；全氮采用凯氏定氮法。

3. 计算和统计方法

土壤有机层（OL = LL + FL + HL）中的有机碳（OC）、氮和磷储量是根据 OL 中对应层次的 OC 和养分含量乘以单位面积内凋落物的储量估算得到的。矿质土壤层（ML = AL + BL + CL）中的 OC 和养分库储量是根据对应层次的 OC 和养分含量、土壤厚度、土壤各亚类的面积、容重等估算得到的。

6.1.2　结果与分析

1. 森林土壤有机层（OL）和腐殖质层（AL）有机碳与易氧化有机碳

由表 6-1 可见，从 OL 到 AL，有机碳含量随土壤深度的增加而降低，且 OL 的有机碳含量明显高于 AL；对于三个群落而言，FF 群落有机层的有机碳含量高于 SF 和 BF 群落有机层的有机碳含量，腐殖质层中 OC 也以 FF 最高，其次为 SF，BF 最低，但 SF 和 BF 的 AL 中 OC 没有显著差异。对于易氧化有机碳（ROC），从 OL 到 AL，其含量仍随土壤深度的增加而降低，二者的比值，即易氧化有机质所占的比例仍随土壤深度的增加而降低。

表 6-1　不同森林群落土壤剖面有机碳（OC）与易氧化有机碳（ROC）含量特征

森林类型	土壤剖面	OC/(g/kg)	ROC/(g/kg)	ROC/OC/%
SF	LL	354.5 ± 34.6^{aa}	212.1 ± 43.4^{aa}	64.0 ± 14.1^{aa}
	FL	276.8 ± 29.0^{bb}	194.2 ± 32.6^{aa}	61.1 ± 19.3^{aa}
	HL	226.6 ± 25.7^{cc}	122.5 ± 44.1^{bb}	56.3 ± 19.7^{aa}
	AL	148.0 ± 12.9^{dd}	80.3 ± 16.3^{bb}	54.1 ± 12.0^{aa}
FF	LL	384.1 ± 55.0^{aa}	288.7 ± 62.3^{aa}	74.9 ± 15.9^{aa}
	FL	331.4 ± 51.3^{ab}	246.7 ± 45.8^{aa}	74.7 ± 13.0^{aa}
	HL	289.7 ± 44.8^{bc}	208.5 ± 40.5^{ab}	73.1 ± 16.3^{aa}
	AL	232.5 ± 34.6^{cc}	198.2 ± 55.9^{bb}	66.5 ± 22.0^{aa}
BF	OL	243.0 ± 67.9^{aa}	147.4 ± 40.8^{aa}	58.7 ± 30.6^{aa}
	AL	129.9 ± 47.7^{bb}	77.3 ± 36.6^{aa}	49.2 ± 20.7^{aa}

注：表中的数据为每个群落的平均值（$n = 5$），每一栏中不同的上标代表群落之间（第一个字母）和不同 OL、AL 层之间（第二个字母）有机碳和易氧化有机碳含量的差异是否显著（$P < 0.05$）。

2. 土壤有机层和矿质土壤层 N 和 P 含量特征

图 6-1 显示，SF 和 FF 群落中，N 和 P 含量从 FL 到 AL 随土壤深度的增加而增加，而从 BL 到 CL 随土壤深度的增加而降低。对于三个群落而言，N 的含量以 BF 的 AL 为最高，其次为 FF，SF 群落 AL 层的 N 含量最高。

对不同群落土壤剖面 OC 及 N、P 的储量分析表明，土壤有机层中 OC 及 N、P 的储量均表现为 SF＞FF＞BF，但矿质土壤中 OC 储量则表现为 FF＞SF＞BF，N 储量表现为 BF＞FF＞SF。此外，在整个土壤剖面（OL＋ML）上，OC 的储量表现为 SF＞FF＞BF，N 的储量为 BF＞FF＞SF（表 6-2）。

对于所有的森林群落，FL 或 AL 具有较高的 OC 储量，但 OC 储量在土壤剖面上的分布特征随着群落的变化而变化，OC 储量在 SF 和 FF 群落土壤剖面上的分布均表现为 FL＞AL＞HL＞BL＞LL＞CL，OC 储量在 FF 土壤剖面上的分布特征为 AL＞FL＞BL＞LL＞HL＞CL，OC 储量在 BF 土壤剖面上的分布特征为 AL＞BL＞FL＞LL＞HL＞CL。

而在 BF 群落土壤剖面上的分布特征表现为 AL＞BL＞FL＞LL＞HL＞CL。在三个林型中，LL 具有最大的 OC 储量，而 AL 具有最大的 N 储量（图 6-2）。

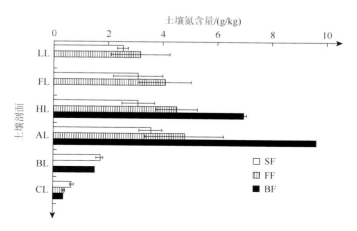

图 6-1　不同森林群落中全 N 含量在土壤剖面上的分布特征

横条表示标准偏差（$n=5$）

表 6-2　不同森林群落土壤剖面上 OC、N 库的储量

森林类型	OC/(t/hm²)		N/(t/hm²)	
	OL	ML	OL	ML
SF	29.38±1.28ᵃᵃ	17.84±1.92ᵃᵇ	0.85±0.11ᵃᵃ	4.13±0.43ᵃᵇ
FF	22.70±1.12ᵇᵃ	19.74±1.76ᵃᵃ	0.68±0.06ᵇᵃ	12.40±1.42ᵇᵇ
BF	8.63±0.95ᶜᵃ	14.92±1.64ᵇᵇ	0.36±0.03ᶜᵃ	29.90±3.25ᶜᵇ

注：表中的数据为每个群落的平均值（$n=5$），每一栏中不同的上标代表群落之间（第一个小写字母）以及 OL 和 ML 之间（第二个字母）OC 及 N、P 储量的差异性是否显著（$P<0.05$）。

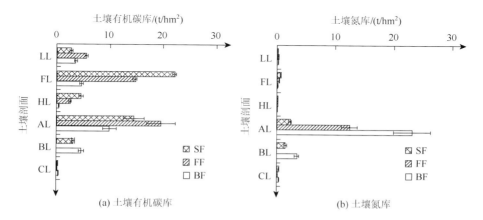

(a) 土壤有机碳库　　　　　(b) 土壤氮库

图 6-2　不同林型中 OC 及 N、P 储量在土壤剖面上的分布特征

横条表示标准偏差（$n=5$）

6.1.3　讨论与结论

　　土壤有机碳库是陆地碳库的重要组成部分以及地球表层系统中最大且最具有活性的碳库之一，在陆地碳循环中具有重要作用。同时，土壤有机碳的分布对全球气候变化过程有重要作用。本研究表明，3 个亚高山针叶林生态系统中，有机碳、易氧化有机碳所占的比例均随深度增加而降低，且 FF 群落的土壤有机层和腐殖质层都具有最大的有机碳含量，其次为 SF，BF 最小。其中，FF 群落中易氧化有机碳含量也明显高于 SF 和 BF。这可能是由于 FF 群落内温度相对 SF 较高，且 FF 的凋落物中阔叶占相当大的比例，因而 FF 样地凋落物分解相对较快、较易，使其归还到土壤中的有机碳相对较多，易氧化的有机碳含量也偏多。对于 BF，由于样地中仅为次生的白桦等阔叶树种，尽管林内温度比 SF 和 FF 都高，能够加速凋落物的分解，但土壤有机层和腐殖质层都较薄，其中，土壤有机层仅有 1～5cm 厚，所以有机碳含量偏低。无论怎样，所有森林群落中，易氧化有机碳的比例都接近 50% 或在 50% 以上，这说明对土壤有机层和腐殖质层的干扰会直接导致 OC 储量发生较大的变化，从而引起温室效应、全球气候变化等一系列问题。

　　所研究的亚高山针叶林生态系统，从 LL 到 AL，N 和 P 的含量随着深度的增加而增加，但从 AL 到 CL，N 和 P 的含量则随深度的增加而逐渐降低，这主要是因为 N 和 P 更容易淋洗，因而土壤有机层中的 N 和 P 被淋洗到矿质土壤中积累起来。这与之前对川西亚高山森林群落地表和土壤养分库及生化特性的研究结果相似（杨万勤和王开运，2004）。然而，本研究中，亚高山针叶林土壤全 N 含量偏低，一方面可能是用浓 H_2SO_4-H_2O_2 消煮时，由于强烈的氧化作用，部分含 N 元素的离子氧化，以气体的形式挥发使得 N 的含量值偏低，因而此方法还有待进一步改进；另一方面可能是杨万勤等（2004）只在 7 月进行了一次样品分析，当时林内温度相对较高，微生物活性较强，凋落物分解加快，其归还到土壤中的养分含量相对较多，可能使 N 的测量值相对偏高。而本次研究是多个月份采样分析得出的平均值，因此该结果能较好地说明 N 的分布特征。

　　过去大多数研究认为，矿质土壤是一个具有长期滞留时间的巨大碳库及养分库，而土壤有机层中 OC 和养分库储量常常被忽略（Batjes and Dijkshoorn，1999），且 OC 和养分储量在土壤剖面上垂直分布特征也很少被研究。但在中纬度和高海拔地区的森林生态系统中，土壤有机层是森林生态系统碳和氮循环中的一个巨大的、动态的 OC 和 N 库（Olsson et al.，1996；Finér et al.，2003）。然而，OC 储量分布随着群落类型而变化。SF 群落为 FL＞AL＞HL＞BL＞LL＞CL，FF 群落为 AL＞FL＞BL＞LL＞HL＞CL，BF 群落为 AL＞BL＞FL＞LL＞HL＞CL。在整个土壤剖面（OL + ML）上，SF 具有最高的 OC 储量（47.22t/hm²），其次为 FF（42.44t/hm²），BF 最低（23.55t/hm²）。土壤有机层的 OC 储量与 OC 的总储量变化一致，SF 群落为（29.38±1.28）t/hm²，FF 群落为（22.70±1.20）t/hm²，BF 群落为（8.63±0.95）t/hm²，分别占整个土壤剖面上 OC 储量的 62.2%、53.5%、36.6%。矿质土壤的 OC 储量以 FF 群落为最高（19.74±1.76）t/hm²，其次 SF 为（17.84±1.92）t/hm²，BF 最低，为（14.92±1.64）t/hm²，分别占整个土壤剖面 OC 储量的 46.5%、37.8% 和 63.4%。腐殖质层的 OC 储量分别为 SF、FF 和 BF 群落中矿质土壤层 OC 总储量的 81.0%、98.5%

和 66.4%。土壤有机层和腐殖质层的 OC 储量分别为整个土壤剖面的 92.8%（SF）、99.6%（FF）和 78.7%（BF），即 OC 主要储存于土壤有机层和腐殖质层。这主要是由于长江上游亚高山森林生态系统位于横断山区，受地震、泥石流、滑坡和崩塌等地质灾害的影响，绝大多数土壤发育在坡积物、残积物或流石滩上，淀积层和母质层石块比例很高，发育很不完善，OC 含量和储量都较低，而绝大多数 OC 储存在土壤有机层和矿质土壤中。这些结果表明，SF 和 FF 土壤有机层是主要的 OC 库，而 BF 中，有机层也储存了较大比例的 OC。总体来讲，3 个森林群落的土壤有机层和腐殖质层储存了绝大多数的 OC，表明对土壤有机层和腐殖质层的干扰将直接导致亚高山森林生态系统 OC 库发生很大的变化。

本研究表明，3 个林型矿质土壤 N 和 P 储量显著高于土壤有机层，整个土壤剖面上大于 80%的 N 及 98%的 P 储存在矿质土壤中，其中大部分则储存在腐殖质层。OC 与 N 和 P 在土壤剖面上的分布差异主要是它们的来源、性质、土壤厚度及植物盖度等不同导致。OC 主要来源于植物凋落物的归还，而 N 和 P 除来自植物凋落物的归还外，还来源于土壤母质的风化和大气沉降输入，而且 N 和 P 比 OC 更容易在土壤剖面上移动和被淋洗。N 和 P 的垂直转入导致其在矿质土壤中的积累（Currie et al.，1996）。本研究中，关于 N 的研究结果与 Finér 等（2003）对芬兰东部过熟挪威云杉林的研究结果一致，表明 80%的 N 库储存在土壤中，高于土壤相关的有机层（Olsson et al.，1996），也与 Rode（1999）对欧石南丛生灌丛演替系列的研究结果相似，表明森林地表中，大于 80%的植物有效养分储存在有机层-矿质土壤系统中。本研究表明，矿质土壤是主要的 N 库和 P 库，且主要储存在腐殖质层中。由于长期受地震、滑坡、泥石流等自然灾害的干扰，土壤剖面发育很不完整，川西亚高山地区植物的根系主要分布在腐殖质层中，且主要从 O 层和 A 层吸取营养。因此，N 和 P 等基本营养元素在土壤剖面上的垂直分布格局具有重要的生态学意义。

6.2　亚高山森林土壤碳矿化过程

6.2.1　材料与方法

1. 研究区域概况

本研究样地位于四川农业大学"高山森林生态系统长期研究站"（102°53′E～102°57′E，31°14′N～31°19′N）。年平均温度为 2～4℃，年平均降水量为 850mm。森林土壤类型为暗棕壤，有机质层厚度为 10～15cm。由于当地的森林经营管理，该地区主要的森林类型以天然针叶林（NF）、次生桦林（SF）和云杉人工林（PF）为主。2015 年 7 月，在每种森林类型中随机建立了 4 个 20m×20m 的样方，记录三种森林的基本情况（表 6-3）。

表 6-3　亚高山三种森林生态系统的基本特征

森林类型	土壤类型	年龄/年	主要树种	覆盖度	有机层厚度/cm
天然林 NF	暗棕壤森林土壤	>150	岷江冷杉	0.9	14.0±1.8
次生林 SF	暗棕壤森林土壤	～70	白桦	0.8	10.4±2.0
人工林 PF	暗棕壤森林土壤	～60	粗枝云杉	0.8	9.3±2.2

注：NF，天然针叶林；SF，次生桦林，PF，云杉人工林。

2. 土壤样品

在每个样方中收集有机层和上部矿质土壤层的土壤样品。通过其颜色、质地和稠度从矿物土壤中鉴定出土壤有机层。每个样方用土钻（直径 5cm）随机钻取出 9 个土柱，并将相同层的土壤样品混合得到一个混合样品。每个混合样品过筛（2mm），并手动除去从筛中任何可见的活植物组织。在分析土壤的微生物特性之前，土壤冷藏在 4℃的冰箱。在化学分析之前，将每种土壤的子样品风干并研磨。

3. 样品分析

使用重铬酸盐氧化硫酸亚铁滴定法测量土壤有机碳含量（SOC）。使用凯氏定氮仪分析土壤氮（N）含量。使用磷钼黄色比色法测定土壤磷（P）含量。使用电极法以土水比为 1∶5 测量土壤 pH。使用前期 White 描述改进方法提取和定量磷脂脂肪酸（PLFAs）。通过以下 PLFAs 识别细菌：i15∶0，a15∶0，16∶0，17∶0，a17∶0，16∶1w7c，15∶0，16∶1w5t, i17∶0, 16∶1w9c, 18∶1w7c, 18∶00, cy19∶0, cy17∶0, i16∶0 和 20∶5。真菌 PLFAs 由 18∶3, 18∶2w69c, 18∶1w9c 和 20∶1w9c 确定。

4. 土壤碳矿化

将两个土层的新鲜土壤样品（100g）调节至 60%的保水能力，这被认为是微生物活性的最佳选择。将土壤样品放入体积为 1L 的培养罐中，设置在两个温度梯度（10℃和 20℃）下培养。未装土的空罐子作为对照。采用碱吸收法测定培养后 2d、5d、8d、15d、22d、29d、36d、43d、50d、57d、71d、85d、99d、113d、134d、155d、187d 和 219d 的 CO_2 产量。在每个测量时间重新润湿土壤样品以保持水分稳定。土壤碳矿化速率按单位质量计算单位时间平均速率，累积碳产量为单位时间总和的 CO_2 量。

5. 温度敏感度

土壤碳分解的温度敏感性是土壤碳分解速率增加 10℃的倍数，是生态系统碳循环模型中的关键生态参数。温度系数 Q_{10} 是评估经验研究中碳分解的温度敏感性最常用的方法。因此，Q_{10} 也应用于本研究中，使用 Leifeld 等所述的方法比较森林类型中土壤碳分解的温度敏感性。

$$Q_{10} = (R_{20}/R_{10})^{[10/W]} \tag{6-1}$$

式中，R_{20} 和 R_{10} 分别为在 20℃和 10℃培养下的平均碳矿化速率；W 为培养温度的差值。

6. 统计分析

用四因素方差分析法分析森林类型、土壤层次、培养温度和时间对土壤碳矿化速率和累积碳产量的影响；双因素分析法分析森林类型和土壤层次对测量的土壤指标和 Q_{10} 值的影响。对于同一土壤层，用单因素分析法分析森林类型之间土壤性质的差异显著。对于相同森林类型，t 检验用于比较土壤层的影响。通过 Pearson 系数分析土壤呼吸速率、累积

碳产量和 Q_{10} 与土壤生化特性之间的相关性。所有统计分析以 $P = 0.05$ 达到显著水平。统计分析均使用 IBM SPSS 20.0 进行。

6.2.2 结果与分析

1. 土壤基本特性

与矿质土壤层相比，三种森林土壤有机层 SOC、N 和 P 含量分别为矿质土壤层的 2.9～4.7 倍、2.0～6.3 倍和 1.2～2.4 倍 [图 6-3（a）～（c）]。NF 和 SF 土壤有机层中 SOC、N 和 P 含量均显著高于 PF（$P < 0.05$）。然而，矿质土壤层的 SOC、N 和 P 含量以 SF 最高（$P < 0.05$）。与矿质土壤层相比，仅在 NF 中观察到有机层较低的 C/N [图 6-3（d）]。同样，森林土壤 C/P 也没有显著差异 [图 6-3（e）]。然而，每种森林类型的土壤有机层 C/P 显著高于对应的矿质土壤层（$P < 0.05$）。两个土壤层的 pH 均以 NF 最低，天然林向其他森林类型的转化提高了土壤 pH [图 6-3（f）]。统计分析表明，森林转化对 SOC、N、P 和 pH 的影响取决于土壤层（表 6-4）。

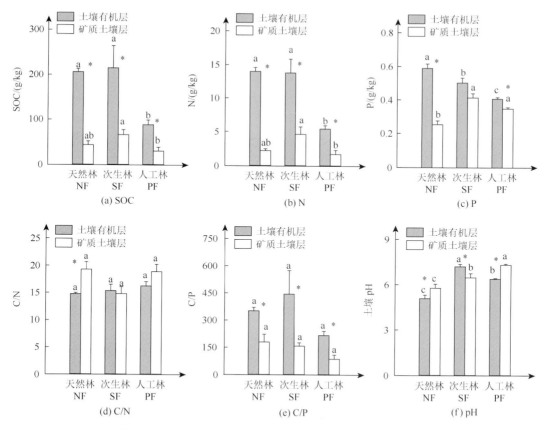

图 6-3 亚高山森林类型转化和土壤层次对土壤性质的影响

平均值±标准误差。同一土壤层内不同的字母表示森林类型间显著差异。星号表示通过 t 检验，两层土壤之间存在显著差异

表 6-4　FT 和 SL 对土壤性质响应的 F/P 值

因素	SOC	N	P	pH	C/N	C/P	细菌	真菌	细菌/真菌比	Q_{10}
FT	7.85*	16.01**	7.98**	34.47**	2.69ns	3.54ns	6.14*	10.59**	6.24*	6.14**
SL	48.44**	90.75**	89.09**	3.34ns	5.82ns	16.95**	0.82ns	49.08**	13.41*	6.18*
FT×SL	3.48*	7.56**	26.76**	10.49**	2.57ns	0.96ns	24.49**	7.13**	11.06**	0.42ns

注：*，$P<0.05$；**，$P<0.01$；ns，不显著。

2. 土壤微生物群落

森林转化和土壤层对土壤细菌、真菌及细菌真菌比有显著影响（图 6-4 和表 6-4）。NF 和 SF 土壤有机层细菌和真菌 PLFAs 明显高于 PF［图 6-4（a）］。SF 和 PF 矿质土壤层细菌 PLFAs 比 NF 分别高出 3.9 倍和 2.8 倍［图 6-4（a）］。NF 和 SF 土壤有机层细菌 PLFAs 显著高于对应矿质土壤层。然而，在 PF 出现了相反的模式［图 6-4（a）］。此外，土壤有机层真菌 PLFAs 显著高于矿质土壤层［图 6-4（b）］。然而，森林转化对土壤有机层细菌/真菌比影响不显著，仅在 PF 观察到了两个土壤层明显的细菌真菌比差异［图 6-4（c）］。方差分析结果表明，森林类型和土壤层对细菌、真菌及其比值有交互作用（表 6-4）。

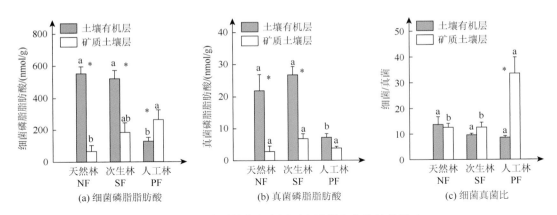

图 6-4　森林类型转化和土层对土壤微生物特性的影响

平均值±标准误差。同一土壤层内不同的字母表示森林类型间显著差异。星号表示通过 t 检验，两层土壤之间存在显著差异

3. 土壤碳矿化

森林类型、培养温度、土层和时间对土壤碳矿化速率和累积碳产量均有显著影响（图 6-5 和表 6-5）。在大多数测定时间上，20℃时土壤有机层碳矿化速率和碳矿化累积量均高于 10℃［图 6-5（a）和（c）］。然而，温度通常不会影响矿质土壤碳矿化［图 6-5（b）和（d）］。两个培养温度，土壤有机层碳矿化速率明显高于每种森林类型对应的矿质土壤层（图 6-5 和表 6-5）。土壤有机层碳矿化速率和累积碳量在培养期间遵循 NF＞SF＞PF 的模式（图 6-5）。ANOVA 结果表明，温度对土壤碳矿化的影响取决于森林类型和土壤层（表 6-5）。

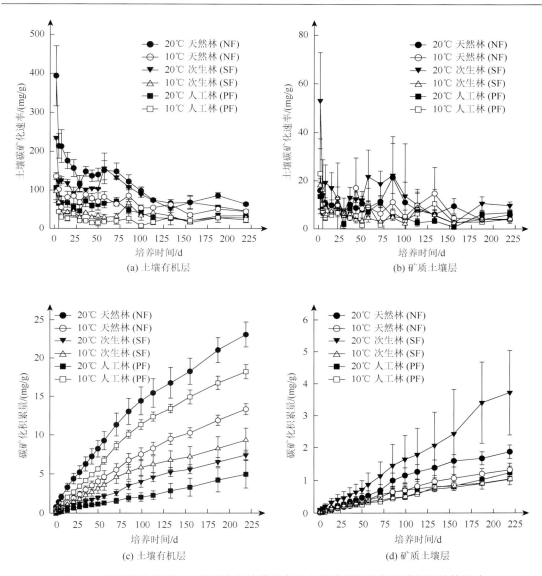

图 6-5　森林转化类型、土壤层次和培养温度对土壤碳矿化速率和碳积累量的影响

平均值±标准误差

表 6-5　土壤碳矿化率和碳累积生产量对培养时间（IT）、森林类型（FT）、温度（T）和土层（SL）的响应的四因素方差分析

因素	土壤碳矿化速率/(mg/g)			碳积累生产量/(mg/g)		
	d.f.	F	P	d.f.	F	P
温度　T	1	431.53	<0.001	1	815.29	<0.001
森林类型 FT	2	200.22	<0.001	2	377.45	<0.001
土壤层次　SL	1	1883.49	<0.001	1	3710.8	<0.001
培养时间　IT	17	25.2	<0.001	17	182.92	<0.001

续表

因素	土壤碳矿化速率/(mg/g)			碳积累生产量/(mg/g)		
	d.f.	F	P	d.f.	F	P
温度×培养时间 $T \times IT$	17	10.22	<0.001	17	20.99	<0.001
土壤层次×培养时间 $SL \times IT$	17	17.56	<0.001	17	107.52	<0.001
森林类型×培养时间 $FT \times IT$	34	3.85	<0.001	34	10.49	<0.001
温度×土壤层次 $T \times SL$	1	303.87	<0.001	1	558.55	<0.001
温度×森林类型 $T \times FT$	2	24.54	<0.001	2	44.91	<0.001
森林类型×土壤层次 $FT \times SL$	2	177.68	<0.001	2	326.11	<0.001
温度×土壤层次×培养时间 $T \times SL \times IT$	17	7.76	<0.001	17	12.74	<0.001
温度×森林类型×培养时间 $T \times FT \times IT$	34	1.49	<0.05	34	1.59	<0.05
森林类型×土壤层次×培养时间 $FT \times SL \times IT$	34	4.38	<0.001	34	8.28	<0.001
温度×森林类型×土壤层次 $T \times FT \times SL$	2	13.62	<0.001	2	22.31	<0.001
温度×森林类型×土壤层次×培养时间 $T \times FT \times SL \times IT$	34	1.32	0.11	34	0.48	0.99

4. 土壤碳矿化温度敏感性（Q_{10}）

森林类型和土壤层显著影响 Q_{10} 值（图 6-6，表 6-4 和表 6-5）。三种森林类型的 Q_{10} 在 1.35~2.82 变化（图 6-6）。不考虑土壤层，与 NF 和 PF 相比，SF 中的 Q_{10} 更高。同时，土壤有机层的 Q_{10} 值显著高于矿质土壤层（图 6-6）。统计分析表明，森林类型与土壤层的相互作用对 Q_{10} 值没有显著影响（$P > 0.05$）（表 6-5）。

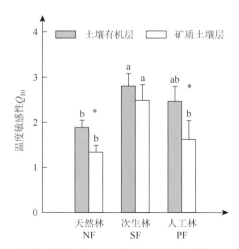

图 6-6 森林类型转化和土壤层次对温度系数 Q_{10} 的影响

平均值±标准误差。同一土壤层内不同的字母表示森林类型间显著差异。星号表示通过 t 检验，两层土壤之间存在显著差异

5. 土壤基质与碳分解的相关性

SOC、N、P、细菌和真菌与土壤碳矿化速率呈正相关（$P < 0.001$）（表6-6）。然而，pH、C/N、细菌/真菌与土壤碳矿化速率呈负相关（表6-6）。同样地，Q_{10} 值与 SOC、N、P 和真菌之间存在边际关系（$P < 0.1$）（表6-6）。相反，Q_{10} 值随着 C/N 和细菌/真菌的增加而降低（$P < 0.1$）（表6-6）。

表 6-6　土壤性质与土壤碳分解速率和 Q_{10} 值的 Pearson 相关性分析

土壤性质	土壤碳矿化速率/(mg/g)		温度敏感性 Q_{10}	
	R	P	R	P
SOC	0.729	<0.001	0.432	0.073
N	0.672	<0.001	0.317	0.085
P	0.670	<0.001	0.319	0.083
pH	−0.348	<0.05	0.131	0.605
C/N	−0.450	<0.001	−0.409	0.092
C/P	0.476	<0.05	0.437	0.070
细菌	0.703	<0.001	0.248	0.321
真菌	0.721	<0.001	0.405	0.096
细菌/真菌	−0.292	0.084	−0.449	0.062

6.2.3　讨论与结论

森林土地利用变化直接或间接通过改变土壤基质的条件，包括土壤碳的数量和质量，底物可用性和生物学性质影响土壤碳矿化（Dube et al.，2009；Hao et al.，2010；Yang et al.，2013）。大量研究已表明，天然林转化为次生林或人工林会降低土壤碳库，导致土壤碳矿化速率降低（Yang et al.，2013）。例如，在中国东北森林中，次生林的土壤碳库、微生物生物量和碳矿化率比落叶松人工林更高（Yang et al.，2013）。在本研究中，两个温度水平，培养期内有机层中的土壤碳矿化速率基本遵循 NF＞SF＞PF 的趋势。这可能主要归因于森林类型转化后土壤基质和微生物特性的变化。在从 NF 转换为 PF 之后，SOC 和 N 库减少。此外，真菌和细菌是两种主要的微生物分解者，控制着土壤碳矿化过程（Rousk et al.，2009；Li et al.，2014）。本研究也发现，NF 和 SF 中的土壤真菌和细菌 PLFAs 均明显高于 PF，这也得到了统计结果支持。因为土壤碳矿化速率与 SOC、N 和微生物 PLFAs 之间存在显著的正相关关系。另外，已有研究表明，高质量的 SOC 有助于提高微生物的碳利用效率（Fierer et al.，2005），这与前期研究结果类似（Spohn and

Chodak，2015；Xu et al.，2016）。本研究结果还表明，土壤碳矿化速率与 C/N 呈负相关。

在北方森林中，由于凋落物分解缓慢，森林地表常积累一层明显的土壤有机层。由于碳输入、积累和周转率不同，土壤有机层和矿质土壤层之间的土壤生物化学性质差异显著（Trumbore and Harden，1997；Xu et al.，2014）。因此，两个土层的碳分解速率可能存在很大差异（Karhu et al.，2010）。在这种情况下，每种森林类型的土壤有机层碳矿化速率明显高于相应的矿质土壤层，这一结果与其他北方生态系统一致（Karhu et al.，2010；Xu et al.，2014）。这主要是因为相对于矿质土壤层，土壤有机层碳库和微生物 PLFAs 更高。普遍认为，陆地生态系统中 SOC 和微生物生物量直接调控土壤碳矿化。森林经营管理显著改变了凋落物输入，从而控制着土壤碳分解底物的有效性和质量（Fierer et al.，2005；Hao et al.，2010）。前期研究表明，亚高山森林植物细根主要分布在土壤有机层。显然，与矿质土壤层相比，土壤有机层更容易受到林地土地利用变化的影响。本研究结果进一步证明，森林土地利用变化对土壤生化特性产生了显著影响，特别是土壤有机层。

近年来，土壤碳分解的温度敏感性已经受到越来越多的关注（Davidson et al.，2006；Xu et al.，2015）。土壤碳分解的温度敏感性是土壤碳分解每增加 10℃ 的倍速，其是评价土壤碳通量与气候变化之间反馈强度的关键参数。温度系数 Q_{10} 是在现实研究中评估 SOC 分解的温度敏感性最常用的方法。目前，森林土地利用变化可能通过改变土壤底物的可用性和不稳定性影响 Q_{10} 值（Hao et al.，2010；Karhu et al.，2010）。本研究中，三种森林土壤的 Q_{10} 数值在 1.35～2.82。当前整合分析已证实，中国森林 Q_{10} 值为 1.10～5.18（Xu et al.，2015）。森林类型转换改变了优势树种和凋落物的类型，从而影响土壤基质和微生物特性，这些转化与 Q_{10} 值密切相关（Fierer et al.，2005）。例如，以辽东栎（*Quercus liaotungensis*）为主的原始森林转向人工林 [华北落叶松（*Larix principis-rupprechtii*）和油松（*Pinus tabulaeformis*）]或次生灌木林，显著降低了中国北方的 Q_{10} 值（Quan et al.，2014）。但是，研究结果发现，森林类型转换增加了 Q_{10} 值。这与 Wang 等（2013）对亚热带地区天然阔叶林转换为杉木人工林的研究结果相似。这种差异意味着森林土地利用变化对土壤碳分解的影响可能随气候带而变化。

另外，一些研究报道显示，Q_{10} 值随土壤剖面增加，这反映在底物的不稳定性随土壤深度降低（Fontaine et al.，2007；Karhu et al.，2010）。然而，研究发现，与矿质土壤层的 Q_{10} 值比，土壤有机层更大。该结果与在高纬度其他寒冷土壤中观察到的结果一致（Karhu et al.，2010；Xu et al.，2014）。与矿质土壤相比，在培养的初始阶段，土壤有机层碳分解速率急剧下降，这意味着土壤有机层含有小部分非常不稳定的碳库，这些碳库在早期阶段迅速耗尽释放。类似的模式在其他北方土壤中也有观察到（Karhu et al.，2010；Xu et al.，2014）。此外，土壤有机层较高的 Q_{10} 可能归因于极高的碳可用性，这可能导致"抵消效应"的降低（Xu et al.，2014）。最后，研究还表明，Q_{10} 与真菌 PLFAs 呈正相关，但与细菌/真菌呈负相关。当微生物活动较弱时，土壤碳矿化可能需要更大的活化能，这可能部分地导致更高的 Q_{10}。

6.3　亚高山针叶林土壤氮矿化特征

6.3.1　材料与方法

1. 研究区域概况

本研究在四川省阿坝藏族羌族自治州理县毕棚沟自然保护区内执行。研究区域相关特征详见本书 5.1 节的描述。

2. 实验设计及相关计算

2015 年 8 月在研究区域内选取地理环境近似的 3 个森林群落（天然林、云杉人工林和桦木次生林），每个森林群落设置 20m×20m 样地 3 个。在每个样地内随机选取 3 个采样点，并用直径 5cm 的土钻按照土壤有机层和矿质土壤层（本研究中土壤有机层主要指未分解、半分解以及腐殖化的有机物，而矿质土壤层界定为有机层下母岩层以上的土壤层次）分层采样。天然林、云杉人工林和桦木次生林土壤有机层厚度分别为 15cm、9cm 和 10cm。然后将采集的样品带回实验室。首先，人工去除样品中的碎石、植物根系；其次，将土壤混合均匀后过 2mm 土筛。每个样品称取 50g 鲜土于 150mL 广口瓶中，调节土壤含水率为 60%，并用透气不透水的保鲜膜进行封口，使其在 20℃ 的培养箱中进行恒温培养。每隔 7d 测定一次 NH_4^+-N 和 NO_3^--N 浓度并计算矿化速率，共测定 4 次。另取一部分样品用于土壤微生物生物量碳（MBC）、NH_4^+-N、NO_3^--N、有机碳（SOC）、全氮（TN）、全磷（TP）、pH 测定。培养样品共 72 个（3 种森林类型×2 个土壤层次×4 个培养时期×3次重复）。各森林群落土壤基本理化性质见表 6-7。

表 6-7　不同森林群落有机层土壤基本理化性质

土壤类型	土壤层次	SOC /(g/kg)	MBC /(mg/kg)	NH_4^+-N /(mg/kg)	NO_3^--N /(mg/kg)	TN /(g/kg)	TP/(g/kg)	C/N	pH
天然林	土壤有机层	206.46±7.08	727.98±85.62	2.27±0.20	0.76±0.09	13.98±0.61	0.59±0.03	14.70±0.22	5.10±0.22
	矿质土壤层	43.61±8.24	58.95±3.68	0.34±0.14	0.11±0.04	2.23±0.28	0.25±0.02	19.28±1.40	5.78±0.26
云杉人工林	土壤有机层	88.51±10.52	239.83±39.00	0.57±0.37	0.68±0.22	5.43±0.50	0.40±0.01	16.24±0.81	6.40±0.05
	矿质土壤层	30.76±8.24	52.87±17.30	0.22±0.05	0.30±0.19	1.71±0.60	0.35±0.01	18.89±1.35	7.33±0.07
桦木次生林	土壤有机层	215.78±49.14	554.56±70.31	0.90±0.58	3.10±0.57	13.78±2.09	0.50±0.03	15.35±1.19	7.21±0.16
	矿质土壤层	65.92±11.05	136.60±11.49	0.14±0.032	0.93±0.35	4.62±1.18	0.41±0.02	14.83±1.29	6.48±0.28

注：数据为平均值±标准误差。

通过培养前后土壤 NO_3^--N、NH_4^+-N 含量的差值及培养时间,计算净硝化速率、净氨化速率及净氮矿化速率。具体计算公式如下:

$$\Delta t = t_{i+1} - t_i \tag{6-2}$$

$$A_{amm} = c(NH_4^+-N)_{i+1} - c(NH_4^+-N)_i \tag{6-3}$$

$$A_{nit} = c(NO_3^--N)_{i+1} - c(NO_3^--N)_i \tag{6-4}$$

$$A_{min} = A_{amm} + A_{nit} \tag{6-5}$$

式中,t_i 与 t_{i+1} 分别为初始时间与培养时间;A_{amm} 为 NH_4^+-N 积累量;A_{nit} 为 NO_3^--N 积累量;A_{min} 为无机氮($NH_4^+-N + NO_3^--N$)积累量。此外,

$$R_{amm} = A_{amm}/\Delta t \tag{6-6}$$

$$R_{nit} = A_{nit}/\Delta t \tag{6-7}$$

$$R_{min} = A_{min}/\Delta t \tag{6-8}$$

式中,R_{amm}、R_{nit} 和 R_{min} 分别为净氨化速率、净硝化速率和净氮矿化速率。

3. 分析方法

采用烘干法测定土壤含水率(105℃、24h),电位法测定土壤 pH,重铬酸钾氧化法测定 SOC 含量,凯氏定氮法测定土壤 TN 含量,钼锑抗比色法测定土壤 TP 含量,氯仿熏蒸法测定土壤 MBC 含量,氯化钾浸提-靛酚蓝比色法测定土壤 NH_4^+-N 含量,酚二磺酸比色法测定土壤 NO_3^--N 含量。

4. 数据分析

采用双因素方差分析模型检验森林群落和土壤层次及其交互作用对无机氮积累量和土壤净氮矿化速率的影响;采用单因素方差分析和最小显著差异法检验相同培养时期不同森林群落土壤氮参数差异及相同森林群落不同培养时期差异;所有统计分析界定 $P = 0.05$,所有分析均用 SPSS20.0 完成,制图使用 Origin7.5 软件。

6.3.2 结果与分析

1. 土壤无机氮积累特征

在培养期内,森林群落类型、土壤层次和培养时间对川西亚高山森林土壤 NH_4^+-N 及 NO_3^--N 含量都有显著影响,但 NH_4^+-N 及 NO_3^--N 变化幅度及动态特征有所不同(图 6-7)。有机层中,培养 28d 后,天然林 NH_4^+-N 含量增加最为明显,比培养前高 356.85%($P<$ 0.05)(图 6-7),云杉人工林和桦木次生林则分别增加 258.33% 和 176.81%(图 6-7);同样,天然林、云杉人工林和桦木次生林 NO_3^--N 含量分别增加 872.92%、326.25% 和 120.32%($P<$0.05)(图 6-7)。矿质土壤层中,3 种森林群落土壤无机氮变化均不显著,仅有天然林 NO_3^--N 含量在培养前后呈现出显著差异($P<$0.05)(图 6-7)。土壤有机层 NH_4^+-N 含

量总体表现为天然林＞桦木次生林＞云杉人工林，且培养前后保持一致（图 6-7）。同时，NH_4^+-N 和 NO_3^--N 在天然林的积累量均远远大于云杉人工林及桦木次生林，相反在矿质土壤层中，并没有呈现相同的规律性。每个测定时期，3 种森林群落土壤无机氮库都表现为土壤有机层远高于矿质土壤层（$P<0.001$）（图 6-7）。森林类型与土壤层次交互作用对土壤 NH_4^+-N 影响显著（$P<0.001$）（表 6-8）。

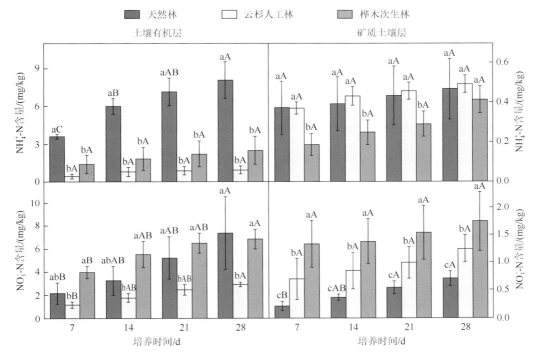

图 6-7　亚高山 3 种森林群落土壤铵态氮和硝态氮浓度随培养时间动态变化

不同小写字母表示相同培养时期不同森林群落的差异（$P<0.05$），不同大写字母表示相同森林类型不同培养时期的差异（$P<0.05$）

2. 土壤净氨化速率、净硝化速率和净氮矿化速率

森林类型、土壤层次及其交互作用对土壤的净氨化速率、净硝化速率及净氮矿化速率均具有显著影响（除森林类型对净硝化速率）（$P<0.001$）（表 6-8）。培养期内，土壤氮矿化速率大致呈现随时间而下降的趋势（图 6-8）。培养 28d 后，天然林、云杉人工林和桦木次生林土壤有机层净氨化速率分别下降为初始的 2.91%、75.13% 和 45.21%（图 6-8）；3 个群落土壤有机层净硝化速率差异并不显著（$P>0.05$）（图 6-8）；而天然林净氮矿化速率显著高于桦木次生林和云杉人工林（$P<0.05$）（图 6-8）。天然林矿质土壤层净氨化速率随培养时间变化不明显，而云杉人工林显著下降（图 6-8）；天然林土壤有机层净氨化速率、净硝化速率、净氮矿化速率均大于云杉人工林及桦木次生林，然而在矿质土壤层中并没有呈现相似规律（图 6-8）。此外，在整个培养周期中，3 种森林群落土壤有机层的净氮矿化速率均远高于矿质土壤层（$P<0.001$）（图 6-8）。

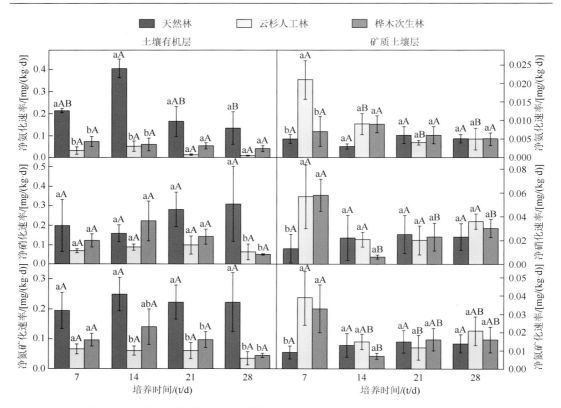

图 6-8 亚高山 3 种森林群落土壤净氨化速率、净硝化速率和净氮矿化速率

不同小写字母表示相同培养时期不同森林群落的差异（$P<0.05$），不同大写字母表示相同森林类型不同培养时期的差异（$P<0.05$）

表 6-8 森林类型和土壤层次对土壤无机氮库及净氮矿化速率的重复测定方差分析结果

参数	变异来源	平方和	自由度 d.f.	均方	F	P
$NO_3^- -N$	FT	56.377	2	28.188	9.291	0.000
	SL	179.760	1	179.760	59.252	0.000
	FT×SL	37.984	2	18.992	6.260	0.003
$NH_4^+ -N$	FT	100.793	2	50.397	43.837	0.000
	SL	115.654	1	115.654	100.601	0.000
	FT×SL	95.420	2	47.710	41.500	0.000
净氨化速率	FT	0.103	2	0.051	17.806	0.000
	SL	0.153	1	0.153	52.805	0.000
	FT×SL	0.113	2	0.057	19.598	0.000
净硝化速率	FT	0.064	2	0.032	3.562	0.034
	SL	0.265	1	0.265	29.356	0.000
	FT×SL	0.089	2	0.045	4.933	0.010
净氮矿化速率	FT	0.163	2	0.081	13.245	0.000
	SL	0.410	1	0.410	66.714	0.000
	FT×SL	0.200	2	0.100	16.232	0.000

注：FT，森林类型；SL，土壤层次。

3. 土壤理化性质对净氨化速率、净硝化速率和净氮矿化速率的影响

土壤基本化学性质与土壤净氨化速率、净硝化速率和净氮矿化速率之间存在不同程度显著相关关系（表 6-9）。亚高山森林土壤净氮矿化速率与土壤 SOC、MBC、NH_4^+-N、NO_3^--N、TN 和 TP 存在显著正相关关系（P<0.05）。相反，土壤净氮矿化速率与土壤 C/N 及 pH 呈负相关（P<0.05）（表 6-9）。

表 6-9　土壤净氨化速率、净硝化速率及净氮矿化速率与土壤理化性质的 Pearson 相关分析

土壤理化性质	净氨化速率	净硝化速率	净氮矿化速率
SOC	0.606[**]	0.368	0.565[**]
MBC	0.657[**]	0.624[**]	0.707[**]
NH_4^+-N	0.766[**]	0.544[**]	0.621[**]
NO_3^--N	0.178	−0.046	0.184[*]
TN	0.633[**]	0.421	0.597[**]
TP	0.547[*]	0.586[*]	0.626[**]
C/N	−0.279	−0.301	−0.320[**]
pH	−0.492[*]	−0.486[*]	−0.397[**]

注：*P<0.05；**P<0.01。

6.3.3　讨论与结论

森林转化对生态系统功能（如土壤氮矿化）具有持久性影响，比较研究相同气候区域不同森林群落土壤氮矿化特征可以了解过往的森林管理措施（从天然林转变为次生林或人工林）对土壤肥力和功能的影响（Templer et al.，2005）。空间代替时间的研究方法仍被广泛用于此类研究（Yan et al.，2008）。有研究发现，森林转化对土壤物理化学性质产生显著影响，并可能影响土壤氮矿化速率（刘硕，2002；游秀花和蒋尔可，2005；郝金菊等，2007；陈书信等，2014）。例如，亚热带常绿阔叶林转变为杉木林和竹林，土壤净氮矿化显著下降（Wang et al.，2013）；东北次生硬阔叶林土壤氮矿化速率显著高于落叶松人工林（傅民杰等，2009）。本研究中，3 种森林群落在相同室内条件下培养 4 周，天然林土壤有机层氮积累量及矿化速率显著高于桦木次生林和云杉人工林。这与已有的研究结果一致（Xu et al.，2014），即亚高山天然林表层土壤无机氮积累量及净氮矿化速率显著高于云杉人工林。土壤净氮矿化速率在不同森林群落（天然林、桦木次生林和云杉人工林）之间差异明显。可能的原因是：首先，天然林转变为次生林和人工林，受到不同程度人为干扰，这可能是森林群落土壤氮矿化分异的主要原因（闫恩荣等，2007）。其次，相同气候区域，森林转化最直接影响的就是森林植被组成和结构差异。优势物种的不同导致凋落物积累和分解差异，进而造成土壤碳氮库、微生物等组分质量和数量的差异（Krift and Berendse，2001）。本研究中，3 种森林群落 SOC 和 TN 含量总体表现为天然林和次生林显著高于人

工林，这显然为土壤微生物提供了丰富的矿化底物，有利于土壤氮矿化（Bremer and Kuikman，1997）。最后，亚高山天然林转变为人工林，土壤容重增加，孔隙度下降，微生物生物量及活性下降，这些同样可以导致土壤氮矿化速率下降（Xu et al.，2010b）。

　　土壤有机层主要是由地面上各种未分解或半分解状态的有机物组成的，是森林生态系统中植被与土壤之间进行物质循环及能量转换的最为活跃的生态界面（Yang et al.，2005）。天然林、云杉人工林和桦木次生林土壤有机层无机氮总量及矿化速率均显著高于矿质土壤层，这和东北兴安落叶松林土壤氮素矿化的研究结果一致（杨凯等，2009）。大量研究证明，土壤有机质和 TN 含量等在土壤剖面上具有明显的层次性（随土壤深度增加而降低）（邓仁菊等，2007）。同样，研究也表明，各森林群落土壤有机层 SOC 和 TN 含量远高于矿质土壤层，这显然为土壤微生物提供大量可矿化底物，有利于土壤氮矿化（Bremer and Kuikman，1997）。此外，土壤有机层具有良好的透水、通气条件，这同样有利于土壤氮矿化作用发生（Rice et al.，1988；Aulakh et al.，1991）。本研究发现，土壤有机层净氨化速率、净硝化速率和净氮矿化速率总体表现为天然林＞桦木次生林＞云杉人工林，而矿质土壤层中并未呈现相似规律。方差分析表明，森林类型和土壤层次交互作用对土壤氮转化具有显著影响，即森林转化对土壤氮矿化的影响因土壤层次而不同，影响主要体现在土壤有机层。

　　除了环境因子外，土壤自身的物理化学性质（如可矿化底物数量和质量）是控制土壤氮矿化的重要因子。已有一些研究发现，土壤氮矿化速率与土壤化学性质之间具有密切的联系（Hart et al.，1997；Finzi and Canham，1998；王艳杰等，2005）。显然，森林群落转变往往引发土壤物理化学性质显著改变，这可能对土壤氮矿化过程产生极大影响（Reich and Gower，1997）。傅民杰等（2009）对东北 4 种温带森林土壤氮矿化特征的研究结果表明，土壤净氮矿化速率和土壤微生物生物量呈显著正相关关系。本研究中同样发现，SOC、MBC、TN、TP 和初始无机氮库与土壤净氮矿化速率之间存在显著或极显著正相关关系，而与土壤碳氮比和 pH 之间存在显著负相关关系。这说明，森林土壤氮矿化过程受多因子综合作用，其中土壤可矿化底物数量和质量是控制亚高山森林土壤氮矿化过程的重要因素。

6.4　亚高山森林土壤碳氮淋洗特征

6.4.1　材料与方法

1. 研究区域概况

　　研究区域概括详见本书 5.1 节。土壤为雏形土，土层浅薄，厚度在 18～25cm。从海拔 3600m 到海拔 3000m，主要森林植被分布有岷江冷杉（*Abies faxoniana*）原始林、岷江冷杉-红桦（*Betula albo-sinensis*）混交林和岷江冷杉次生林。林下灌木主要有华西箭竹（*Fargesia nitida*）、高山杜鹃（*Rhododendron lapponicum*）、扁刺蔷薇（*Rosa sweginzowii*）、红毛花楸（*Sorbus rufopilosa*）、三颗针（*Serberis sargentiana*）等；草本植物主要有蟹甲草（*Parasenecio forrestii*）、高山冷蕨（*Cystopteris montana*）、薹草属（*Carex*）和莎草属（*Cyperus*）等。

2. 实验方法

于 2010 年 5 月 23～24 日，在海拔 3600m（A_1）的研究区域内，选择坡向、坡度和坡位基本一致的岷江冷杉原始林（102°53′E～102°57′E，31°14′N～31°19′N），设置 1 个面积为 30m×30m 的研究样地，去除森林地表覆盖物，再将长 20cm（内径 11cm）的 PVC 管垂直打入土壤中，在尽量不破坏土壤原状结构情况下，保持 PVC 管中土壤的完整性，具有土壤有机层（OL）和矿质土壤层（ML），然后挖出装有土壤的 PVC 管。PVC 管分为 3 种，空白组（没有装入土壤）检测林冠输入，OL 组（仅保留 OL）检测 OL 淋溶特征，完整土柱组（OL 和 ML）检测完整土壤层次淋溶特征。供试土壤理化性质见表 6-10。为避免外来物质进入和管内土壤流失，同时保障降水淋溶，采用尼龙布封住上下口，在 PVC 管下端紧扣一个螺旋口的 PVC 收集器皿（可以容纳液体的体积为 300mL，保证淋溶水全部收集到，并且不会外溢），底部利用收集器皿接收淋溶输出的水溶液。将采集的 PVC 管埋设在 3600m（A_1）、3300m（A_2）和 3000m（A_3）海拔的定位研究样地中，埋设时保持 PVC 管上端与土壤表面持平，在实地自然状态下进行培养实验，不做其他处理。在每一个标准样地内，3 种土柱为一组，每个海拔共设置 5 个组，3 个海拔，3 种土柱，共 45 根。

表 6-10　供试土壤理化性质

土层	pH	土壤容重/(g/cm³)	有机碳/(g/kg)	全氮/(g/kg)	全磷/(g/kg)
土壤有机层	5.6±0.3	1.09±0.02	143.06±4.04	7.28±0.07	1.4±0.5
矿质土壤层	5.3±0.2	1.2±0.04	24.55±0.88	1.69±0.03	1.2±0.3

分别于 2010 年 8 月 12 日和 2011 年 8 月 19 日生长季节初期（EGS）、2010 年 10 月 17 日和 2011 年 10 月 18 日生长季节末期（LGS）、2010 年 12 月 16 日和 2011 年 12 月 28 日冻结初期（OF）、2011 年 4 月 19 日和 2012 年 4 月 28 日融化期（ETS），利用蒸馏水多次少量地润洗收集器皿，无损收集每个关键时期降水或融雪形成的淋溶水。生长季节（GS）的淋溶量为 EGS 和 LGS 淋溶之和，非生长季节（NGS）的淋溶量为 OF 和 ETS 之和。将收集淋溶样品的收集瓶封口，保证无渗漏和损失，正放于冰盒中，低温保存，立即带回实验室分析。将带回的样品经定量滤纸过滤后定容于 200mL 的容量瓶中，取过滤后的滤液进行氮素测定。同时，在土层 5cm 放置纽扣式温度计，设定为每小时自动监测温度，研究期间月降水量来自最近的保护区气候观测站（图 6-9）。冻融期间以温度高于和低于 0℃ 并且持续 3h 为一次冻融循环（Natali et al.，2010；谭波等，2011），研究期间冻融循环次数见表 6-11。

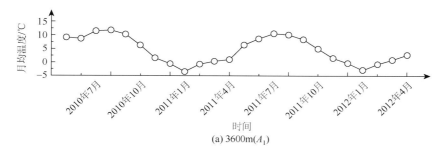

(a) 3600m(A_1)

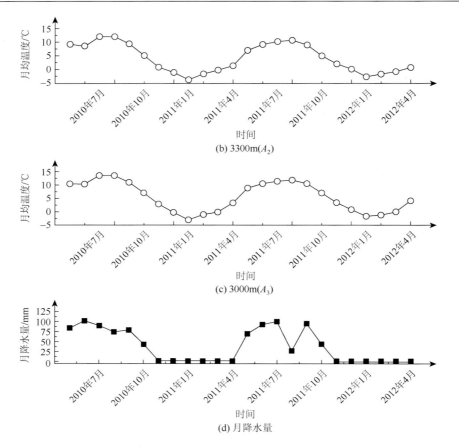

图 6-9　亚高山针叶林区月降水量和 3 个海拔的月均温度

表 6-11　三个海拔不同关键时期的冻融循环次数

时间	关键时期	冻融循环次数		
		3000m（A_3）	3300m（A_2）	3600m（A_1）
2010 年 10～12 月	冻结初期	6	4	5
	融化期	32	38	37
2011 年 1～12 月	冻结初期	5	5	7
2012 年 1～4 月	融化期	36	39	35

3. 分析与计算

将收集的淋溶水带回实验室，定量滤纸过滤后，定容至 200mL 备用。DOC 采用重铬酸钾外加热法测定，按照以下公式计算：

$$M_{DOC} = C_{DOC} \times V \tag{6-9}$$

$$L_{DOC} = M_{DOC}/\pi(R \times 10^{-4})^2 \tag{6-10}$$

式中，M_{DOC} 为 DOC 的质量；C_{DOC} 为 DOC 的浓度；L_{DOC} 为淋溶和输入 DOC 单位质量；R 为 PVC 管半径，cm；V 为淋溶液定容后体积，200mL。

$$MN = CN \times V \tag{6-11}$$

$$LN = MN \times 10^6 / \pi (R \times 10^{-4})^2 \tag{6-12}$$

式中，MN 为淋溶氮素（铵态氮、硝态氮、全氮）的质量，mg；CN 为氮素的浓度，mg/mL；LN 为淋溶氮素单位质量，kg/hm^2；R 为 PVC 管半径，cm；可溶性有机氮 = 可溶性总氮–可溶性无机氮；可溶性无机氮 = 铵态氮 + 硝态氮（Jones et al.，2004）。

4. 数据处理与统计分析

采用单因素方差比较分析亚高山针叶林土壤 DOC 淋溶损失对关键时期和海拔变化的响应。同时，采用相关分析方法，分析冻融循环频次与亚高山针叶林土壤 DOC 淋溶量的相关关系。所有统计分析均采用 SPSS19.0 软件进行统计分析，图表均采用 Excel2003 软件绘制。

6.4.2 结果与分析

1. 土壤 DOC 淋溶特征

图 6-10 为每年不同关键时期亚高山针叶林土壤有机层淋溶输出的 DOC。两个培养年相比，第一个培养年的土壤有机层 DOC 输出量小于第二个培养年；不同海拔相比，土壤有机层的 DOC 淋溶量随关键时期而变化。第一个培养年，EGS 时期和 LGS 时期的 DOC 输出量略大于其他时期；土壤有机层的 DOC 淋溶量以 A_2 海拔的 EGS 时期最高（1.25kg/hm^2）。第二个培养年，土壤有机层的 DOC 淋溶量表现为从 EGS 时期到 ETS 时期先增加后减小的趋势，EGS 时期（生长结束期）淋溶量较小；随着海拔降低，EGS 时期的土壤有机层 DOC 淋溶量变小。在 LGS 时期，DOC 的淋溶量增加。OF 时期，土壤有机层 DOC 淋溶量很大；

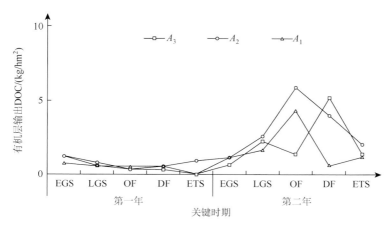

图 6-10 每年不同关键时期土壤有机层淋溶输出的 DOC

A_1、A_2、A_3 分别代表 3600m、3300m、3000m 海拔

此时期，A_2 海拔的土壤有机层 DOC 淋溶量达到最大（5.91kg/hm²）。DF 时期，DOC 淋溶量依旧很大；此时期，A_3 海拔淋溶量达到最大（5.21kg/hm²），并且随海拔降低 DOC 淋溶量增加。从 ETS 时期开始，DOC 淋溶量下降至较小值。第一个培养年，土壤有机层的 DOC 淋溶量集中在生长季节，而第二个培养年，DOC 淋溶量集中在 LGS 至 DF 时期。

　　两个培养年中，亚高山针叶林整个土壤层的 DOC 输出量如图 6-11 所示。由图可见，亚高山针叶林整个土壤层的 DOC 淋溶损失量以第二年高于第一年；两个培养年中，各个关键时期的 DOC 淋溶量因海拔而异。第一个培养年，两个土层的 DOC 淋溶量在 EGS 时期和 LGS 时期大于其他时期，并且在高海拔具有较大的淋溶量。第二个培养年，整个土壤层的 DOC 淋溶量随着不同关键时期而变化，土壤的 DOC 淋溶输出量表现为从 EGS 时期到 ETS 时期先增加后减小的趋势，并且各关键时期内，不同海拔之间的 DOC 淋溶情况也不相同。EGS 时期，整个土层 DOC 淋溶量较小。LGS 时期，淋溶量逐渐变大，并且随着海拔增加 DOC 淋溶量增加，A_1 海拔的整个土层淋溶量达到最大（7.64kg/hm²）。在 OF 时期，3 个海拔的 DOC 淋溶量依然较大，其中 A_3 海拔淋溶量达到最大（8.69kg/hm²），此时期，DOC 淋溶量随着海拔降低而增加。DF 时期，DOC 的淋溶量变小，并随着海拔降低而增加。然后，在 ETS 时期，淋溶量又降低到较小值。第一个培养年，整个土层的 DOC 淋溶量以生长季节高于非生长季节，而第二个培养年，DOC 淋溶集中在 LGS 至 DF 时期。

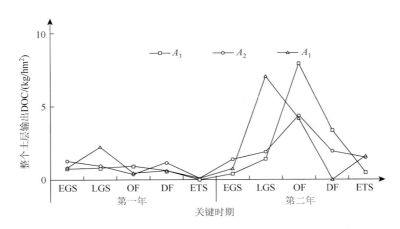

图 6-11　亚高山针叶林土壤 DOC 淋溶输出量随关键时期的变化

A_1、A_2 和 A_3 分别代表 3600m、3300m 和 3000m 海拔

2. 土壤无机氮淋溶特征

　　3 个海拔相比，矿质土壤层的铵态氮淋溶损失量大小为 A_3[0.96kg/(hm²·a)±0.08kg/(hm²·a)] < A_2[0.98kg/(hm²·a)±0.002kg/(hm²·a)] < A_1[1.19kg/(hm²·a)±0.03kg/(hm²·a)]，土壤有机层的铵态氮淋溶损失量为 A_3[1.02kg/(hm²·a)±0.30kg/(hm²·a)] < A_1[1.27kg/(hm²·a)±0.45kg/(hm²·a)] < A_2[1.30kg/(hm²·a)±0.18kg/(hm²·a)]（表 6-12）。相对于生长季节，冻融季节的土壤铵态氮损失量更大。与全氮淋溶量基本一致，三个海拔的亚高山针叶林土壤铵态氮淋溶损失量均以融化期（ETS）最大，但除 A_1 海拔的土壤有机层和矿质土壤层在生长季初期（EGS 阶

段）和第二个培养年的铵态氮淋溶损失量较高外，两个培养年的生长季初期（EGS）和冻结初期（OF）均表现出相对较低的铵态氮淋溶损失量。

表 6-12 亚高山针叶林土壤铵态氮淋溶量随海拔和关键时期的变化 [单位：kg/(hm²·a)]

关键时期	时间	OL			ML		
		3000m（A_3）	3300m（A_2）	3600m（A_1）	3000m（A_3）	3300m（A_2）	3600m（A_1）
EGS	第 1 年	0.04±0.007[Ac]	0.006±0.002[Bc]	0.04±0.003[Ade]	0.02±0.01[Ab]	0.005±0.001[Bb]	0.03±0.003[Ad]
	第 2 年	0.01±0.001[Bc]	0.009±0.004[Bc]	0.44±0.09[Ac]	0.01±0.002[Bb]	0.007±0.001[Bb]	0.26±0.16[Ac]
LGS	第 1 年	0.03±0.00[Bc]	0.03±0.002[Cc]	0.05±0.001[Ade]	0.05±0.005[Bb]	0.07±0.02[ABb]	0.09±0.002[Ad]
	第 2 年	0.05±0.03[Ac]	0.05±0.01[Ac]	0.07±0.01[Ad]	0.09±0.01[Ab]	0.07±0.03[Ab]	0.08±0.02[Ad]
OF	第 1 年	0.02±0.008[Ac]	0.04±0.05[Ac]	0.02±0.004[Ae]	0.05±0.02[Ab]	0.04±0.036[Ab]	0.04±0.05[Ad]
	第 2 年	0.05±0.02[Ac]	0.04±0.001[Ac]	0.05±0.003[Ade]	0.04±0.008[Ab]	0.04±0.01[Ab]	0.04±0.001[Ad]
ETS	第 1 年	0.71±0.24[Bb]	1.36±0.061[Ab]	0.85±0.01[Bb]	0.77±0.18[Aa]	0.87±0.22[Aa]	1.01±0.25[Aa]
	第 2 年	1.12±0.47[Aa]	1.07±0.03[Aa]	1.02±0.06[Aa]	0.88±0.08[Aa]	0.86±0.05[Aa]	0.83±0.047[Ab]
GS	第 1 年	0.07±0.008[Ac]	0.04±0.01[Ab]	0.09±0.01[Ac]	0.07±0.02[Ab]	0.07±0.04[Ab]	0.12±0.03[Ab]
	第 2 年	0.06±0.03[Bc]	0.06±0.03[Bb]	0.51±0.21[Ab]	0.10±0.04[Bb]	0.08±0.04[Bb]	0.34±0.15[Ab]
NGS	第 1 年	0.73±0.37[Bb]	1.40±0.66[Aa]	0.87±0.42[Bb]	0.82±0.37[Aa]	0.91±0.38[Aa]	1.05±0.46[Aa]
	第 2 年	1.17±0.63[Aa]	1.11±0.56[Aa]	1.07±0.53[Aa]	0.92±0.46[Aa]	0.90±0.45[Aa]	0.87±0.44[Aa]
第 1 年		0.80±0.22[Bb]	1.44±0.40[Aa]	0.96±0.25[Bb]	0.89±0.23[Aa]	0.99±0.25[Aa]	1.17±0.29[Aa]
第 2 年		1.23±0.34[Aa]	1.17±0.30[Aa]	1.58±0.30[Aa]	1.02±0.25[Aa]	0.98±0.28[Aa]	1.21±0.27[Aa]
年均		1.02±0.30[A]	1.30±0.18[A]	1.27±0.45[A]	0.96±0.08[B]	0.98±0.002[A]	1.19±0.03[A]

注：EGS，生长季节初期；LGS，生长季节末期；OF，冻结初期；ETS，融化期；GS，生长季节；NGS，非生长季。小写字母表示同层不同时期淋溶差异，大写字母表示同层不同海拔之间淋溶差异，$n = 5$。

矿质土壤层硝态氮淋溶损失量表现为 A_3[0.53kg/(hm²·a)±0.29kg/(hm²·a)]＜A_2[0.59kg/(hm²·a)±0.24kg/(hm²·a)]＜A_1[0.89kg/(hm²·a)±0.02kg/(hm²·a)]，土壤有机层的硝态氮淋溶损失量表现为 A_1[0.47kg/(hm²·a)±0.39kg/(hm²·a)]＜A_3[0.77kg/(hm²·a)±0.21kg/(hm²·a)]＜A_2[1.41kg/(hm²·a)±0.01kg/(hm²·a)]（表 6-13）。除第一个培养年中，A_1 海拔的土壤有机层和矿质土壤层的硝态氮淋溶损失量在生长季节大于冻融季节外，亚高山针叶林土壤硝态氮淋溶损失量均以冻融季节大于生长季节。相对于其他关键时期，融化期（ETS）的土壤硝态氮淋溶损失量仍然相对较大，但第 1 个培养年的土壤硝态氮淋溶损失量以生长季初期（EGS）和冻结初期（OF）相对较小，而除第 1 个培养年的矿质土壤层的生长季末期（LGS）A_1 外，第 2 个培养年的土壤硝态氮淋溶损失量均以生长季末期（LGS）和冻结初期（OF）相对较小。

表 6-13 亚高山针叶林土壤硝态氮淋溶量随关键时期和海拔的变化 [单位：10^{-3}kg/(hm²·a)]

关键时期	时间	OL			ML		
		3000m（A_3）	3300m（A_2）	3600m（A_1）	3000m（A_3）	3300m（A_2）	3600m（A_1）
EGS	第 1 年	39.41±13.49[Ab]	8.55±0.78[Bb]	37.22±2.07[Ad]	8.03±1.78[Bc]	48.73±8.00[Ad]	42.11±21.47[Ad]
	第 2 年	238.28±35.92[Aab]	101.49±10.59[Bb]	217.29±8.35[Ab]	113.10±19.23[Ab]	19.28±3.61[Ad]	146.6±126.96[Acd]

续表

关键时期	时间	OL			ML		
		3000m（A_3）	3300m（A_2）	3600m（A_1）	3000m（A_3）	3300m（A_2）	3600m（A_1）
LGS	第1年	174.37 ± 302.02^{Aab}	81.17 ± 23.37^{Ab}	133.71 ± 33.86^{Ac}	142.18 ± 107.74^{Bb}	226.83 ± 8.47^{Bb}	768.6 ± 228.56^{Aa}
	第2年	23.31 ± 24.48^{Ab}	4.06 ± 3.70^{Ab}	7.80 ± 13.52^{Ad}	26.49 ± 33.65^{Ac}	11.76 ± 14.55^{Ad}	193.44 ± 210.94^{Ac}
OF	第1年	10.67 ± 12.33^{Ab}	8.64 ± 9.51^{Ab}	8.87 ± 12.64^{Ad}	36.35 ± 33.85^{Ac}	30.12 ± 53.80^{Ad}	4.85 ± 5.29^{Ad}
	第2年	45.63 ± 41.51^{Aab}	37.93 ± 33.83^{Ab}	31.78 ± 28.68^{Ad}	16.27 ± 28.19^{Ac}	31.88 ± 21.83^{Ad}	37.16 ± 32.51^{Ad}
ETS	第1年	399.25 ± 536.83^{Ba}	1307.87 ± 227.80^{Aa}	14.74 ± 25.54^{Bd}	140.50 ± 13.79^{Ab}	113.43 ± 54.41^{ABc}	62.28 ± 15.63^{Bd}
	第2年	611.17 ± 15.74^{Ba}	1278.37 ± 51.62^{Aa}	491.55 ± 3.99^{Ca}	580.11 ± 72.68^{Ba}	701.84 ± 17.67^{Aa}	525.78 ± 54.75^{Bb}
GS	第1年	213.78 ± 204.99^{Ab}	89.72 ± 42.44^{Bb}	170.93 ± 57.04^{Ab}	150.21 ± 91.11^{Bb}	275.56 ± 97.83^{Bb}	810.71 ± 423.58^{Aa}
	第2年	261.59 ± 120.91^{Ab}	105.55 ± 53.83^{Bb}	225.09 ± 115.18^{Bab}	139.59 ± 53.40^{Bb}	31.04 ± 10.34^{Bb}	340.04 ± 157.81^{Ac}
NGS	第1年	409.92 ± 331.50^{Ba}	1316.51 ± 659.57^{Aa}	23.61 ± 16.48^{Cb}	176.85 ± 58.96^{Ab}	143.55 ± 63.74^{Ab}	67.13 ± 27.19^{Bc}
	第2年	656.80 ± 311.24^{Ba}	1316.30 ± 680.33^{Aa}	523.33 ± 252.65^{Ba}	596.38 ± 311.59^{Aa}	733.72 ± 367.38^{Aa}	562.94 ± 270.64^{Ab}
第1年		623.70 ± 203.15^{Ba}	1406.23 ± 398.87^{Aa}	194.54 ± 39.17^{Cb}	327.06 ± 55.64^{Bb}	419.11 ± 71.45^{Bb}	877.84 ± 227.06^{Aa}
第2年		918.39 ± 185.85^{Ba}	1421.85 ± 361.55^{Aa}	748.42 ± 148.42^{Ba}	735.97 ± 170.41^{Aa}	764.76 ± 231.52^{Aa}	902.98 ± 188.25^{Aa}
年均		771.05 ± 208.38^{AB}	1414.04 ± 11.05^{A}	471.48 ± 391.65^{B}	531.52 ± 289.14^{A}	591.94 ± 244.43^{A}	890.41 ± 17.78^{A}

注：EGS，生长季节初期；LGS，生长季节末期；OF，冻结初期；ETS，融化期；GS，生长季节；NGS，非生长季节。小写字母表示同层不同时期淋溶差异，大写字母表示同层不同海拔之间淋溶差异，$n=5$。

3. 土壤有机氮淋溶特征

表 6-14 显示，矿质土壤层的有机氮淋溶损失量表现为 $A_2[0.30kg/(hm^2\cdot a)\pm0.10kg/(hm^2\cdot a)]<A_3[0.37kg/(hm^2\cdot a)\pm0.02kg/(hm^2\cdot a)]<A_1[0.87kg/(hm^2\cdot a)\pm0.77kg/(hm^2\cdot a)]$。土壤有机层的有机氮淋溶损失量表现为 $A_3[0.16kg/(hm^2\cdot a)\pm0.11kg/(hm^2\cdot a)]<A_1[0.27kg/(hm^2\cdot a)\pm0.26kg/(hm^2\cdot a)]<A_2[0.46kg/(hm^2\cdot a)\pm0.24kg/(hm^2\cdot a)]$。3 个海拔的矿质土壤层有机氮淋溶损失量均以冻融季节明显小于生长季节。总体上，亚高山针叶林土壤有机氮淋溶损失量主要集中在生长季节，不同关键时期的有机氮淋溶损失量随着海拔而变化。

表 6-14　亚高山针叶林土壤有机氮淋溶量随海拔和关键时期的变化 ［单位：$10^{-3}kg/(hm^2\cdot a)$］

关键时期	时间	OL			ML		
		3000m（A_3）	3300m（A_2）	3600m（A_1）	3000m（A_3）	3300m（A_2）	3600m（A_1）
EGS	第1年	22.75 ± 1.06^{Cc}	42.59 ± 0.95^{Bd}	48.38 ± 4.00^{Ab}	18.60 ± 2.44^{Bb}	69.97 ± 12.30^{Bb}	1117.94 ± 74.18^{Aa}
	第2年	24.81 ± 1.66^{Cc}	134.41 ± 15.79^{Bb}	299.87 ± 30.38^{Aa}	170.09 ± 24.07^{Aa}	174.81 ± 11.35^{Aa}	176.82 ± 14.17^{Ac}
LGS	第1年	3.11 ± 0.10^{Bd}	63.97 ± 40.06^{Ac}	0 ± 0^{Bd}	143.79 ± 203.35^{Ab}	91.86 ± 11.87^{Ab}	252.55 ± 38.80^{Ab}
	第2年	79.71 ± 23.304^{Aa}	53.06 ± 10.83^{ABc}	45.14 ± 7.8^{Bc}	102.15 ± 6.57^{Aab}	119.1 ± 50.60^{Aa}	74.47 ± 27.68^{Ad}
OF	第1年	30.14 ± 8.71^{Ac}	20.92 ± 3.40^{Bd}	18.75 ± 3.52^{Bc}	104.38 ± 90.41^{Aab}	33.66 ± 8.23^{Bc}	12.47 ± 5.01^{Be}
	第2年	51.63 ± 6.76^{Ab}	38.46 ± 2.54^{Bd}	57.21 ± 4.17^{Ab}	28.37 ± 4.74^{ABb}	35.64 ± 4.42^{Ac}	24.61 ± 1.931^{Be}
ETS	第1年	22.15 ± 10.81^{Bc}	501.27 ± 7.85^{Aa}	20.82 ± 6.16^{Bc}	86.41 ± 3.41^{Aab}	34.38 ± 4.40^{Bc}	32.11 ± 4.31^{Be}
	第2年	79.49 ± 17.27^{Aa}	62.50 ± 4.91^{Ac}	46.88 ± 0.91^{Ac}	79.58 ± 6.31^{Aab}	45.07 ± 3.59^{Bbc}	44.94 ± 3.77^{Be}

续表

关键时期	时间	OL			ML		
		3000m（A_3）	3300m（A_2）	3600m（A_1）	3000m（A_3）	3300m（A_2）	3600m（A_1）
GS	第1年	25.86±10.78[Bb]	106.56±27.91[Ab]	48.38±26.62[Ba]	162.39±122.65[Ba]	161.83±16.14[Ba]	1370.49±476.94[Aa]
	第2年	104.52±33.50[Ca]	187.47±46.17[Bb]	345.01±140.92[Ac]	272.24±40.42[Ab]	293.91±44.80[Ab]	251.29±59.41[Ab]
NGS	第1年	52.29±9.62[Bb]	522.19±240.22[Aa]	39.57±4.27[Ba]	190.79±72.06[Aab]	68.04±7.34[Ba]	44.58±10.03[Bb]
	第2年	131.12±18.17[Aa]	100.96±13.51[Ab]	104.09±6.40[Ab]	107.95±28.42[Aa]	80.71±6.29[Ab]	69.55±11.45[Ab]
第1年		78.15±12.98[Ba]	628.75±149.27[Aa]	87.95±14.87[Ba]	353.18±74.98[Ba]	229.87±30.05[Ba]	1415.07±325.19[Aa]
第2年		235.64±33.58[Bb]	288.43±45.28[Bb]	449.10±98.77[Ab]	380.19±62.43[Aa]	374.62±63.77[Aa]	320.84±58.57[Ab]
年均		156.90±111.36[A]	458.59±240.64[A]	268.53±255.37[A]	366.69±19.11[A]	302.25±102.34[A]	867.96±773.74[A]

注：EGS，生长季节初期；LGS，生长季节末期；OF，冻结初期；ETS，融化期；GS，生长季节；NGS，非生长季节。小写字母表示同层不同时期淋溶差异，大写字母表示同层不同海拔之间淋溶差异，$n = 5$。

6.4.3　讨论与结论

亚高山针叶林区的降水主要集中在生长季节，但降雨输入土壤的 DOC 显著低于非生长季节中降雪输入的 DOC。由于亚高山针叶林区的降雨以微雨、小雨和中雨为主，地表径流小，因而没有引起生长季节 DOC 的大量淋溶输入。同时，由于林冠截留和树干径流的作用（巩合德等，2005），部分 DOC 随着降水汇聚成地表径流，地表径流汇入森林溪流快速流失于水体中，因而输入土壤中的 DOC 较小。此外，生长季节地表植被和微生物较为丰富，凋落物分解后的 DOC 被生物体等迅速利用或者氧化（Fröberg et al.，2007），能够被水体溶解带走的 DOC 较少，于是生长季节丰富降水环境下并没有出现高的 DOC 淋溶输入土壤的情况发生。非生长季节，森林中具有较厚的雪被形成、覆盖、消融和土壤冻融循环发生（Liu et al.，2013），地表及地上部分较厚的雪被在融化过程中携带 DOC，然后淋溶进入土壤中。雪被融化过程较降水淋溶缓慢，使得 DOC 溶解更加充分，雪被溶解能够从林冠等获得更多的 DOC。在低温环境下微生物活动相对较弱，植被吸收量很小，DOC 的氧化情况也并不剧烈，存留可供淋溶的 DOC 较多。在地表，秋季部分阔叶树种如红桦和针叶树种如四川红杉等产生新鲜的凋落物，凋落物分解产生的 DOC 经溶解后输入土壤中的量变大。虽然新鲜的凋落物能被溶解的 DOC 含量很少，但是经过部分分解后的凋落物能够提供更多的 DOC（Sanderman et al.，2008）。第一个培养年中输入量很少，而第二年的非生长季节出现了峰值，这是因为在土柱培养过程中，第一年埋设后秋季才有新鲜的凋落物覆盖，在新鲜凋落物覆盖情况下，可供输入的 DOC 含量较小，因此并没有表现出峰值。然而经过分解过程后，第二个培养年的非生长季节来临，这部分凋落物为输入土壤的水分提供了丰富的 DOC 来源，使得第二个培养年输入土壤的 DOC 量很大。

在生长季节，降水对土壤有机层和矿质土壤层进行淋洗，同时水分中溶解的 DOC 随着淋洗液的渗漏从土壤中淋溶流失。虽然生长季节降水较多，但是在土壤中，生物活动较为频繁，特别是在土壤有机层中，因而凋落物分解后的 DOC 被这些生物体利用（江长胜等，2009）。随着大量 DOC 被利用，可供淋溶的部分变小，土壤 DOC 的淋溶输出量变小。

水分经过矿质土壤层，由于截留作用，所携带的 DOC 在矿质土壤层中被微生物等利用，会减小淋溶损失（Kawahigashi et al.，2006），所以整个土壤层的 DOC 在生长季节淋溶量相对较小。在非生长季节，土壤有机层的凋落物和有机质分解后含有丰富的 DOC，这部分 DOC 随着土壤水相的变化（冻融循环）和雪被融化（Sanderman et al.，2008），淋洗出土壤有机层；在此时期，凋落物质量较高，冬季凋落物分解能释放大量的 DOC（Zhu et al.，2013），而冬季的生物作用较弱，所以淋洗的 DOC 量上升，并且随着水相的转移情况而发生变化。在冻结初期淋溶量达到最大（生物体死亡释放和水相转移），大量的 DOC 淋溶损失，因此在融化末期 DOC 含量下降，淋溶量变小。土壤有机层淋溶出来的 DOC 经过矿质土壤层，在矿质土壤层中，由于冬季生物活性受到环境因子制约，生物作用并没有表现出对 DOC 很高的利用性（杨玉莲等，2012），这导致了 DOC 在矿质土壤层的截留效果很弱，并且还将矿质土壤层本身的 DOC 淋洗出来，使得整个土壤层淋洗出的 DOC 增多。

亚高山针叶林区的季节性冻融循环显著促进了土壤氮素淋溶损失。在冻融频繁的融化期（ETS），亚高山针叶林土壤氮素大量淋溶损失，淋溶损失的氮素占到全年损失的 57% 以上。空气温度随着不同关键时期和不同海拔而显著变化，土壤温度在一定程度上响应空气温度变化，导致了频繁的土壤冻结和融化（Campbell et al.，2010）。土壤冻融循环使得土壤团粒间空间膨胀或缩小，其物理作用加速了土壤环境变化（Wang et al.，2008），从而影响了氮素的吸附功能（Jackson-Blake et al.，2012），部分氮素即可从土壤团粒表面游离于土壤水相中，并且随着水分迁移，直接增加土壤氮素淋溶损失量（Yu et al.，2011a；Fan et al.，2012）。同时，土壤温度在 0℃ 上下频繁变化，低温使土壤微生物活性降低（杨玉莲等，2012；Edwards and Jefferies，2013），甚至部分微生物和动物死亡，动植物残体也可以是可溶性氮素的重要来源（Wu et al.，2010）。此外，前期的研究表明，冬季土壤氮素矿化作用仍然比较活跃（Liu et al.，2013），土壤氨氧化细菌和氨氧化古菌等微生物活性仍然较高（Wang et al.，2012；李晶等，2013），也可导致冬季氮素淋溶的损失。亚高山针叶林区降水主要集中于生长季节，但冬季往往具有明显的雪被和土壤冻结现象（杨玉莲等，2012）。这些雪被和冻结土壤在融化过程中仍然对土壤具有较强的淋溶作用，且冻结土壤一定程度上限制了水分的流失，减缓了淋溶过程，并不像生长季节降水导致的快速淋溶过程（向仁军等，2006）。因此，在生长季节和非生长季节表现出并不一致的土壤氮素淋溶输出特征。在融化期（ETS），水相变化频率和水分迁移速率加快，此时期为冬季降水和雪被水分主要的转移时期，因此氮素淋溶在冻融循环作用下淋溶量很大。此外，两年的培养中，相对于第 1 年，低海拔地区第 2 年经历了较多的冻融循环，且氮素淋溶也随着冻融循环次数的增加而表现出增加的趋势，特别是对于整个土壤层。并且，在不同关键时期，冻结初期的持续冻融循环时间较短，融化期持续的冻融循环很长，从文中也可得出冻结初期的淋溶量小于融化期。这充分表明，氮素淋溶与冻融循环密切相关，频繁的冻融循环加剧了土壤氮素的淋溶流失，相关分析中氮素淋溶与冻融循环表现出显著的线性关系也为此提供了重要的依据。

亚高山针叶林土壤氮素淋溶损失以铵态氮和硝态氮淋溶损失为主，且主要发生在冬季冻融循环期间。此外，亚高山针叶林土壤铵态氮淋溶损失量大于硝态氮淋溶量。在非生长季节，亚高山针叶林土壤硝态氮和铵态氮通过淋溶大量流失，特别是在融化期表现出较高的氮素淋溶损失量；不但铵态氮的淋溶量大于硝态氮，而且在氮素淋溶最大的融化期，铵态氮淋溶量最高达到了总氮淋溶量的 84%以上。这是因为，具有冻融循环格局的冬季，土壤中的铵态氮和硝态氮含量较高，水溶性较强，土壤中土壤团粒对铵态氮的附着能力较弱，矿化作用使硝态氮增加，所以土壤中铵态氮和硝态氮容易淋溶流失（Udawatta et al.，2006；Yu et al.，2011b）；而且冻融循环次数越多，铵态氮和硝态氮的淋溶流失量也就越大，铵态氮和硝态氮的淋溶与冻融循环之间的线性关系也说明了冻融循环在很大程度上控制着氮素的淋溶流失。铵态氮在冻融时期淋溶量较大，在冻融完后硝态氮淋溶量上升，之后的生长季节以有机氮为主要的淋溶氮素。铵态氮在冻融时期，由于微生物及动植物死亡残体分解，土壤团粒对铵态氮的吸附能力减弱，大量的铵态氮溶解在土壤溶液中，使铵态氮更加容易淋溶流失，部分其他研究也表明铵态氮的淋溶主要受到冻融循环的影响（Freppaz et al.，2007），然后由于土壤矿化能力升高，硝态氮含量增加，淋溶量变大（Liu et al.，2013）。由于生长季节的植物快速生长需要大量的氮等养分，矿质氮更易被植物吸收，故生长季节氮流失主要以有机氮为主，这也表明该区氮素有效性相对较低。可见，全球气候变化情景下的季节性雪被变化引起的冻融循环频次增加，会加速亚高山针叶林土壤氮素淋溶流失，导致土壤氮素含量降低，在生长季节可供植被利用的氮素在冬季流失，进而使得土壤可供利用的氮素含量下降，降低土壤肥力，从而对生长季节植被的生长发育不利。同时，融化期淋溶输出的氮素进入水体，流失的氮素随着水相的转移，增加了水体含氮量，成为亚高山针叶林区溪流氮素的主要来源，将可能对下游乃至整个长江流域的水生生态环境产生深刻影响。

6.5 亚高山云杉林土壤氮转化酶活性

6.5.1 材料与方法

1. 研究区域概况

研究区域位于四川省阿坝藏族羌族自治州米亚罗自然保护区，研究区域特征详见本书5.1 节。亚高山针叶林区冬季较低的气温导致土壤的季节性冻融，土壤季节性冻结期长达4～6 月，冻结深度大于 40cm。受低温限制和频繁山地灾害的影响，亚高山针叶林区土壤发育缓慢，且经常受阻，主要土纲包括雏形土（Cambisols）、新成土（Primosols）和淋溶土（Alfisols）。云杉次生林是该区森林采伐后形成的主要森林植被类型。

2. 样地设置

为理解亚高山云杉次生林土壤生化过程及其对季节性雪被变化的响应，于 2012～2013 年在海拔 3000m 的云杉次生林（102°56′E，31°18′N，海拔 3035m）建立定位研究样地，利用林窗位置实验，研究亚高山云杉次生林土壤氮转化酶活性及其对季节性雪被变化的响应。定位研究样地的土壤类型为酸性湿润雏形土，矿质土壤层浅薄，土壤有机层厚为 10～15cm。矿质土壤层土壤容重、有机碳、全氮、全磷、C/N、pH 分别为

1.17g/cm³±0.03g/cm³、160.94g/kg、9.64g/kg、1.52g/kg、16.70、6.54。次生云杉林乔木层以粗枝云杉为主,树龄约为 70 年。依据对该森林群落林冠调查和冬季季节性雪被分布格局调查,分别在 2012 年和 2013 年冬季,根据雪被在林窗中心、林冠、林下的分布情况,在定位研究样地中选取不同厚度和持续时间的雪被斑块,分别为:Ⅰ,浅且短持续期的雪被斑块(shallow and short duration snowpacks,SS,简称浅雪被斑块);Ⅱ,中等厚度和中等持续期的雪被斑块(middle snow depth and duration of snowpacks,MS,简称中厚度雪被斑块);Ⅲ,深且持续期长的雪被斑块(deep and long duration snowpacks,DS,简称厚雪被斑块)。2012 年 11 月中旬~2013 年 3 月中旬以及 2013 年 11 月中旬~2014 年 3 月中旬,用钢尺对各雪被斑块的雪被厚度采用多次随机平均值法进行测量,研究期间各处理雪被厚度如图 6-12 所示。同时,用 DS1921G 纽扣温度计(Maxim,USA)对各雪被斑块样方 5cm 深处土壤温度进行连续监测,用 DS1923G 温度计对样地空气温度进行连续监测,同时每 2h 记录一个数据。

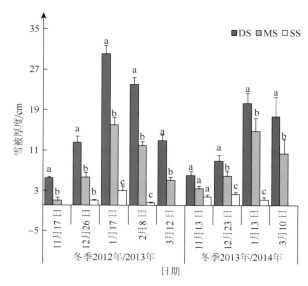

图 6-12　2012~2013 年冬季,亚高山云杉次生林各雪被斑块的雪被厚度动态变化

DS,厚雪被斑块;MS,中厚度雪被斑块;SS,浅雪被斑块

3. 样品采集及处理

在前期对样地冬季季节性雪被调查的基础上,分别于 2012 年 10 月下旬、2013 年 10 月下旬(季节性雪被形成前)在云杉次生林内,随机选择 6 个取样点,在每个取样点垂直打入 13 根 PVC 管(内径 6cm,长 15cm),取出 PVC 土柱后,上口用塑料薄膜封顶,下口用纱布和橡皮圈封底。同一取样点所取得土柱,分别在各雪被处理样方埋设 3 管,54 管原状土壤(3 个关键培养期×3 个雪被斑块处理×6 个重复)用于不同时期土壤 N 组分库和微生物及酶活性测定。另外,每个采样点各取 1 管原状土壤分别埋于各雪被处理样方内,用于土壤氮矿化测定。同时把 6 个取样点各剩下的 1 管原状土壤装入封口袋,保存在冰盒里迅速带回实验室,立即测定土壤铵态氮、硝态氮含量和微生物生物量氮,作为土壤

培养前的初始含量。基于前期的研究和调查，每个冬季采样时间均按 3 个关键时期进行：雪被形成期（snow formed period，SFP）（当年 11 月中旬）、雪被稳定期（snow stable period，SSP）（次年 1 月底）、雪被融化期（snow melt period，SMP）（次年 3 月中旬）。而测定土壤氮矿化的样品是在两年的雪被融化期采取。每个样品采取后，装入封口袋，放入冰盒，并迅速带回实验室，立即测定各指标。

4. 土壤氮转化酶活性测定

土壤脲酶活性采用尿素比色法测定：一个酶活单位（EU）以 1g 土壤在 37℃条件下 24h 内反应水解产生的氨氮毫克数表示。土壤反硝化酶（硝酸还原酶、亚硝酸还原酶）采用苯磺酸-乙酸-α-萘胺比色法测定，其中，硝酸还原酶一个酶活单位（EU）以 1kg 土壤在 30℃条件下 24h 内还原产生的 NO_3^- 的毫克数表示；亚硝酸还原酶一个酶活单位（EU）以 1kg 土壤在 30℃条件下 24h 内还原减少的 NO_2^- 的毫克数表示。

6.5.2　结果与分析

1. 不同雪被斑块土壤温度和水分动态变化

如图 6-13 和图 6-14 所示，样地在日均大气温度、3 类雪被斑块（DS、MS、SS）下，土壤 5cm 处日均土壤温度在两年冬季内的变化趋势基本一致，且季节动态变化显著，均表现为先下降后上升的趋势，但土壤温度变化略滞后于大气温度的变化。2012 年/2013 年冬季和 2013 年/2014 年冬季均以浅雪被斑块（SS）日均温波动最大，中厚雪被斑块（MS）次之，而厚雪被斑块（DS）土壤温度相对稳定。2012 年/2013 年冬季，DS、MS 和 SS 下 5cm 土壤的平均温度分别为–0.57℃、–0.65℃和–0.82℃；2013 年/2014 年冬季，DS、MS 和

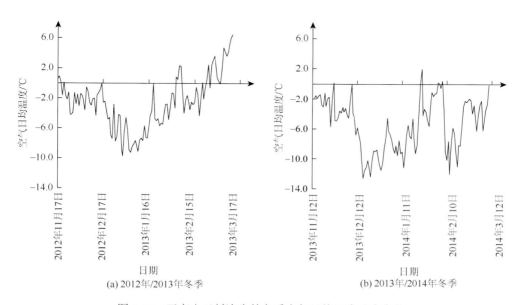

(a) 2012年/2013年冬季　　　　　(b) 2013年/2014年冬季

图 6-13　亚高山云杉次生林冬季空气日均温度动态变化

SS 下土壤平均温度分别为-0.83℃、-0.87℃和-1.00℃，相比 2012 年/2013 年冬季，2013 年/2014 年冬季各雪被斑块下 5cm 土壤的平均温度分别降低了 45%、34%和 22%。

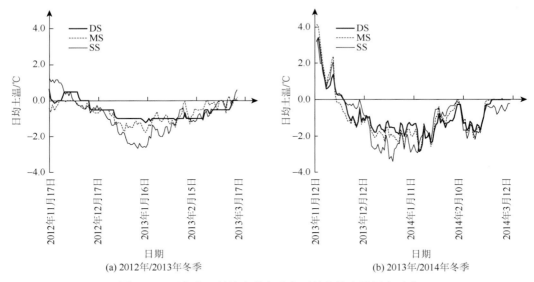

(a) 2012年/2013年冬季　　　　　　　　　　　　(b) 2013年/2014年冬季

图 6-14　亚高山云杉次生林冬季各雪被斑块土壤温度动态

DS，厚雪被斑块；MS，中厚度雪被斑块；SS，浅雪被斑块

如图 6-15 所示，土壤含水量随冬季不同关键时期和雪被斑块而变化，其中以 SS 土壤含水量波动范围最大（37.34%～58.92%），DS 次之（30.26%～51.07%），MS 土壤含水量

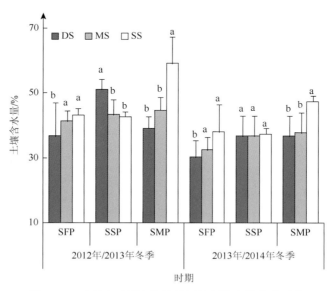

图 6-15　亚高山云杉次生林各雪被斑块土壤水分动态

DS，厚雪被斑块；MS，中厚度雪被斑块；SS，浅雪被斑块。SFP，雪被形成期；SSP，雪被稳定期；SMP，雪被融化期。不同小写字母表示雪被斑块间差异显著

基本维持在 32.52%～44.64%。各雪被斑块下，两年冬季平均土壤含水量表现为 SS（44.56%）＞MS（39.57%）＞DS（38.49%）。2012 年/2013 年冬季和 2013 年/2014 年冬季雪被形成期（SFP）和雪被融化期（SMP），土壤含水量均表现为 SS 显著高于 DS（P＜0.05），而 2012 年/2013 年冬季 SSP 土壤含水量表现为 DS＞MS＞SS，但差异不显著（P＞0.05）。重复方差分析表明，雪被斑块对土壤含水量的影响不显著，但雪被斑块和关键时期的交互作用对土壤含水量的影响显著。

2. 土壤氮转化酶活性随雪被斑块和关键时期的变化

土壤脲酶活性随着雪被斑块和关键时期而变化（图 6-16）。MS 和 SS 下的土壤脲酶活性两年冬季均在 SSP 期最低，在 SMP 期达到最大值。DS 下的土壤脲酶活性在整个冬季则持续上升至 SMP 期达到最高。研究还表明，雪被斑块和关键时期均显著影响土壤脲酶活性，但交互作用对土壤脲酶活性影响不显著。2012 年/2013 年冬季和 2013 年/2014 年冬季，SFP 和 SMP 期间，SS 下的土壤脲酶活性均显著高于 DS 下的土壤脲酶活性，但在 SSP 时期，土壤脲酶活性的差异不显著（P＞0.05）。

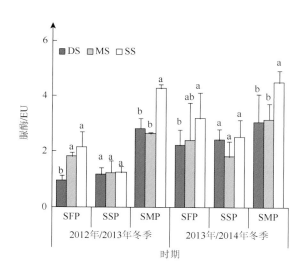

图 6-16　亚高山云杉次生林各雪被斑块土壤脲酶活性动态

DS，厚雪被斑块；MS，中厚度雪被斑块；SS，浅雪被斑块。SFP，雪被形成期；SSP，雪被稳定期；SMP，雪被融化期。小写字母表示同一时期不同雪被斑块间的差异

土壤硝酸还原酶活性同样存在显著的季节差异（图 6-17）。3 类雪被斑块下，土壤硝酸还原酶活性均呈现先降低后升高的变化规律，最低值均出现在 SSP 期。其中，在 MS 和 SS 下，土壤硝酸还原酶活性以 SMP 期最高，而在 DS 下，则以 SFP 期的土壤硝酸还原酶活性最高。重复方差分析表明，雪被斑块显著影响硝酸还原酶活性（表 6-15），2012 年/2013 年冬季和 2013 年/2014 年冬季，SS 的土壤硝酸还原酶活性分别是 DS 的 0.75～2.87 倍和 0.77～2.19 倍（图 6-17）。相比 2012 年/2013 年冬季雪被覆盖期，2013 年/2014 年冬季

DS、MS 和 SS 雪被斑块的土壤硝酸还原酶活性分别平均下降了 17.75%、23.49% 和 16.70%。雪被斑块、关键采样时期及其交互作用均显著影响土壤硝酸还原酶活性（表 6-15）。

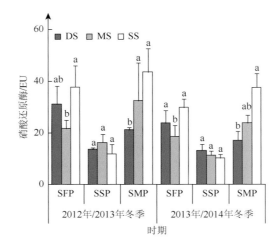

图 6-17　亚高山云杉次生林各雪被斑块土壤硝酸还原酶活性动态

DS，厚雪被斑块；MS，中厚度雪被斑块；SS，浅雪被斑块。SFP，雪被形成期；SSP，雪被稳定期；SMP，雪被融化期。小写字母表示同一时期不同雪被斑块间的差异

表 6-15　雪被厚度（S）和关键时期（P）对土壤氮转化酶活性的重复测定方差分析

参数	变异来源	自由度 d.f.	F	P
脲酶	P	5	39.152	0.000
	S	2	13.426	0.006
	P×S	10	1.694	0.128
硝酸还原酶	P	5	20.309	0.000
	S	2	10.101	0.012
	P×S	10	3.139	0.007
亚硝酸还原酶	P	5	42.177	0.000
	S	2	10.101	0.012
	P×S	10	2.113	0.046

　　从图 6-18 可以看出，土壤亚硝酸还原酶活性在两年冬季雪被关键时期差异显著。2012 年/2013 年冬季各雪被斑块土壤亚硝酸还原酶活性均先升高再降低，而 2013 年/2014 年冬季表现为持续升高的变化趋势。相比其他两类雪被斑块，SS 雪被斑块土壤亚硝酸还原酶活性季节波动幅度较弱。各雪被斑块土壤亚硝酸还原酶活性差异显著（图 6-18 和表 6-15）。在 SFP 和 SMP 期，土壤亚硝酸还原酶活性为 SS＞MS＞DS；在 SSP 时期，土壤亚硝酸还原酶活性表现为 DS＞MS＞SS（图 6-18）。重复测量方差分析表明，雪被斑块、采样关键时期及其交互作用均对土壤亚硝酸还原酶活性有显著影响（表 6-15）。

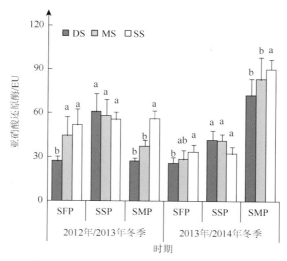

图 6-18　亚高山云杉次生林各雪被斑块土壤亚硝酸还原酶活性动态

DS, 厚雪被斑块; MS, 中厚度雪被斑块; SS, 浅雪被斑块。SFP, 雪被形成期; SSP, 雪被稳定期; SMP, 雪被融化期。小写字母表示同一时期不同雪被斑块间的差异

6.5.3　讨论与结论

　　脲酶是土壤氮转化的关键酶,是林木氮素的直接来源,对土壤氮素损失有重要影响(关松荫,1986)。本研究表明,土壤脲酶活性对雪被斑块的响应随着雪被形成、稳定和消融而变化,在雪被稳定期,较厚的雪被斑块下具有较高的土壤脲酶活性,而在雪被形成期和消融期,较薄的雪被斑块下具有较高的土壤脲酶活性。这是因为在雪被稳定期,较厚的雪被斑块下具有相对较高且稳定的温度和水分含量,有利于无脊椎动物、微生物和根系活动(Kang and Freeman,1999;Edwards et al.,2006;Koponen et al.,2006;Campbell et al.,2010;徐振锋等,2010;杨玉莲等,2012a,2012b),从而提高了土壤脲酶活性。但在雪被形成期和消融期,因缺乏雪被的保温和绝缘作用,土壤温度变化幅度较大,土壤强烈的冻融交替作用破坏了土壤团聚体,杀死部分土壤微生物和动物,促进凋落物分解,增加酶底物的有效性,从而提高了土壤脲酶活性(Tierney et al.,2001;Repo et al.,2011;谭波等,2011)。土壤有机碳含量升高(谭波等,2011),土壤微生物、动物和植物根系的活动更为强烈(徐振锋等,2010),土壤脲酶活性更高。

　　土壤反硝化酶是土壤氮素反硝化过程的重要参与者,在厌氧条件下,异养反硝化细菌以氮氧化物为最终电子受体,有机碳为电子供体,从而在土壤反硝化酶催化作用下进行电子传递氧化磷酸化作用(王连峰等,2007),产生对臭氧层有害的温室气体 N_2O。有研究发现,反硝化酶与 N_2O 有显著正相关关系(陈利军等,2002),频繁的冻融交替会加强 N_2O 的释放(IPCC,2007),这与本研究中浅雪被斑块反硝化酶活性在雪被形成期和消融期较高相吻合。反硝化酶活性主要受土壤温度、水分、氧气、底物浓度和有机碳含量等因素影响(Barton et al.,2000;白红英等,2002),而这些因素又与冻融循环、冻结强度和雪被厚度密切相关(Campbell et al.,2010;刘琳等,2011),它们主要通过影响反硝化微

生物来调控反硝化速率和反硝化酶的生成（王莹和胡春胜，2010）。本研究中，雪被斑块对土壤反硝化酶的影响主要受到以上因素的综合调控。首先，温度和水分是影响土壤酶活性的两个关键环境因子（杨万勤和王开运，2004）。在雪被形成期和消融期，浅雪被斑块的土壤覆雪较薄，土温变化幅度比厚雪被斑块变化幅度大，强烈的冻融循环导致土壤渗透性较好，雪融水易于进入土壤，保障了较优的土壤水热环境，刺激反硝化微生物代谢活动，提高反硝化酶活性。此外，本研究中硝酸还原酶和亚硝酸还原酶活性与温度和水分具有不同的相关性，可能是因为不同土壤酶受控于不同的土壤微生物群落，不同的微生物群落对水热条件的敏感性存在一定差异（徐振锋等，2010）。其次，氧气是土壤反硝化酶活性的限制因子。浅雪被斑块下，土壤频繁的冻融循环使土壤容重降低，导水率增大，且冻结的土壤颗粒表面覆盖了一层薄冰膜，导致土壤通透性下降，阻碍氧气进入，而土壤内部生物呼吸又消耗掉一部分氧气，导致土壤处于厌氧环境，从而提高土壤反硝化酶活性（王连峰等，2007）。然后，土壤有机质是酶促底物的主要供源，是微生物、土壤反硝化酶和矿物质的有机载体和电子供体。而浅雪被斑块下的土温日波动剧烈，频繁的冻融作用改变土壤团聚体大小和稳定性，使其破碎并释放大量活性有机碳，还会造成部分植物根系死亡，促进其残体的腐烂和降解，进而加快土壤碳氮循环速率，提供大量供反硝化酶利用的养分和有机碳源（Morkved et al.，2006；Gaul et al.，2008），且浅雪被斑块（SS）较高的土壤含水量可在一定程度上增加反硝化酶所需养分和有机碳源的可利用性。最后，土壤微生物是土壤反硝化酶的直接来源，反硝化酶的生成与活性均受到土壤微生物的种类、数量和群落结构的影响。冻融循环杀死土壤中部分微生物并释放碳氮等营养物质，增强残余微生物活性，促进了反硝化基因的表达（Sharma et al.，2006），还可促进胞内酶向土壤中释放，这在一定程度上可合成并提高反硝化酶活性。本研究还发现，在雪被稳定期，厚或中厚度雪被斑块的反硝化酶活性比浅雪被斑块高，但差异不显著。其主要原因可能是上述因子的交互作用通过对反硝化微生物的影响来调控反硝化酶的合成与活性高低（王莹和胡春胜，2010）。此外，土壤反硝化酶不仅具有空间异质性，还具有时间异质性，两年冬季雪被覆盖下硝酸还原酶和亚硝酸还原酶活性均具有明显的动态变化，但二者变化趋势不同。

6.6　亚高山针叶林土壤氮转化相关微生物群落特征

6.6.1　材料与方法

1. 研究区域概况与实验设计

　　研究区域位于四川省阿坝藏族羌族自治州米亚罗自然保护区，区域概况详见本书 6.5.1 节。

　　根据"海拔每升高 100m，气温降低 0.63℃"的原理，通过原位土柱移位，将高海拔的森林土壤移植到低海拔样地，以期模拟气温增加，实现自然环境梯度。选取的供试土壤为：岷江冷杉原始林（PF）下的土壤（3600m），包括土壤有机层（OL）和矿质土壤层（ML）。于 2010 年 5 月，根据代表性和典型性原则，在坡向、坡度、坡位和海拔基本一致的岷江冷杉原始林内，设置面积为 30m×30m 的样地，先将地面上的植物与新鲜凋落物清除干净，再将长 20cm、内径 11cm 的 PVC 管（共 270 根）垂直打入土壤中，在尽量不破坏土壤原状结构的情况下，保持 PVC 管上端与土壤表面平行，然后挖出装有土壤的 PVC 管（管中上层为土壤有机层，下层为矿质土壤层），再将底部用尼龙布和松紧带封好，顶部用尼龙布封口，另取部分土壤样品以备初始值测定。供试土壤的基本理化性质见表 6-16。

表 6-16 供试土壤理化性质

土层	pH	土壤容重/(g/cm³)	有机碳/(g/kg)	全氮/(g/kg)	全磷/(g/kg)
OL	5.6±0.3	1.09±0.02	143.06±4.04	7.28±0.07	1.4±0.5
ML	5.3±0.2	1.2±0.04	24.55±0.88	1.69±0.03	1.2±0.3

注：OL，土壤有机层；ML，矿质土壤层。数据为平均值±标准偏差（$n = 5$）。

本研究中，原位土柱移位实验所设置的海拔梯度为 3600m（原位培养，NT）、3300m（模拟气温增加 2℃，T_2）、3000m（模拟气温增加 4℃，T_4）。由于野外诸多因素显著影响，结合研究地实际情况，最终形成的自然海拔梯度实际为 NT（3582m）、T_2（3298m）、T_4（3023m）。

根据前期野外定位研究，在 3 个海拔梯度上分别选择 5 个具有代表性且环境条件基本一致的标准样地，每个样地划分 3 个小区，在每个小区内埋入 6 根已经装好土壤的 PVC 管，即每个海拔梯度埋设 90 根 PVC 管。在土层 10cm 处放置纽扣式温度记录器（iButton DS1923-F5，Maxim Com. USA），设定为每小时自动监测温度。2010 年 5 月 24 日～2011 年 4 月 19 日 3 个海拔梯度的温度动态变化如图 6-19 所示。整个研究分为 3 个阶段 6 个关键时期，各阶段具体采样时间见表 6-17。

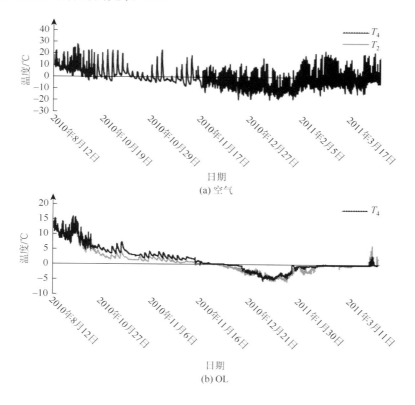

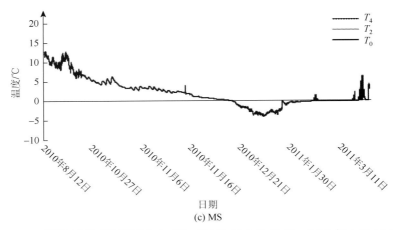

图6-19　不同海拔梯度的温度动态变化（2010年8月12日～2011年4月19日）

OL，土壤有机层；ML，矿质土壤层。NT（原位培养）；T_2（模拟气温增加2℃）；T_4（模拟气温增加4℃）

2. 土壤微生物群落测定

如表6-17所示，在不同关键时期同步采集不同海拔的亚高山针叶林土壤有机层和矿质土壤层样品，用OMEGA E.Z.N.A^{TM} gel extration kit试剂盒提取和纯化土壤DNA。采用实时定量 PCR-DGGE 方法，测定氨氧化细菌和氨氧化古菌群落多样性。测定方法详见Wang等（2012）。

表6-17　模拟增温实验的采样时间

采样阶段	采样时期		采样日期
生长阶段	生长季	GS	2010 年 8 月 12 日
	生长季末期	GSL	2010 年 10 月 17 日
	生长季 II	GSII	2011 年 8 月 19 日
冻结阶段	冻结期	FP	2010 年 12 月 23 日
	深冻期	FPL	2011 年 3 月 3 日
融化阶段	融冻期	TP	2011 年 4 月 19 日

3. 数据处理

实验中定量PCR扩增所得的不同微生物基因拷贝数经对数转换后进行统计分析，数据分析采用SPSS18.0中的单因素方差分析的S-N-K检验计算显著性差异（$P<0.05$），相关性用直线相关分析（Bivariate过程，双变量过程）。其余数据均采用SPSS 18.0软件进行统计分析，采用单因素方差分析和最小显著差异法检验不同数据组间的显著性差异（$P<0.05$）。

6.6.2　结果与分析

1. 土壤氨氧化细菌数量

由图 6-20 可知，随土壤的季节性冻结和融化，土壤有机层和矿质土壤的细菌 amoA 拷贝数也表现出明显的动态变化。经历为期一年的不同增温处理之后（GSII），土壤有机层和矿质土壤层的土壤细菌 amoA 拷贝数量较对照明显上升。随理论增温幅度增大，土壤有机层的细菌 amoA 拷贝数量均表现出上升趋势。生长季节（GSL，GSII）和非生长季节（FPL，TP）的矿质土壤层细菌 amoA 拷贝数量均表现出上升趋势，生长季节（GS）和非生长季节（FP）的矿质土壤细菌 amoA 拷贝数量均表现出下降趋势。土壤有机层中，T_4 处理的生长季节（GS，GSL，GSII）和非生长季节（FPL，TP），T_2 处理的生长季节（GS，GSL，GSII）和非生长季节（TP）与对照差异显著。矿质土壤层中，T_4 处理的生长季节（GS，GSL，GSII）和非生长季节（FP，FPL，TP），T_2 处理的生长季节（GS，GSL，GSII）和非生长季节（FPL，TP）与对照差异显著。

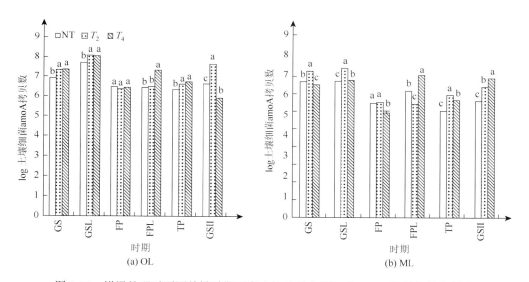

图 6-20　增温处理对不同关键时期亚高山针叶林土壤细菌 amoA 拷贝数量的影响

OL，土壤有机层；ML，矿质土壤层；NT，原位培养；T_2，模拟气温增加 2℃；T_4，模拟气温增加 4℃；GS，生长季节；GSL，生长季末期；GSII，生长季节；FP，冻结期；FPL，深冻期；TP，融冻期。不同小写字母分别表示同一时期，处理与对照间的差异达到显著（$P<0.05$）。数据为平均值±标准偏差，$n=5$

2. 土壤氨氧化古菌数量

由图 6-21 可知，随土壤的季节性冻结和融化，土壤有机层和矿质土壤层的古菌 amoA 拷贝数量也表现出明显的动态变化。经历为期一年的不同增温处理之后（GSII），土壤有机层中 T_2 处理，矿质土壤层中 T_4 处理的土壤古菌 amoA 拷贝数量较对照显著上升。随理论增温幅度增大，土壤有机层的古菌 amoA 拷贝数量均表现出明显的先升高后降低趋势。

矿质土壤层中，生长季节（GSL，GSII）和非生长季节（FPL）的古菌 amoA 拷贝数量均表现出上升趋势，生长季节（GS）和非生长季节（FP，TP）的古菌 amoA 拷贝数量均表现出下降趋势。土壤有机层中，T_4 处理的生长季节（GS，GSL）和非生长季节（FP，FPL，TP），T_2 处理的生长季节（GS，GSL，GSII）和非生长季节（FPL）与对照的差异显著。矿质土壤层中，T_4 处理的生长季节（GS，GSL）和非生长季节（FPL），T_2 处理的生长季节（GS，GSL）和非生长季节（FPL）与对照之间的差异显著。

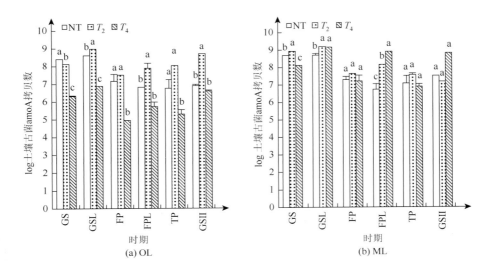

图 6-21　增温处理对不同关键时期亚高山针叶林土壤古菌 amoA 拷贝数量的影响

OL，土壤有机层；ML，矿质土壤层；NT，原位培养；T_2，模拟气温增加 2℃；T_4，模拟气温增加 4℃；GS，生长季节；GSL，生长季末期；GSII，生长季节；FP，冻结期；FPL，深冻期；TP，融冻期。不同小写字母分别表示同一时期，处理与对照间的差异达到显著（$P<0.05$）。数据为平均值±标准偏差，$n = 5$

3. 氨氧化微生物数量比

如前所述，随土壤的季节性冻结和融化，土壤有机层和矿质土壤层的古菌 amoA 拷贝数也表现出截然不同的动态变化。经历为期一年的不同增温处理之后（GSII），土壤有机层的氨氧化古菌/氨氧化细菌呈降低趋势（图 6-22）。随理论增温幅度增大，土壤有机层的氨氧化古菌/氨氧化细菌在生长季节（GS，GSL）降低，在生长季节（GSII）和非生长季节（FP，FPL，TP）则先升高后降低。矿质土壤层中，生长季节（GSL，GSII）和非生长季节（FP）的氨氧化古菌/氨氧化细菌表现出上升趋势，生长季节（GS）和非生长季节（FPL）的氨氧化古菌/氨氧化细菌表现出下降趋势。土壤有机层中，T_4 处理的生长季节（GS，GSL，GSII）和非生长季节（FP，FPL，TP），T_2 处理的生长季节（GS，GSII）和非生长季节（TP）与对照之间差异显著。矿质土壤层中，T_4 处理的生长季节（GS，GSL）和非生长季节（TP），T_2 处理的生长季节（GS，GSL，GSII）和非生长季节（TP）与对照之间的差异显著。

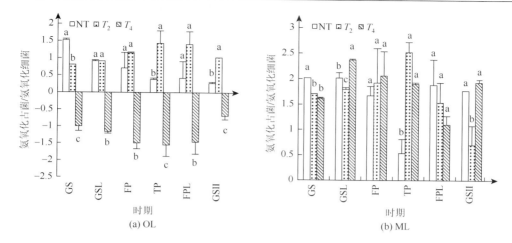

图 6-22　增温处理对不同关键时期亚高山针叶林土壤氨氧化古菌/氨氧化细菌数量比的影响

OL，土壤有机层；ML，矿质土壤层；NT，原位培养；T_2，模拟气温增加 2℃；T_4，模拟气温增加 4℃；GS，生长季节；GSL，生长季末期；GSII，生长季节；FP，冻结期；FPL，深冻期；TP，融冻期。不同小写字母分别表示同一时期，处理与对照间的差异达到显著（$P < 0.05$）。数据为平均值 ± 标准偏差，$n = 5$

6.6.3　讨论与结论

　　本研究表明，模拟增温使土壤微生物生物量碳、氮和磷的含量均发生显著变化，虽然在不同的关键时期和增温幅度下还存在差异。例如，模拟增温降低了冻融期间土壤有机层的微生物生物量碳（MBC）含量，还降低了融化末期矿质土壤层的 MBC 含量。与此同时，微生物生物量碳氮比（MBC/MBN）也下降。这就暗示着，海拔梯度上的增温处理改变了土壤微生物生物量。主要原因是，海拔降低在提高环境平均温度的同时，也可能增大了冻结过程中温度的变化幅度（Kreyling，2010），可能给土壤微生物带来非常致命的影响，使得低海拔处理中土壤微生物生物量降低。同时，生物量碳氮比的变化也表明模拟增温可能明显影响了土壤微生物的群落结构组成，调控了生物量碳、氮格局（Feng et al.，2007）。而且环境温度升高也在一定程度上降低了土壤水分含量，这在低海拔中表现得尤为突出，可能明显降低土壤（特别是土壤有机层）微生物生物量。但对矿质土壤层而言，降低海拔处理可能促进了养分淋溶效应，为土壤微生物的生长提供必要的条件。此外，不同土壤层次间土著微生物群落特征固有的差异也可能导致其生物量对模拟增温不同的响应。综上所述，尽管土壤微生物生物量明显受季节性冻融作用，但经过为期一年的不同增温处理，土壤有机层中的 MBC 含量较对照明显增加，但 MBN、MBP 含量降低；矿质土壤层中的 MBC、MBN 含量都较对照明显增加，但 MBP 含量降低。

　　模拟增温实验的研究结果进一步证明，冬季低温环境没有完全抑制土壤酶活性，相反还可能通过提供大量底物，进而有利于该土壤酶反应的进行（Lee et al.，2009；Wallenstein et al.，2009）。鉴于土壤转化酶和脲酶在土壤生态过程中的重要作用，其随模拟增温的变化暗示了碳、氮相关生态过程可能发生变化。而且如前所述，土壤中氨氧化微生物的时空分布特征也证明，季节性冻融以及不同海拔间环境条件的差异可能对其分布有不同程度的影响（Zhang et al.，2000；Li et al.，2011；Wessén et al.，2011），在非生长季节内较高的土壤氨氧化古菌数量也可能促进了土壤中铵态氮的氧化（Leininger et al.，2006；Caffrey et al.，2007）。

结果还表明，大幅度的增温（T_4）显著降低了土壤氨氧化古菌/氨氧化细菌数量比，而增温幅度较小（T_2）反而有可能提高土壤氨氧化古菌/氨氧化细菌数量比。由于 T_2 处理土壤实际温度高于对照，因而很容易将氨氧化古菌/氨氧化细菌比值在海拔梯度上的变化理解为随土壤温度的降低而升高，这也和前期的研究结果类似：AOA 可能对低温具有更好的适应性，在高寒森林群落氮素循环中具有重要意义。

参 考 文 献

白红英，韩建刚，赵一萍. 2002. 不同土层土壤理化生性状与反硝化酶活性排放通量的相关性研究[J].农业环境保护，21：193-196.

陈利军，武志杰，姜勇，等. 2002. 与氮转化有关的土壤酶活性对抑制剂施用的响应[J]. 应用生态学报，13：1099-1103.

陈书信，王国兵，阮宏华，等. 2014. 苏北沿海不同土地利用方式冬季土壤氮矿化速率比较[J]. 南京林业大学学报（自然科学版），38：41-46.

邓仁菊，杨万勤，张健，等. 2007. 川西亚高山森林土壤有机层碳、氮、磷储量特征[J]. 应用与环境生物学报，13：492-496.

傅民杰，王传宽，王颖，等. 2009. 四种温带森林土壤氮矿化与硝化时空格局[J]. 生态学报，29：3747-3758.

巩合德，王开运，杨万勤，等. 2005. 川西亚高山原始云杉林内降雨分配研究[J]. 林业科学，41：198-201.

关松荫. 1986. 土壤酶及其研究方法[M]. 北京：农业出版社.

郝金菊，陈钦华，周卫军，等. 2007. 红壤丘陵坡地不同利用方式的土壤 N 矿化特征[J]. 土壤通报，38：29-33.

江长胜，王跃思，郝庆菊，等. 2009. 土地利用对沼泽湿地土壤碳影响的研究[J]. 水土保持学报，23：248-252.

李晶，刘玉荣，贺纪正，等. 2013. 土壤微生物对环境胁迫的响应机制[J]. 环境科学学报，33：959-967.

刘光照. 1994. 长江上游生态环境及其恢复途径. 植被生态学研究—纪念侯学煜先生诞辰 90 周年文集[M]. 北京：科学出版社.

刘琳，吴彦，何奕忻，等. 2011. 季节性雪被对高山生态系统土壤氮转化的影响[J]. 应用生态学报，22：2193-2200.

刘庆. 2002. 亚高山针叶林生态学研究[M]. 成都：四川大学出版社.

刘硕. 2002. 国际土地利用与土地覆盖变化对生态环境影响的研究[J]. 世界林业研究，15：38-45.

史奕，黄国宏. 1999. 土壤中反硝化酶活性变化与 N_2O 排放的关系[J]. 应用生态学报，10：329-331.

谭波，吴福忠，杨万勤. 2011. 雪被去除对川西高山森林冬季土壤温度及碳，氮，磷动态的影响[J]. 应用生态学报，22：2253-2259.

王连峰，蔡延江，解宏图. 2007. 冻融作用下土壤物理和微生物性状变化与氧化亚氮排放的关系[J]. 应用生态学报，18：2361-2366.

王艳杰，邹国元，付桦，等. 2005. 土壤氮素矿化研究进展[J]. 中国农学通报，10：203-208.

王莹，胡春胜. 2010. 环境中的反硝化微生物种群结构和功能研究进展[J]. 中国生态农业学报，18：1378-1384.

鲜骏仁，胡庭兴，王开运，等. 2004. 川西亚高山针叶林林窗特征的研究[J]. 生态学杂志，23：6-10.

向仁军，柴立元，张龚，等. 2006. 湖南蔡家塘森林小流域氮和硫的输入输出特征[J]. 环境科学学报，26：1372-1378.

徐振锋，唐正，万川，等. 2010. 模拟增温对川西亚高山两类针叶林土壤酶活性的影响[J]. 应用生态学报，21：2727-2733.

闫恩荣，王希华，陈小勇. 2007. 浙江天童地区常绿阔叶林退化对土壤养分库和碳库的影响[J]. 生态学报，27：1646-1655.

杨凯，朱教君，张金鑫，等. 2009. 不同林龄落叶松人工林土壤微生物生物量碳氮的季节变化[J]. 生态学报，29：5500-5507.

杨胜天，程红光，步青松，等. 2006. 全国土壤侵蚀量估算及其在吸附态氮磷流失量匡算中的应用[J]. 环境科学学报，26：366-374.

杨万勤，王开运. 2004. 森林土壤酶的研究进展[J]. 林业科学，40：152-159.

杨万勤，王开运，宋光煜，等. 2004. 川西亚高山森林群落生态系统过程[M]. 成都：四川科学技术出版社.

杨玉莲，吴福忠，何振华，等. 2012a. 雪被去除对川西高山冷杉林冬季土壤微生物生物量碳氮和可培养微生物数量的影响[J]. 应用生态学报，23：1809-1816.

杨玉莲，吴福忠，杨万勤，等. 2012b. 雪被去除对川西高山冷杉林冬季土壤水解酶活性的影响[J]. 生态学报，32：7045-7052.

游秀花，蒋尔可. 2005. 不同森林类型土壤化学性质的比较研究[J]. 江西农业大学学报，27：357-360.

邹婷婷，张子良，李娜，等. 2017. 川西亚高山针叶林主要树种对土壤中不同形态氮素的吸收差异[J]. 植物生态学报，41：1051-1059.

Aulakh M S，Doran J W，Walters D T，et al. 1991. Legume residue and soil water effects on denitrification in soils of different texture[J]. Soil Biology & Biochemistry，23：1161-1167.

Barton L，Schipper L A，Smith C T，et al. 2000. Denitrification enzyme activity is limited by soil aeration in a wastewater-irrigated forest soil[J]. Biology and Fertility of Soils，32：385-389.

Batjes N H，Dijkshoorn J A. 1999. Carbon and nitrogen stocks in the soils of the Amazon Region[J]. Geoderma，89：273-286.

Bremer E，Kuikman P. 1997. Influence of competition for nitrogen in soil on net mineralization of nitrogen[J]. Plant Soil，190：119-126.

Caffrey J M，Bano N，Kalanetra K，et al. 2007. Ammonia oxidation and ammonia-oxidizing bacteria and archaea from estuaries with differing histories of hypoxia[J]. The ISME Journal，1：660-662.

Campbell J L，Ollinger S V，Flerchinger G N，et al. 2010. Past and projected future changes in snowpack and soil frost at the hubbard brook experimental forest，new hampshire，USA[J]. Hydrological Process，24：2465-2480.

Canadell J G，Rapauch M R. 2008. Managing forests for climate change mitigation[J]. Science，320：1456-1457.

Chapin III F S，Matson P A，Mooney H A. 2002. Principles of Terrestrial Ecosystem Ecology[M]. New York：Springer-Verlag.

Chave J，Condit R，Lao S，et al. 2003. Spatial and temporal variation of biomass in a tropical forest：results from a large census plot in Panama[J]. Journal of Ecology，91：240-252.

Chen S P，Wang W T，Xu W T，et al. 2018. Plant diversity enhances productivity and soil carbon storage[J]. Proceedings of the National Academy of Sciences，115：4027-4032.

Christopher S. 1999. Terrestrial biomass and effects of deforestation on the globe carbon cycle[J]. Bioscience，49：769-778.

Currie，W S，Aber J D，McDowell W H，et al. 1996. Vertical transport of dissolved organic C and N under long-term N amendments in Pine and hardwood forests[J]. Biogeochemistry，35：471-505.

Davidson E A，Janssens I A. 2006. Temperature sensitivity of soil carbon decomposition and feedbacks to climate change[J]. Nature，440：165-173.

Davidson E A，Janssens I A，Luo Y Q. 2006. On the variability of respiration in terrestrial ecosystems：moving beyond Q_{10}[J]. Global Change Biology，12：154-164.

Dixon R K，Solomon A M，Brown S，et al. 1994. Carbon pools and flux of global forest ecosystems[J]. Science，263，185-190.

Dube F，Zagal E，Stolpe N，et al. 2009. The influence of land-use change on the organic carbon distribution and microbial respiration in a volcanic soil of the Chilean Patagonia[J]. Forest & Ecology Management，257：1695-1704.

Edwards K A，Jefferies R L. 2013. Inter-annual and seasonal dynamics of soil microbial biomass and nutrients in wet and dry low-Arctic sedge meadows[J]. Soil Biology & Biochemistry，57：83-90.

Edwards K A，McCulloch J，Kershaw G P. 2006. Soil microbial and nutrient dynamics in a wet arctic sedge meadow in late winter and early spring[J]. Soil Biology and Biochemistry，38：2843-2851.

Fan J H，Cao Y Z，Yan Y，et al. 2012. Freezing-thawing cycles effect on the water soluble organic carbon，nitrogen and microbial biomass of alpine grassland soil in Northern Tibet[J]. African Journal of Microbiology Research，6：562-567.

Fang Y，Zhu W，Gundersen P，et al. 2009. Large loss of dissolved organic nitrogen from nitrogen-saturated forests in subtropical China[J]. Ecosystems，12：33-45.

Feng X，Nielsen L L，Simpson M J. 2007. Responses of soil organic matter and microorganisms to freeze-thaw cycles[J]. Soil Biology and Biochemistry，39：2027-2037.

Fierer N，Craine J M，Mclauchlan K，et al. 2005. Litter quality and the temperature sensitivity of decomposition[J]. Ecology，86：

320-326.

Finér L, Mannerkoski H, Piirainen S, et al. 2003. Carbon and nitrogen pools in an old-growth, Norway spruce mixed forest in eastern Finland and changes associated with clear-cutting[J]. Forest Ecology & Management, 174: 51-63.

Finzi A C, Canham C D. 1998. Canopy tree-soil interactions within temperate forest: Species effects on soil carbon and nitrogen[J]. Ecological Application, 8: 440-446.

Fontaine S, Barot S, Barre P, et al. 2007. Stability of organic carbon in deep soil layers controlled by fresh carbon supply[J]. Nature, 450: 277-280.

Freppaz M, Williams B L, Edwards A C, et al. 2007. Simulating soil freeze/thaw cycles typical of winter alpine conditions: implications for N and P availability[J]. Applied Soil Ecology, 35: 247-255.

Fröberg M, Kleja D, Hagedorn F. 2007. The contribution of fresh litter to dissolved organic carbon leached from a coniferous forest floor[J]. European Journal of Soil Science, 58: 108-114.

Gaul D, Hertel D, Leuschner C. 2008. Effects of experimental soil frost on the fine-root system of mature Norway spruce[J]. Journal of Plant Nutrition Soil Science, 171: 690-698.

Hao S, Yang Y S, Yang Z J, et al. 2010. The dynamic response of soil respiration to land-use changes in subtropical China[J]. Global Change Biology, 16: 1107-1121.

Hart S C, Dan B, Perry D A. 1997. Influence of red alder on soil nitrogen transformations in two conifer forests of contrasting productivity[J]. Soil Biology & Biochemistry, 29: 1111-1123.

Hibbard K A, Law B E, Reichstein M, et al. 2005. An analysis of soil respiration across northern hemisphere temperate ecosystems[J]. Biogeochemistry, 73: 29-70.

IPCC. 2007. Climate Change. 2007: the physical science basis[R]. The Fourth Assessment Report of Working Group.

Jackson-Blake L, Helliwell R C, Britton A J, et al. 2012. Controls on soil solution nitrogen along an altitudinal gradient in the Scottish uplands[J]. Science of the Total Environment, 431: 100-108.

Jobbagy E G, Jackson R B. 2000. The vertical distribution of soil organic carbon and its relation to climate and vegetation[J]. Ecology Apply, 10: 423-436.

Jones D L, Shannon D, Murphy D V, et al. 2004. Role of dissolved organic nitrogen (DON) in soil N cycling in grassland soils[J]. Soil Biology & Biochemistry, 36: 749-756.

Kang H J, Freeman C. 1999. Phosphatase and arylsulphatase activities in wetland soils: annual variation and controlling factors[J]. Soil Biology and Biochemistry, 31: 449-454.

Karhu K, Fritze H, Tuomi M, et al. 2010. Temperature sensitivity of organic matter decomposition in two boreal forest soil profiles[J]. Soil Biology & Biochemistry 42: 72-82.

Kawahigashi M, Kaiser K, Rodionov A, et al. 2006. Sorption of dissolved organic matter by mineral soils of the Siberian forest tundra[J]. Global Change Biology, 12: 1868-1877.

Kirschbaum M U F. 2006. The temperature dependence of organic-matter decomposition-still a topic of debate[J]. Soil Biology & Biochemistry, 38: 2510-2518.

Koponen H T, Jaakkola T, Keinanen-Toivola M M, et al. 2006. Microbial communities, biomass and activities in soils as affected by freeze thaw cycles[J]. Soil Biology and Biochemistry, 38: 1861-1871.

Kreyling J. 2010. Winter climate change: a critical factor for temperate vegetation performance[J]. Ecology, 91: 1939-1948.

Krift T A J V D, Berendse F. 2001. The effect of plant species on soil nitrogen mineralization[J]. Journal of Ecology, 89: 555-561.

Lee S H, Teramoto Y, Endo T. 2009. Enzymatic saccharification of woody biomass micro/nanofibrillated by continuous extrusion process I-Effect of additives with cellulose affinity[J]. Bioresource Technology, 100: 275-279.

Leininger S, Urich T, Schloter M, et al. 2006. Archaea predominate among ammonia-oxidizing prokaryotes in soils[J]. Nature, 442: 806-809.

Li J, Bai J, Gao H, et al. 2011. Distribution of ammonia-oxidizing Betaproteobacteria community in surface sediment off the Changjiang River Estuary in summer[J]. Acta Oceanologica Sinica, 30: 92-99.

Li J，Wang G，Allison S D，et al. 2014. Soil carbon sensitivity to temperature and carbon use efficiency compared across microbial-ecosystem models of varying complexity[J]. Biogeochemistry，119：67-84.

Liu J L，Wu F Z，Yang W Q，et al. 2013. Effect of seasonal freeze–thaw cycle on net nitrogen mineralization of soil organic layer in the subalpine/alpine forests of western Sichuan，China[J]. Acta Ecologica Sinica，33：32-37.

Lu F，Hu H F，Sun W J，et al. 2018. Effects of national ecological restoration projects on carbon sequestration in China from 2001 to 2010[J]. Proceedings of the National Academy of Sciences，115：4039-4044.

Luo Y，Weng E. 2010. Dynamic disequilibrium of the terrestrial carbon cycle under global change[J]. Trends in Ecology & Evolution，26：96-104.

Morkved P T，Dorsch P，Henriksen T M，et al. 2006. N_2O emissions and product ratios of nitrification and denitrification as affected by freezing and thawing[J]. Soil Biology and Biochemistry，38：3411-3420.

Natali S M，Schuur E A，Trucco C，et al. 2011. Effects of experimental warming of air，soil and permafrost on carbon balance in Alaskan tundra[J]. Global Change Biology，17：1394-1407.

Olson D M，Diverstein E. 1998. The global 200：A representation approach to conserving the earth's most biologically valuable ecoregions[J]. Conservation Biology，12：502-515.

Olsson B A，Staaf H，Lundkvist H，et al. 1996. Carbon and nitrogen in coniferous forest soils after clear-felling and harvests of different intensity[J]. Forest Ecology & Management，82：19-32.

Pan Y，Birdsey R A，Fang J，et al. 2011. A large and persistent carbon sinks in the world's forests[J]. Science，333：988-993.

Papamichos N. 1990. Forest Soils[M]. Thessaloniki：Aristotle university of Thessaloniki.

Popay A J，Crush J R. 2010. Influence of different forage grasses on nitrate capture and leaching loss from a pumice soil[J]. Grass & Forage Science，65：28-37.

Priess J A，Fölster H. 2001. Microbial properties and soil respiration in submontane forests of Venezuelian Guyana：characteristics and response to fertilizer treatments[J]. Soil Biology & Biochemistry，33：503-509.

Purkhold U，Pommerening-Röser A，Juretschko S，et al. 2000. Phylogeny of all recognized species of ammonia oxidizers based on comparative 16S rRNA and amoA sequence analysis：Implications for molecular diversity surveys[J]. Applied & Environmental Microbiology，66：5368-5382.

Quan Q，Wang C H，He N P，et al. 2014. Forest type affects the coupled relationships of soil C and N mineralization in the temperate forests of northern China[J]. Scientific Reports，6：6584.

Raich J W，Potter C S. 1995. Global patterns of carbon dioxide emissions from soils[J]. Global Biogeochemical Cycle，9：23-36.

Reich P B，Gower S T. 1997. Nitrogen mineralization and productivity in 50 hardwood and conifer stands on diverse soils[J]. Ecology，78：335-347.

Repo T，Roitto M，Sutinen S. 2011. Does the removal of snowpack and the consequent changes in soil frost affect the physiology of Norway spruce needles？[J]. Environmental and Experimental Botany，72：387-396.

Rice C W，Tiedje J M，Sierzega P E，et al. 1988. Stimulated denitrification in the microenvironment of a biodegradable organic waste injected into soil[J]. Soil Science Society of America Journal，52：102-108.

Rode M W. 1999. The interaction between organic layer and forest growth and forest development on former heathland[J]. Forest Ecology & Management，114：117-127.

Rousk J，Brookes P C，Bååth E. 2009. Contrasting soil pH effects on fungal and bacterial growth suggest functional redundancy in carbon mineralization[J]. Applied Environmental Microbiology，75：1589-1596.

Sanderman J，Baldock J A，Amundson R. 2008. Dissolved organic carbon chemistry and dynamics in contrasting forest and grassland soils[J]. Biogeochemistry，89：181-198.

Schlesinger W H，Andrews J A. 2000. Soil respiration and the global carbon cycle[J]. Biogeochemistry，48：7-20.

Sedjo R A. 1993. The carbon cycle and global forest ecosystem[J]. Water Air Soil Pollution，70：295-307.

Sharma S，Szele Z，Schilling R，et al. 2006. Influence of freeze-thaw stress on the structure and function of microbial communities and denitrifying populations in soil[J]. Applied and Environmental Microbiology，72：2148-2154.

Singh J S，Gupta S R. 1977. Plant decomposition and soil respiration in terrestrial ecosystems[J]. Botanical Review，43：449-528.

Spohn M，Chodak M. 2015. Microbial respiration per unit biomass increases with carbon-to-nutrient ratios in forest soils[J]. Soil & Biology Biochemistry，81：128-133.

Tang Z Y, Xu W T, Zhou G Y, et al. 2018. Patterns of plant carbon，nitrogen，and phosphorus concentration in relation to productivity in China's terrestrial ecosystems[J]. Proceedings of the National Academy of Sciences，115：4033-4038.

Templer P H，Groffman P M，Flecker A S，et al. 2005. Land use change and soil nutrient transformations in the Los Haitises region of the Dominican Republic[J]. Soil Biology & Biochemistry，37：215-225.

Tierney G L，Fahey T J，Groffman P M，et al. 2001. Soil freezing alters fine root dynamics in a northern hardwood forest[J]. Biogeochemistry，56：175-190.

Trumbore S E，Harden J W. 1997. Accumulation and turnover of carbon in organic and mineral soils of the BOREAS northern study area[J]. Journal of Geophysical Research：Atmospheres，102：28817-28830.

Udawatta R P，Motavalli P P，Garrett H E，et al. 2006. Nitrogen losses in runoff from three adjacent agricultural watersheds with claypan soils[J]. Agriculture Ecosystems & Environment，117：39-48.

Wallenstein M D，Mcmahon S K，Schimel J P. 2009. Seasonal variation in enzyme activities and temperature sensitivities in Arctic tundra soils[J]. Global Change Biology，15：1631-1639.

Wang A，Wu F Z，Yang W Q，et al. 2012. Abundance and composition dynamics of ammonia-oxidizing archaea in alpine forest soils in Western China[J]. Canada Journal of Microbiology，58：572-580.

Wang L，Sun X，Cai Y J，et al. 2008. Relationships of soil physical and microbial properties with nitrous oxide emission affected by freeze-thaw event[J]. Frontiers of Agriculture in China，2：290-295.

Wang Q K，Xiao F M，He T X，et al. 2013. Responses of labile soil organic carbon and enzyme activity in mineral soils to forest conversion in the subtropics[J]. Annual of Forest Science，70：579-587.

Wang S Q，Zhou C H，Liu J Y，et al. 2002. Carbon storage in northeast China as estimated from vegetation and soil inventories[J]. Environmental Pollution，116：157-165.

Wang Y X，Zhu X D，Bai S B，et al. 2018. Effects of forest regeneration practices on the flux of soil CO_2 after clear-cutting in subtropical China[J]. Journal of Environmental Management，212：332-339.

Wessén E，Söderstrom M，Stenberg M，et al. 2011. Spatial distribution of ammonia-oxidizing bacteria and archaea across a 44-hectare farm related to ecosystem functioning[J]. The ISME Journal，5：1213-1225.

Wu F Z，Yang W Q，Zhang J，et al. 2010. Litter decomposition in two subalpine forests during the freeze-thaw season[J]. Acta Oecologica，36：135-140.

Xu W H，Li W，Jiang P，et al. 2014. Distinct temperature sensitivity of soil carbon decomposition in forest organic layer and mineral soil[J]. Scientific Reports，4：6512.

Xu X，Shi Z，Li D J，et al. 2016. Soil properties control decomposition of soil organic carbon：results from data-assimilation analysis[J]. Geoderma，262：235-242.

Xu Z F，Wan C，Xiong P，et al. 2010a. Initial responses of soil CO_2 efflux and C，N pools to experimental warming in two contrasting forest ecosystems，Eastern Tibetan Plateau，China[J]. Plant & Soil，336：183-195.

Xu Z F，Hu R，Xiong P，et al. 2010b. Initial soil responses to experimental warming in two contrasting forest ecosystems，Eastern Tibetan Plateau，China：Nutrient availabilities，microbial properties and enzyme activities[J]. Applied Soil Ecology，46：291-299.

Xu Z F，Liu Q，Yin H J. 2014. Effects of temperature on soil net nitrogen mineralisation in two contrasting forests on the eastern Tibetan Plateau，China[J]. Soil Research，52：562-567.

Xu Z F，Tang S S，Xiong L，et al. 2015. Temperature sensitivity of soil respiration in China's forest ecosystems：patterns and controls[J]. Applied Soil Ecology，93：105-110.

Yan E R，Wang X H，Huang J J，et al. 2008. Decline of soil nitrogen mineralization and nitrification during forest conversion of evergreen broad-leaved forest to plantations in the subtropical area of Eastern China[J]. Biogeochemistry，89：239-251.

Yang K，Shi W，Zhu J J. 2013. The impact of secondary forests conversion into larch plantations on soil chemical and microbiological properties[J]. Plant Soil，368：535-546.

Yang W Q，Wang K Y，Kellomaki S，et al. 2005. Litter dynamics of three subalpine forests in western Sichuan[J]. Pedosphere，15：653-659.

Yu X F，Zhang Y X，Zou Y C，et al. 2011a. Adsorption and desorption of ammonium in wetland soils subject to freeze-thaw cycles[J]. Pedosphere，21：251-258.

Yu X F，Zou Y C，Jiang M，et al. 2011b. Response of soil constituents to freeze–thaw cycles in wetland soil solution[J]. Soil Biology & Biochemistry，43：1308-1320.

Zhang L M，Wang M，Prosser J I，et al. 2000. Altitude ammonia-oxidizing bacteria and archaea in soils of Mount Everest[J]. FEMS Microbiology Ecology，70：208-217.

Zhang Y，Gu F，Liu S，et al. 2013. Variations of carbon stock with forest types in subalpine region of southwestern China[J]. Forest Ecology & Management，300：88-95.

Zhao Y C，Wang M Y，Hu S J，et al. 2018. Economics-and policy-driven organic carbon inputenhancement dominates soil organic carbon accumulation in Chinese croplands[J]. Proceedings of the National Academy of Sciences，115：4045-4050.

Zhou L Y，Zhou X H，Shao J J，et al. 2016. Interactive effects of global change factors on soil respiration and its components：a meta-analysis[J]. Global Change Biology，22：3157-3169.

Zhu J X，Yang W Q，He X H. 2013. Temporal dynamics of abiotic and biotic factors on leaf litter of three plant species in relation to decomposition rate along a subalpine elevation gradient[J]. PloS One，8：e62073.

第7章 亚高山针叶林土壤生物与生化特性

7.1 亚高山针叶林土壤动物多样性特性

土壤动物群落是生态系统中不可或缺的组成部分，在凋落物分解、土壤养分矿化和物理特性变化（通气度、紧实度以及土壤团粒结构）等方面具有十分重要的作用（武海涛等，2006），且对植被演替、生境干扰、温度动态等环境变化响应敏感（梁文举和闻大中，2001；王振中等，2002）。海拔和纬度梯度上的气候变化常常会导致土壤动物在群落组成和结构及功能类群上存在明显差异（张雪萍等，2006；黄旭等，2010），且同种森林类型的土壤动物多样性也受到环境梯度（如海拔、植被等）连续变化的显著影响（苗雅杰和殷秀琴，2005）。已有的研究表明，亚高山森林具有相对较低的温度特征和频繁的温度波动（黄旭等，2010），且随着海拔的升高，平均温度降低，温度变化动态更加明显（Tan et al.，2010），这些变化可能进一步影响土壤动物的群落结构和季节动态。

亚高山森林土壤冬季（非生长季节）通常存在明显的冻融、冻结和融化过程（Hentschel et al.，2008；Wu et al.，2010）。一方面，冻结和冻融循环作用能显著影响土壤水分和食物资源有效性（Koponen et al.，2006；Freppaz et al.，2007；Gongalsky et al.，2008），可致死（或迁移）土壤动物；另一方面，雪被覆盖的保温作用能保持相对较高的土壤温度（Jones，2001；Campbell et al.，2005；Edwards and Cresser，1992），为土壤动物存活提供有利环境。更为重要的是，冬季土壤动物群落特征不但是深入认识冬季土壤生态过程的重要内容，而且对于了解土壤动物群落对冻融变化的敏感反应具有重要的意义（Bokhorst et al.，2008；Tan et al.，2010）。虽然全球气候变化背景下的冬季土壤生态学过程受到越来越多的关注（Konestabo et al.，2007；Bokhorst et al.，2008；Briones et al.，2009），但已有的研究更加注重"微宇宙"模拟实验和养分循环特征（Herrmann and Witter，2002；Matzner and Borken，2008），涉及土壤动物群落方面较少，极大地限制了对冬季生态学过程的深入理解。

长江上游亚高山针叶林是高寒生物资源的珍贵基因库和许多物种的现代地理分布中心及分化繁衍中心（刘庆，2002），在区域气候调节、生物多样性保育、水源涵养等方面具有突出的战略地位（Yang et al.，2006）。亚高山/高山地区山体高大、地形陡峭，森林植被垂直分异明显，层次结构和物种组成相对简单，更新和演替规律清晰（刘庆，2002），且季节分明，土壤每年近半年时间处于冻融或冻结状态（Wu et al.，2010），生长季节对该区系统功能与结构的维持具有更加重要的意义。不同海拔梯度上不同季节具有明显的温度及其驱动的环境差异，可能对土壤动物群落具有不同的影响。因此，以长江上游亚高山针叶林具有代表性且广泛分布的岷江冷杉林为对象，研究海拔梯度上土壤动物群落结构和多样性及季节动态特征，以期为认识亚高山/高山森林生态系统过程提供科学依据。

7.1.1　材料与方法

1. 研究区域概况

研究区域位于四川省阿坝藏族羌族自治州理县的四川农业大学高山森林生态系统定位研究站（102°53′E～102°57′E，31°14′N～31°19′N，海拔为 2458～4619m）。研究站坐落于米亚罗自然保护区，地处青藏高原东缘与四川盆地的过渡带，区域内年平均气温为 2～4℃，最高温度为 23.7℃，最低温度为–18.1℃，年降水量约 850mm。森林植被随海拔由低到高依次为针阔混交林、高寒针叶林、高山灌丛和草甸，针叶树种主要由岷江冷杉、方枝柏、粗枝云杉和四川红杉等组成，林下灌木以康定柳、箭竹、三颗针、红毛花楸、沙棘等为主，草本以蟹甲草、冷蕨、薹草和莎草等为主（Tan et al.，2010）。土壤为发育在灰岩、页岩、板岩的棕壤和暗棕壤，土壤有机层厚度为 13.5cm±2.8cm（Tan et al.，2010）。

2. 样地设置与样品采集

选择 2009 年建立的岷江冷杉原始林（海拔 3582m，A_1）、岷江冷杉和红桦混交林（海拔 3298m，A_2）、岷江冷杉次生林（海拔 3023m，A_3）固定样地（1hm^2）作为研究对象，海拔跨度约 300m。群落 A_1 乔木层以岷江冷杉为主，树龄约 130 年，林下植物主要为高山杜鹃、三颗针、冷蕨等；群落 A_2 乔木层以岷江冷杉和红桦为主，树龄约 90 年，林下植物主要为箭竹、红毛花楸、高山柳等；群落 A_3 乔木层以岷江冷杉次生林为主，树龄约 70 年，林下植物主要为箭竹、三颗针、扁刺蔷薇等，三个群落的土壤理化性质详见表 7-1。2009 年 5 月起，分别在样地林内土壤放置纽扣式温度传感器（DS1923-F5#，Maxim/Dallas semiconductor Inc.，USA）连续监测土壤温度。研究期间各海拔森林土壤温度特征见表 7-2。

表 7-1　亚高山不同海拔森林群落的土壤理化性质

海拔	土层	土壤厚度/cm	pH	有机碳/(g/kg)	全氮/(g/kg)	全磷/(g/kg)	坡向	坡角
3582m（A_1）	OL	15±2	6.2±0.3	161.4±20.3	9.5±1.9	1.2±0.2	NE45°	34°
	ML	23±3	5.8±0.2	41.9±15.8	2.8±0.2	0.7±0.2		
3298m（A_2）	OL	12±2	6.6±0.2	174.0±55.8	9.5±2.1	1.5±0.1	NE42°	31°
	ML	24±4	5.9±0.2	53.7±17.2	3.2±0.2	1.2±0.3		
3023m（A_3）	OL	12±2	6.5±0.3	161.9±31.1	8.1±1.6	0.9±0.1	NE38°	24°
	ML	21±3	5.9±0.3	43.8±10.8	2.0±0.5	0.8±0.1		

注：OL，土壤有机层；ML，矿质土壤层。

表 7-2 亚高山不同海拔森林的土壤平均温度特征

海拔	土层	2009 年土壤温度/℃			2010 年土壤温度/℃		
		5 月	8 月	10 月	5 月	8 月	10 月
3582m（A_1）	OL	6.96	10.51	5.29	7.21	11.75	4.02
	ML	6.41	10.71	5.34	6.66	11.41	5.76
3298m（A_2）	OL	8.14	11.26	5.73	8.06	12.14	5.22
	ML	7.72	10.71	5.34	6.74	11.90	6.10
3023m（A_3）	OL	6.85	11.64	6.38	9.11	13.62	5.87
	ML	6.75	11.54	5.55	8.84	13.61	6.32

注：OL，土壤有机层；ML，矿质土壤层。

2009～2015 年，间断性开展土壤动物群落样品采集。在样地内随机选取 5 个 5m×5m 的均质样方采样。由于地处高山峡谷区的亚高山/高山森林土壤发育经常受阻，且普遍存在较厚的土壤有机层（王开运等，2004），因此，本研究按照土壤有机层和矿质土壤层采集样品，深度均为 15cm。土壤动物采集方式为：手捡法收集大型土壤动物，面积为 50cm×50cm，将所得土壤动物样本分大类登记后放入盛有 75%酒精的容器中带回室内分类；中小型干生土壤动物采用体积 100mL 圆形取样器分层取样，面积为 10cm×10cm，微型湿生土壤动物采用体积 25mL 圆形取样器分层取样，面积为 5cm×5cm（Tan et al.，2010）。同时，针对土壤线虫群落，在每块样方中随机选择 7 个取样点，按面积为 10cm×10cm 采集凋落物层和土壤层（0～5cm、5～10cm 和 10～15cm）混合样品各 500g 装入贴好标签的布袋（张晓珂等，2018）。所采土壤动物样品装入密封透气的收集袋低温保存，24h 内运回实验室。此外，取适量的土壤样品带回室内测定土壤理化性质：土壤含水量用烘干法测定；pH 用电位法测定；土壤有机碳采用重铬酸钾外加热法测定；全氮采用半微量凯氏定氮法测定；全磷用钼锑抗比色法测定（鲁如坤，1999）。

3. 土壤动物分离和鉴定

采用 Tullgren 干漏斗法和 Baermann 湿漏斗法分别收集中小型干生和微型湿生土壤动物，分离周期为 48h，为防止线蚓自溶，干生动物每 12h 观测 1 次，湿生动物初始每 4h 观测 1 次，以后时间间隔逐渐加长（Tan et al.，2010）。采用体式解剖镜和生物显微镜镜检计数和分类，收集的土壤动物参照《中国土壤动物检索图鉴》（尹文英等，1998）、《昆虫分类检索》进行鉴定，一般到科水平。采用淘洗-过筛-蔗糖离心方法分离线虫，60℃温热杀死后，用三乙醇胺和福尔马林（TAF）固定，倒入标本瓶中待测（张晓珂等，2018），通过解剖镜直接观察并统计样品中线虫的数量。从每个样品中随机抽取 100 条线虫在光学显微镜下参照《中国土壤动物检索图鉴》进行科属鉴定，如果采集到的土壤线虫低于 100 条，则全部鉴定，如果多于 100 条，则随机取其中的 100 条进行鉴定。

按体型大小将土壤动物划分为大型土壤动物（2mm 以上）和中小型土壤动物（0.1～2mm），原生动物不做研究（Swift et al.，1979），同时按各类群的总体特征将大型和中小型土壤动物划分为腐食性（saprozoic，S）、植食性（phytophaga，Ph）和捕食性（predators，Pr）功能类群（黄丽荣和张雪萍，2008）。根据线虫的取食类群和食道特征将其划分为食细菌线虫（bacterivores，BF）、食真菌线虫（fungivores，FF）、植物寄生线虫（plant-parasites，PP）、捕食/杂食线虫（omnivore-predators，OP）（Bongers，1990；Yeates et al.，1993）。

4. 数据处理与统计分析

由于不同土壤动物类群取样面积不一致，将图表中采用的数据换算成土壤动物平均个体密度和类群数量，以便于与其他地区土壤动物进行比较。个体数量占捕获总数 10.0%以上的为优势类群，1.0%～10.0%的为常见类群，1.0%以下的为稀有类群（黄旭等，2010）。

选择 Shannon-Wiener 多样性指数 H'、Pielou 均匀性指数 J 和 Jaccard 相似性系数 q 来描述土壤动物群落特征，各指数计算公式如下（廖崇惠等，1997）：

$$H' = -\sum_{i=1}^{s} P_i \ln P_i \qquad (7\text{-}1)$$

Shannon-Wiener 多样性指数：

$$\text{Pieluo 均匀性指数：} \quad J = H'/\ln S \qquad (7\text{-}2)$$

$$\text{Jaccard 相似性系数：} \quad q = \frac{c}{a+b-c} \qquad (7\text{-}3)$$

式中，P_i 为第 i 类群的个体数占总体个数的比例，$P_i = N_i/N$，N_i 为第 i 类群的个体数，N 为总个体数；S 为研究系统中总的类群数；q 为共同系数；a 为 A 样地全部类群数；b 为 B 样地全部 a 类群数；c 为 A、B 两样地共有的类群数。

采用自由生活线虫（非植物寄生性线虫）成熟度指数（MI）、植物寄生线虫成熟度指数（PPI）、所有线虫（非植物寄生线虫和植物寄生线虫）的总成熟度指数（ΣMI）和 PPI/MI 值分析不同海拔森林土壤线虫群落功能结构特征（Bongers，1990；Yeates et al.，1993），指数计算公式如下：

$$\text{MI 指数（PPI 指数/ΣMI 指数）：} \quad \text{MI(PPI/ΣMI)} = \Sigma \text{cp}_i \cdot p_i \qquad (7\text{-}4)$$

式中，cp_i 为非植物寄生性（植物寄生性/所有线虫）土壤线虫第 i 类群的 colonizer-persister 值；p_i 为土壤线虫群落非植物寄生性（植物寄生性/所有线虫）土壤线虫第 i 类群的个体数占群落总个体数的比例。

线虫通路比值（nematode channel ratio，NCR）（Bongers and Ferris，1999）：

$$\text{NCR} = B/(B + F) \qquad (7\text{-}5)$$

式中，B 和 F 为食细菌线虫和食真菌线虫占线虫总数的相对多度，这一比值在 1（完全由细菌控制，totally bacterial-mediated）和 0（完全由真菌控制，totally fungal-mediated）之间波动。

运用 SPSS 20.0 和 Excel 软件对数据进行统计分析，所得数据均用平均数±标准误差表示。利用单因素方差分析、最小显著差异法和线性相关性分析分析不同海拔森林群落土壤动物群落特征及动态差异，显著性水平设定为 $P = 0.05$。

7.1.2　结果与分析

1. 大型土壤动物群落结构

此次共捕获大型土壤动物共 7289 只，隶属 91 科 91 个类群，土壤有机层大型土壤动物的密度和类群数量显著高于矿质土壤层（$P<0.05$）（表 7-3）。3 个海拔大型土壤动物的优势类群基本一致，均为异蚤目（Spirostreptida）、蚁科（Formicidae）、隐翅甲科（Staphylinidae）、长角毛蚊科（Hesperinidae）幼虫和尖眼蕈蚊科（Sciaridae）幼虫，但常见类群存在一定差异：3582 m（A_1）以苔甲科（Cydmaenidae）、蕈蚊科（Mycetophilidae）幼虫等为常见类群；3298m（A_2）以出尾蕈甲科（Scaphidiidae）、树螺科（Helicinidae）等为常见类群；3023m（A_3）以正蚓目（Lumbricida）、漏斗蛛科（Agelenidae）等为常见类群。各海拔森林群落大型土壤动物的个体密度和类群数量差异显著（$P<0.05$），两年捕获的大型土壤动物的个体密度和类群数量表现为 $A_2>A_1>A_3$，且以 8 月最高，5 月最低（图 7-1）。

表 7-3　亚高山不同海拔森林土壤动物平均密度和类群剖面分布

海拔	土层	平均密度/(个/m²)			总类群数/种		
		大型	中小型	湿生	大型	中型	湿生
A_1	OL	278.6（43.6）ᵃ	24243.3（3375.4）ᵃ	226580（21645.3）ᵃ	63（11）ᵃ	25（3）ᵃ	8
	ML	42.4（23..8）ᵇ	5859.5（1025.6）ᵇ	43719（6132.7）ᵇ	25（6）ᵇ	13（2）ᵇ	7
A_2	OL	328.5（34.2）ᵃ	28974.8（4563.4）ᵃ	145846.5（18322.3）ᵃ	70（11）ᵃ	25（2）ᵃ	8
	ML	65.2（24.7）ᵇ	6532.2（1433.8）ᵇ	50272.3（7319.5）ᵇ	26（5）ᵇ	15（2）ᵇ	7
A_3	OL	235.8（30.8）ᵃ	22659.7（3847.5）ᵃ	139884.8（17638.4）ᵃ	60（13）ᵃ	26（1）ᵃ	8
	ML	53.1（18.3）ᵇ	6532.2（1433.8）ᵇ	47823.6（6483.4）ᵇ	25（5）ᵇ	13（2）ᵇ	7

注：不同小写字母表示不同土壤层次差异达 0.05 水平。

2. 中小型干生和湿生土壤动物群落结构

此次共收集中小型干生土壤动物 26 个类群，27665 只，湿生土壤动物 8 个类群，39873 只。虽然 3 个海拔中型干生土壤动物均以棘跳科（Onychiuridae）、等节跳科（Isotomidae）、若甲螨科（Oribatulidae）和无爪螨科（Alicoragiidae）为优势类群，但其蜱螨目与弹尾目比值（A/C）变化显著（$P<0.05$），表现为 A_1(1.33)$>A_3$(0.89)$>A_2$(0.73)，而湿生土壤动物以泄管纲（Secernentea）线虫和泄腺纲（Adenophorea）线虫为绝对优势类群。不同海拔中小型干生土壤动物的个体密度和类群数量差异显著（$P<0.05$），两年捕获的中小型干生土壤动物的个体密度和类群数量表现为 $A_2>A_1>A_3$（图 7-2），而湿生土壤动物的个体密度同样差异显著，两年捕获的湿生土壤动物的个体密度表现为 $A_1>A_2>A_3$（图 7-3），但类

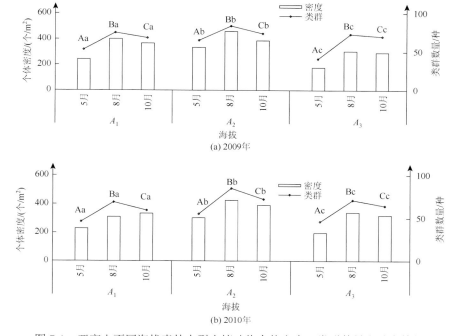

图 7-1 亚高山不同海拔森林大型土壤动物个体密度、类群数量和动态特征

不同大写字母表示不同季节的大型土壤动物类群和密度差异达 0.05 水平；不同小写字母表示不同海拔的大型土壤动物类群和密度差异达 0.05 水平

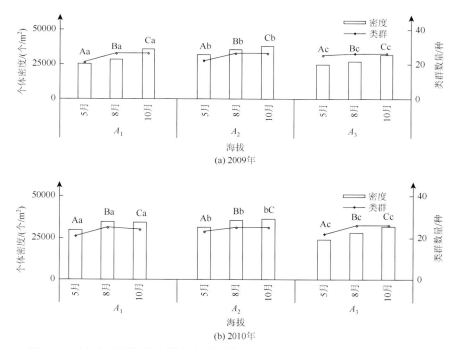

图 7-2 亚高山不同海拔森林中小型土壤动物个体密度、类群数量和动态特征

不同大写字母表示不同季节的中小型土壤动物类群和密度差异达 0.05 水平；不同小写字母表示不同海拔的中小型土壤动物类群和密度差异达 0.05 水平

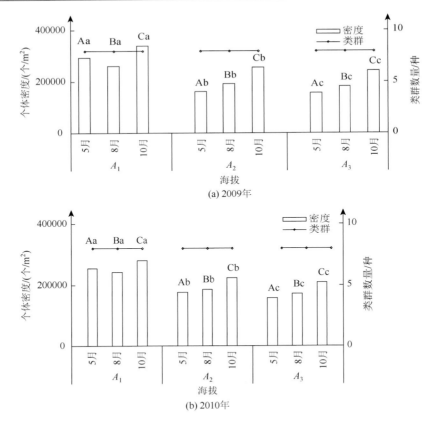

图 7-3　亚高山不同海拔森林湿生土壤动物个体密度、类群数量和动态特征

不同大写字母表示不同季节的湿生土壤动物密度差异达 0.05 水平；不同小写字母表示不同海拔的湿生土壤动物密度差异达
0.05 水平

群数量无变化。同时，各海拔森林中小型和湿生土壤动物个体密度均以 10 月最高（2010 年 A_1 中小型除外），5 月最低，且土壤有机层中小型土壤动物的个体密度和类群数量显著（$P<0.05$）高于矿质土壤层（表 7-3）。

3. 土壤线虫群落组成

3 个海拔森林共捕获线虫 37950 条，隶属于 20 科 27 属，平均为 4217 条/100g 干土。其中，植物寄生线虫 6 科 7 属，个体数占总数的 21.06%；非植物寄生线虫 14 科 20 属，食细菌线虫 9 科 14 属，个体数占总数的 33.90%，食真菌线虫 4 科 4 属，个体占总数的 38.64%，杂食性/捕食性线虫 1 科 2 属，个体数占总数的 6.40%。

各海拔森林的土壤线虫群落组成存在明显差异。A_1 中捕获线虫 20 科 27 属 4519 条，丝尾垫刃属（*Filenchus*）为优势属，占总捕获量 42.15%，小杆属（*Rhabditis*）等 17 属为常见属，占总捕量的 53.15%，后畸头属（*Metateratocephalus*）等 9 属为稀有属，占总捕获量的 4.70%；食细菌性、食真菌性、植物寄生性和杂食/捕食性线虫分别占总捕获量的 32.68%、53.51%、7.49% 和 6.32%。A_2 中共捕获线虫 19 科 23 属 3922 条。丝尾垫刃属和拟盘旋属（*Pararotylenchus*）为优势属，占总捕获量的 43.64%，拟丽突属（*Acrobeloides*）等 16 属为常见属，占总捕获量的 54.81%，拟高杯侧器属（*Paramphidelus*）等 5 属为稀有属，占总捕获量的 1.55%；食细菌性、食真菌性、植物寄生性和杂食/捕食性线虫分别占总捕获量的 38.04%、27.31%、28.84% 和 5.81%。A_3 总共捕获线虫 19 科 23 属 4209 条。丝尾垫刃属和拟盘旋属为优势属，占总捕获量的 52.08%；绕线属（*Plectus*）等 14 属为常见属，占总捕获量的 44.17%，杆咽属（*Rhabdolaimus*）等 7 属为稀有属，占总捕获量的 3.75%。食细菌性、食真菌性、植物寄生性和杂食/捕食性线虫分别占总捕获量 31.35%、33.25%、28.37% 和 7.03%。

　　土层显著影响（$P<0.05$）三个海拔森林土壤线虫数量（图 7-4 和表 7-4）。各海拔森林凋落物层土壤线虫数量显著高于其他土层，且随着土层的加深，线虫数量逐渐减少。凋落物层、0～5cm 土层、5～10cm 土层和 10～15cm 土层的线虫个体数分别占总数的 39.67%、26.20%、19.53% 和 14.60%。林型对丝尾垫刃属和拟盘旋属两个优势属的数量产生了极显著影响（$P<0.01$），土层及土层和林型的交互作用显著影响了拟盘旋属的数量（$P<0.05$），但对丝尾垫刃属影响不显著（表 7-2）。

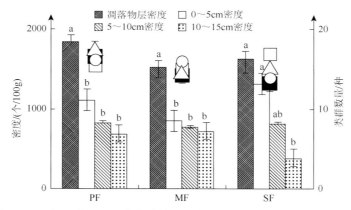

图 7-4　亚高山/高山不同海拔森林平均个体和类群数量的土壤坡面分布

不同字母表示同一林型不同土层的差异显著（$P<0.05$）

表 7-4　林型（FT）、土壤层次（SL）及其交互作用对土壤线虫总数和优势类群数量的双因素方差分析

因子	线虫个体总数	优势类群个体数量	
		丝尾垫刃属	拟盘旋属
林型（FT）	0.855[ns]	19.754[**]	18.409[**]
土层（SL）	24.154[**]	0.886[ns]	3.200[*]
林型×土层（FT×SL）	1.184[ns]	0.852[ns]	2.754[*]

　　注：*$P<0.05$，**$P<0.01$；ns，不显著。

4. 土壤动物多样性和线虫群落生态指数

　　土壤动物多样性在不同的海拔和季节表现出一定的差异。如图 7-5 所示，3 个海拔的

多样性指数 H' 差异明显，在 5 月和 8 月表现为 $A_2>A_3>A_1$，10 月则为 $A_2>A_1>A_3$，而不同季节的多样性指数 H' 在 A_1 和 A_3 以 10 月最高，A_2 以 8 月最高，但指数 J 变化不大，且年际间差异不显著（$P>0.05$）。同时，Jaccard 相似性系数能反映不同生态系统之间土壤动物群落的相似程度，计算值在 0.75～1.00 为极相似，0.5～0.75 为中等相似（黄旭等，2010）。从表 7-5 可得，除土壤动物群落在 5 月为中等相似外，其余时期均为极相似（2010 年 10 月 A_1 和 A_3 的相似性系数除外），且 A_1 和 A_2 及 A_2 和 A_3 的相似度在 8 月最高。

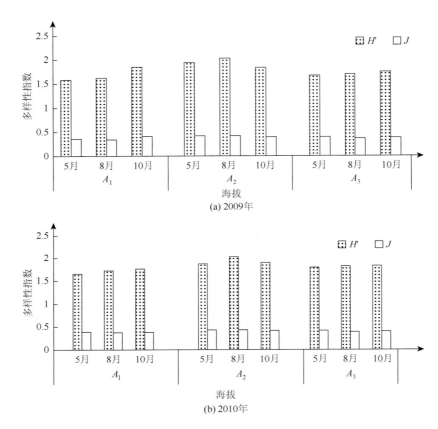

图 7-5　亚高山不同海拔森林土壤动物多样性指数

H' Shannon-Wiener 多样性指数；J Pielou 均匀性指数

表 7-5　亚高山不同海拔森林土壤动物 Jaccard 相似性系数

海拔	相似性系数（2009 年）						相似性系数（2010 年）					
	5 月		8 月		10 月		5 月		8 月		10 月	
	A_1	A_2	A_1	A_2	A_1	A_2	A_1	A_2	A_1	A_2	A_1	A_2
A_3	0.660	0.657	0.826	0.875	0.943	0.812	0.659	0.705	0.754	0.828	0.734	0.765
A_2	0.735		0.861		0.780		0.731		0.833		0.798	

由表 7-6 可得，各海拔森林土壤线虫多样性指数差异不显著（$P > 0.05$）。土壤线虫 Shannon-Wiener 指数 H' 表现为 $A_2(2.20) > A_1(2.16) > A_3(2.13)$；Pielou 均匀度指数 J' 表现为 $A_2(0.82) > A_3(0.79) > A_1(0.77)$，Margalef 丰富度指数 SR 则为 $A_1(3.37) > A_2(3.04) > A_3(3.02)$。不同海拔森林土壤线虫群落功能结构具有显著（$P < 0.05$）差异。土壤线虫 MI 指数和 $\sum$MI 指数随海拔增加而逐渐降低，PPI 指数和 PPI/MI 值则随海拔增加而逐渐增大。A_2 的土壤线虫通路指数（NCR）最高，且均值高于 0.5，而 A_1 和 A_3 的 NCR 均值都小于 0.5（表 7-7）。不同森林的凋落物层、0~5cm 土层和 10~15cm 土层的 PPI 指数和 PPI/MI 值随着海拔的升高而增加，A_1 和 A_2 的 PPI 指数和 PPI/MI 值都以 10~15cm 土层最高，而 A_3 以 0~5cm 土层最高（图 7-6）。林型与土层交互作用对自由生活线虫 MI 指数和 $\sum$MI 指数都产生显著影响，但土层对两者的影响都不显著（表 7-6）。

表 7-6　林型、土壤层次及其交互作用对土壤线虫生态指数的双因素方差分析

因子	H'	J'	SR	MI	PPI	$\sum$MI	PPI/MI	NCR
林型（FT）	0.196[ns]	1.367[ns]	1.951[ns]	5.947[**]	10.195[**]	14.789[**]	11.761[**]	9.533[**]
土层（SL）	0.967[ns]	1.418[ns]	0.494[ns]	1.462[ns]	3.772[*]	2.618[ns]	4.215[*]	0.898[ns]
林型×土层（FT×SL）	0.450[ns]	0.710[ns]	0.872[ns]	3.725[**]	1.736[ns]	4.623[**]	1.91[ns]	0.508[ns]

注：*$P < 0.05$，**$P < 0.01$，ns 表示不显著。H'，Shannon-Wiener 多样性指数；J'，Pielou 均匀度指数；SR，Margalef 丰富度指数；MI，自由生活线虫成熟度指数；PPI，植物寄生线虫成熟度指数；$\sum$MI，线虫总成熟度指数；NCR，线虫通路比值。

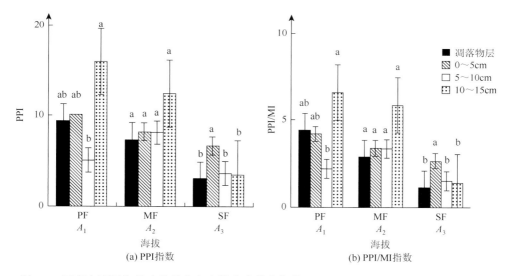

(a) PPI指数　　　　　　　(b) PPI/MI指数

图 7-6　亚高山不同海拔森林植物寄生线虫成熟度指数（PPI）和 PPI/MI 值的土壤坡面分布

表 7-7　亚高山不同海拔森林土壤线虫生态指数特征

林型	海拔/m	MI	PPI	$\sum$MI	PPI/MI	NCR
A_1	3582	2.31±0.04b	10.12±1.56a	2.33±0.04b	4.33±0.65a	0.39±0.03c
A_2	3298	2.38±0.06ab	8.99±1.16a	2.52±0.07a	3.84±0.53a	0.56±0.02a
A_3	3023	2.52±0.06a	4.18±0.52b	2.62±0.05a	1.67±0.21b	0.47±0.03b

注：不同字母表示不同林型中各指标在 $P = 0.05$ 水平上的差异显著。

5. 大型土壤动物功能类群和线虫群落营养类群结构

由图 7-7 可得，3 个海拔大型土壤动物的腐食性功能类群比例表现为 A_1(53.58%)＞A_2(49.86%)＞A_3(45.56%)，植食性功能类群为 A_3(23.71%)＞A_2(20.68%)＞A_1(17.04%)，捕食性功能类群为 A_3(30.73%)＞A_1(29.38%)＞A_2(27.08%)。同时，各海拔的植食性功能类群均以 8 月最高，而腐食性功能类群在 A_1 以 10 月最高，A_2 和 A_3 以 5 月最高。

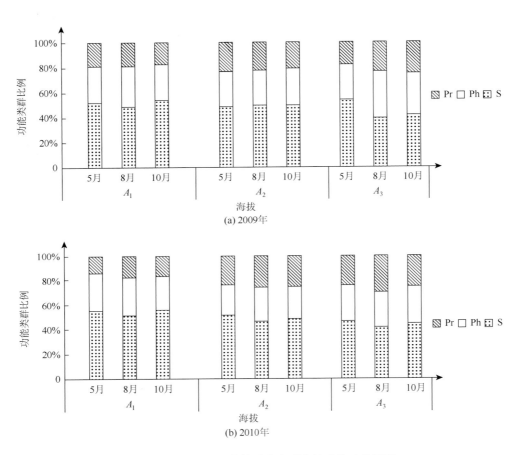

图 7-7　亚高山不同森林群落大型土壤动物功能类群

Pr，捕食性；Ph，植食性；S，腐食性

cp1、cp2、cp3 和 cp4（cp：线虫功能图）线虫类群个体数量分别占捕获总数的 6.11%、51.14%、30.01% 和 12.74%。不同海拔森林线虫各 cp 类群个体数量随土层深度增加明显不同。A_1 和 A_2 的 cp1 类群个体数量在凋落物层占的比例最高，而 A_3 在 0～5cm 土层最高。各林分的个体数量由高到低：A_1＞A_2＞A_3。在 A_1 中，cp2 类群的个体数量均最多，且有和 cp1 类群相同的分布，在 A_1 和 A_2 的凋落物层的数量最多，而 A_3 在 0～5cm 土层最高。个体数量由高到低：A_1＞A_3＞A_2。cp3 类群的个体数量次之，在各林型中，cp3 类群个体数量都是在凋落物层最多，且总体变化趋势是从地表往下随土壤深度的增加个体数量减少。个体数量由高到低的次序为 $A_3 > A_2 > A_1$。A_2 和 A_3 的 cp4 类群个体数量均在凋落物层数量最多，A_1 则在 0～5cm 层最多。个体数量由高到低的次序为 $A_3 > A_1 > A_2$（图 7-8）。

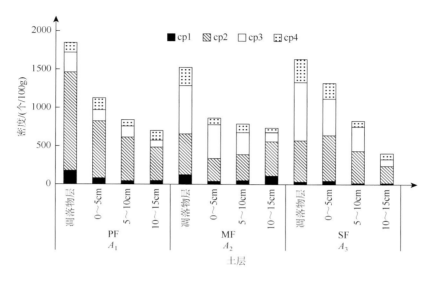

图 7-8　亚高山森林土壤线虫 cp 类群随海拔和土壤剖面分布

7.1.3　讨论与结论

地处高山峡谷区的亚高山/高山森林自然干扰频繁，气候、光照、土壤以及植物群落类型等与我国北方温带和寒带森林差异较大（刘庆，2002），因此，土壤动物群落结构及其多样性可能与北方温带和寒带森林存在明显差异。本研究中，从该区典型的冷杉林群落中共检出土壤动物 31 目，125 个类群，平均密度达 182137～345749 个/m^2。类群数量和群落组成显著高于同区域的高山草甸群落，与林木交错区研究结果基本一致（黄旭等，2010），并且所检出土壤动物类群数量显著高于大小兴安岭冻土区针叶林和针阔混交林（陈国孝和宋大祥，2000；张雪萍等，2008）及北方温带森林（傅必谦等，2002），与亚热带/热带区域接近（向昌国和李文芳，2000；廖崇惠等，2002），但土壤动物密度平均存在差异，这可能与海拔、温度和林下植被等环境因子不同有关。同时，不同海拔森林群大型土壤动物以蚁科、隐翅甲科、异蚤目和长角毛蚁科幼虫为优势类群，与傅必谦等（2002）的研究结果存在一定差异。异蚤目类群在针叶林凋落物分解过程具有重要作用，其为优势类群，与长白山针叶林群落的研究结果相似（佟富春等，2003），而长角毛蚁科幼虫等的大量检出可能与研究样地放牧相关。然而，虽然中小型土壤动物组成同样以弹尾目和蜱螨目为优势类群，但个体比例及 A/C 值与北方针叶林差异明显（张雪萍等，2008；黄丽荣和张雪萍；2008）。此外，各森林群落的土壤动物群落多样性指数 H' 和 J 指数明显低于同类温带和寒带森林群落（陈国孝和宋大祥，2000；佟富春等，2003；黄丽荣和张雪萍；2008）。这表明，长江上游亚高山针叶林维持着较高的土壤动物多样性，且具有一定区域特点。

地上植物群落多样性发生变化通常会导致地下生物群落多样性也发生相应的变化（Griffiths，2000）。因此，不同森林生态系统中土壤线虫通常在群落组成和结构及功能类群上存在明显差异（刘滔等，2016），且同一森林类型的土壤线虫多样性常常也随环境梯度（如海拔、植被等）的变化显著不同（佟富春和肖以华，2014）。Boag 等指出，土壤线虫物种丰富度在纬度 30°～40°范围内温带阔叶森林最高，薛会英和罗大庆（2013）在藏东南急尖长苞冷杉林分离检出土壤线虫 64 属，张荣芝等（2016）在贡嘎山东坡寒温带针叶林分离检出土壤线虫 136 属。与之相反，本研究仅检出土壤线虫 27 属，远低于相似气候带森林土壤的平均数量和青藏高原地区森林土壤的检出数量，与闽北针叶林（22 属）相近，这可能与土壤 pH 等差异明显有关。然而，三个海拔土壤线虫平均密度为 4217 条/100g 干土，明显高于贡嘎山东坡和藏东南寒温带针叶林（薛会英和罗大庆，2013；张荣芝等，2016），这可能由于在研究区域特殊的气候条件下，自然选择的作用使某些线虫类群的繁殖能力增强，通过提高某些线虫类群的线虫个体数量来替代另一些在该环境下不易生存的线虫的作用，从而来维持整个土壤生态系统的稳定，这与 Walker（1992）提出的"冗余种"假说（redundant species hypothesis）一致，表现出了该研究区域土壤线虫生活对策的特殊性。此外，本研究中土壤线虫个体数量在不同土层中均有显著差异（$P < 0.05$），不同林型的凋落物层的线虫个体数量都显著高于其他土层，并且随着土层的加深，土壤线虫数量逐渐减少，"表聚性"与其他森林土壤线虫的研究结果一致（薛会英和罗大庆，2013；佟富春和肖以华，2014）。

海拔变化导致的气候分异和植被差异常常能深刻影响土壤动物的群落组成和结构及功能类群（Tan et al.，2010）。不同土壤动物类群体形大小以及活动能力相差悬殊，但它们在土壤生态系统中常常占据着相同的生态位（黄丽荣和张雪萍，2008）。由于目前尚无法将所有土壤动物类群的生态习性细化分类，更多的是按各类群的总体特征将土壤动物划分为几个营养级，即腐食性、植食性和捕食性（Swift et al.，1979；黄丽荣和张雪萍，2008）。同时，高山峡谷区春季和秋季气候波动较大，夏季具有更为稳定的温湿系数，且植被生长旺盛，因而不同海拔的大型土壤动物个体密度和类群数量及植食性和捕食性功能类群均以夏季最高。然而，秋季凋落物量高峰期食物资源的大量输入恰好为适应性更广的中小型土壤动物的生存和繁殖提供了取食保障（刘庆，2002；黄旭等，2010）。因此，中小型土壤动物个体密度在秋季达到最大，这与大兴安岭北部寒温带地区（黄丽荣和张雪萍，2008）的研究结果相同，而腐食性功能类群在凋落物量年高峰期的 10 月（5 月）最高。另外，从线虫 cp 类群组成结构特征来看，cp1、cp2 类群个体数量在 A_1 中最高，而 cp3 类群、cp4 类群在 A_3 中最高。cp1 类群、cp2 类群是 r-对策者，它们的生活周期短，但繁殖能力强，较能忍受外界干扰。作为典型的机会主义者，其个体数量会在环境适宜的情况下迅速增加。cp3～cp5 线虫类群是 k-对策者，生活周期长，但繁殖能力较弱，对外界干扰很敏感。当土壤被扰动时，有可能导致 cp3～cp5 线虫类群的下降或消失（Bongers T and Bongers M，1998）。因而，A_1 的土壤线虫食物资源在 3 种林型中相对丰富，这可能是 cp1 类群和 cp2 类群个体数量较多的主要原因之一；A_3 的 cp3 类群、cp4 类群个体数量高，说明采伐和放牧等破坏之后的 A_3 在恢复的几十年里受人为干扰较小，而 cp1 类群、cp2 类群个体数量相对较低，有可能与 A_3 归还到土壤中的凋落物等仅形成了较粗腐殖质、有机质难分解及周转速率低有关，未达到 cp1 类群和 cp2 类群理想的繁殖条件；也有可能是食物资源的不足限制了 cp1 类群、cp2 类群的增殖（佟富春和肖以华，2014）。可见，亚高山/高山不同海拔针叶林的环境垂直变化及季节动态显著影响了土壤动物群落结构和多样性特征。

土壤线虫作为土壤动物中的重要成员，为整个土壤食物网中的能量循环做出了很大的贡献，有机质的分解为土壤食物网提供了主要能量，并且根据有机质分解的难易程度不同，可分为偏好低营养、难分解有机物及周转期慢的真菌途径，偏好有机质较多且易分解及碳周转、养分循环速率较快的细菌途径（刘滔等，2016）。线虫通路指数（NCR）和各个林型中优势营养类群所占比例的结果表明 A_2 倾向于细菌分解途径，而 A_1 和 A_3 偏于真菌分解途径，并且表明川西亚高山/高山森林土壤线虫组成、营养结构和能流通道存在明显差异。本研究结果中 A_3 偏于真菌分解途径，正好说明 A_3 中营养较低、有机质难分解及养分周转慢，导致 cp1 和 cp2 类群在 A_3 中个体数量相对较低。A_2 偏于细菌能流通道，可能与 A_2 土壤丰富的有机质和凋落物有关，易分解的有机质为食细菌线虫提供了很好的食物来源。

土壤线虫作为生态环境受干扰程度的敏感性指标生物，利用不同功能群落的土壤线虫的数量计算线虫群落的成熟指数（MI）、植物寄生线虫成熟指数（PPI）、所有线虫（非植物寄生线虫和植物寄生线虫）的总成熟度指数（∑MI）和 PPI/MI 可以很好地反映土壤的健康程度和土壤食物网情况（Bongers and Ferris，1999；Yeates et al.，1993）。随着海拔的上升，MI 指数和∑MI 指数逐渐减小，MI 指数表明 A_3 土壤线虫群落 k-对策者比例较高，也表明 A_3 的土壤环境相比 A_1 和 A_2 的更稳定。随着海拔增加，其逐渐减小，可能是由太阳辐射、土壤温度和湿度等环境因子造成的（佟富春和肖以华，2014）。随着海拔的升高，PPI 指数和 PPI/MI 值逐渐增大，A_1 和 A_2 显著高于 A_3，说明 A_1 和 A_2 的植物寄生性线虫受环境胁迫较小，土壤线虫群落稳定。这可能是因为随着海拔升高，森林的树龄增大，根系发达，代谢旺盛，为植物寄生线虫提供了更丰富的食物资源和适宜的生境。

长江上游亚高山/高山地区典型针叶林土壤动物群落组成和结构具有一定的区域特点，且维持着较高的多样性水平。不同海拔的环境差异并未改变土壤动物的优势类群组成，但显著影响了大型土壤动物的常见类群和中小型土壤动物的 A/C 值以及土壤动物群落结构。不同海拔土壤水热条件的季节性变化也显著影响了土壤动物的群落结构和多样性及功能类群动态特征，但不同海拔梯度上土壤动物群落相似度较高。MI 指数表明 A_3 在恢复的几十年中受干扰少，土壤生态环境的稳定性较高。PPI 指数表明 A_1 和 A_2 受到的干扰较弱，生境稳定。研究结果为认识长江上游亚高山/高山针叶林及其相似区域的生态过程提供了一定的科学依据。

7.2　亚高山针叶林土壤微生物多样性特性

季节性冻融是高山/亚高山地区最为明显的环境变化之一，也是全球中高纬度和高海拔地区普遍存在的自然现象（杨针娘和刘新仁，2000）。中国有 98%的陆地遭受冻融作用，其中 53.5%为季节性冻土（郭东信，1990）。冻融过程会改变土壤结构、破坏土壤和凋落物中微生物及动植物残体细胞，但其释放出底物和养分又为存活的土壤生物提供了有效基质（Schimel and Clein，1996；Groffman et al.，2001；Herrmann and Witter，2002）。这不但直接影响了土壤微生物群落，关系到非生长季节中 CO_2、CH_4、N_2O 等温室气体的排放，而且提高了土壤养分的有效性和微生物活性（Lipson et al.，1999；DeLuca et al.，1992），进而促进了生长季节内植物和微生物的生长（Brooks and Williams，1999；Bardgett et al.，2005）。这意味着，季节性冻融对寒冷生态系统养分循环和养分有效性具有重要的影响。

　　土壤微生物在生态系统的物质循环和能量流动中具有十分重要和不可替代的作用（杨万勤等，2007），其对季节性冻融的响应与适应差异是维持冻土生态系统过程的重要机制（Sjursen et al.，2005）。例如，土壤细菌对冻融有敏感的响应，其群落结构会明显受冻融作用的影响，但土壤细菌类群通过调整群落结构和组成，又对冻融作用表现出较好的适应性（Sharma et al.，2006）。真菌对环境变化的耐受能力可能更强（Griffiths et al.，2000），而且细菌和真菌的形态、生长策略以及各自的生态位也存在很大差异，对养分动态也有不同的响应（Boer et al.，2005），因而冬季具有较高的真菌/细菌比例（Lipson et al.，2002），土壤真菌可能是 0℃以下时土壤呼吸的主要来源（Coyne and Kelley，1971）。其他研究还表明，土壤古菌在土壤生态系统中有重要作用，因其低温具有很好的耐受性（Cavicchioli，2006），所以在土壤冻结、土壤融冻期间具有很高的数量和多样性（Feng et al.，2007）。Lipson 等（2002）和 Koponen 等（2006）的研究进一步指出，冻融循环对土壤微生物生物量和微生物群落结构并没有显著影响，但反复的冻融循环可能导致耐寒性生物种群的剧烈下降。可见，季节性冻融对土壤生物群落及活性具有显著影响。

　　青藏高原东缘的长江上游亚高山针叶林是张新时和杨奠安（1995）划分和设置的"中国全球变化样带"中"青藏高原高寒植被区"的重要组成部分。受青藏高原隆起以及东南季风和西南季风的影响，亚高山针叶林普遍分布于高山峡谷区，地形地貌复杂，气候分异明显，土壤冻结时间长达 5～6 个月，具有较厚的土壤有机层和腐殖质层及较高的有机碳含量和密度（杨万勤等，2007）。因此，以长江上游亚高山/高山林区具有代表性且广泛分布的岷江冷杉（*Abies faxoniana*）林为对象，研究海拔梯度上的土壤微生物群落结构和多样性动态特征，以期为认识亚高山/高山森林生态过程提供科学依据。

7.2.1　材料与方法

1. 研究区域概况

　　研究区域位于四川省阿坝藏族羌族自治州理县的四川农业大学高山森林生态系统定位研究站，研究站详情见本书 7.1.1 节。

2. 样地设置与样品采集

选择 2009 年建立的岷江冷杉原始林（海拔 3582m，PF）、岷江冷杉和红桦混交林（海拔 3298m，MF）、岷江冷杉次生林（海拔 3023m，SF）固定样地（1hm²）作为研究对象，海拔跨度约 300m。群落 A_1 乔木层以岷江冷杉为主，树龄约 130 年，林下植物主要为高山杜鹃、三颗针、冷蕨等；群落 A_2 乔木层以岷江冷杉和红桦为主，树龄约 90 年，林下植物主要为箭竹、红毛花楸、高山柳等；群落 A_3 乔木层以岷江冷杉次生林为主，树龄约 70 年，林下植物主要为箭竹、三颗针、扁刺蔷薇等，三个群落的土壤理化性质详见表 7-8。2009 年 5 月起，分别在样地林内土壤放置纽扣式温度传感器（DS1923-F5#，Maxim/Dallas semiconductor Inc.，USA）连续监测土壤温度。研究期间各海拔森林土壤温度特征见表 7-9。

表 7-8　亚高山不同海拔森林群落的土壤理化性质

海拔	土层	土壤厚度/cm	pH	有机碳/(g/kg)	全氮/(g/kg)	全磷/(g/kg)	坡向	坡角
3582m，PF	OL	15±2	6.2±0.3	161.4±20.3	9.5±1.9	1.2±0.2	NE45°	34°
	ML	23±3	5.8±0.2	41.9±15.8	2.8±0.2	0.7±0.2		
3298m，MF	OL	12±2	6.6±0.2	174.0±55.8	9.5±2.1	1.5±0.1	NE42°	31°
	ML	24±4	5.9±0.2	53.7±17.2	3.2±0.2	1.2±0.3		
3023m，SF	OL	12±2	6.5±0.3	161.9±31.1	8.1±1.6	0.9±0.1	NE38°	24°
	ML	21±3	5.9±0.3	43.8±10.8	2.0±0.5	0.8±0.1		

注：OL，土壤有机层；ML，矿质土壤层。

表 7-9　亚高山不同海拔森林的土壤平均温度特征

海拔	土层	2009 年土壤温度/℃			2010 年土壤温度/℃		
		5 月	8 月	10 月	5 月	8 月	10 月
3582m，PF	OL	6.96	10.51	5.29	7.21	11.75	4.02
	ML	6.41	10.71	5.34	6.66	11.41	5.76
3298m，MF	OL	8.14	11.26	5.73	8.06	12.14	5.22
	ML	7.72	10.71	5.34	6.74	11.90	6.10
3023m，SF	OL	6.85	11.64	6.38	9.11	13.62	5.87
	ML	6.75	11.54	5.55	8.84	13.61	6.32

注：OL，土壤有机层；ML，矿质土壤层。

2009～2015 年，间断性开展土壤样品采集。基于前期监测结果（周晓庆等，2011），土壤冻结通常从 11 月中旬开始，到 12 月下旬完全冻结，到次年 3 月中旬初开始融化。因此，具体的采样时间包括土壤冻结初期、土壤冻结期、土壤融化期和生长季节。鉴于亚高山森林土壤凋落物厚、发育缓慢、土壤结构单一等特点，在定位样地随机选取 5 个 1m×1m 的均质样方，按照冯瑞芳等（2006）对土壤有机层的划分标准，分土壤有机层（OL）和矿质土壤层（ML）采集土壤样品。除去样品中的石砾、石块、根系后，混匀装入已灭菌的封口聚乙烯袋，24h 内运回实验室，然后将每个样品分成 3 份：一份样品去掉石块、动植物残体和根系后，混匀，过 2mm 筛，装入保鲜袋，储于−20℃冰箱供土壤微生物多样性测定；一份样品风干，研磨，分别过 2mm 筛和 0.25mm 筛，装入保鲜袋，室温保存供土壤碳和养分元素测定；其余样品则立即测定土壤含水量和养分。

3．土壤总 DNA 的提取与纯化

参照 Zhou 等的方法提取土壤微生物总 DNA（Zhou et al.，1996）。取 5.0g 样品，加入 13.5mL 提取缓冲液（100mmol/L Tris-HCl[pH 8.0]，100mmol/L sodium EDTA[pH8.0]，100mmol/L 磷酸钠[pH8.0]，1.5mol/L NaCl，1%CTAB）和 50μL 蛋白酶 K（20mg/mL），混合均匀，在 37℃、225r/min 振荡 30min 后，加入 1.5mL 20%SDS，65℃水浴 2h；13000g 离心 10min，将上清液移入新的离心管，将沉淀重复抽提 2 次。收集 3 次抽提的上清液于同一管中，然后加入等体积的酚：氯仿：异戊醇（25：24：1）轻轻混匀，13000g 离心 10min，将上层水相移入新的离心管，加入 0.6 倍体积的异丙醇沉淀，16000g 条件下离心 10min，弃上清液，沉淀用 75%乙醇清洗 2 次，室温风干。风干后加入 50μL0.5×TE 溶液，即得到样品 DNA 粗提取液。用 Gel Extration kit（Omega，USA）回收粗 DNA。纯化的总 DNA 用 0.7%的琼脂糖凝胶电泳进行检测。

4．细菌 16S rDNA V3 区的 PCR 扩增

PCR 扩增引物采用 16S rDNA 基因中 V3 区特异性引物 314f 和 518r，其中 314f 的 5′端含有 1 个约 40bp 的 GC 发夹结构（Muyzer et al.，1993）。经 PCR 扩增后可得的产物长度约 200bp。扩增条件为 94℃预变性 5min，94℃变性 50s，55℃退火 50s，72℃延伸 70s，共 30 个循环，最后 72℃延伸 10min。

5．变性梯度凝胶电泳（DGGE）及图谱分析

使用 Dcode 突变检测系统（Bio-Rad Laboratories，Hercules，CA）对带 GC 发夹的 PCR 产物进行分析。根据 Muyzer 和 Smalla 的方法进行优化（Muyzer et al.，1993）。聚丙烯酰胺变性梯度凝胶浓度为 10%，变性梯度为 35%～65%，以 1×TAE（40mmol/L Tris-HCl，40mmol/L CH₃COOH，1mmol/L EDTA，pH 7.2）作为电泳缓冲液。每孔上样量为 35μL，电压 100V，60℃下电泳 16h。电泳结束后硝酸银染色，最后由 GS-800 光密度仪（Bio-Rad Laboratories，Hercules，CA）成像。

变性梯度凝胶电泳（DGGE）凝胶上的每一个条带都代表一个单独的序列类型或系统发育类型。所得图像用 Bio-Rad Quantuty One 4.41 软件处理，对样品条带的迁移位置、数量、灰度进行定量分析。根据条带的出现或消失来建立二元矩阵，经 NTSYS 软件计算得出 Jaccard 系数，并用（unweighted pair groupmethod using arithmetic averages，UPGMA，非加权组平均）进行聚类分类，计算 Shannon-Wiener 指数（H'）、丰富度（S）、均匀度指数（E_H）、Simpson 优势度指数（C），这些指标可以比较各个样品多样性（马克平等，1994；刘灿然和马克平，1997；Luo et al.，2004）：

$$H = -\sum P_i \ln P_i \tag{7-6}$$

$$E_H = H / H_{max} = H / \ln S \tag{7-7}$$

$$C = \sum (P_i)^2 \tag{7-8}$$

式中，S 为 DGGE 检测到的不同条带的总和（$S \geqslant n_{\max}$）；P_i 为样品中各个条带的强度占样品总强度的百分含量。

6. 主要条带的切割、克隆及测序

将 DGGE 图谱上的差异条带和共性条带分别割胶回收，回收的条带浸泡在 100μL 的 1×PCR 缓冲液中 4℃过夜，取 1μL 为模板再次扩增 16S rDNA V3 区，扩增产物做 DGGE 电泳确认回收片段的正确性。重复该过程 1～3 次，直至在 DGGE 图谱上得到比较纯的单一的特定条带。然后，取 1μL 回收的纯化 DNA 为模板扩增 V3 区。扩增产物经纯化后，与 pMD19-T Easy 载体相连，转入感受态细胞 *E coli.*，进行蓝白斑筛选，获得阳性克隆送生工生物工程（上海）股份有限公司测序。

7.2.2　结果与分析

1. 土壤总 DNA 的提取和 16S rDNA 的 PCR 扩增

从样品中提取高质量的 DNA 和良好的 PCR 扩增是进行后续分析的基础。图 7-9（a）是提取到的部分样品总 DNA 凝胶电泳图。由图可见，经典的化学裂解方法提取的 DNA 片段大小集中，无明显剪切作用。图 7-9（b）是 16S rDNA V3 区 PCR 扩增产物琼脂糖凝胶图，采用 Takara DL 2000 DNA Marker，最小片段 100bp。由图可见，采用“Touch-down PCR”扩增得到的产物片段大小均一，特异性高，阴性对照无扩增产物，适合进行 DGGE 分析。Frostegård 等（1999）研究发现，不同的 DNA 提取方法会影响微生物群落的分析，相关研究也认为总 DNA 的提取方法因样品而异（Kresk and Wellington，1999；Martin-Laurent et al.，2001）。这表明本书采用的提取方法适于川西亚高山森林土壤总 DNA 的提取，可以较好地除去土壤中的多酚、腐质酸类、盐类等物质，但是因 PCR 反应随机性、偏好性，扩增产物中可能存在异源双链、二聚体等非目标产物（Ferris and Ward，1997），会影响后续的 DGGE 分析。

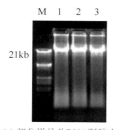
(a) 部分样品总DNA凝胶电泳图

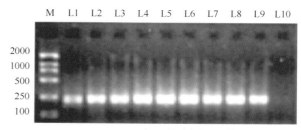
(b) 16S rDNA V3区PCR扩增产物琼脂糖凝胶图

图 7-9　部分样品总 DNA（a）和部分 16S rDNA V3 区扩增产物琼脂糖凝胶图

M 为 Takara DL 2000 DNA Marker；L1～L9 依次为冷杉原始林、天然混交林和冷杉次生林的有机层和矿质层样品；
L10 为 PCR 反应的阴性对照

2. 三种森林群落土壤细菌种群的 DGGE 图谱

图 7-10 为 3 个森林群落土壤细菌 16S rDNA 的 DGGE 图谱。由表 7-10 可知，土壤开始冻结时，3 个森林群落土壤有机层和矿质土壤层的细菌条带数虽然相差不大，但土壤有

机层的细菌条带数比矿质土壤层的要多，经过土壤频繁的冻融作用后，两层样品的细菌条带数都有不同程度的下降，许多 DGGE 条带较微弱，可能是该类细菌在总 DNA 中模板浓度相对较低造成的。其中，3 个森林群落 2 个土壤层次的细菌条带总数在冻结前表现为 MF＞SF＞PF，而土壤完全冻结后表现为 PF＞MF＞SF，3 个森林群落土壤的细菌条带总数下降率分别达到 18%、38%、40%，说明土壤冻结过程对 3 个森林群落土壤细菌种群的数量产生较大的影响。在土壤解冻阶段，3 个森林群落土壤有机层的细菌条带数较矿质层的低，总数表现为 PF＞SF＞MF，但随着解冻过程的进行其细菌条带总数呈现先下降后升高的趋势，均在 4 月达到最低点，在生长季节里总数表现为 SF＞MF＞PF。

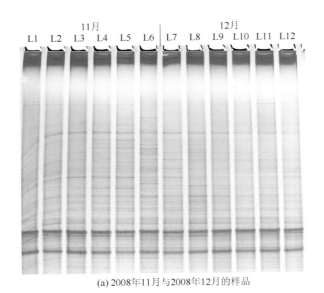

(a) 2008年11月与2008年12月的样品

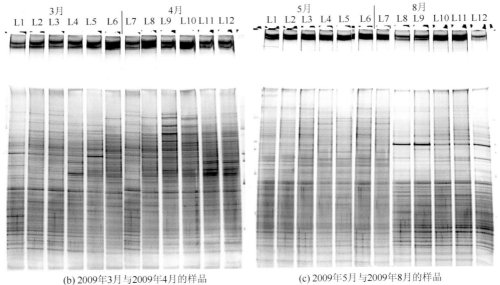

(b) 2009年3月与2009年4月的样品   (c) 2009年5月与2009年8月的样品

图 7-10   3 个森林群落土壤细菌 16S rDNA 的 DGGE 图谱

经过季节性冻融循环后，3 个森林群落 PF、MF、SF 土壤的细菌条带总数上升率分别达到 54%、41%、49%。总体来说，3 个森林群落土壤细菌条带总数随着季节性冻融过程进行在土壤冻结初期、解冻初期和生长季节数量较多，而在土壤完全冻结和土壤解冻中期数量较少。土壤样品在冻结后仍然具有较高的细菌条带数，但均表现出明显的减少趋势，在解冻后数量经历一个数量减少后又逐步开始上升的趋势，说明季节性冻融对 3 个森林群落土壤有机层和矿质土壤层的细菌种群数量产生不同程度的影响。

表 7-10 在季节性冻融过程中 3 种森林群落土壤有机层和矿质土壤层细菌种群的丰富度差异

森林		10 月	12 月	3 月	4 月	5 月	8 月
PF	OL	21	16	19	10	14	24
	ML	18	16	27	10	14	29
MF	OL	26	15	11	14	16	23
	ML	24	16	24	12	18	21
SF	OL	25	12	21	11	18	24
	ML	20	15	22	6	14	28

Shannon-Wiener 指数（H'）、均匀度指数（E_H）、Simpson 优势度指数（C）是评价土壤微生物多样性的重要指标。同样，这些指数也具有相似的变化趋势，见表 7-11。土壤完全冻结后，3 个森林群落不同层次土壤细菌的 Shannon-Weiner 指数均明显减小（除 SF 的矿质土壤层）（表 7-11）。同时，虽然 MF 群落两个土层的土壤细菌均匀度指数（E_H）在冻结后也表现出减小的趋势，但其他两个群落中的均匀度指数（E_H）在冻结前后无显著差异。不同的是，PF 和 MF 群落土壤细菌的 Simpson 优势度指数（C）在土壤冻结后明显增加（除 SF 的矿质土壤层）。而在土壤融冻期，3 个森林不同土壤层次的样品，其 Shannon-Wiener 指数和均匀度指数均表现出随土壤解冻先降低再升高的趋势，只是各个样品降到最低点的时间不同，而 Simpson 优势度指数表现出先升高再降低的趋势，这与 Shannon-Wiener 指数变化的意义相符。

表 7-11 季节性冻融期 3 种森林群落土壤细菌种群的多样性指数

森林		指数	10 月	12 月	3 月	4 月	5 月	8 月
PF	OL	H'	2.934	2.654	2.908	2.247	2.537	3.168
		E_H	0.752	0.759	0.696	0.538	0.607	0.758
		C	0.061	0.078	0.056	0.111	0.087	0.042
	ML	H'	2.809	2.561	3.251	2.254	2.561	2.927
		E_H	0.718	0.733	0.778	0.539	0.613	0.701
		C	0.065	0.092	0.041	0.109	0.083	0.054
MF	OL	H'	2.897	2.632	2.343	2.565	2.738	3.461
		E_H	0.842	0.752	0.561	0.614	0.655	0.829
		C	0.041	0.083	0.101	0.081	0.067	0.032
	ML	H'	3.053	2.664	3.058	2.425	2.821	3.048
		E_H	0.779	0.762	0.732	0.581	0.675	0.731
		C	0.052	0.076	0.051	0.093	0.064	0.049

续表

森林		指数	10 月	12 月	3 月	4 月	5 月	8 月
SF	OL	H'	2.728	2.292	3.034	2.839	2.357	3.159
		E_H	0.697	0.655	0.726	0.681	0.564	0.756
		C	0.113	0.117	0.051	0.061	0.098	0.043
	ML	H'	2.046	2.599	3.091	1.673	2.581	3.309
		E_H	0.524	0.743	0.741	0.401	0.618	0.792
		C	0.278	0.083	0.045	0.215	0.081	0.037

3. 土壤融冻期土壤细菌群落相似度

按照 UPGMA 算法对每个样品的条带图谱进行细菌群落相似性聚类分析（图 7-11）。从图 7-11 可以看出，三种森林土壤的 OL 与 ML 中细菌群落组成表现出较大的变异性，

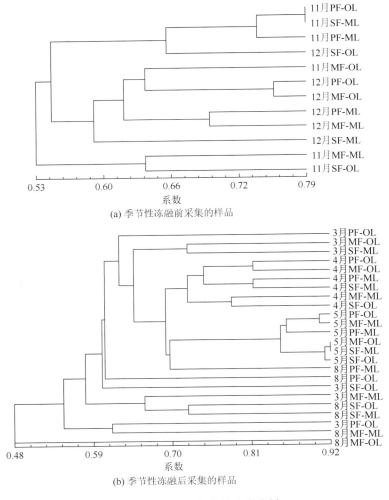

(a) 季节性冻融前采集的样品

(b) 季节性冻融后采集的样品

图 7-11　DGGE 条带的聚类分析

相似性为 48%～92%，3 种森林群落土壤细菌群落结构存在较大的差异。在土壤季节性冻融过程的不同时期，各个样品聚类均不同，同时表现出明显的季节性变化，说明季节性冻融对土壤微生物细菌群落结构产生了重要影响。

4. 16S rDNA 序列系统发育分析

从 DGGE 分析凝胶中切割分离了优势条带和大部分可见条带，经重扩增、二次 DGGE 验证、纯化、克隆等一系列步骤后得到测序，将所测定的 16S rDNA 序列提交 GenBank 数据库进行相似性比较分析，并采用邻接法构建系统发育树，如图 7-12 所示。同源性比较和系统发育分析的结果表明，除 S_1 以外，其余 9 个序列与已知序列的相似度均高于 97%，GenBank 相似序列都来自土壤环境（表 7-12）。S_5、S_{10} 为 SF 处土壤有机层特有条带，S_8 是 PF 处特有且最为优势的条带。其余条带同时存在于至少两个森林群落土壤样品中。

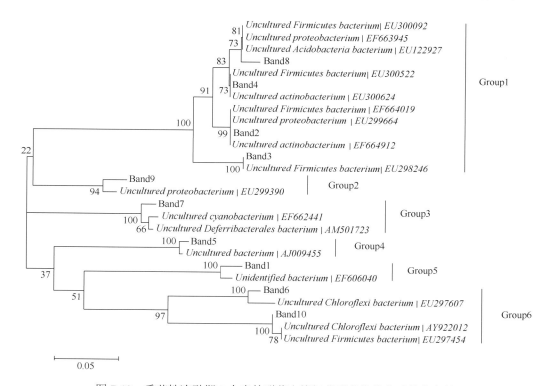

图 7-12　季节性冻融期 3 个森林群落土壤细菌群落优势菌系统发育树

表 7-12　DGGE 测序结果及其在 GenBank 中的相近参考序列

样品编号	16S rDNA 相近序列及登录号	相似性
S_1	*Unidentified bacterium clone | EF606040*	96%
S_2	*Uncultured actinobacterium | EF664912*	100%
	Uncultured proteobacterium | EU299664	100%
	Uncultured Firmicutes bacterium | EF664019	100%

续表

样品编号	16S rDNA 相近序列及登录号	相似性
S_3	*Uncultured Firmicutes bacterium* | *EU298246*	100%
S_4	*Uncultured Firmicutes bacterium* | *EU300522*	100%
	Uncultured actinobacterium | *EU300624*	100%
S_5	*Uncultured bacterium* | *AJ009455*	98%
S_6	*Uncultured Chloroflexi bacterium* | *EU297607*	97%
S_7	*Uncultured cyanobacterium* | *EF662441*	98%
	Uncultured Deferribacterales bacterium | *AM501723*	98%
S_8	*Uncultured Firmicutes bacterium* | *EU300092*	98%
	Uncultured proteobacterium | *EF66394*	98%
	Uncultured Acidobacteria bacterium | *EU122927*	98%
S_9	*Uncultured proteobacterium* | *EU299390*	97%
S_{10}	*Uncultured Chloroflexi bacterium* | *AY922012*	100%

由表 7-12 可知，band1 系统发生关系最近的是未经鉴定的细菌克隆，同源性为 96%，其余都为已鉴定的物种。但和 band2、band3、band4、band8 同源性最高的序列分属于厚壁菌门（Firmicutes）、变形菌门（Proteobacteria）和拟杆菌门（Bacteroidetes），且同源性都为 100%。band6、band10 与绿弯菌门（Chloroflexi），band7 与蓝细菌（Cyanobacteria）和脱铁杆菌目（Deferribacterales）同源性高。band5 和 band9 都与变形菌门同源性高。由系统发育分析结果可以得出（图 7-12），各森林群落土壤中的优势菌群可以分为 6 类：band2、band3、band4、band8 为一类，band6、band10 为一类，其余各自单独为一类。冷杉次生林的优势种群是以 group6 所代表的微生物为主，冷杉红桦混交林 group1 为优势种，冷杉原始林的优势种是 S_8 代表的微生物。

7.2.3　讨论与结论

1. 土壤细菌种群数量变化及其对季节性冻融的响应

普遍认为，低温或者土壤冻结会直接导致土壤微生物的死亡或休眠。然而，越来越多的研究表明冬季土壤完全冻结后仍然有部分微生物具有一定的活性（Gilichinsky et al.，1992）。本研究表明，在季节性土壤冻结期，长江上游亚高山 3 个典型森林群落的土壤细菌类群数量明显降低，土壤冻结过程中温度的急剧下降改变了土壤细菌群落的结构。主要原因是：一方面不耐低温的细菌类群可能在冻结过程中死亡，另一方面耐受低温型的细菌类群得以存活，并保持一定的活性（Goodroad and Keeney，1984；Ostroumov and Siegert，1996）。然而，随着海拔梯度的升高，温度、水分、森林群落类型、土壤有机质等因素也发生变化，受这些环境因子的影响，土壤细菌群落结构也必然表现出一定的变化趋势。土壤冻结前，处于高海拔的 PF 群落明显表现出较低的土壤细菌类群数，且表现出不显著的层次差异。而处于相对较低海拔的 SF 群落和 MF 群落不但表现出相对较多的土壤细菌类群数目，而且表现出明显的表聚性。但土壤冻结后，PF 群落土壤细菌总类群数显著大于其他两个群落，并且 SF 群落中土壤有机层细菌类群数明显小于矿质土壤层。这些结果充分说明，土壤温度随着海拔的升高逐渐降低，处于海拔较高的 PF 群落对温度变化更有优势，由于土壤细菌某些类群经过长期的低温锻炼，因而在冻结后仍能保持相对较高的土壤细菌群落多样性。相反，处于海拔相对较低的 SF 群落由于相对较高的冻结前温度，土壤冻结过程中温度的急剧下降可能直接降低处于有机层的细菌类群数量，而表层土壤的冻结、雪被覆盖在一定程度上起到物理屏障的作用，为下层微生物提供相对稳定的生境，有利于下层少部分微生物的保存（杨思忠和金会军，2008），因而处于下层的 ML 表现出土壤细菌类群数量相对较高的特征。另外，土壤冻结过程中有机质从土壤有机层向矿质土壤层的迁移，增加了矿质土壤层中的 N 含量，有利于细菌耐寒类群的生命维持。这从细菌类群数在土壤冻结后下降率随着土层的增加而降低，平均下降率随森林群落海拔的增加而增加也可以得出相似的结论。

在季节性土壤解冻期，长江上游亚高山 3 个典型森林群落的土壤细菌类群数量变化呈现出先减少再逐步增加的趋势，不同的是下降到最低点的时间具有差异。造成这种变化的主要原因是：一方面强烈的土壤冻结作用导致大量微生物、细根死亡，凋落物破碎化，破坏土壤团聚体结构，大量释放出养分并增加了有效的营养物质含量，积累的养分供残存微生物在土壤解冻过程中利用，刺激微生物生长，提高其数量和活性（Ivarson and Sowden，1966；Larsen et al.，2002）；另一方面，土壤融冻过程中含水量增加导致土壤细菌生存的微环境成为缺氧环境，因而导致残存的耐低温细菌类群中的好氧型细菌死亡，整个细菌群落结构逐渐向厌氧型微生物转化（Ludwig et al.，2004；王连峰等，2007），同时，由于 3 个森林群落组成、海拔梯度、土壤有机层厚度等环境条件具有差异，土壤表现出不同的冻融持续时间和冻融交替循环，因而各个指标下降到最低点的时间不同。然而，随着土壤解冻过程的进一步发展，土壤温度、水分、有机质等因素也发生变化，受这些环境因子动态变化的影响，土壤细菌类群数量也必然表现出上升的变化趋势，这与其他同类研究结论基本一致（Lipson et al.，2002）。土壤逐渐冻结的过程造成了土壤细菌类群数的大量减少，但仍存在一定数量的细菌类群。待土壤完全冻结后，土壤冻结层、凋落物层及雪被起到了隔绝层的作用，保证了土壤微生物在融冻时期开始就有一定数量的细菌类群，并随土壤解冻过程逐渐恢复，这种土壤细菌类群受到保护的作用对于土壤完全冻结后凋落物的分解以及生长季节维持植物生产力具有重要的意义。

总体来看，长江上游亚高山 3 个典型森林群落的土壤细菌类群数量变化曲线呈现双波型，即两升两降，说明季节性冻融过程的冻结和解冻作用对亚高山/高山森林土壤细菌群落的数量影响较大，这意味着亚高山林区低温变化引发的土壤季节性冻融是影响土壤微生物群落结构和多样性的主导因子，也从另一个角度说明长江上游亚高山/高山森林土壤有机层土壤细菌较矿质土壤层对环境温度变化更敏感，有力支持了"土壤有机层对气候变化的响应可能比矿质土壤层更敏感"的假说。

2. 土壤微生物多样性指数的变化

多样性指数是反映森林群落土壤细菌多样性的直接指标。土壤冻结过程显著降低了长江上游高山/亚高山典型森林群落土壤细菌的多样性（Shannon-Weiner 指数）和 MF 群落的土壤细菌均匀度（Pielou 指数），但提高了 PF 群落和 MF 群落土壤细菌的优势度（Simpson 指数）。这些结果一方面证明冻结过程导致部分细菌类群的消失，另一方面表明土壤完全冻结后仍有部分耐受低温的细菌类群存在，因而表现出优势度较高而多样性较低的土壤细菌群落结构格局。这些耐受低温的微生物群落必将在漫长的冬季主导土壤生态过程，进而对下一个生长季节的植物萌发和生长具有重要的意义。相反，土壤融冻过程显著提高长江上游高山/亚高山典型森林群落土壤细菌的 Shannon-Weiner 多样性指数和均匀度（Pielou 指数），但降低了土壤细菌的优势度（Simpson 指数），说明融冻过程一方面导致部分需氧型细菌类群的消失，另一方面由于土壤微环境的动态变化，耐受低温细菌类群中的厌氧细菌类群活性提高，并在雪水淋溶作用下迁移，因而表现出优势度逐渐降低，而多样性、均匀度逐渐升高的土壤细菌群落结构动态变化格局，这与土壤冻结初期细菌群落结构的变化恰好相反（刘利等，2010），这些结果可以证明土壤冻结作用对土壤细菌群落结构造成的影响在土壤融冻时期可以在一定程度上缓解、抵消，因此土壤微生物群落结构随着由土壤冻结、解冻过程引起的土壤微环境动态变化而变化的驱动机制对生长季节内植物萌发和生长的养分有效性具有重要的意义。

同时，这些结果也意味着，主导生长季节与非生长季节土壤生态过程的微生物类群可能存在差异。同样，细菌群落的相似性聚类分析也支持了这个观点。由于不同的森林群落、不同的土壤层次受冻融作用的影响程度不一致，土壤经历一个季节性冻融周期后各森林群落土壤层次之间的细菌群落相似性发生了相当大的变化。这种变化不但表明冻融前后土壤细菌群落结构发生了改变，而且也表明细菌群落受冻融作用影响在生长季节和非生长季节之间转化的动态变化。

3. 土壤细菌 16S rDNA 类群变化及其对季节性冻融的响应

由于 DGGE 凝胶中每一个条带代表了一种或一类微生物，因而能够直观反映微生物物种的多样性，而条带强度和迁移位置的不同反映出样品中细菌群落的结构及不同样品间的差异。采用 PCR-DGGE 技术结合序列测定分析比较，发现在亚高山/高山针叶林土壤样品中含有细菌种系型有厚壁菌门、变形菌门、拟杆菌门、绿弯菌门、蓝细菌和脱铁杆菌目，同源性高达 100%，以及一个未经鉴定的细菌克隆，同源性高达 96%。尽管通过 PCR 扩增选取的目的片段长度较小（200bp），所获得的系统发育信息也较少，但通过系统发育分析，得出了这些优势种群分属的类群，可为后续进一步深入研究提供基础。通过对季节性冻融土壤冻结过程中的土壤有机层和矿质土壤层样品的 16S rDNA V3 区片段经过 DGGE 分离、软件识别等分析后，对优势条带进行克隆和序列测定结果表明，band1 系统发生关系最近的是未经鉴定的细菌克隆，band8 拟杆菌门可能为对低温较为敏感的类群，其仅见于 PF 森林群落和 MF 森林群落；而 band5 变形细菌门和 band10 绿弯菌门可能为耐低温类群，其仅见于 SF 森林群落；band4 变形细菌门、band6 绿弯菌门和 band9 变形细菌门可能为对温度敏感性较低的类群，其在 3 个森林群落中均有发现。通过系统发育树可以看到，季节性冻融对 3 个亚高山/高山森林土壤细菌种群的群落结构产生了较大影响，因而可以通过土壤冻融循环前后的细菌种群变化推测亚高山/高山森林土壤微生物受长达 5～6 个月的季节性冻融影响下其在凋落物分解、养分释放和吸收等方面起的作用及其响应。

7.3　亚高山针叶林土壤微生物生物量动态特性

土壤微生物是调控凋落物分解、碳氮矿化、土壤养分转化和循环等土壤生态过程必不可少的生物因素，其生物量及群落结构特征与土壤水热条件密切相关（Margesin et al.，2009）。温度变化驱动的土壤冻融是亚高山/高山森林生态系统普遍存在的自然现象（Wu et al.，2010）。土壤冻融能改变土壤微环境，影响土壤微生物特征，进而对土壤碳和养分库产生深刻影响（熊莉等，2015）。一方面，土壤冻结和冻融循环可直接导致微生物休眠甚至死亡，降低微生物生物量，改变微生物群落结构和功能（Tan et al.，2014）；另一方面，土壤冻融循环导致的土壤团粒结构破碎、凋落物分解及细根和微生物死亡可释放出大量的有效养分，为存活的低温嗜冷微生物提供有效基质，促进土壤微生物生长（Herrmann and Witter，2002；Hentschel et al.，2008）。此外，雪被覆盖下相对稳定的水分和温度条件也为冬季微生物提供了良好的生长和活动环境（熊莉等，2015）。季节性冻融过程通常可划分为土壤冻结初期、土壤冻结期和土壤融化期 3 个关键时期（周晓庆等，2011）。各个关键时期显著的水热条件差异以及其他生态因子驱动作用的不同可能引起土壤微生物生物量动态显著变化。但迄今有关季节性冻融对亚高山/高山森林冬季土壤微生物生物量的影响研究较少，这极大地限制了人们对冬季土壤生态过程的认识。

长江上游亚高山/高山森林在区域气候调节、涵养水源和生物多样性保育等方面具有十分重要的作用。每年 11 月至次年 4 月伴随着气候的变化，土壤表现出明显的季节性冻融过程，且由于气温降低常常是沿海拔自上而下的，因而季节性冻融特征也随海拔垂直分异连续变化（谭波等，2012）。这为研究中纬度高海拔森林冬季土壤生态过程及其对环境变化的响应提供了理想的天然实验室。因此，以长江上游亚高山/高山地区广泛分布的岷江冷杉林（Abies faxoniana）为研究对象，研究了海拔梯度上冬季不同冻融时期及生长季节土壤微生物生物量动态特征，以期深入认识中纬度高海拔森林冬季土壤生态过程，为探讨冬季与生长季节土壤生态过程的相互联系提供参考。

7.3.1　材料与方法

1. 研究区域概况

研究区域位于四川省阿坝藏族羌族自治州理县的四川农业大学高山森林生态系统定位研究站（102°53′E～02°57′E，31°14′N～31°19′N，海拔 2458～4619m）。研究站详情见本书 7.1 节。

2. 样地设置与样品采集

选择 2009 年建立的岷江冷杉原始林（海拔 3582m，A_1）、岷江冷杉和红桦混交林（海拔 3298m，A_2）、岷江冷杉次生林（海拔 3023m，A_3）固定样地（1hm²）作为研究对象，海拔跨度约 300m。群落 A_1 乔木层以岷江冷杉为主，树龄约 130 年，林下植物主要为高山杜鹃、三颗针、冷蕨等；群落 A_2 乔木层以岷江冷杉和红桦为主，树龄约 90 年，林下植物主要为箭竹、红毛花楸、高山柳等；群落 A_3 乔木层以岷江冷杉次生林为主，树龄约 70 年，林下植物主要为箭竹、三颗针、扁刺蔷薇等，三个群落的土壤理化性质详见表 7-13。2009 年 5 月起，分别在样地林内土壤放置纽扣式温度传感器（DS1923-F5#，Maxim/Dallas semiconductor Inc.，USA）连续监测土壤温度。研究期间各海拔森林土壤温度特征见表 7-14。

表 7-13　亚高山不同海拔森林群落的土壤理化性质

海拔	土层	土壤厚度/cm	pH	有机碳/(g/kg)	全氮/(g/kg)	全磷/(g/kg)	坡向	坡角
3582m，A_1	OL	15±2	6.2±0.3	161.4±20.3	9.5±1.9	1.2±0.2	NE45°	34°
	ML	23±3	5.8±0.2	41.9±15.8	2.8±0.2	0.7±0.2		
3298m，A_2	OL	12±2	6.6±0.2	174.0±55.8	9.5±2.1	1.5±0.1	NE42°	31°
	ML	24±4	5.9±0.2	53.7±17.2	3.2±0.2	1.2±0.3		
3023m，A_3	OL	12±2	6.5±0.3	161.9±31.1	8.1±1.6	0.9±0.1	NE38°	24°
	ML	21±3	5.9±0.3	43.8±10.8	2.0±0.5	0.8±0.1		

注：OL，土壤有机层；ML，矿质土壤层。

表 7-14　亚高山不同海拔森林的土壤平均温度特征

海拔	土层	2009 年土壤温度/℃			2010 年土壤温度/℃		
		5 月	8 月	10 月	5 月	8 月	10 月
3582m，A_1	OL	6.96	10.51	5.29	7.21	11.75	4.02
	ML	6.41	10.71	5.34	6.66	11.41	5.76
3298m，A_2	OL	8.14	11.26	5.73	8.06	12.14	5.22
	ML	7.72	10.71	5.34	6.74	11.90	6.10
3023m，A_3	OL	6.85	11.64	6.38	9.11	13.62	5.87
	ML	6.75	11.54	5.55	8.84	13.61	6.32

注：OL，土壤有机层；ML，矿质土壤层。

2009～2015 年，间断性开展土壤样品采集。基于前期监测结果（周晓庆等，2011），土壤冻结通常从 11 月中旬开始，到 12 月下旬完全冻结，到次年 3 月中旬初开始融化。因此，具体的采样时间包括土壤冻结初期（11 月 5 日、11 月 15 日和 11 月 25 日）、土壤冻结期（12 月 15 日、1 月 15 日和 2 月 15 日）、土壤融化期（3 月 5 日、3 月 25 日、4 月 5 日和 4 月 25 日）和生长季节（5 月 25 日、8 月 5 日和 10 月 25 日）。在样地内随机选取 5 个 5m×5m 的均质样方采样。由于地处高山峡谷区的长江上游亚高山/高山森林土壤发育经常受阻，且普遍存在较厚的土壤有机层和浅薄的矿质土壤层（刘庆，2002），因此，本研究按照土壤有机层（0～15cm）和矿质土壤层（15～30cm）采集样品。将样品装入冰盒低温处理，24h 内运回实验室，然后将每个样品分成 3 份：一份样品去掉石块、动植物残体和根系后，混匀，过 2mm 筛，装入保鲜袋，储于 4℃冰箱供土壤微生物生物量测定；

一份样品风干，研磨，分别过 2mm 筛和 0.25mm 筛，装入保鲜袋，室温保存供土壤碳和养分元素测定；其余样品则立即测定土壤含水量。

3. 样品测定

土壤微生物生物量碳和氮含量采用改进的氯仿熏蒸-K_2SO_4 浸提法测定（Brookes et al.，1985）。称取 3 份 10g 土壤样品于 150mL 提取瓶中，放入真空干燥器，用去乙醇氯仿熏蒸 24h，除去氯仿取出，同时称取 3 份 10g 土壤样品做未熏蒸对照。随后用 50mL 0.5mol/L K_2SO_4 浸提，过滤后，再用 0.45μm 滤膜抽滤，滤液中的碳和氮采用总有机碳自动分析仪（TOC-VcPH + TNM-1，Shimazu Inc.，Kyoto，Japan）测定（杨玉莲等，2012）。土壤 MBC（微生物碳）和 MBN（微生物氮）含量由熏蒸土壤和未熏蒸土壤提取的总有机碳、全氮的差值除以转换系数（0.45）得到（杨玉莲等，2012）。土壤含水量用烘干法测定；pH 用电位法测定；土壤有机碳采用重铬酸钾外加热法测定；全氮采用半微量凯氏定氮法测定；全磷用钼锑抗比色法测定（鲁如坤，1999）。

4. 统计分析

采用三因素方差分析（three-way ANOVA）检验海拔、土层、冻融时期及各因子交互作用对土壤微生物生物量的影响。采用 Pearson 相关系数评价 5cm 土壤温度与土壤微生物生物量的相关关系（土壤温度用样品采集前 5 天和后 5 天的平均值）。所有统计分析采用 SPSS19.0 完成，显著性水平设定为 $P = 0.05$。

7.3.2　结果与分析

1. 土壤微生物生物量碳

三个海拔土壤有机层和矿质土壤层冬季微生物生物量碳表现出受冻结初期土壤冻融循环影响显著降低，在冻结期变化不明显，在融化期急剧增加至融化后再次降低的趋势（图 7-13）。并且矿质土壤层的微生物生物量碳在 A_1 以融化期的 4 月 5 日最高，在 A_2 和 A_3 则以融化期的 3 月 25 日最高。各海拔土壤有机层微生物生物量碳全年以生长季节的 8 月 5 日最高，但矿质土壤层微生物生物量碳全年以融化期的 3 月 25 日（或 4 月 5 日）最高。土层、冻融阶段及其交互作用显著影响了土壤微生物生物量碳，但海拔影响不显著（表 7-15）。土壤温度与三个海拔土壤微生物生物量碳相关极显著（表 7-16）。

2. 土壤微生物生物量氮

三个海拔的土壤有机层和矿质土壤层冬季微生物生物量氮受土壤冻融循环影响表现出从冻结初期至冻结期持续降低，在融化期急剧增加至融化后再次降低的动态变化趋势（图 7-14）。土壤有机层的微生物生物量氮在 A_1 以融化期的 4 月 5 日最高，在 A_2 则以融化期的 3 月 25 日最高，与生长季节的 8 月 5 日微生物生物量氮相当。而三个海拔矿质土壤层微生物生物量氮均以融化期的 3 月 25 日最高，显著高于生长季节且达全年最高。由表 7-15 可知，土壤微生物生物量氮并未受到海拔的影响，但受到土层、冻融阶段及其交互作用的显著影响。土壤温度与三个海拔土壤微生物生物量氮相关显著（表 7-16）。

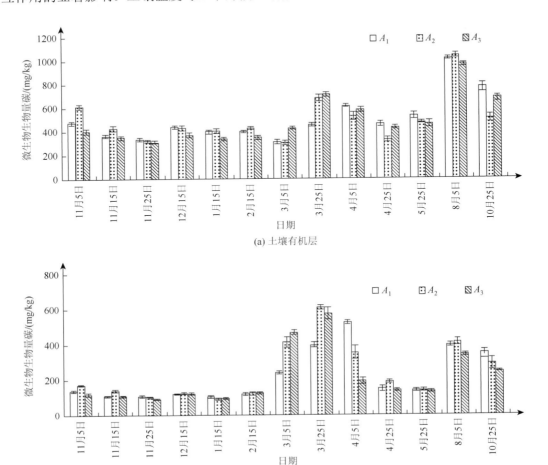

(a) 土壤有机层

(b) 矿质土壤层

图 7-13　亚高山不同海拔森林土壤微生物生物量碳动态变化

表 7-15　海拔、土层和冻融时期对土壤微生物生物量影响的三因素方差分析

因子	微生物生物量碳 MBC	微生物生物量氮 MBN
A	0.300	0.509
L	<0.001	<0.001
FS	<0.001	<0.001
$A \times L$	0.711	0.549
$A \times$ FS	0.071	0.770
$L \times$ FS	<0.001	<0.001
$A \times L \times$ FS	0.192	0.959

注：A，海拔；L，土层；FS，冻融阶段。

表 7-16   土壤温度与土壤酶活性、土壤微生物生物量的相关系数

海拔/m	因子	微生物生物量碳 MBC	微生物生物量氮 MBN
3582，A_1	土壤温度	0.455**	0.210*
3298，A_2	土壤温度	0.428**	0.331**
3023，A_3	土壤温度	0.348**	0.270**

注：* $P<0.05$；** $P<0.01$。

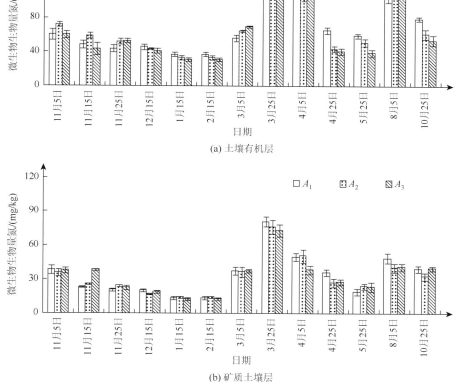

(a) 土壤有机层

(b) 矿质土壤层

图 7-14   亚高山不同海拔森林土壤微生物生物量氮动态变化

7.3.3   讨论与结论

　　季节性冻融的冻结初期和融化期是亚高山/高山生态系统季节转换的过渡时期和凋落物量的高峰阶段。冻结和冻融交替过程可破坏土壤团粒、植物根系和凋落物结构及动植物残体细胞，释放的碳和养分能为冬季存活的土壤微生物提供有效资源，对冬季土壤

微生物群落结构和生物活性具有重要意义（Tierney et al.，2001；Freppaz et al.，2007；熊莉等，2015）。本研究中，长江上游亚高山/高山森林群落土壤在冬季维持着较高的微生物生物量，其动态随土壤冻融过程不断变化，在土壤融化期出现一个明显的含量（或活性）高峰，显著高于生长旺盛季节（或与之相当）。然而，由于3个森林群落组成、海拔梯度、土壤有机层厚度等环境条件差异，各海拔的森林土壤冻融持续时间和冻融循环显著不同，土壤微生物生物量动态也随之表现出明显差异。这表明季节性冻融期是土壤生态过程的重要时期，土壤冻融格局显著影响长江上游亚高山/高山森林土壤微生物生物量动态。

土壤微生物生物量是土壤生态系统中重要的活性碳库和养分库，代表参与土壤有机质矿化和养分周转的微生物数量，对土壤水热环境条件变化敏感（杨玉莲等，2012）。在北极苔原和高山草甸生态系统的研究表明，土壤微生物生物量全年高峰值通常出现在冬季，其细微的变化都能明显影响冬季土壤碳氮循环过程（Clein and Schimel，1995）。并且冬季微生物生物量固持的养分是高山生态系统雪被融化期（或生长季节初期）植物生长的重要有效养分来源（刘洋等，2012；Tan et al.，2014）。本研究中，3个海拔森林土壤微生物生物量碳和氮含量在土壤冻结初期和融化期间均随冻融格局变化不断改变。这主要是因为：①生长季节末期大量新鲜凋落物归还到土壤表面，释放的养分被微生物固持，使土壤微生物生物量在初始冻结前保持着较高含量（刘洋等，2012；谭波等，2012）。②初冻期的冻结及冻融循环作用直接杀死相当部分土壤微生物，导致微生物生物量下降（杨玉莲等，2012）。而土壤团粒、植物根系和凋落物以及死亡微生物释放的可溶性养分为土壤中的低温嗜冷微生物提供有效基质（Herrmann and Witter，2002），维持着低温嗜冷微生物的存活（Koponen et al.，2006），因而土壤微生物生物量并未随土壤冻结持续降低。③随着土壤温度回升，冻结期积累的养分随融化过程释放，显著增加了土壤中有效基质，激发土壤微生物快速生长繁殖，使得微生物生物量在土壤融化初期急剧增加（Margesin et al.，2009）。但这种短期内的激发效应会随着有效基质的快速消耗出现停滞。另外，土壤中有效基质随雪被融化淋洗流失和植物复苏的吸收利用限制了土壤微生物生物量的持续增加（谭波等，2012；殷睿等，2013），并且雪被融化过程土壤含水量的剧烈变化导致微生物细胞内水分和土壤自有水之间的水势失衡，造成大量微生物死亡，显著降低土壤融化过程中微生物生物量。这种动态与前人在温带森林和北方针叶林原位监测的研究结果相似（Koponen et al.，2006）。而微生物生物量对养分的固持和释放特征与刘洋等（2012）在同区域高山森林-苔原交错带研究结果一致。同时，本研究中，冻融格局和冻融交替对土壤有机层微生物生物量动态影响比矿质土壤层更为显著。主要原因是土壤有机层自身具有相对较高的碳、氮、磷等含量，且直接应力于气温变化以及融化淋溶，表明亚高山/高山土壤有机层是频繁进行物质循环和能量流动的活跃生态界面。此外，各土层微生物生物量碳和氮含量均受冻融时期、土层及其交互作用的显著影响，但海拔影响不显著，这可能是气候、土壤和植被等多因子综合作用的结果。

综上所述，长江上游亚高山/高山森林土壤在冬季维持着较高的微生物生物量，微生物以生物量形式固持的养分可为亚高山/高山森林生态系统雪被融化期（或生长季节初期）植物生长提供重要基质来源，而低温环境中维持的土壤微生物生物量能对冬季土壤碳氮矿化、凋落物分解施加强烈作用。土壤有机层和矿质土壤层冬季微生物生物量动态随土壤冻融过程不断变化,在土壤融化期出现一个明显的含量(或活性)高峰,显著高于生长旺盛季节(或与之相当),表明季节性冻融期是亚高山/高山森林生态系统过程不容忽视的重要时期,全球气候变化导致的土壤冻融格局变化可能对亚高山/高山森林冬季生态系统过程产生深远影响。

7.4 亚高山针叶林土壤酶活性动态特性

土壤酶是生态系统中生物化学代谢的重要参与者,在凋落物分解、有机质积累、养分循环等过程中起着十分重要的作用(Burns and Dick,2002)。温度是控制土壤酶活性的一个重要环境因子(徐振锋等,2010),温度变化驱动的土壤冻融是高寒生态系统普遍存在的自然现象(谭波等,2011)。通常认为,中高纬度和高海拔地区冬季恶劣的气候条件使土壤酶活性降低甚至酶钝化失活,且土壤生物(微生物、动物和植物根系)的休眠和死亡能减少土壤中酶分泌与合成,因而冬季土壤酶活性常常可以忽略不计(Clein and Schimel,1995;Mikan et al.,2002)。但近期的研究表明,在冬季,土壤生物和酶活性仍然存在,酶代谢活动并未停止(Campbell et al.,2005;Koponen et al.,2006)。冻融交替和冻结过程可杀死部分土壤生物,破坏土壤团粒,释放大量养分资源(Freppaz et al.,2007;Hentschel et al.,2008),为土壤中残存的嗜冷生物提供有效基质,并且冬季雪被的绝热能使土壤温度维持在冰点(0℃)附近,防止土壤受气温剧烈波动影响而冻结(Clein and Schimel,1995)。这为土壤酶维持较高的活性提供了充分的保障。受季节性雪被和冻融影响的高寒森林土壤在冬季(非生长季)通常存在明显的冻结和融化过程(Olsson et al.,2003)。海拔变化通常会导致冬季温度、降水(雪)及冻融特征(冻融时间、强度、频次)等环境因子连续变化(Campbell et al.,2005;Freppaz et al.,2007),可能深刻作用于土壤酶活性及其参与的氧化还原过程,并进一步影响冬季和生长季节的土壤养分循环。

相对于同纬度低海拔森林,长江上游亚高山针叶林土壤冬季存在明显的冻结和融化过程(Wu et al.,2010),且由于气温降低常常是沿海拔自上而下的,因而季节性冻融特征也随海拔垂直分异连续变化。这为研究中低纬度高海拔森林冬季土壤生态过程及其对环境变化的响应提供了理想的天然实验室。因此,以长江上游亚高山针叶林区广泛分布的岷江冷杉林为研究对象,研究了海拔梯度上冬季不同冻融时期及生长季节土壤酶活性,以期深入认识中低纬度高海拔森林冬季土壤生态过程,为探讨冬季与生长季节土壤生态学过程相互关系的研究提供基础数据。

7.4.1 材料与方法

1. 研究区域概况

研究区域位于四川省阿坝藏族羌族自治州理县的四川农业大学高山森林生态系统定

位研究站，详情见本书 7.1 节。

2. 样地设置与样品采集

选择 2009 年建立的岷江冷杉原始林（海拔 3582m，A_1）、岷江冷杉和红桦混交林（海拔 3298m，A_2）、岷江冷杉次生林（海拔 3023m，A_3）固定样地（1hm^2）作为研究对象，海拔跨度约 300m。群落 A_1 乔木层以岷江冷杉为主，树龄约 130 年，林下植物主要为高山杜鹃、三颗针、冷蕨等；群落 A_2 乔木层以岷江冷杉和红桦为主，树龄约 90 年，林下植物主要为箭竹、红毛花楸、高山柳等；群落 A_3 乔木层以岷江冷杉次生林为主，树龄约 70 年，林下植物主要为箭竹、三颗针、扁刺蔷薇等，三个群落的土壤理化性质详见表 7-17。2009 年 5 月起，分别在样地林内土壤放置纽扣式温度传感器（DS1923-F5#，Maxim/Dallas semiconductor Inc.，USA）连续监测土壤温度。研究期间各海拔森林土壤温度特征见表 7-18。

表 7-17　亚高山不同海拔森林群落的土壤理化性质

海拔	土层	土壤厚度/cm	pH	有机碳/(g/kg)	全氮/(g/kg)	全磷/(g/kg)	坡向	坡角
3582m，A_1	OL	15±2	6.2±0.3	161.4±20.3	9.5±1.9	1.2±0.2	NE45°	34°
	ML	23±3	5.8±0.2	41.9±15.8	2.8±0.2	0.7±0.2		
3298m，A_2	OL	12±2	6.6±0.2	174.0±55.8	9.5±2.1	1.5±0.1	NE42°	31°
	ML	24±4	5.9±0.2	53.7±17.2	3.2±0.2	1.2±0.3		
3023m，A_3	OL	12±2	6.5±0.3	161.9±31.1	8.1±1.6	0.9±0.1	NE38°	24°
	ML	21±3	5.9±0.3	43.8±10.8	2.0±0.5	0.8±0.1		

注：OL，土壤有机层；ML，矿质土壤层。

表 7-18　亚高山不同海拔森林的土壤平均温度特征

海拔	土层	2009 年土壤温度/℃			2010 年土壤温度/℃		
		5 月	8 月	10 月	5 月	8 月	10 月
3582m，A_1	OL	6.96	10.51	5.29	7.21	11.75	4.02
	ML	6.41	10.71	5.34	6.66	11.41	5.76
3298m，A_2	OL	8.14	11.26	5.73	8.06	12.14	5.22
	ML	7.72	10.71	5.34	6.74	11.90	6.10
3023m，A_3	OL	6.85	11.64	6.38	9.11	13.62	5.87
	ML	6.75	11.54	5.55	8.84	13.61	6.32

注：OL，土壤有机层；ML，矿质土壤层。

2009～2015 年，间断性开展土壤样品采集。基于前期监测结果（周晓庆等，2011），土壤冻结通常从 11 月中旬开始，到 12 月下旬完全冻结，到次年 3 月中旬初开始融化。因此，具体的采样时间包括土壤冻结初期（11 月 5 日、11 月 15 日和 11 月 25 日）、土壤冻结期（12 月 15 日、1 月 15 日和 2 月 15 日）、土壤融化期（3 月 5 日、3 月 25 日、4 月 5 日和 4 月 25 日）和生长季节（5 月 25 日、8 月 5 日和 10 月 25 日）。在样地内随机选取 5 个 5m×5m 的均质样方采样。由于地处高山峡谷区的亚高山/高山森林土壤发育经常受阻，且普遍存在较厚的土壤有机层和浅薄的矿质土壤层。因此，本研究按照土壤有机层（0～15cm）和矿质土壤层（15～30cm）采集样品。将样品装入冰盒进行低温处理，24h 内运回实验室，然后将每个样品分成 3 份：一份样品去掉石块、动植物残体和根系后，混匀，过 2mm 筛，装入保鲜袋，储于 4℃冰箱供土壤酶活性测定；一份样品风干，研磨，分别过 2mm 筛和 0.25mm 筛，装入保鲜袋，室温保存供土壤微生物酶活性测定；其余样品则立即测定土壤含水量。

3. 样品测定

土壤酶活性参照关松荫（1986）的方法测定。转化酶（INV）采用 3, 5-二硝基水杨酸比色法测定，一个酶活性单位（EU_{INV}）以 1g 土壤样品在 37℃条件下，24h 内水解产生葡萄糖的毫克数表示；脲酶（URE）采用靛酚蓝比色法测定，一个酶活性单位（EU_{URE}）以 1g 土壤样品在 37℃条件下，24h 内水解生成的氨氮的毫克数表示；过氧化物酶（POD）采用比色法测定，一个酶活性单位（EU_{POD}）以 1g 土壤样品在 30℃条件下，2h 后产生的没食子酸的毫克数表示；脱氢酶（DHA）采用比色法测定，一个酶活性单位（EU_{DHA}）以 1g 土壤样品在 30℃条件下，24h 内产生的 H^+ 微升数表示；过氧化氢酶（CAT）采用 $KMnO_4$ 滴定法测定，一个酶活性单位（EU_{CAT}）以 1g 土壤样品在 30℃条件下，20min 内消耗 0.02mol/L 的 $KMnO_4$ 的毫升数表示。土壤含水量用烘干法测定；pH 用电位法测定；土壤有机碳采用重铬酸钾外加热法测定；全氮采用半微量凯氏定氮法测定；全磷用钼锑抗比色法测定（鲁如坤，1999）。

4. 统计分析

采用三因素方差分析（three-way ANOVA）和最小显著差异法检验海拔、土层、冻融时期及各因子交互作用对土壤转化酶、脲酶、过氧化物酶、脱氢酶和过氧化氢酶活性的影响。独立样本 T 检验（independent T-tests）不同海拔 5cm 土壤温度差异。采用 Pearson 相关系数评价 5cm 土壤温度与土壤氧化还原酶活性的相关关系（土壤温度用样品采集前 5d 和后 5d 的平均值）。所有统计分析采用 SPSS19.0 完成，显著性水平设定为 $P = 0.05$。

7.4.2　结果与分析

1. 土壤转化酶活性

三个海拔的土壤有机层和矿质土壤层冬季转化酶活性表现出受冻结初期土壤冻融

循环影响显著降低，在冻结期变化不明显，在融化期急剧增加至融化后显著降低的趋势（图 7-15）。土壤有机层的冬季转化酶活性在 A_1 和 A_3 以融化期的 3 月 5 日最高，在 A_2 则以融化期的 3 月 25 日最高，显著高于生长季节且达全年最高。而三个海拔矿质土壤层转化酶活性以融化期的 3 月 5 日最高，同样显著高于生长季节且达全年最高。

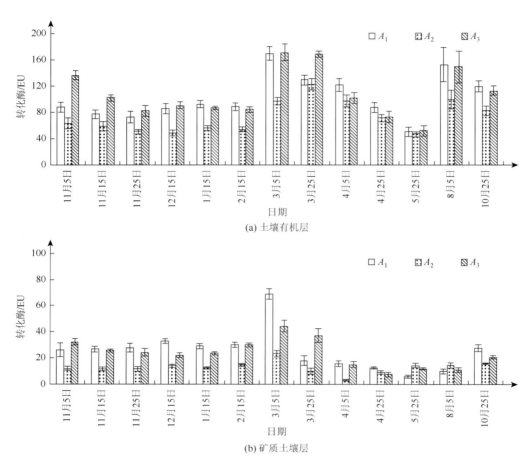

(a) 土壤有机层

(b) 矿质土壤层

图 7-15　亚高山不同海拔森林土壤转化酶活性动态变化

2. 土壤脲酶活性

三个海拔的土壤有机层和矿质土壤层冬季脲酶活性表现出受冻结初期土壤冻融循环影响显著增加、在冻结期变化不明显、在融化期急剧增加再显著降低的动态变化（图 7-16）。土壤有机层的冬季转化酶活性在 A_1 和 A_3 以融化期的 3 月 5 日最高，在 A_2 则以融化期的 4 月 25 日最高，而三个海拔的矿质土壤层转化酶活性以融化期的 3 月 5 日最高。A_1 和 A_3 两个土层脲酶活性全年以融化期的 3 月 5 日最高，A_2 则以生长季节的 8 月 5 日最高（除土壤有机层）。

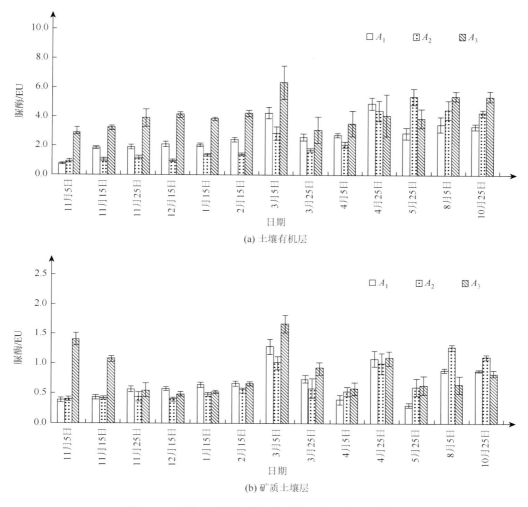

(a) 土壤有机层

(b) 矿质土壤层

图 7-16　亚高山不同海拔森林土壤脲酶活性动态变化

3. 土壤过氧化物酶活性

两个土层的过氧化物酶活性随初冻期土壤温度降低显著降低，且在初冻期末（11 月 25 日）降至冬季最低值（图 7-17）。土壤有机层的过氧化物酶活性在冻结期变化不明显，但矿质土壤层略有增加。各土层过氧化物酶活性在土壤融化期迅速增加。A_1 过氧化物酶活性在融化初期（3 月 5 日）达冬季最高值后显著降低。A_2 和 A_3 土壤有机层过氧化物酶活性随土壤融化过程持续增加，在融化末期（4 月 25 日）达冬季最高值，而矿质土壤层的过氧化物酶活性随土壤融化过程先降低后增加。各土层过氧化物酶活性在生长季节以 10 月最低。相对于低海拔的 A_2 和 A_3，冻结持续时间和冻融循环次数更高的海拔 A_1 的土壤过氧化物酶活性变化更加明显。

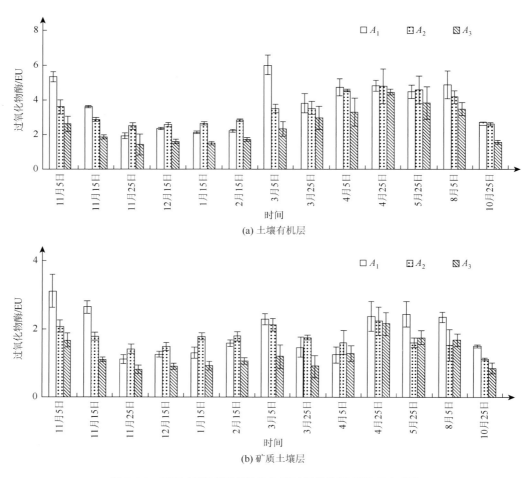

(a) 土壤有机层

(b) 矿质土壤层

图 7-17　亚高山不同海拔森林土壤过氧化物酶活性动态变化

4. 土壤脱氢酶活性

土壤有机层和矿质土壤层的脱氢酶活性受初冻期冻融循环影响显著降低，且在初冻期末（11 月 25 日）降至冬季的最低值（图 7-18）。两个土层的脱氢酶活性在土壤冻结期变化不明显，但冻融和冻结持续时间更长的 A_1 的脱氢酶维持着较高活性水平。三个海拔的土壤有机层和矿质土壤层的脱氢酶活性随融化期土壤温度增加显著增加，且 A_1、A_2 和 A_3 脱氢酶活性均出现了一个明显的活性高峰，分别在 3 月 5 日、4 月 5 日（矿质层在 3 月 5 日）和 4 月 5 日。同时，A_1 和 A_3 森林各土层脱氢酶活性在生长季节期以 8 月最高，A_2 则以 5 月最高。

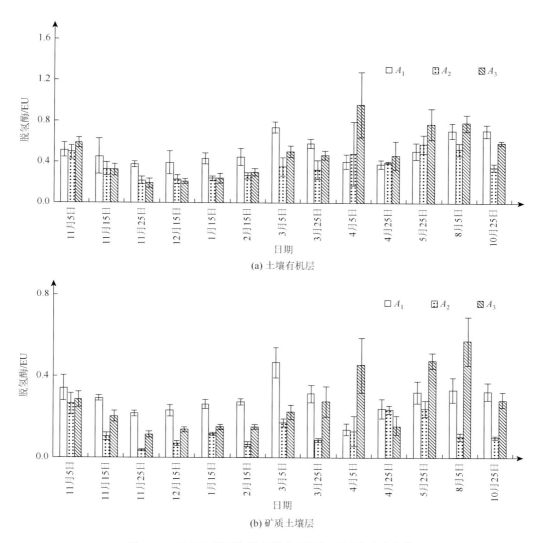

(a) 土壤有机层

(b) 矿质土壤层

图 7-18　亚高山不同海拔森林土壤脱氢酶活性动态变化

5. 土壤过氧化氢酶活性

由图 7-19 可见，土壤有机层和矿质土壤层的过氧化氢酶活性随初冻期土壤温度降低逐渐增加，但在土壤冻结期的活性变化不明显。在土壤融化期，各土层的过氧化氢酶活性在融化初期（3 月 5 日）经历了一个急剧增加然后快速降低的过程。在生长季节，A_2 和 A_3 森林各土层过氧化氢酶活性以 5 月最高，A_1 则以 8 月最高。与 A_2 和 A_3 相比，冻融作用时间更长的 A_1 土壤过氧化氢酶活性变化更加明显。

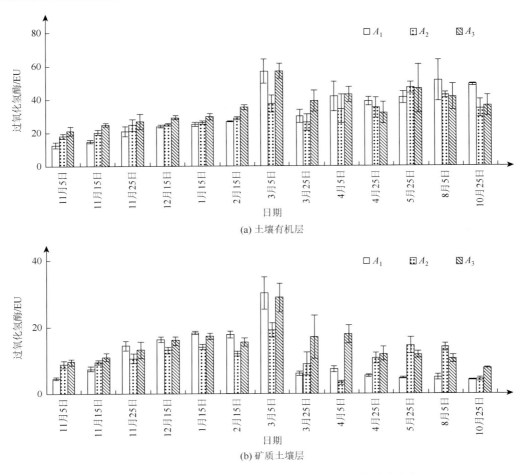

图 7-19　亚高山不同海拔森林土壤过氧化氢酶活性动态变化

6. 土壤酶活性与环境因素关系

不同海拔的森林土壤酶活性具有明显的季节动态，海拔、土层和冻融阶段变化显著影响土壤酶活性（表 7-19）。海拔和土层的交互作用显著影响过氧化物酶活性，但对脱氢酶和过氧化氢酶影响不显著。而海拔、土层和冻融时期的交互作用显著影响土壤脲酶和过氧化氢酶活性，但对转化酶、过氧化物酶和脱氢酶影响不显著。同时，土壤温度与三个海拔的土壤脱氢酶活性密切相关，与转化酶活性相关不显著，但与脲酶、过氧化物酶和过氧化氢酶活性的相关性因海拔变化而不同（表 7-20）。

表 7-19　海拔、土层和冻融时期对土壤酶活性影响的三因素方差分析

因子	转化酶	脲酶	过氧化物酶	脱氢酶	过氧化氢酶
A	<0.001	<0.001	<0.001	<0.001	<0.001
L	<0.001	<0.001	<0.001	<0.001	<0.001
FS	<0.001	<0.001	<0.001	<0.001	<0.001

因子	转化酶	脲酶	过氧化物酶	脱氢酶	过氧化氢酶
$A \times L$	<0.001	<0.001	0.002	0.785	0.363
$A \times FS$	0.115	<0.001	0.001	<0.001	<0.001
$L \times FS$	<0.001	<0.001	<0.001	<0.001	<0.001
$A \times L \times FS$	0.413	<0.001	0.136	0.401	<0.001

注：A，海拔；L，土层；FS，冻融阶段。

表 7-20　土壤温度与土壤酶活性的相关系数

海拔/m	因子	转化酶	脲酶	过氧化物酶	脱氢酶	过氧化氢酶
3582，A_1	土壤温度	-0.032^{ns}	0.176^*	0.206^*	0.346^{**}	0.121^{ns}
3298，A_2	土壤温度	0.121^{ns}	0.563^{**}	0.455^{**}	0.309^{**}	0.348^{**}
3023，A_3	土壤温度	-0.051^{ns}	0.074	0.167^{ns}	0.553^{**}	0.025^{ns}

注：ns，$P>0.05$；* $P<0.05$；** $P<0.01$。

7.4.3　讨论与结论

季节性冻融的冻结初期和融化期是亚高山/高山生态系统季节转换的过渡时期和凋落物量的高峰阶段。冻结和冻融交替过程可破坏土壤团粒、植物根系和凋落物结构及动植物残体细胞，释放的碳和养分能为冬季存活的土壤微生物提供有效资源，对冬季土壤微生物群落结构和生物活性具有重要意义（Tierney et al.，2001；Freppaz et al.，2007；熊莉等，2015）。本研究中，长江上游亚高山针叶林土壤在冬季维持着较高的酶活性，其动态随土壤冻融过程不断变化，在土壤融化期出现一个明显的含量（或活性）高峰，显著高于生长旺盛季节（或与之相当）。然而，由于 3 个森林群落组成、海拔梯度、有机层厚度等环境条件差异，各海拔森林土壤冻融持续时间和冻融循环显著不同，土壤酶活性动态也随之表现出明显差异。这表明季节性冻融期是土壤生态过程的重要时期，土壤冻融格局显著影响长江上游亚高山/高山针叶林土壤酶活性动态。

土壤酶是土壤生物和非生物环境变化的"感应器"（sensors），在凋落物分解、碳氮矿化、土壤养分转化和循环过程中具有不可替代的作用（熊莉等，2015）。已有研究表明，尽管冬季严酷的温度条件能降低土壤酶活性甚至使酶钝化失活，但低温环境维持的土壤酶活性对冬季土壤生态过程具有重要意义（Mikan et al.，2002）。本研究中，3 个森林土壤转化酶和脲酶在冬季均维持着较高的酶活性特征，且酶活性随土壤冻融格局不断改变（图 7-15 和图 7-16）。其可能的机制包括：第一，较高的土壤温度和新鲜凋落物输入（刘庆，2002）使土壤酶在初冻期（11 月 5 日）维持高的活性，而生长季节末期（10 月 25 日）和初冻期土壤酶活性的差异可能与植物根系生长促进酶合成有关（Tierney et al.，2001）。但土壤温度急剧下降和冻融交替抑制了转化酶合成及相关土壤生物活性，降低了初冻期土壤转化酶活性（Groffman et al.，2001）。相反，由于冻融致死的土壤生物（土壤动物、微生物及根系）和植物残体细胞内的养分和胞内酶释放进入土壤（Groffman et al.，2001；Tierney et al.，2001；Koponen et al.，2006），从而一定程度提高了土壤脲酶的活性（A_3 矿质土壤层除外）。这与土壤冻融会激活土壤酶活性的研究结果一致。第二，雪被的保温为土壤微生物提供了较为稳定的微环境，因而土壤冻结后土壤转化酶和脲酶活性变化不明显（杨玉莲等，2012；Tan et al.，2014）。第三，凋落物解冻和土壤生物死亡释放的胞内酶能短期促发酶活性提高，同时释放的可溶性养分等能促进微生物群落生长合成土壤酶（Margesin et al.，2009；熊莉等，2015）。因而土壤酶在土壤融化期都出现了一个明显的活性高峰。三个海拔的土壤酶活性在融化期达最高时间的差异可能与亚高山针叶林冬季雪被厚度和植被组成差异有关。第四，土壤融化淋洗流失和植物萌动利用及死亡生物残体快速降解限制了酶活性的持续增加（Hentschel et al.，2008；殷睿等，2013）。因此，土壤酶活性随后迅速降低，这与熊浩仲（2004）及熊莉等（2015）的研究结果基本一致。这表明，土壤转化酶和脲酶活性维持着冬季土壤有机物质的合成与转化，其变化将影响土壤有机物质循环。同时，本研究还发现，冻融作用持续时间显著影响土壤酶活性，且土壤有机层酶活性动态对冻融格局变化响应更显著。这同样是土壤有机层自身含有大量有效养分和直接应力于气温变化以及融化淋溶的原因。此外，不同海拔植被变化、冻融循环特征及土壤酶类型的差异等都可能影响土壤酶活性对海拔梯度温度变化的敏感性。这些结果不但意味着冬季土壤活性特征是亚高山针叶林生态系统物质循环的重要环节，而且暗示着全球气候变化导致的季节性冻融特征变化可能对亚高山针叶林冬季生态系统过程施加强烈影响。

土壤过氧化物酶和脱氢酶能催化有机物质的合成与转化，其活性能表征土壤生物化学代谢强度。研究发现，高海拔地区冬季土壤生化过程与土壤生物群落和酶活性密切相关（Brooks and Williams，1999；Lipson et al.，2002；Koponen et al.，2006）。本研究中，随土壤冻融过程变化，过氧化物酶和脱氢酶活性也发生变化。其可能的机制包括：①较高的土壤温度和新鲜凋落物输入使土壤酶在初冻期（11 月 5 日）维持高的活性，而生长季节末期（10 月 25 日）和初冻期土壤酶活性的差异可能与植物根系生长促进酶合成有关（Tierney et al.，2001）。但土壤温度急剧下降和冻融交替抑制了酶合成及土壤生物活性（Burns and Dick，2002；Mikan et al.，2002；Larsen et al.，2002），降低了初冻期土壤酶活性。②雪被的保温为土壤微生物提供了较为稳定的微环境（Brooks and Williams，1999；Jones，2001），因而土壤冻结后土壤酶活性缓慢增加。脱氢酶在海拔 A_1 的高活性可能与土壤温度有关。③凋落物解冻和土壤生物死亡释放的胞内酶能短期促进酶活性提高，同时释放的可溶性养分等能促进微生物群落生长（Larsen et al.，2002；Freppaz et al.，2007；Tan et al.，2010），因而土壤酶在土壤融化期都出现了一个明显的活性高峰。A_1 土壤酶活性在融化初期达最高可能与亚高山森林冬季雪被厚度在这期间（Konestabo et al.，2007）（3 月初）达最大有关。④土壤融化淋洗流失和植物萌动利用及死亡生物残体快速降解限制了酶活性的持续增加（Konestabo et al.，2007；Tan et al.，2010）。因此，土壤酶活性随后迅速降低，这与熊浩仲（2004）的研究结果基本一致。这表明过氧化物酶和脱氢酶活性维持着冬季土壤有机物质的合成与转化，其变化将影响土壤有机物质循环。同时，本研究中，季节变化明显影响了过氧化物酶和脱氢酶活性动态，这是土壤生物和环境因子季节变化综合调控的结果。并且过氧化物酶和脱氢酶活性变化在 A_1 更为明显，但对土壤温度及海拔和土层交互作用的敏感性具有一定差异。这是由于 A_1 冻融周期更长和冻融循环更频繁，而不同土壤氧化还原酶来源不同，且对冻融特征和土壤温度变化反应不同（Jones，2001；徐振锋等，2010）。这表明长江上游亚高山针叶林土壤氧化还原酶活性对季节性冻融及其变化敏感响应。

过氧化氢酶能降解土壤中过量的过氧化氢，防止过氧化氢毒害作用。本研究中，过氧化氢酶活性随土壤冻融格局变化显著增加，且在土壤融化初期（3 月 5 日）经历了一个急剧增加然后降低的变化趋势。冻融循环破坏的凋落物和土壤团聚体及土壤生物细胞能释放过量的过氧化氢（Campbell et al.，2005；Hentschel et al.，2008），提高初冻期过氧化氢酶活性。土壤冻结后形成局部厌氧环境，且存在死亡的生物残体（Clein and Schimel，1995；Koponen et al.，2006），导致土壤中累积过氧化氢，因而雪被形成后相对稳定的微环境维持的过氧化氢酶活性有利于降解过量的过氧化氢。冻结期过氧化物酶和脱氢酶活性动态明显的差异可能与过氧化氢酶的低温适应及底物有效性相关（Jones，2001；徐振锋等，2010）。随着土壤融化和温度增加，凋落物和生物残体细胞中的过氧化氢快速释放，同时释放大量的有效基质，促进土壤生物的快速生长和繁殖（Konestabo et al.，2007），进而触发了过氧化氢酶活性的急剧增加。然而，这种短期的触发效应随着底物和有效基质的耗散而迅速降低（Tierney et al.，2001；Konestabo et al.，2007）。当然，这些过程是同时发生的，且相互反馈和相互刺激。这表明冬季维持的过氧化氢酶活性能为土壤有机物质的合成与转化提供有利条件，其变化将对土壤有机物质循环过程产生重要影响。同样，土壤过氧化氢酶活性也受到海拔梯度上环境因子季节变化的综合影响。过氧化氢酶活性动态在季节性冻融特征更明显的 A_1 海拔变化更大，且对海拔、土层和冻融时期的交互作用表现出敏感的响应特征，但对土壤温度的敏感性随海拔不同存在差异。这进一步表明长江上游亚高山针叶林土壤氧化还原酶活性对季节性冻融及其变化敏感响应。

土壤有机层和矿质土壤层酶活性在冬季随土壤冻融过程不断变化，在土壤融化期出现一个明显活性高峰，显著高于生长旺盛季节（或与之相当），且土壤酶活性动态随各海拔土壤冻融特征和土壤温度及酶类型的不同表现出明显差异。这表明，季节性冻融期是亚高山针叶林生态系统过程不容忽视的重要时期，土壤酶在冬季仍维持着系统物质循环，且对季节性冻融特征响应敏感，全球气候变化导致的土壤冻融格局变化可能对亚高山/高山森林冬季生态系统过程产生深远影响。

7.5 亚高山针叶林土壤养分动态特性

季节性冻融是高海拔地区普遍存在的自然现象（Liu et al.，2013）。由于土壤养分有效性和生物活性常常随土壤温度升高而增加，而低温、冻融和冻结环境限制着土壤养分矿化、凋落物分解、根系生长等过程，因而土壤养分有效性通常是制约高海拔地区森林生产力、群落演替、系统结构和功能稳定的重要限制因子（Wu et al.，2010；Liu et al.，2013）。有研究发现，土壤冻融循环导致的土壤团粒结构破碎、凋落物分解及细根和微生物死亡可促进土壤养分大量积累与释放（Herrmann and Witter，2002；Hentschel et al.，2008），这些有效基质可被植物和土壤生物直接利用或随雪融淋洗流失，对冬季土壤碳氮矿化、养分周转及生长季节植物生长具有重要意义（Tan et al.，2014）。这种土壤养分积累和释放的机制是深入研究高海拔地区土壤养分循环过程的重要基础。虽然已有的研究已注意到季节性冻融对土壤生态过程的重要作用（Schmitt-Wagner et al.，2003；Wu et al.，2010），但迄今为止的研究更加关注生长季节土壤养分格局及其相关生态学过程。这极大地限制了对冬季土壤养分循环机制的理解，也不利于认识冬季与生长季节土壤养分过程的相互关系。

长江上游亚高山针叶林在区域气候调节、水土保持、水源涵养和生物多样性保育方面具有举足轻重的地位。每年 11 月至次年 4 月伴随着气候的变化土壤表现出明显的季节性冻融过程（Wu et al.，2010），且由于气温常常随海拔升高而降低，因而季节性冻融特征也随海拔垂直分异连续变化。这为研究中纬度高海拔森林冬季土壤生态过程及其对环境变化的响应提供了理想的天然实验室。然而，仅有较少的研究关注到亚高山针叶林生长季节土壤养分变化，更没有注意非生长季节的动态变化。因此，以长江上游亚高山针叶林区广泛分布的岷江冷杉林为研究对象，研究海拔梯度上土壤养分随不同关键时期，特别是冬季冻融时期的变化特征，以期为深入认识中低纬度地区高海拔森林冬季土壤生态过程，为探讨冬季与生长季节土壤生态过程的相互联系提供参考。

7.5.1 材料与方法

1. 研究区域概况与样地设置

研究区域位于四川省阿坝藏族羌族自治州理县的四川农业大学高山森林生态系统定位研究站。研究区域概况和样地设置如前所述。

2. 样品采集

2009～2015 年，间断性开展土壤样品采集。基于前期监测结果（周晓庆等，2011），土壤冻结通常从 11 月中旬开始，到 12 月下旬完全冻结，到次年 3 月中旬初开始融化。因此，具体的采样时间包括土壤冻结初期（11 月 5 日、11 月 15 日和 11 月 25 日）、土壤冻结期（12 月 15 日、1 月 15 日和 2 月 15 日）、土壤融化期（3 月 5 日、3 月 25 日、4 月 5 日和 4 月 25 日）和生长季节（5 月 25 日、8 月 5 日和 10 月 25 日）。在样地内随机选取 5 个 5m×5m 的均质样方采样。由于地处高山峡谷区的亚高山针叶林土壤发育经常受阻，且普遍存在较厚的土壤有机层和浅薄的矿质土壤层（王开运等，2004）。因此，本研究按照土壤有机层（0～15cm）和矿质土壤层（15～30cm）采集样品。将样品装入冰盒低温处理，24h 内运回实验室，然后将每个样品分成 3 份：一份样品去掉石块、动植物残体和根系后，混匀，过 2mm 筛，装入保鲜袋，储于 4℃冰箱供土壤微生物酶活性测定；一份样品风干，研磨，分别过 2mm 筛和 0.25mm 筛，装入保鲜袋，室温保存供土壤碳和养分元素测定；其余样品则立即测定土壤含水量。

3. 样品测定

土壤铵态氮（NH_4^+-N）含量用靛酚蓝比色法测定；硝态氮（NO_3^--N）含量用酚二磺酸比色法测定（鲁如坤，1999）。同时，采用 0.5mol/L K_2SO_4 浸提土壤中可溶性碳（dissolve carbon）和可溶性氮（dissolve nitrogen）（Edwards et al.，2006）；称取 3 份 10g 土壤样品于 150mL 提取瓶中，加入 50mL 0.5mol/L K_2SO_4 浸提液，振荡浸提 30min，用定量滤纸过滤，再用 0.45μm 滤膜过滤，滤液采用总有机碳分析仪（TOC-VcPH + TNM-1，Shimazu Inc.，Kyoto，Japan）测定。土壤含水量用烘干法测定；pH 用电位法测定；土壤有机碳含量采用重铬酸钾外加热法测定；全氮含量采用半微量凯氏定氮法测定；全磷含量用钼锑抗比色法测定（鲁如坤，1999）。

4. 统计分析

采用三因素方差分析和最小显著差异法检验海拔、土层、冻融时期及各因子交互作用对土壤可溶性碳、可溶性氮、铵态氮和硝态氮含量的影响。独立样本检验不同海拔 5cm 土壤温度差异。采用 Pearson 相关系数评价 5cm 土壤温度与土壤氧化还原酶活性的相关关系（土壤温度用样品采集前 5d 和后 5d 的平均值）。所有统计分析采用 SPSS19.0 完成，显著性水平设定为 $P = 0.05$。

7.5.2　结果与分析

1. 土壤可溶性碳含量

三个海拔的土壤有机层和矿质土壤层冬季可溶性碳含量表现出受冻结初期土壤冻融循环影响显著增加后快速降低，在冻结期变化不明显，在融化期迅速增加至融化后再次降低的趋势（图 7-20）。三个海拔土壤有机层可溶性碳含量均在冻结初期（11 月 25 日）达冬季最高值，与生长旺盛季节（8 月 5 日）差异不显著。A_1 矿质土壤层的可溶性碳含量在融化期（3 月 25 日）达冬季最高值，且显著高于生长季节，而 A_2 和 A_3 矿质土壤层的可溶性碳含量在冻结初期（11 月 25 日）达冬季最高值，与生长季节含量相当。三个海拔的土壤有机层可溶性碳含量以冻结期最低（1 月 15 日），矿质土壤层以融化末期最低（4 月 25 日）。与 A_2 和 A_3 相比，冻结持续时间和冻融循环次数更高的 A_1 土壤可溶性碳含量变化更加明显。

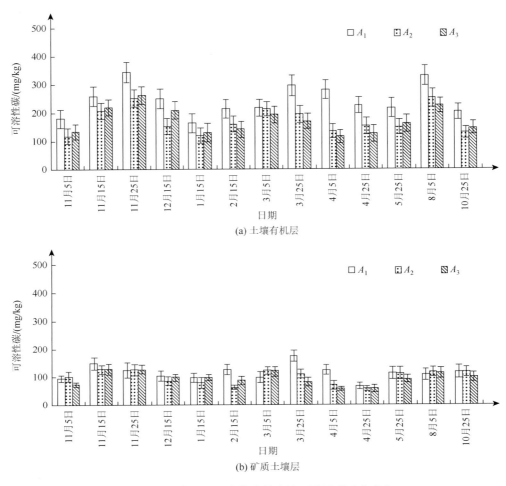

图 7-20　亚高山不同海拔森林土壤可溶性碳动态变化

2. 土壤可溶性氮含量

　　三个海拔的土壤有机层冬季可溶性氮含量表现出受冻结初期土壤冻融循环影响显著增加后快速降低，在冻结期变化不明显，随后在土壤融化期迅速增加至完全融化后再次降低的变化趋势。而各海拔的矿质土壤层冬季可溶性氮含量也受冻结初期土壤冻融循环影响显著增加后快速降低，此后在冻结期显著增加，至融化期（3月25日）达峰值后迅速降低（图7-21）。三个海拔的土壤有机层可溶性氮含量在冻结初期（11月15日）达冬季最高值，A_1可溶性氮含量与生长旺盛季节（8月5日）差异不显著，A_2和A_3显著高于生长季节且达全年含量最高值，而各海拔矿质土壤层可溶性氮含量在融化期（3月25日）达全年最高值，显著高于生长旺盛季节（8月5日）。

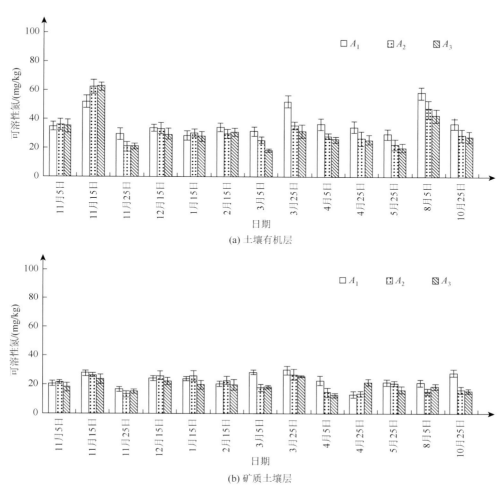

图 7-21　亚高山不同海拔森林土壤可溶性氮动态变化

3. 土壤铵态氮含量

三个海拔的土壤有机层和矿质土壤层铵态氮含量表现出受冻结初期土壤冻融循环影响显著增加后快速降低，并在冻结期再次显著增加后迅速降低的趋势（图 7-22）。土壤有机层铵态氮含量在土壤融化初期（3 月 5 日）显著增加至冬季含量最高值，显著高于生长季节，此后随土壤融化过程显著降低。而矿质土壤层铵态氮含量在土壤融化初期（3 月 5 日）降至全年含量最低值。此后，随土壤融化过程在土壤融化中期（3 月 25 日）显著增加后快速降低。相对于低海拔的 A_2 和 A_3，冻结持续时间和冻融循环次数更高的 A_1 土壤铵态氮含量变化更加明显。

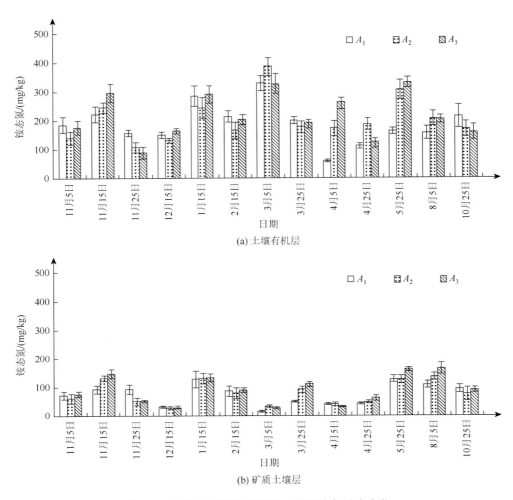

图 7-22　亚高山不同海拔森林土壤铵态氮动态变化

4. 土壤硝态氮含量

　　三个海拔的土壤有机层硝态氮含量表现出受冻结初期土壤冻融循环影响显著增加后快速降低,在冻结期变化不明显,在土壤融化期迅速增加至融化后再次降低的趋势(图 7-23)。A_1、A_2 和 A_3 土壤有机层硝态氮含量分别在融化期的 3 月 25 日、4 月 5 日和 3 月 5 日达冬季最高值,显著高于生长旺盛季节(8 月 5 日)。而从冻结初期至冻结期(12 月 15 日),A_1 和 A_2 矿质土壤层冬季硝态氮含量显著降低,A_3 变化不显著,随土壤冻结持续,三个海拔矿质土壤层的硝态氮含量显著增加,并在融化期迅速降低。三个海拔的矿质土壤层在冻结初期和冻结期的硝态氮含量显著高于生长旺盛季节。

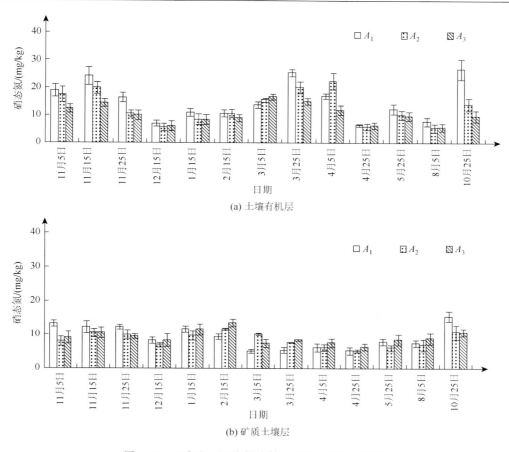

图 7-23　亚高山不同海拔森林土壤硝态氮动态变化

5. 土壤养分与环境因素关系

海拔、土层和冻融时期变化显著影响了三个海拔森林土壤养分含量（表 7-21）。海拔和土层的交互作用显著影响了土壤可溶性碳和硝态氮含量，但对土壤可溶性氮和铵态氮含量影响不显著。海拔、土层和冻融时期的交互作用对土壤可溶性氮含量影响不显著，但三者的共同作用显著影响了土壤铵态氮含量。同时，土壤温度与 A_1 土壤可溶性碳和氮含量相关显著，与 A_2 和 A_3 土壤铵态氮含量相关极显著（表 7-22）。

表 7-21　海拔、土层和冻融时期对土壤养分影响的三因素方差分析

因子	可溶性碳	可溶性氮	铵态氮	硝态氮
A	<0.001	0.893	<0.001	<0.001
L	<0.001	0.004	<0.001	<0.001
FS	<0.001	<0.001	<0.001	<0.001
$A \times L$	<0.001	0.911	0.156	<0.001

因子	可溶性碳	可溶性氮	铵态氮	硝态氮
$A \times FS$	<0.001	0.626	<0.001	<0.001
$L \times FS$	<0.001	0.710	<0.001	<0.001
$A \times L \times FS$	0.622	0.996	0.009	0.727

注：A，海拔；L，土层；FS，冻融时期。

表 7-22　土壤酶活性与土壤温度的相关系数

海拔/m	因子	可溶性碳	可溶性氮	铵态氮 NH_4^+-N	硝态氮 NO_3^--N
3582，A_1	土壤温度	0.108^*	0.123^*	0.101^{ns}	0.084^{ns}
3298，A_2	土壤温度	0.083^{ns}	-0.118^{ns}	0.373^{**}	-0.019^{ns}
3023，A_3	土壤温度	-0.008^{ns}	-0.012^{ns}	0.288^{**}	-0.078^{ns}

注：ns，$P>0.05$；$*$ $P<0.05$；$**$ $P<0.01$。

7.5.3　讨论与结论

季节性冻融的冻结初期和融化期是亚高山针叶林生态系统季节转换的过渡时期和凋落物量的高峰期。土壤冻融交替作用可导致土壤团粒结构破碎、凋落物分解以及细根和微生物死亡，对冬季土壤养分循环具有重要意义（Tierney et al.，2001；Herrmann and Witter，2002；Freppaz et al.，2007）。本研究中，亚高山针叶林土壤在冬季维持着较高的养分含量，随着土壤冻融过程不断变化，在土壤冻结初期（或融化期）出现一个明显的含量高峰，显著高于生长旺盛季节（或与之相当）。然而，由于 3 个森林群落组成、海拔梯度、有机层厚度等环境条件差异，各海拔森林土壤冻融持续时间和冻融循环显著不同，土壤养分动态也随之表现出明显差异（表 7-22）。这表明，季节性冻融期是亚高山针叶林土壤生态过程动态变化的重要时期，土壤冻融格局显著影响了冬季土壤养分特征。

土壤可溶性有机质是土壤物质循环中易分解的碳源和养分资源，对环境变化（如温度、湿度）响应敏感。季节性冻融可通过增加土壤团聚体结构的物理破坏和可溶性有机质的分解矿化影响土壤生态系统可溶性有机质库的变化（Fitzhugh et al.，2001）。本研究中，3 个海拔森林土壤可溶性碳和氮含量在土壤冻结初期和融化期间均显著变化，释放出大量的有效养分资源，并随冻融格局变化而变化。这主要是因为：一方面，冻结初期新鲜凋落物大量归还到土壤表面，新鲜凋落物养分的快速释放以及冻融循环对土壤和细根的破坏作用导致了冻结初期土壤可溶性碳和氮的显著增加（Tierney et al.，2001；Wu et al.，2010）。这些释放的可溶性养分增加了底物有效性，为土壤中的低温嗜冷微生物提供有效基质，促进了土壤生物生长和有机物质矿化，因而土壤可溶性碳和氮增加后又显著降低。另一方面，随着土壤融化，冻结期积累的大量养分释放和冻融交替破坏作用进一步提高了土壤中有效资源。因此，土壤融化早期土壤可溶性碳和氮同样迅速增加。随着土壤温度的升高，土壤生物快速生长繁殖，提高了土壤生物活性，增加了对碳、氮的矿化利用，且雪被融化过程中强烈的淋溶作用和植物休眠期打破后的吸收利用减少了土壤有效资源,因而降低了土壤可溶性碳和氮含量(Freppaz et al., 2007)。这种动态变化特征与前人在温带森林原位监测和室内微缩模拟实验的研究结果基本一致(Herrmann and Witter, 2002; Hentschel et al., 2008)。同时,本研究中,冻融格局和冻融交替对土壤有机层养分动态影响比矿质土壤层更为显著。主要原因是土壤有机层自身具有相对较高的碳、氮、磷等含量,且直接应力于气温变化以及融化淋溶,表明亚高山/高山土壤有机层是频繁进行物质循环和能量流动的活跃生态界面。此外,各土层可溶性碳含量均受冻融时期、海拔及其交互作用的显著影响,海拔、冻融时期及其交互作用对可溶性氮含量影响不显著,这可能是气候、土壤和植被等多因子综合作用的结果。

土壤养分有效性和生物活性随着土壤温度升高而增加(刘庆, 2002),因而低温、冻融和冻结过程通常会降低土壤养分有效性和生物活性。但是,近期研究表明(Freppaz et al., 2007),冻结或冻融循环的破坏作用可有效促进冬季土壤有机质矿化分解,并可在融化期释放有效养分,促进生长季节,特别是春季土壤融化期间植物和土壤生物生长及凋落物分解(Wu et al., 2010)。本研究中,3 个森林土壤在土壤季节性融化期间均释放出大量的有效养分,且有效养分含量随土壤冻融格局不断改变(图 7-21 和图 7-23)。其可能的机制包括:①冻结初期土壤团聚体的破坏、新鲜凋落物和死亡根系的分解以及植物根系对土壤有效养分吸收的停滞使得土壤铵态氮和硝态氮迅速累积增加(Tierney et al., 2001),而初冬雪被的融化淋洗流失和微生物的硝化与反硝化利用使累积的有效养分被快速利用。因此,土壤铵态氮和硝态氮含量在冻结初期显著增加后降低。②雪被的保温为土壤微生物提供了较为稳定的微环境,土壤中存活的微生物活性提高,增加对土壤有机质、凋落叶的矿化,促进了冻结期土壤铵态氮和硝态氮含量的提高。③凋落物解冻后的矿化分解和土壤嗜冷生物死亡释放的可溶性养分等能促进土壤中有效养分显著提高,而雪被融化淋洗流失和植物萌动利用及死亡生物残体快速降解限制了土壤有效养分的持续增加。因此,土壤铵态氮和硝态氮含量随融化过程显著增高后降低。这种变化与 Hubbard Brook 森林的长期研究结果相似(Herrmann and Witter, 2002; Hentschel et al., 2008)。这表明土壤有效养分动态变化对季节性冻融及其变化敏感响应。同时,本研究还发现,冻融作用持续时间显著影响土壤有效养分性,且土壤有机层有效养分动态对冻融格局变化响应更显著。这同样是土壤有机层自身含有大量有效养分和直接应力于气温变化以及融化淋溶的原因。融化期土温回升后土壤养分可能更多被复苏的土壤生物以及植物吸收利用,因而土壤养分有效性维持在较低水平,这在 Schütt 等(2013)研究温带森林碳、氮矿化速率对低温度环境敏感性的模拟实验也得到证实。此外,不同海拔植被变化以及对土壤有效氮吸收不同,土壤微生物对无机氮矿化效率差异等都可能影响有效氮对海拔梯度温度变化的敏感性。这些结果不但意味着冬季土壤养分过程是长江上游亚高山针叶林生态系统物质循环的重要环节,而且也暗示着全球气候变化引起的季节性雪被和冻融变化可能对亚高山针叶林冬季生态系统过程施加强烈影响。

参 考 文 献

陈国孝, 宋大祥. 2000. 暖温带北京小龙门林区土壤动物的研究[J]. 生物多样性, 8 (1): 88-94.

冯瑞芳, 杨万勤, 张健. 2006. 人工林经营与全球变化减缓[J]. 生态学报, 26 (11): 3870-3877.

傅必谦, 陈卫, 董晓晖, 等. 2002. 北京松山四种大型土壤动物群落组成和结构[J]. 生态学报, 22 (2): 215-223.

龚家栋, 祈旭升, 谢忠奎, 等. 1997. 季节性冻融对土壤水分的作用及其在农业生产中的意义[J]. 冰川冻土, 19 (4): 328-333.

关松荫. 1986. 土壤酶及其研究方法[M]. 北京: 农业出版社.

郭东信. 1990. 中国冻土[M]. 兰州: 甘肃教育出版社.

黄丽荣, 张雪萍. 2008. 大兴安岭北部森林生态系统土壤动物的功能类群及其生态分布[J]. 土壤通报, 39 (5): 1017-1022.

黄旭, 文维全, 张健, 等. 2010. 川西高山典型自然植被土壤动物多样性[J]. 应用生态学报, 21 (1): 181-190.

梁文举, 闻大中. 2001. 土壤生物及其对土壤生态学发展的影响[J]. 应用生态学报, 12 (1): 137-140.

廖崇惠, 李健雄, 黄海涛. 1997. 南亚热带森林土壤动物群落多样性研究[J]. 生态学报, 17 (5): 99-105.

廖崇惠, 李健雄, 杨悦屏, 等. 2002. 海南尖峰岭热带林土壤动物群落——群落的组成及其特征[J]. 生态学报, 22 (11): 1866-1872.

刘灿然, 马克平. 1997. 生物群落多样性的测度方法 V. 生物群落物种数目的估计方法[J]. 生态学报, 17 (6): 39-48.

刘利, 吴福忠, 杨万勤, 等. 2010. 季节性冻结初期川西亚高山/高山森林土壤细菌多样性[J]. 生态学报, 30 (20): 5687-5694.

刘琳, 吴彦, 何奕忻, 等. 2011. 季节性雪被对高山生态系统土壤氮转化的影响[J]. 应用生态学报, 22 (8): 2193-2200.

刘庆. 2002. 亚高山针叶林生态学研究[M]. 成都: 四川大学出版社.

刘滔, 邵元虎, 时雷雷, 等. 2016. 中国两个气候过渡区森林土壤线虫群落的比较研究[J]. 热带亚热带植物学报, 24 (2): 189-196.

刘洋, 张健, 闫帮国, 等. 2012. 青藏高原东缘高山森林-苔原交错带土壤微生物生物量碳、氮和可培养微生物数量的季节动态[J]. 植物生态学报, 36 (5): 382-392.

鲁如坤. 1999. 土壤农化分析方法[M]. 北京: 中国农业科技出版社.

马克平, 陈灵芝, 杨晓杰. 1994. 生态系统多样性: 概念、研究内容与进展[C]//生物多样性研究进展——首届全国生物多样性保护与持续利用研讨会论文集. 中国科学院生物多样性委员会, 林业部野生动物和森林植物保护司, 中国植物学会青年工作委员会. 7.

苗雅杰, 殷秀琴. 2005. 小兴安岭红松阔叶混交林土壤动物群落研究[J]. 林业科学, 41 (2): 204-209.

沈菊培, 贺纪正. 2011. 微生物介导的碳氮循环过程对全球气候变化的响应 [J]. 生态学报, 31 (11): 2957-2967.

宋长春, 王毅勇, 王跃思, 等. 2005. 季节性冻融期沼泽湿地 CO_2, CH_4 和 N_2O 排放动态[J]. 环境科学, 26 (4): 7-12.

谭波, 吴福忠, 杨万勤, 等. 2011. 冻融末期川西亚高山/高山森林土壤水解酶活性特征[J]. 应用生态学报, 22 (5): 1162-1168.

谭波, 吴福忠, 杨万勤, 等. 2012. 川西亚高山/高山森林土壤氧化还原酶活性及其对季节性冻融的响应[J]. 生态学报, 32 (21): 6670-6678.

佟富春, 金哲东, 王庆礼, 等. 2003. 长白山北坡土壤动物群落物种共有度的海拔梯度变化[J]. 应用生态学报, 14 (10): 1723-1728.

佟富春, 肖以华. 2014. 广州长岗山森林土壤线虫的群落结构特征[J]. 林业科学, 50 (2): 111-120.

王奥, 张健, 杨万勤, 等. 2010. 冻融末期亚高山/高山森林土壤有机层细菌多样性[J]. 北京林业大学学报, 32 (4): 144-150.

王开运, 杨万勤, 宋光煜. 2004. 川西亚高山森林群落生态系统过程研究[M]. 成都: 四川科学技术出版社.

王连峰, 蔡延江, 解宏图. 2007. 冻融作用下土壤物理和微生物性状变化与氧化亚氮排放的关系[J]. 应用生态学报, 18 (10): 2361-2366.

王振中, 张友梅, 邢协加. 2002. 土壤环境变化对土壤动物群落影响的研究[J]. 土壤学报, 39 (6): 892-897.

吴秀臣, 孙辉, 杨万勤. 2007. 土壤酶活性对温度和 CO_2 浓度升高的响应研究[J]. 土壤, 39 (3): 358-363.

武海涛, 吕宪国, 杨青, 等. 2006. 土壤动物主要生态特征与生态功能研究进展[J]. 土壤学报, 43 (2): 314-323.

向昌国, 李文芳. 2000. 土壤生态环境污染的生物监测模拟研究 I 锌污染对白颈环毛蚯蚓呼吸强度的影响[J]. 湖南农业科学, (4): 25-26.

熊浩仲. 2004. 川西亚高山森林土壤酶活性的分布特征和季节动态[D]. 成都: 中国科学院成都生物研究所.

熊莉，徐振锋，杨万勤，等. 2015. 川西亚高山粗枝云杉人工林地上凋落物对土壤呼吸的贡献[J]. 生态学报，35（14）：4678-4686.

熊莉. 2015. 雪被斑块对川西亚高山云杉林土壤氮转化的影响[D]. 成都：四川农业大学.

徐振锋，唐正，万川，等. 2010. 模拟增温对川西亚高山西类针叶林土壤酶活性的影响[J]. 应用生态学报，21（11）：2727-2733.

薛会英，罗大庆. 2013. 藏东南急尖长苞冷杉林林隙土壤线虫群落特征[J]. 应用生态学报，24（9）：2494-2502.

杨思忠，金会军. 2008. 冻融作用对冻土区微生物生理和生态的影响[J]. 生态学报，28（10）：5065-5074.

杨万勤，冯瑞芳，张健，等. 2007. 中国西部 3 个亚高山森林土壤有机层和矿质层碳储量和生化特性（英文）[J]. 生态学报，27（10）：4157-4165.

杨玉莲，吴福忠，何振华，等. 2012. 雪被去除对川西高山冷杉林冬季土壤微生物生物量碳氮和可培养微生物数量的影响[J]. 应用生态学报，23（7）：1809-1816.

杨针娘，刘新仁. 2000. 中国寒区水文[M]. 北京：科学出版社.

殷睿，徐振锋，吴福忠，等. 2013. 川西亚高山不同海拔森林土壤活性氮库及净氮矿化的季节动态[J]. 应用生态学报，24（12）：3347-3353.

尹文英，等. 1998. 中国土壤动物检索图鉴[M]. 北京：科学出版社.

张国春，刘琪璟，徐倩倩. 2010. 长白山高山苔原带雪斑地段牛皮杜鹃群落的土壤氮矿化与净初级生产力[J]. 应用生态学报，21（9）：2187-2193.

张宏，张伟，徐洪灵. 2011. 川西北高寒草甸生长季土壤氮素动态[J]. 四川师范大学学报（自然科学版），34（4）：583-588.

张荣芝，刘兴良，钟红梅，等. 2016. 土壤线虫群落在贡嘎山东坡不同垂直气候带间的分布格局[J]. 应用与环境生物学报，22（6）：959-971.

张晓珂，梁文举，李琪. 2018. 我国土壤线虫生态学研究进展和展望[J]. 生物多样性，26（10）：1060-1073.

张新时，杨奠安. 1995. 中国全球变化样带的设置与研究[J]. 第四纪研究，15（1）：43-52，99-100.

张雪萍，黄丽荣，姜丽秋. 2008. 大兴安岭北部森林生态系统大型土壤动物群落特征[J]. 地理研究，27（3）：509-518.

张雪萍，张淑花，李景科. 2006. 大兴安岭火烧迹地土壤动物生态地理分析[J]. 地理研究，25（2）：327-334.

周才平，欧阳华. 2001. 长白山两种主要林型下土壤氮矿化速率与温度的关系[J]. 生态学报，21（9）：1469-1473.

周晓庆，吴福忠，杨万勤，等. 2011. 高山森林凋落物分解过程中的微生物生物量动态[J]. 生态学报，31（14）：4144-4152.

Ayala-Del-Río H L, Callister S J, Criddle C S, et al. 2004 .Correspondence between community structure and function during succession in phenol-and phenol-plus-trichloroethene-fed sequencing batch reactors [J]. Applied and Environmental Microbiology，70（8）：4950-4960.

Bardgett R D, Bowman W D, Kaufmann R, et al. 2005 .A temporal approach to linking aboveground and belowground ecology [J]. Trends in Ecology & Evolution，20（11）：634-641.

Behan-Pelletier V, Newton G. 1999. Computers in biology: linking soil biodiversity and ecosystem function—the taxonomic dilemma[J]. BioScience，49（2）：149-153.

Berggren M，Laudon H，Jonsson A，et al. 2010 .Nutrient constraints on metabolism affect the temperature regulation of aquatic bacterial growth efficiency [J]. Microbial Ecology，60（4）：894-902.

Blair N，Faulkner R D，Till A R，et al. 2006. Long-term management impacts on soil C, N and physical fertility: Part II: bad lauchstadt static and extreme FYM experiments [J]. Soil and Tillage Research，91（1-2）：39-47.

Boer W D，Folman L B，Summerbell R C，et al. 2005 .Living in a fungal world: impact of fungi on soil bacterial niche development [J]. FEMS Microbiology Reviews，29（4）：795-811.

Bokhorst S，Bjerke J W，Bowles F W，et al. 2008. Impacts of extreme winter warming in the sub-Arctic: growing season responses of dwarf shrub heathland[J]. Global Change Biology，14（11）：2603-2612.

Bongers T，Bongers M. 1998. Functional diversity of nematodes[J]. Applied Soil Ecology，10（3）：239-251.

Bongers T，Ferris H. 1999. Nematode community structure as a bioindicator in environmental monitoring[J]. Trends in Ecology & Evolution，14（6）：224-228.

Bongers T. 1990. The maturity index: an ecological measure of environmental disturbance based on nematode species composition[J]. Oecologia, 83 (1): 14-19.

Børresen M H, Barnes D L, Rike A G. 2007. Repeated freeze-thaw cycles and their effects on mineralization of hexadecane and phenanthrene in cold climate soils [J]. Cold Regions Science and Technology, 49 (3): 215-225.

Briones M J I, Ostle N J, McNamara N P, et al. 2009. Functional shifts of grassland soil communities in response to soil warming[J]. Soil Biology and Biochemistry, 41 (2): 315-322.

Brookes P C, Landman A, Pruden G, et al. 1985. Chloroform fumigation and the release of soil nitrogen: a rapid direct extraction method to measure microbial biomass nitrogen in soil[J]. Soil Biology and Biochemistry, 17 (6): 837-842.

Brooks P D, Williams M W. 1999. Snowpack controls on nitrogen cycling and export in seasonally snow-covered catchments [J]. Hydrological Processes, 13 (14-15): 2177-2190.

Buckeridge K M, Grogan P. 2008. Deepened snow alters soil microbial nutrient limitations in arctic birch hummock tundra [J]. Applied Soil Ecology, 39 (2): 210-222.

Burns R G, Dick R P. 2002. Enzymes in the Environment: Activity, Ecology and Applications. Boca Raton: CRC Press.

Campbell J L, Mitchell M J, Groffman P M, et al. 2005.Winter in northeastern North America: a critical period for ecological processes [J]. Frontiers in Ecology and the Environment, 3 (6): 314-322.

Cavicchioli R. 2006. Cold-adapted archaea [J]. Nature Reviews Microbiology, 4 (5): 331-343.

Chapin F S III, Matson P A. 2002. Principles of Terrestrial Ecosystem Ecology[M]. New York: Springer.

Chen F S, Zeng D H, Zhou B, et al. 2006.Seasonal variation in soil nitrogen availability under Mongolian pine plantations at the Keerqin Sand Lands, China [J]. Journal of Arid Environments, 67 (2): 226-239.

Chen Y, Tessier S, Mackenzie A F, et al. 1995.Nitrous oxide emission from an agricultural soil subjected to different freeze-thaw cycles [J]. Agriculture, Ecosystems & Environment, 55 (2): 123-128.

Clein J S, Schimel J P. 1995. Microbial activity of tundra and taiga soils at sub-zero temperatures [J]. Soil Biology and Biochemistry, 27 (9): 1231-1234.

Cleveland C, Liptzin D. 2007. C : N : P stoichiometry in soil: is there a "Redfield ratio" for the microbial biomass? [J]. Biogeochemistry, 85 (3): 235-252.

Contosta A R, Frey S D, Cooper A B. 2011. Seasonal dynamics of soil respiration and N mineralization in chronically warmed and fertilized soils [J]. Ecosphere, 2 (3): art36.

Coyne P I, Kelley J J. 1971. Release of carbon dioxide from frozen soil to the arctic atmosphere [J]. Nature, 234 (5329): 407-408.

Dalias P, Anderson J M, Bottner P, et al. 2002.Temperature responses of net nitrogen mineralization and nitrification in conifer forest soils incubated under standard laboratory conditions [J]. Soil Biology and Biochemistry, 34 (5): 691-701.

DeLuca T H, Keeney D R, McCarty G W. 1992. Effect of freeze-thaw events on mineralization of soil nitrogen[J]. Biology and Fertility of Soils, 14 (2): 116-120.

Dumont F, Marechal P-A, Gervais P. 2003. Influence of cooling rate on Saccharomyces cerevisiae destruction during freezing: unexpected viability at ultra-rapid cooling rates [J]. Cryobiology, 46 (1): 33-42.

Edwards A C, Cresser M S. 1992. Freezing and its effect on chemical and biological properties of soil [J]. Advances in Soil Science, 18: 59-79.

Edwards L M. 1991. The effect of alternate freezing and thawing on aggregate stability and aggregate size distribution of some Prince Edward Island soils [J]. Journal of Soil Science, 42 (2): 193-204.

Euskirchen E S, Mcguire A D, Kicklighter D W, et al. 2006. Importance of recent shifts in soil thermal dynamics on growing season length, productivity, and carbon sequestration in terrestrial high-latitude ecosystems [J]. Global Change Biology, 12 (4): 731-750.

FAO. 2006. Global Forest Resources Assessment 2005[M]. Rome, Italy: 348.

Feng X, Nielsen L L, Simpson M J. 2007. Responses of soil organic matter and microorganisms to freeze-thaw cycles [J]. Soil Biology and Biochemistry, 39 (8): 2027-2037.

Ferris M J, Ward D M. 1997. Seasonal distributions of dominant 16S rRNA-defined populations in a hot spring microbial mat examined by denaturing gradient gel electrophoresis[J]. Applied and Environmental Microbiology, 63 (4): 1375-1381.

Filep T, Szili-Kovács T. 2010. Effect of liming on microbial biomass carbon of acidic arenosols in pot experiments [J]. Plant Soil Environment, (56): 268-273.

Finlay J, Neff J, Zimov S, et al. 2006 .Snowmelt dominance of dissolved organic carbon in high-latitude watersheds: Implications for characterization and flux of river DOC [J]. Geophysical Research Letters, 33 (10): L10401.

Fitzhugh R, Driscoll C, Groffman P, et al. 2001 .Effects of soil freezing disturbance on soil solution nitrogen, phosphorus, and carbon chemistry in a northern hardwood ecosystem [J]. Biogeochemistry, 56 (2): 215-238.

Freppaz M, Williams B L, Edwards A C, et al. 2007.Simulating soil freeze/thaw cycles typical of winter alpine conditions: Implications for N and P availability [J]. Applied Soil Ecology, 35 (1): 247-255.

Frostegård Å, Courtois S, Ramisse V, et al. 1999. Quantification of bias related to the extraction of DNA directly from soils[J]. Applied and Environmental Microbiology, 65 (12): 5409-5420.

Gardes M, Bruns T D. 1993. ITS primers with enhanced specificity for basidiomycetes-application to the identification of mycorrhizae and rusts [J]. Molecular Ecology, 2 (2): 113-118.

Gilichinsky D A, Vorobyova E A, Erokhina L G, et al. 1992. Long-term preservation of microbial ecosystems in permafrost [J]. Advances in Space Research, 12 (4): 255-263.

Gongalsky K B, Persson T, Pokarzhevskii A D. 2008. Effects of soil temperature and moisture on the feeding activity of soil animals as determined by the bait-lamina test[J]. Applied Soil Ecology, 39 (1): 84-90.

Goodroad L L, Keeney D R. 1984. Nitrous oxide emissions from soils during thawing[J]. Canadian Journal of Soil Science, 64 (2): 187-194.

Griffiths R I, Whiteley A S, O'donnell A G, et al. 2000. Rapid method for coextraction of DNA and RNA from natural environments for analysis of ribosomal DNA-and rRNA-based microbial community composition [J]. Applied and Environmental Microbiology, 66 (12): 5488-5491.

Groffman P M, Driscoll C T, Fahey T J, et al. 2001.Effects of mild winter freezing on soil nitrogen and carbon dynamics in a northern hardwood forest [J]. Biogeochemistry, 56 (2): 191-213.

Groffman P M, Stylinski C, Nisbet M C, et al. 2010.Restarting the conversation: challenges at the interface between ecology and society [J]. Frontiers in Ecology and the Environment, 8 (6): 284-291.

Grogan P, Michelsen A, Ambus P, et al. 2004. Freeze-thaw regime effects on carbon and nitrogen dynamics in sub-arctic heath tundra mesocosms [J]. Soil Biology & Biochemistry, 36 (4): 641-654.

Hansen A A, Herbert R A, Mikkelsen K, et al. 2007. Viability, diversity and composition of the bacterial community in a high Arctic permafrost soil from Spitsbergen, Northern Norway[J]. Environmental Microbiology, 9 (11): 2870-2884.

Hardy J, Groffman P, Fitzhugh R, et al. 2001.Snow depth manipulation and its influence on soil frost and water dynamics in a northern hardwood forest [J]. Biogeochemistry, 56 (2): 151-174.

Henry H A L. 2007. Soil freeze-thaw cycle experiments: Trends, methodological weaknesses and suggested improvements [J]. Soil Biology & Biochemistry, 39 (5): 977-986.

Hentschel K, Borken W, Matzner E. 2008. Repeated freeze-thaw events affect leaching losses of nitrogen and dissolved organic matter in a forest soil [J]. Journal of Plant Nutrition and Soil Science, 171 (5): 699-706.

Herrmann A, Witter E. 2002. Sources of C and N contributing to the flush in mineralization upon freeze-thaw cycles in soils [J]. Soil Biology and Biochemistry, 34 (10): 1495-1505.

Ivarson K C, Sowden F J. 1966. Effect of freezing on the free amino acids in soil[J]. Canadian Journal of Soil Science, 46 (2): 115-120.

Jaeger C H, Monson R K, Fisk M C, et al. 1999 .Seasonal partitioning of nitrogen by plants and soil microorganisms in an alpine ecosystem [J]. Ecology, 80 (6): 1883-1891.

Jefferies R L, Walker N A, Edwards K A, et al. 2010 .Is the decline of soil microbial biomass in late winter coupled to changes in the physical state of cold soils？[J]. Soil Biology and Biochemistry，42（2）：129-135.

Jones H. 2001. Snow Ecology: an Interdisciplinary Examination of Snow-Covered Ecosystems[M]. Cambridge：Cambridge University Press.

Konestabo H S，Michelsen A，Holmstrup M. 2007. Responses of springtail and mite populations to prolonged periods of soil freeze-thaw cycles in a sub-arctic ecosystem[J]. Applied Soil Ecology，36（2-3）：136-146.

Koponen H T，Jaakkola T，Keinänen-Toivola M M，et al. 2006. Microbial communities，biomass，and activities in soils as affected by freeze thaw cycles[J]. Soil Biology and Biochemistry，38（7）：1861-1871.

Krsek M，Wellington E M H. 1999. Comparison of different methods for the isolation and purification of total community DNA from soil[J]. Journal of Microbiological Methods，39（1）：1-16.

Larsen K S，Jonasson S，Michelsen A. 2002. Repeated freeze-thaw cycles and their effects on biological processes in two arctic ecosystem types [J]. Applied Soil Ecology，21（3）：187-195.

Lichtfouse E. 2011. Agroforestry and Conservation Agriculture [M. Berlin：Springer Netherlands.

Lipson D A，Monson R K. 1998. Plant-microbe competition for soil amino acids in the alpine tundra：effects of freeze-thaw and dry-rewet events [J]. Oecologia，113（3）：406-414.

Lipson D A，Schadt C W，Schmidt S K. 2002. Changes in soil microbial community structure and function in an Alpine Dry meadow following spring snow melt [J]. Microbial Ecology，43（3）：307-314.

Lipson D A，Schmidt S K，Monson R K. 1999. Links between microbial population dynamics and nitrogen availability in an alpine ecosystem [J]. Ecology，80（5）：1623-1631.

Lipson D A，Schmidt S K，Monson R K. 2000. Carbon availability and temperature control the post-snowmelt decline in alpine soil microbial biomass [J]. Soil Biology and Biochemistry，32（4）：441-448.

Lipson D A，Schmidt S K. 2004. Seasonal changes in an Alpine soil bacterial community in the Colorado Rocky Mountains [J]. Applied and Environmental Microbiology，70（5）：2867-2879.

Liu J，Wu F，Yang W，et al. 2013. Effect of seasonal freeze-thaw cycle on net nitrogen mineralization of soil organic layer in the subalpine/alpine forests of western Sichuan，China[J]. Acta Ecologica Sinica，33（1）：32-37.

Ludwig L M，Tanaka K，Eells J T，et al. 2004. Preconditioning by isoflurane is mediated by reactive oxygen species generated from mitochondrial electron transport chain complex III[J]. Anesthesia & Analgesia，99（5）：1308-1315.

Luo Y，Su B O，Currie W S，et al. 2004. Progressive nitrogen limitation of ecosystem responses to rising atmospheric carbon dioxide[J]. Bioscience，54（8）：731-739.

Manerkar M，Seena S，Bärlocher F. 2008. Q-RT-PCR for assessing archaea，bacteria，and fungi during leaf decomposition in a Stream [J]. Microbial Ecology，56（3）：467-473.

Margesin R，Jud M，Tscherko D，et al. 2009. Microbial communities and activities in alpine and subalpine soils[J]. FEMS Microbiology Ecology，67（2）：208-218.

Martin-Laurent F，Philippot L，Hallet S，et al. 2001. DNA extraction from soils：old bias for new microbial diversity analysis methods[J]. Applied and Environmental Microbiology，67（5）：2354-2359.

Matzner E，Borken W. 2008. Do freeze-thaw events enhance C and N losses from soils of different ecosystems？A review [J]. European Journal of Soil Science，59（2）：274-284.

Meyer E D，Sinclair N A，Nagy B. 1975. Comparison of the survival and metabolic activity of psychrophilic and mesophilic yeasts subjected to freeze-thaw stress [J]. Applied Microbiology，29：739-744.

Mihoub F，Mistou M-Y，Guillot A，et al. 2003. Cold adaptation of Escherichia coli：microbiological and proteomic approaches [J]. International Journal of Food Microbiology，89（2-3）：171-184.

Mikan C J，Schimel J P，Doyle A P. 2002. Temperature controls of microbial respiration in arctic tundra soils above and below freezing [J]. Soil Biology and Biochemistry，34（11）：1785-1795.

Mindock C A，Petrova M A，Hollingsworth R I. 2001. Re-evaluation of osmotic effects as a general adaptative strategy for bacteria in sub-freezing conditions [J]. Biophysical Chemistry，89（1）：13-24.

Muyzer G，De Waal E C，Uitterlinden A G. 1993. Profiling of complex microbial populations by denaturing gradient gel electrophoresis analysis of polymerase chain reaction-amplified genes coding for 16S rRNA[J]. Applied and Environmental Microbiology，59（3）：695-700.

Nielsen C B，Groffman P M，Hamburg S P，et al. 2001. Freezing effects on Carbon and Nitrogen cycling in Northern hardwood forest soils [J]. Soil Science Society of America Journal，65（6）：1723-1730.

Olsson P Q，Sturm M，Racine C H，et al. 2003. Five stages of the Alaskan Arctic cold season with ecosystem implications[J]. Arctic，Antarctic，and Alpine Research，35（1）：74-81.

Ostroumov V E，Siegert C. 1996. Exobiological aspects of mass transfer in microzones of permafrost deposits[J]. Advances in Space Research，18（12）：79-86.

Rotthauwe J，Witzel K，Liesack W. 1997. The ammonia monooxygenase structural gene amoA as a functional marker：molecular fine-scale analysis of natural ammonia-oxidizing populations [J]. Appl Environ Microbiol，63（12）：4704-4712.

Saffigna P G，Powlson D S，Brookes P C，et al. 1989.Influence of sorghum residues and tillage on soil organic matter and soil microbial biomass in an australianvertisol [J]. Soil Biology and Biochemistry，21（6）：759-765.

Schimel J P，Clein J S. 1996. Microbial response to freeze-thaw cycles in tundra and taiga soils[J]. Soil Biology and Biochemistry，28（8）：1061-1066.

Schimel J P，Mikan C. 2005. Changing microbial substrate use in Arctic tundra soils through a freeze-thaw cycle [J]. Soil biology & biochemistry，37（8）：1411-1418.

Schimel J，Balser T C，Wallenstein M. 2007. Microbial stress-response physiology and its implications for ecosystem function [J]. Ecology，88（6）：1386-1394.

Schmidt S K，Lipson D A. 2004. Microbial growth under the snow：implications for nutrient and allelochemical availability in temperate soils [J]. Plant And Soil，259（1）：1-7.

Schmidt S，Nemergut D，Miller A，et al. 2009. Microbial activity and diversity during extreme freeze-thaw cycles in periglacial soils，5400 m elevation，Cordillera Vilcanota，Perú [J]. Extremophiles，13（5）：807-816.

Schmitt-Wagner D，Friedrich M W，Wagner B，et al. 2003. Phylogenetic diversity，abundance，and axial distribution of bacteria in the intestinal tract of two soil-feeding termites（*Cubitermes* spp.）[J]. Applied and Environmental Microbiology，69（10）：6007-6017.

Schütt A，Borken W，Spott O，et al. 2013.Temperature sensitivity of C and N mineralization in temperate forest soils at low temperatures[J]. Soil Biology and Biochemistry，69：320-327.

Sharma S，Szele Z，Schilling R，et al. 2006. Influence of freeze-thaw stress on the structure and function of microbial communities and denitrifying populations in soil[J]. Applied and Environmental Microbiology，72（3）：2148-2154.

Sharratt B S. 1993. Freeze-thaw and winter temperature of agricultural soils in interior Alaska [J]. Cold Regions Science and Technology，22（1）：105-111.

Sjursen H，Michelsen A，Holmstrup M. 2005. Effects of freeze-thaw cycles on microarthropods and nutrient availability in a sub-Arctic soil [J]. Applied Soil Ecology，28（1）：79-93.

Smolander A，Kitunen V. 2002. Soil microbial activities and characteristics of dissolved organic C and N in relation to tree species [J]. Soil Biology and Biochemistry，34（5）：651-660.

Steinberg C E W，Kamara S，Prokhotskaya V Y，et al. 2006. Dissolved humic substances-ecological driving forces from the individual to the ecosystem level？[J]. Freshwater Biology，51（7）：1189-1210.

Steven B，Briggs G，McKay C P，et al. 2007. Characterization of the microbial diversity in a permafrost sample from the Canadian high Arctic using culture-dependent and culture-independent methods[J]. FEMS Microbiology Ecology，59（2）：513-523.

Sulkava P，Huhta V. 2003. Effects of hard frost and freeze-thaw cycles on decomposer communities and N mineralisation in boreal forest soil [J]. Applied Soil Ecology，22（3）：225-239.

Swift M J，Heal O W，Anderson J M，et al. 1979. Decomposition in Terrestrial Ecosystems[M]. California：University of California Press.

Tan B，Wu F，Yang W，et al. 2010. Characteristics of soil animal community in the subalpine/alpine forests of western Sichuan during onset of freezing[J]. Acta Ecologica Sinica，30（2）：93-99.

Tan B，Wu F，Yang W，et al. 2014. Snow removal alters soil microbial biomass and enzyme activity in a Tibetan alpine forest[J]. Applied Soil Ecology，76：34-41.

Tierney G L，Fahey T J，Groffman P M，et al. 2001. Soil freezing alters fine root dynamics in a northern hardwood forest[J]. Biogeochemistry，56（2）：175-190.

Tourna M，Stieglmeier M，Spang A，et al. 2011.Nitrososphaeraviennensis, an ammonia oxidizing archaeon from soil [J]. Proceedings of the National Academy of Sciences，108（20）：8420-8425.

Unger P W. 1991. Overwinter changes in physical properties of no-tillage soil [J]. Soil Science Society of America Journal，55（3）：778-782.

Walker B H. 1992. Biodiversity and ecological redundancy[J]. Conservation Biology，6（1）：18-23.

Walker V K，Palmer G R，Voordouw G. 2006. Freeze-thaw tolerance and clues to the winter survival of a soil community [J]. Applied and Environmental Microbiology，72（3）：1784-1792.

White T J，Bruns T D，Lee S，et al. 1990.Amplification and direct sequencing of fungal ribosomal RNA genes for phylogenies[M]// Innis M A，Gelfand D H，Sninsky J J，White T. PCR protocols: a guide to methods and applications. San Diego，CA，USA：Academic Press.

Wilson S L，Walker V K. 2010. Selection of low-temperature resistance in bacteria and potential applications [J]. Environmental Technology，31（8-9）：943-956.

Wu F，Yang W，Zhang J，et al. 2010. Litter decomposition in two subalpine forests during the freeze-thaw season[J]. Acta Oecologica，36（1）：135-140.

Yang W Q，Wang K Y，Kellomäki S，et al. 2006 .Litter dynamics of three subalpine forests in Western Sichuan [J]. Pedosphere，15：653-659.

Yeates G W，Bongers T D，De Goede R G M，et al. 1993. Feeding habits in soil nematode families and genera—an outline for soil ecologists[J]. Journal of nematology，25（3）：315.

Yergeau E，Kowalchuk G A. 2008. Responses of Antarctic soil microbial communities and associated functions to temperature and freeze-thaw cycle frequency [J]. Environmental Microbiology，10（9）：2223-2235.

Zhang L M，Wang M，Prosser J I，et al. 2009. Altitude ammonia-oxidizing bacteria and archaea in soils of Mount Everest [J]. FEMS Microbiology Ecology，70（2）：208-217.

Zhao H T，Zhang X L，Xu S T，et al. 2010.Effect of freezing on soil nitrogen mineralization under different plant communities in a semi-arid area during a non-growing season[J]. Applied Soil Ecology，45：187-192.

Zhou J，Bruns M A，Tiedje J M. 1996. DNA recovery from soils of diverse composition[J]. Applied and Environmental Microbiology，62（2）：316-322.

第8章 亚高山针叶林与对接水体的生物地球化学联系

　　森林溪流不仅是亚高山针叶林区的重要组成部分，还是众多江河流域的水源源头，直接参与着陆地与水体生态系统物质与能量的源/汇动态。森林溪流内往往由于森林生态系统植被的死亡、凋落以及水流运输而累积许多倒木、枯枝落叶、树皮等植物残体。这些植物残体是森林生态系统对水生生态系统最直观的输入和干扰，是将河岸植被的化学元素和能量转移到溪流河道中的重要途径之一，是两个系统之间的主要连接（Yue et al.，2018）。研究表明，由于溪流具有较低的营养水平与初级生产力，这部分外来输入的有机物质则是溪流的主要能源（Cusack et al.，2009），能为许多水生生物及微生物提供食源；植物残体（尤其是凋落叶）在流动的水环境中的分解速率相对于森林地表要快很多（Chen et al.，2006；Yue et al.，2018），自进入溪流后，就开始淋溶出可溶性有机组分与无机组分，另一部分大径级倒木会因搬运或泥沙掩埋而长时间存留在水底，从而长期地影响溪流生态系统（魏晓华和代力民，2006）。因此，植物残体在水体内的存留及其降解过程对森林养分循环、溪流的形态建设、溪流生境保护、水生生物多样性的维持以及河道稳定性的维持等都发挥着重要的作用，极大地影响着森林流域生态健康，甚至整个生态系统物质循环格局及其生态功能（Gomi et al.，2001）。目前很多地区，已将植物残体作为重要的河溪生态健康指标之一。然而，已有的相关研究更加关注粗木质残体在水体中的功能作用或元素释放以及凋落叶在水环境中的失重或分解特征等（Yue et al.，2016），极少研究注意到水源源头、亚高山森林等关键生态系统溪流植物残体的储量特征，使得已有的研究结论还难以满足对森林生态系统与流域水体碳及养分等物质源/汇格局清晰认识的需求。

　　另外，溪流植物残体往往通过自身的养分分解、释放和截持或储存影响养分的运输时间及数量两个方面来影响生态系统物质迁移过程（Wallace et al.，1999）。在低级溪流中，植物残体的上述两个过程对溪流养分的动态起着至关重要的作用，是森林生态系统与水生生态系统重要的碳库及养分库（Gregory et al.，1985）。可见，森林生态系统输入的植物残体是溪流水生环境物质和能量最主要的供给和干扰，不但会改变溪流形态、拦截泥沙、提供栖息地，而且在水体环境中会迅速分解，释放有机物，并对溪流生产力、物质循环、溪流生境和水生食物网等具有重要作用，影响着下游水域环境的生态安全，甚至整个生态系统的物质循环格局及其生态功能。然而，有关植物残体对森林源头溪流物质迁移与循环等过程影响的认识还非常不足。

　　因此，以长江上游重要支流（岷江）上游一个集水区的亚高山针叶林为研究对象，选取 12 条典型森林溪流及其对接的河流为长期观测点，采用拦截网等研究方法，研究了亚高山针叶林区森林与对接水体的生物地球化学联系，以期为亚高山针叶林管理和流域管理提供科学依据。

8.1　亚高山针叶林区溪流木质和非木质残体特征

8.1.1　木质和非木质残体储量

亚高山针叶林区森林溪流木质残体单位面积总储量平均为 694.10g/m² （表 8-1）。变异系数可作为各观测值变异程度的一个统计量。表 8-1 中显示，有 5 条溪流内木质残体储量的变异系数大于 100%，仅一条溪流内木质残体储量的变异系数小于 10%，这些结果不仅说明了不同溪流中木质残体储量具有较大差异，还说明同一条溪流内木质残体的分布也有明显的差异，这可能与溪流、木质残体本身特性及周围植被显著相关，不同溪流的木质残体储量范围为 26.07～3083.07g/m²。

表 8-1　亚高山针叶林区森林溪流内木质残体的储量

溪流	储量/(g/m²)	变异系数 CV/%	溪流	储量/(g/m²)	变异系数 CV/%
A	823.88	69.18	G	760.23	78.63
B	223.32	141.42	H	881.96	176.32
C	3083.07	87.77	I	131.60	0.69
D	308.32	45.42	J	299.07	28.02
E	712.61	101.3	K	237.30	102.17
F	284.44	54.62	L	26.07	141.42

注：表中变异系数为每条溪流内各采样点之间木质残体储量标准差与平均数的比值，$n \geq 3$。

亚高山针叶林区森林溪流木质残体的储量随着径级的增大而相应减少，该研究区域内溪流木质残体的径级分布多集中在 10cm 以下的大枝或枝丫，占 98.78%，径级为 1～2.5cm 小枝的储量最大，为 344.60g/m²，径级为 2.5～5cm 枝条的储量次之，为 258.62g/m²，两者共占木质残体的 86.91%。径级>10cm 的粗木质残体分布最少，储量仅占 1.22%。溪流木质残体以腐烂等级Ⅴ居多，腐烂等级Ⅳ次之，分别为 462.09g/m² 和 174.69g/m²，其中 1～2.5cm 小枝中的腐烂等级Ⅴ和腐烂等级Ⅳ分别占总储量的 32.42% 和 15.71%；2.5～5cm 枝条中的腐烂等级Ⅴ和腐烂等级Ⅳ分别占总储量的 30.62% 和 5.84%；径级为 5～10cm 的木质残体则是腐烂等级Ⅱ>Ⅳ>Ⅴ>Ⅲ，其中腐烂等级Ⅳ、Ⅴ储量相当；径级>10cm 的木质残体较少出现在高山森林溪流中，主要以腐烂等级Ⅱ为主（图 8-1）。总体而言，腐烂等级Ⅲ的溪流木质残体所占比重最小，仅占总木质残体的 3.24%。

此外，从亚高山针叶林区森林溪流内的木质残体径级分布特征可以看出，森林溪流内的木质残体分布差异较大，大部分溪流中径级为 5～10cm 和径级>10cm 的木质残体几乎不存在，仅 1 条溪流内出现了径级>10cm 的木质残体，4 条溪流内出现了 5～10cm 的木质残体。然而，径级为 1～2.5cm 的木质残体在所有溪流中均存在，说明其在溪流生态系统中分布最广（图 8-2）。从亚高山针叶林区森林溪流木质残体各腐烂等级的生物量分布特征可以看出，溪流内木质残体多以腐烂等级Ⅴ为主，多数森林溪流缺乏腐烂等级Ⅰ～Ⅲ的木质

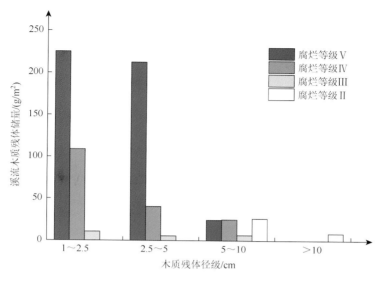

图 8-1　亚高山针叶林区森林溪流木质残体不同径级与腐烂等级储量分配

残体，腐烂等级 Ⅱ ～ Ⅴ 木质残体储量在各溪流内差异很大，说明各腐烂等级在溪流内的分布很不均匀，这与各溪流的长度、面积大小等溪流特征相差很大有关（图 8-2）。尽管如此，溪

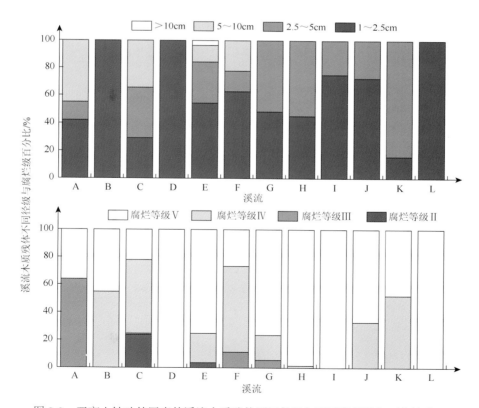

图 8-2　亚高山针叶林区森林溪流木质残体不同径级与不同腐烂等级百分比分配

流木质残体与溪流特征的相关性分析显示，溪流的长度、面积、深度极显著（$P<0.01$）或显著（$P<0.05$）影响径级为 2.5～5cm、腐烂等级为Ⅳ的木质残体，而并非与储量最大的径级 1～2.5cm 与腐烂等级 Ⅴ 的木质残体有显著相关关系（表 8-2）。这说明，溪流特征可能是通过显著影响某种存在状态的木质残体，进而总体影响木质残体在溪流中的分配的。

表 8-2 亚高山针叶林区森林溪流木质残体储量与溪流特征的相关性分析

		长度	宽度	深度	面积	流速	流量
径级/cm	1～2.5	0.441	0.571	0.497	0.459	0.273	0.566
	2.5～5	0.683*	0.289	0.634*	0.593*	0.353	0.507
	5～10	0.270	0.265	0.216	0.429	0.104	0.058
	>10	0.480	0.219	0.480	0.306	0.481	0.393
腐烂等级	Ⅱ	0.290	0.078	0.290	0.592*	0.151	0.441
	Ⅲ	0.291	0.244	0.229	0.267	0.104	−0.079
	Ⅳ	0.619*	0.175	0.683*	0.720**	0.244	0.399
	Ⅴ	0.434	0.501	0.441	0.466	0.350	0.629*
合计		0.601*	0.333	0.510	0.504	0.263	0.294

注：* $P<0.05$，** $P<0.01$；$n=12$。

亚高山针叶林区森林溪流非木质残体现存总储量为 499.45g/m²，其中<1cm 小枝、树叶和树皮的储量分别为 348.41g/m²、104.44g/m² 和 46.60g/m²，分别占总储量的 69.76%、20.91%和 9.33%，这与各器官在各溪流中的分配直接相关（表 8-3）。调查结果发现，在调查的 12 条溪流中，有 9 条溪流的非木质残体以<1cm 的小枝为主，达 50%以上，另外 3 条溪流的<1cm 小枝也达到了 40%以上，而树叶和树皮的储量所占比例相对较少，仅在 3 条未采集到树皮的溪流中，树叶所占比例才达到 40%以上。另外，不同溪流间的非木质残体储量及其分配格局也具有明显的差异，不同溪流的非木质残体储量范围为 257.23～3709.15g/m²（表 8-3）。

表 8-3 亚高山针叶林区森林溪流非木质残体各器官的储量分配

溪流	储量/(g/m²)			
	树皮	树叶	<1cm 小枝	总计
A	205.59	1432.87	2070.69	3709.15
B	42.05	48.40	201.61	292.06
C	89.81	54.57	795.81	940.19
D	0.00	525.08	370.31	895.39
E	11.00	32.07	269.00	312.07
F	35.94	123.70	505.16	664.80
G	88.26	135.98	295.20	519.44
H	65.70	10.53	252.00	328.23
I	0.00	319.05	257.71	576.76

续表

溪流	储量/(g/m²)			
	树皮	树叶	<1cm 小枝	总计
J	83.80	67.32	106.20	257.32
K	33.00	13.00	287.00	333.00
L	0.00	124.00	133.23	257.23

相关性分析表明，树皮和<1cm 小枝的储量与溪流各项特征的相关性并不显著，此外，尽管树叶的储量与溪流特征关系也不显著，但与溪流特征总体呈负相关关系（表 8-4）。说明亚高山针叶林区森林溪流的特征尽管对非木质残体的影响不显著，但仍存在一定程度的影响，树叶可能随水流的流动相对于树皮和<1cm 小枝来说，更易向下游移动或分解，从而使得树叶储量偏小。

表 8-4　亚高山针叶林区森林溪流非木质残体各器官储量与溪流特征的相关性分析

	类型	长度	宽度	深度	面积	流速	流量
储量	树皮	0.261	0.113	0.198	0.261	0.145	0.223
	树叶	−0.371	−0.053	−0.200	−0.448	−0.039	−0.276
	小枝	0.231	0.539	0.287	0.203	0.133	−0.054
	合计	0.021	0.473	0.217	−0.014	−0.014	−0.124

注：$n = 12$。

8.1.2　木质和非木质残体碳、氮和磷储量

亚高山针叶林区森林溪流木质残体碳元素平均总储量为 316.23g/m²，碳储量在各溪流之间有较大的变化，其变化范围为 9.60～1428.16g/m²（表 8-5）。相关性分析显示，亚高山针叶林区森林溪流木质残体碳储量与溪流各项特征（长度、宽度、深度、面积、流速和流量）的相关系数为 0.406～0.567，尽管相关关系不显著（$P>0.05$），但基本上达到中度相关，溪流各项特征仍对木质残体碳储量有一定程度的影响（表 8-6）。

表 8-5　亚高山针叶林区森林各溪流木质残体的碳、氮和磷储量

溪流	储量		
	碳/(g/m²)	氮/(mg/m²)	磷/(mg/m²)
A	328.42	653.72	182.27
B	99.36	341.46	124.30
C	1428.16	4122.17	913.74
D	149.19	316.50	117.75
E	318.95	838.81	138.18

溪流	储量		
	碳/(g/m²)	氮/(mg/m²)	磷/(mg/m²)
F	112.58	281.35	43.71
G	372.25	969.65	57.59
H	371.38	875.00	62.42
I	52.84	191.87	6.857
J	134.88	264.54	43.15
K	100.33	272.22	9.054
L	9.60	32.08	5.07

表 8-6　亚高山针叶林区森林溪流木质残体碳、氮和磷储量与溪流特征的相关性分析

元素	长度	宽度	深度	面积	流速	流量
碳储量/(g/m²)	0.552	0.567	0.550	0.559	0.406	0.516
氮储量/(mg/m²)	0.455	0.427	0.539	0.517	0.182	0.406
磷储量/(mg/m²)	0.133	0.196	0.501	0.217	0.098	0.274

注：$n = 12$。

森林溪流木质残体碳储量以径级 1～5cm 木质残体居多（271.06g/m²），占总储量的 86.71%；而径级 5～10cm 的木质残体分配较少［图 8-3（a）］。在四个径级的木质残体中，径级 1～2.5cm 和 2.5～5cm 的木质残体均以腐烂等级 V 分布最多，分别占总储量的 32.52% 和 29.83%；径级为 5～10cm 的木质残体则是腐烂等级 II ＞ IV ＞ V ＞ III；径级＞10cm 的木质残体较少出现在亚高山森林溪流中，多存在于腐烂等级 II；腐烂等级为 II 和 III 的木质残体共占总储量的 8.14%［图 8-3（a）］。

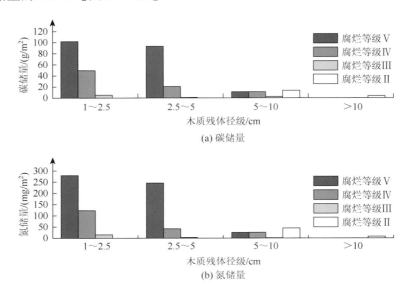

(a) 碳储量

(b) 氮储量

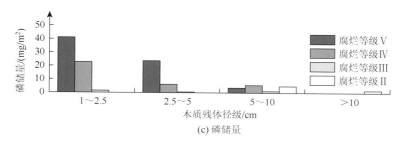

图 8-3　亚高山针叶林区森林溪流木质残体碳、氮和磷储量不同径级与腐烂等级分配

亚高山针叶林区森林溪流木质残体氮元素平均总储量为 763.28mg/m²，各溪流木质残体氮储量范围为 32.08～4122.17mg/m²（表 8-5）。相关性分析显示，溪流木质残体氮储量与溪流特征的关系均不显著，除流速以外，氮储量与溪流各项特征的相关系数范围为 0.406～0.539，达中度相关（表 8-6）。木质残体氮储量与碳储量相同，以 1～5cm 的木质残体分配最多，为 706.40mg/m²，共占 87.20%；径级＞10cm 的木质残体分配最少，仅占 0.94%［图 8-3（b）］。径级 1～2.5cm 和 2.5～5cm 的木质残体以腐烂等级Ⅳ和Ⅴ分配较多，分别共占氮储量的 49.65% 和 35.40%；腐烂等级为Ⅱ与Ⅲ的木质残体总体而言都分布较少，共占氮储量的 8.70%［图 8-3（b）］。

亚高山针叶林区森林溪流木质残体磷元素总储量为 113.92mg/m²，各溪流木质残体磷储量范围为 5.07～913.74mg/m²（表 8-5）。相关性分析表明，磷储量与溪流深度的相关系数为 0.501，达到中度相关；而磷储量与其他溪流特征的相关系数范围为 0.098～0.274，仅微弱相关（表 8-6）。与碳储量和氮储量分配相似，木质残体磷储量也以 1～5cm 的木质残体分配最多，为 96.32mg/m²，共占 84.55%；径级＞10cm 的木质残体磷储量分配最少，仅占 1.56%［图 8-3（c）］。腐烂等级Ⅴ的木质残体磷储量分配最多，共占 68.71%；腐烂等级Ⅱ与Ⅲ的木质残体磷储量分配较少，共占 10.19%［图 8-3（c）］。

亚高山针叶林区森林溪流非木质残体单位面积碳储量为 197.98g/m²，其中树皮、树叶和＜1cm 小枝分别占总储量的 9.37%、17.22% 和 73.41%（表 8-7）。不同溪流中非木质残体碳储量及其各器官分配具有较大差异，其碳储量为 90.47～1522.94g/m²，且在 12 条调查的溪流中，有 9 条溪流的非木质残体碳储量以＜1cm 的小枝为主要贡献者，达到 50% 以上，树叶和树皮的碳储量所占比例则相对较小［图 8-4（a）］。研究发现，溪流非木质残体的碳储量与其总储量的变化趋势一致，但非木质残体各器官的碳储量并不与其相应器官的现存储量表现一致。在 12 条调查的溪流中，6 条流量较大的溪流树皮碳储量大于树叶，3 条流量较小的溪流树叶碳储量则大于树皮［图 8-4（a）］。相关性分析表明（表 8-8），＜1cm 小枝的碳储量与溪流宽度呈显著正相关关系，与其他溪流特征有一定正相关关系但不显著；树叶和树皮的碳储量与溪流特征关系均不显著，但树叶与溪流特征普遍呈负相关关系。

亚高山针叶林区森林溪流非木质残体单位面积氮储量为 867.98mg/m²，其中树皮、树叶和＜1cm 小枝分别占总储量的 13.97%、20.45% 和 65.58%（表 8-7）。不同溪流中非木质残体氮储量及其器官分配具有较大差异，其氮储量为 423.99～2523.33mg/m²［图 8-4（b）］，且在 12 条调查的溪流中，有 9 条溪流的非木质残体氮储量以＜1cm 的小枝为主要贡献

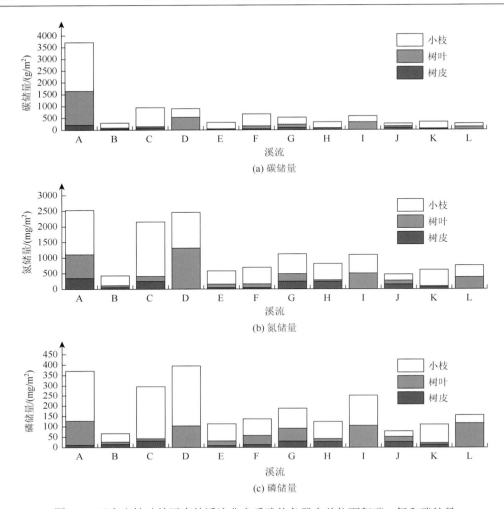

图 8-4 亚高山针叶林区森林溪流非木质残体各器官单位面积碳、氮和磷储量

者，达到 50%以上，树叶和树皮的氮储量所占比例则相对较小，树叶的氮储量在 5.44%～53.36%，平均占总氮储量的 24.84%，仅在未收集到树皮的 3 条溪流中达到 45%以上 [图 8-4（b）]。研究发现，溪流非木质残体的氮储量与其总储量的变化趋势不太一致，且非木质残体各器官的氮储量也不与其相应器官的现存储量表现一致。相关性分析表明（表 8-8），非木质残体各器官或总单位面积氮储量均与溪流特征关系不显著，但树叶与其现存储量相似，与溪流各项特征呈一定的负相关关系。

亚高山针叶林区森林溪流非木质残体单位面积磷储量为 149.84mg/m^2，其中树皮、树叶和<1cm 小枝分别占总储量的 11.61%、23.81%和 64.58%（表 8-7）。不同溪流中非木质残体磷储量及其器官分配具有较大差异，其磷储量为 67.10～370.43mg/m^2 [图 8-4（c）]，且在 12 条调查的溪流中，有 10 条溪流的非木质残体磷储量以<1cm 的小枝为主要贡献者，达到 50%以上，树叶和树皮的磷储量所占比例则相对较小，树叶的磷储量所占比例为 3.48%～75.02%。研究发现，溪流非木质残体的磷储量与其总储量的变化趋势不太一致，

且非木质残体各器官的磷储量也不与其相应器官的现存储量表现一致。相关性分析表明（表 8-8），非木质残体各器官或单位面积磷总储量均与溪流特征关系不显著，与碳和氮储量以及非木质现存储量相似，树叶与溪流各项特征呈现一定的负相关关系。

表 8-7　亚高山针叶林区森林溪流非木质残体各器官单位面积碳、氮和磷储量

元素	储量			
	树皮	树叶	<1cm 小枝	合计
碳/(g/m²)	18.55	34.09	145.34	197.98
氮/(mg/m²)	121.25	177.48	569.25	867.98
磷/(mg/m²)	17.39	35.68	96.77	149.84

表 8-8　亚高山针叶林区森林溪流非木质残体各器官碳、氮和磷储量与溪流特征的相关性分析

元素	类型	长度	宽度	深度	面积	流速	流量
碳储量/(g/m²)	树皮	0.359	0.166	0.247	0.345	0.222	0.310
	树叶	−0.329	0.028	−0.116	−0.399	−0.067	−0.287
	小枝	0.308	0.627*	0.340	0.287	0.179	0.014
	合计	0.070	0.483	0.280	0.035	0.060	−0.021
氮储量/(mg/m²)	树皮	0.345	0.159	0.141	0.331	0.215	0.338
	树叶	−0.406	−0.056	−0.119	−0.490	−0.053	−0.175
	小枝	0.035	0.417	0.259	−0.021	−0.046	0.049
	合计	−0.098	0.329	0.053	−0.189	−0.053	−0.133
磷储量/(mg/m²)	树皮	0.380	0.067	0.409	0.444	0.095	0.479
	树叶	−0.287	−0.123	−0.270	−0.413	−0.070	−0.448
	小枝	−0.077	0.406	0.095	−0.098	0.004	0.084
	合计	−0.175	0.270	0.095	−0.266	−0.081	−0.189

注：* $P<0.05$；$n=12$。

8.2　亚高山针叶林区河道木质残体与非木质残体特征

8.2.1　木质残体与非木质残体储量

调查结果显示，亚高山针叶林区河道木质残体总储量为 2630.72g/m²，直径＞10cm 的粗木质残体为河道中木质残体的主要贡献者，其河道单位面积储量为 2321.18g/m²，达到 88.23%，此径级下的各腐烂等级储量为Ⅲ＞Ⅱ＞Ⅳ＞Ⅴ，其中腐烂等级Ⅱ和Ⅲ共占河道木质残体总储量的 63.26%（图 8-5）。径级为 2.5～5cm 和 5～10cm 的木质残体储量相近，分别为 142.88g/m² 和 135.13g/m²，前者以腐烂等级Ⅳ居多，占总储量的 5.43%，后者以腐烂等级Ⅴ居多，占总储量的 5.14%；径级为 1～2.5cm 的细木质残体在整个调查河段当中分布最少，仅 31.53g/m²，占总储量的 1.20%，此径级下的木质残体腐烂等级储量为Ⅳ＞

Ⅲ＞Ⅴ＞Ⅱ（图8-5）。总体而言，高山森林河道木质残体的腐烂等级以Ⅲ和Ⅳ分布最多，共占总储量的68.20%；腐烂等级Ⅴ的比例最低，仅占总储量的5.60%，未见腐烂等级Ⅰ的木质残体。

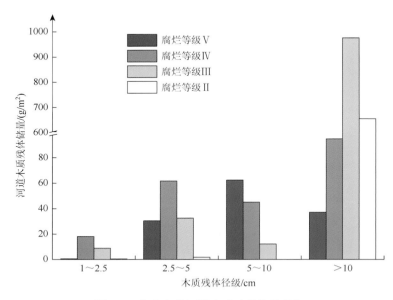

图8-5　高山森林河道木质残体储量特征

河道非木质残体主要以＜1cm的小枝、树叶和树皮组成。研究结果表明，亚高山针叶林区河道植物非木质残体总储量为60.66g/m²，其中＜1cm的小枝、树叶和树皮的储量分别为45.14g/m²、0.74g/m²和14.78g/m²，分别占总储量的74.41%、1.22%和24.37%（表8-9）。

表8-9　亚高山针叶林区河道非木质残体各器官储量

项目	＜1cm小枝	树叶	树皮	合计
储量/(g/m²)	45.14	0.74	14.78	60.66
百分比/%	74.41	1.22	24.37	100

8.2.2　木质和非木质残体碳、氮和磷储量

亚高山针叶林区河道木质残体的碳元素总储量为1085.63g/m²，其分配格局与河道木质残体的储量表现一致［图8-6（a）］。径级＞10cm的木质残体碳储量分配最多，其河道单位面积储量为952.52g/m²，占总储量的87.74%，此径级木质残体腐烂等级为Ⅲ＞Ⅱ＞Ⅳ＞Ⅴ，其中腐烂等级Ⅴ仅占总储量的17.57%；径级为2.5～5cm和5～10cm的木质残体碳储量相近，分别为60.22g/m²和58.62g/m²，前者以腐烂等级Ⅳ分配较多，占总储量的2.69%，后者以腐烂等级Ⅴ居多，占总储量的2.81%；径级为1～2.5cm的细木质残体碳储

量所占比例最少，仅占总储量的 1.31%，此径级下的木质残体腐烂等级储量为Ⅳ＞Ⅲ＞Ⅴ＞Ⅱ，共为 14.27g/m²。总体而言，亚高山针叶林区河道木质残体碳储量以腐烂等级Ⅲ＞Ⅳ＞Ⅱ＞Ⅴ，分别为 444.66g/m²、311.22g/m²、267.45g/m² 和 62.30g/m²［图 8-6（a）］。

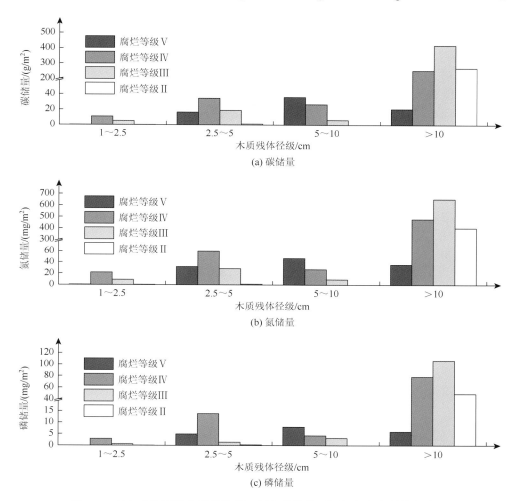

图 8-6　高山森林河道木质残体碳、氮和磷储量不同径级与腐烂等级分配

亚高山针叶林区森林河道木质残体的氮储量为 1803.33mg/m²，其分配格局与河道木质残体的碳储量表现基本一致［图 8-6（b）］。径级＞10cm 的木质残体氮储量分配最多，其河道单位面积储量为 1562.62mg/m²，占总储量的 86.65%，此径级的木质残体腐烂等级储量表现为Ⅲ＞Ⅳ＞Ⅱ＞Ⅴ，其中腐烂等级Ⅲ和Ⅳ的氮储量共占总储量的 62.67%；径级为 2.5～5cm 和 5～10cm 的木质残体氮储量相近，分别为 123.52mg/m² 和 85mg/m²，前者以腐烂等级Ⅳ的分配较多，占总储量的 3.38%，后者以腐烂等级Ⅴ居多，占总储量的 2.66%；径级为 1～2.5cm 的细木质残体氮储量分配最少，仅占总储量的 1.79%，此径级下的木质残体腐烂等级氮储量为Ⅳ＞Ⅲ＞Ⅴ＞Ⅱ，共有 32.19mg/m²。总体而言，亚高山针叶林区

森林河道木质残体氮储量以腐烂等级III分配最多，腐烂等级IV次之，腐烂等级V分配最少，腐烂等级III、IV、II和V的木质残体氮储量分别为701.24mg/m²、587.00mg/m²、398.17mg/m²和116.92mg/m² [图8-6（b）]。

亚高山针叶林区森林河道木质残体的磷储量为277.90mg/m²，其分配格局与河道木质残体的氮储量表现一致 [图8-6（c）]。径级＞10cm的木质残体磷储量分配最多，其河道单位面积储量为237.87mg/m²，占总储量的85.60%，此径级的木质残体腐烂等级储量表现为III＞IV＞II＞V，其中腐烂等级V的磷储量仅占总储量的2.15%；径级为2.5～5cm的木质残体磷储量为20.75mg/m²，所占比例为7.47%，其中腐烂等级IV分配稍多，为14.00mg/m²；5～10cm的木质残体磷储量次于2.5～5cm的木质残体，为15.57mg/m²，所占比例为5.60%，以腐烂等级V分配稍多，为8.10mg/m²；径级为1～2.5cm的细木质残体磷储量在整个河道中分配最少，仅占总储量的1.34%，此径级下的木质残体腐烂等级磷储量为IV＞III＞II＞V，共有3.71mg/m²。总体而言，亚高山针叶林区森林河道木质残体磷储量以腐烂等级III分配最多，腐烂等级IV次之，腐烂等级V分配最少，腐烂等级III、IV、II和V的木质残体磷储量分别为111.76mg/m²、98.88mg/m²、48.17mg/m²和19.09mg/m²。

亚高山针叶林区森林河道植物非木质残体碳储量为10.99g/m²，其中＜1cm的小枝、树叶和树皮分别为6.75g/m²、0.25g/m²和3.99g/m²，分别占碳总储量的61.42%、2.27%和36.31%（表8-10）。

亚高山针叶林区森林河道植物非木质残体氮储量为71.52mg/m²，其中＜1cm的小枝、树叶和树皮分别为53.68mg/m²、1.42mg/m²和16.42mg/m²，分别占氮总储量的75.06%、1.98%和22.96%（表8-10）。

亚高山针叶林区森林河道植物非木质残体磷储量为45.83mg/m²，其中＜1cm的小枝、树叶和树皮分别为33.33mg/m²、0.76mg/m²和11.74mg/m²，分别占总磷储量的72.72%、1.66%和25.62%（表8-10）。

表 8-10　亚高山针叶林区森林河道非木质残体各器官碳、氮和磷储量

元素	储量			
	＜1cm 小枝	树叶	树皮	合计
碳/(g/m²)	6.75	0.25	3.99	10.99
氮/(mg/m²)	53.68	1.42	16.42	71.52
磷/(mg/m²)	33.33	0.76	11.74	45.83

8.3　亚高山针叶林区森林溪流水体各元素储量

8.3.1　水体中 C 元素储量

重复测量一般线性模型分析表明，亚高山针叶林区溪流沉积物类型、有无植物残体的输入和时间及其交互作用对溪流水体单位面积 C 储量具有极显著（$P<0.001$）的影响（表 8-11）。

表 8-11　重复测量一般线性模型分析时间、处理、沉积物类型对溪流水体单位面积 C 储量的影响

项目	溪流单位面积 C 储量							
	$A_1\text{-}A_2\ vs\ B_1\text{-}B_2$		$A_3\text{-}A_4\ vs\ B_3\text{-}B_4$		$A_1\text{-}A_2\ vs\ A_3\text{-}A_4$		$B_1\text{-}B_2\ vs\ B_3\text{-}B_4$	
	F	P	F	P	F	P	F	P
时间	375.003	<0.001	258.822	<0.001	616.555	<0.001	138.078	<0.001
处理	739.297	<0.001	127.852	<0.001	858.193	<0.001	373.126	<0.001
沉积物	90.945	<0.001	302.136	<0.001	405.670	<0.001	220.494	<0.001
时间×处理	92.081	<0.001	35.028	<0.001	30.367	<0.001	23.456	<0.001
时间×沉积物	104.962	<0.001	29.482	<0.001	37.131	<0.001	88.626	<0.001
处理×沉积物	21.222	<0.001	129.544	<0.001	43.873	<0.001	96.925	<0.001
时间×处理×沉积物	50.759	<0.001	24.607	<0.001	9.139	<0.001	21.009	<0.001

　　将去除凋落物输入的溪流上、下游水体单位面积 C 储量及迁移量与有凋落物输入的对照溪流对比发现（图 8-7）：在溪流 I 中，对照溪流的水体单位面积 C 储量上游为 $0.48\sim1.42\mathrm{g/m^2}$，下游为 $0.26\sim0.54\mathrm{g/m^2}$，上、下游间具有极显著差异（$P<0.001$）；去除凋落物输入后的溪流水体单位面积 C 储量上游为 $0.47\sim1.45\mathrm{g/m^2}$，下游为 $0.25\sim0.66\mathrm{g/m^2}$，上、下游间具有极显著差异（$P<0.001$）；去除凋落物输入后的溪流与未去除的溪流水体单位面积 C 储量变化趋势一致降低。对照溪流内的 C 迁移量为 $0.18\sim0.88\mathrm{g/m^2}$，总迁移量为

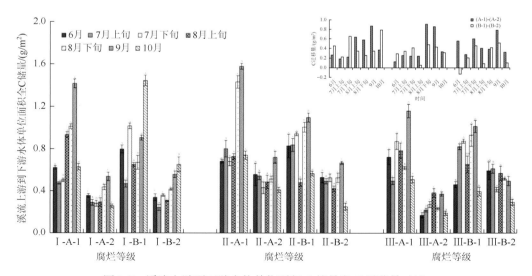

图 8-7　溪流上游到下游水体单位面积 C 储量和 C 迁移量（1）

A-1 为未去除凋落物输入的溪流上游；A-2 为未去除凋落物输入的溪流下游；B-1 为去除凋落物输入的溪流上游；B-2 为去除凋落物输入的溪流下游。不同大写字母表示同一时期 C 储量的不同处理点的差异显著（$P<0.05$）

3.14g/m²，均表现为留存；去除凋落物后溪流内的 C 迁移量为 0.23～0.79g/m²，总迁移量为 3.08g/m²，均表现为留存。

在溪流 II 中，对照溪流的水体单位面积 C 储量上游为 0.69～1.58g/m²，下游为 0.41～0.72g/m²，上、下游间具有极显著差异（$P<0.001$）；去除凋落物输入后的溪流的水体单位面积 C 储量上游为 0.57～1.10g/m²，下游为 0.26～0.67g/m²，上、下游间具有极显著差异（$P<0.001$）；去除凋落物输入后的溪流与未去除的溪流水体单位面积 C 储量变化趋势一致降低。对照溪流内的 C 迁移量为 0.12～0.92g/m²，总迁移量为 2.98g/m²，均表现为留存；去除凋落物后溪流内的 C 迁移量为 0.06～0.48g/m²，总迁移量为 2.34g/m²，均表现为留存。

在溪流III中，对照溪流的水体单位面积 C 储量上游为 0.50～1.16g/m²，下游为 0.17～0.39g/m²，上、下游间具有极显著差异（$P<0.001$）；去除凋落物输入后的溪流的水体单位面积 C 储量上游为 0.40～1.02g/m²，下游为 0.30～0.62g/m²，上、下游间具有极显著差异（$P<0.001$）；去除凋落物输入后的溪流与未去除的溪流水体单位面积 C 储量变化趋势一致降低。对照溪流内的 C 迁移量为 0.27～0.79g/m²，总迁移量为 3.32g/m²，均表现为留存；去除凋落物后溪流内的 C 迁移量为 –0.13～0.52g/m²，总迁移量为 1.66g/m²，除 6 月表现为输出外，其他时间均表现为留存。

将有凋落物输入有木质残体的溪流上、下游水体单位面积 C 储量及迁移量与无凋落物输入有木质残体的溪流对比发现（图 8-8）：在溪流 I 中，有凋落物输入有木质残体的溪流水体单位面积 C 储量上游为 0.56～1.21g/m²，下游为 0.47～1.03g/m²，上、下游间具有显著差异（$P<0.05$）；去除凋落物输入后有木质残体的溪流的水体单位面积 C 储量上游为 0.87～1.43g/m²，下游为 0.96～1.60g/m²，上、下游间具有显著差异（$P<0.01$）；有凋落物输入有木质残体的溪流水体上游单位面积 C 储量大于下游，而去除凋落物后有木质

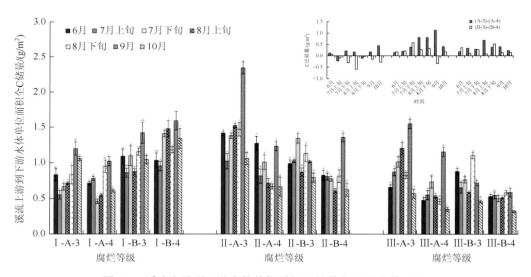

图 8-8　溪流上游到下游水体单位面积 C 储量和 C 迁移量（2）

A-3 为未去除凋落物输入的有木质残体的溪流上游；A-4 为未去除凋落物输入的有木质残体的溪流下游；B-3 为去除凋落物输入的有木质残体的溪流上游；B-4 为去除凋落物输入的有木质残体的溪流下游。不同大写字母表示同一时期 C 储量的不同处理点的差异显著（$P<0.05$）

残体的溪流水体上游单位面积 C 储量小于下游。有凋落物输入有木质残体的溪流内 C 迁移量为–0.23～0.45g/m²，总迁移量为 0.77g/m²，在 6 月、7 月下旬、8 月上旬、9 月及 10 月表现为留存，在 7 月上旬和 8 月下旬表现为输出；去除凋落物输入后，有木质残体的溪流内的 C 迁移量为–0.60～0.06g/m²，总迁移量为 0.06g/m²，除在 6 月表现为留存外，在其他时间均表现为输出。

在溪流 II 中，有凋落物输入有木质残体的溪流的水体单位面积 C 储量上游为 1.03～2.35g/m²，下游为 0.68～1.28g/m²，上、下游间具有极显著差异（$P<0.001$）；去除凋落物输入后有木质残体的溪流的水体单位面积 C 储量上游为 0.80～1.44g/m²，下游为 0.62～1.37g/m²，上、下游间具有显著差异（$P<0.01$）；去除凋落物输入后有木质残体的溪流与未去除凋落物输入有木质残体的溪流水体单位面积 C 储量变化趋势一致降低。有凋落物输入有木质残体的溪流内的 C 迁移量为 0.14～1.11g/m²，总迁移量为 3.83g/m²，均表现为留存；去除凋落物输入后有木质残体的溪流内的 C 迁移量为–0.34～0.57g/m²，总迁移量为 1.36g/m²，除在 9 月表现为输出外，其他时间均表现为留存。

在溪流 III 中，有凋落物输入有木质残体的溪流的水体单位面积 C 储量上游为 0.58～1.56g/m²，下游为 0.47～1.16g/m²，上、下游间具有极显著差异（$P<0.001$）；去除凋落物输入后有木质残体的溪流的水体单位面积 C 储量上游为 0.51～1.11g/m²，下游为 0.33～0.60g/m²，上、下游间具有极显著差异（$P<0.001$）；去除凋落物输入后有木质残体的溪流与未去除凋落物输入有木质残体的溪流水体单位面积 C 储量变化趋势一致降低。有凋落物输入有木质残体的溪流内的 C 迁移量为 0.18～0.68g/m²，总迁移量为 2.44g/m²，均表现为留存；去除凋落物输入后有木质残体的溪流内的 C 迁移量为 0.08～0.52g/m²，总迁移量为 1.59g/m²，均表现为留存。

将无木质残体无凋落物输入的溪流上、下游水体单位面积 C 储量及迁移量与有木质残体无凋落物输入的溪流对比发现（图 8-9）：在溪流 I 中，去除凋落物输入后，无木质

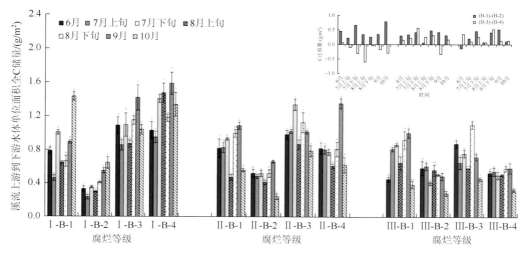

图 8-9　溪流上游到下游水体单位面积 C 储量和 C 迁移量（3）

B-1 为去除凋落物输入的溪流上游；B-2 为去除凋落物输入的溪流下游；B-3 为去除凋落物输入的有木质残体的溪流上游；B-4 为去除凋落物输入的有木质残体的溪流下游。不同大写字母表示同一时期 C 储量的不同处理点的差异显著（$P<0.05$）

残体的溪流的水体单位面积 C 储量上游为 0.47～1.45g/m²，下游为 0.25～0.66g/m²，上、下游间具有极显著差异（$P<0.001$）；去除凋落物输入后，有木质残体的溪流的水体单位面积 C 储量上游为 0.87～1.43g/m²，下游为 0.96～1.60g/m²，上、下游间具有极显著差异（$P<0.001$）；去除凋落物输入后，无木质残体的溪流水体单位面积 C 储量从上游到下游显著降低，有木质残体的溪流水体单位面积 C 储量从上游到下游显著升高。去除凋落物输入后，无木质残体的溪流从上游到下游的碳储量迁移量为 0.23～0.79g/m²，总迁移量为 3.08g/m²，均表现为留存；去除凋落物输入后，有木质残体的溪流从上游到下游的碳储量迁移量为 –0.60～0.06g/m²，总迁移量为 –1.45g/m²，除 6 月表现为留存外，其他时间均表现为输出。

在溪流 II 中，去除凋落物输入后，无木质残体的溪流的水体单位面积 C 储量上游为 0.48～1.10g/m²，下游为 0.26～0.67g/m²，上、下游间具有极显著差异（$P<0.001$）；去除凋落物输入后，有木质残体的溪流的水体单位面积 C 储量上游为 0.80～1.35g/m²，下游为 0.62～1.37g/m²，上、下游间具有显著差异（$P<0.01$）；去除凋落物输入后，有木质残体的溪流与无木质残体的溪流水体单位面积 C 储量从上游到下游变化趋势一致降低。去除凋落物输入后，无木质残体的溪流内的 C 迁移量为 0.06～0.48g/m²，总迁移量为 2.34g/m²，均表现为留存；去除凋落物输入后，有木质残体的溪流内的 C 迁移量为 –0.34～0.57g/m²，总迁移量为 1.36g/m²，除 9 月表现为输出外，其他时间均表现为留存。

在溪流 III 中，去除凋落物输入后，无木质残体的溪流的水体单位面积 C 储量上游为 0.40～1.02g/m²，下游为 0.30～0.62g/m²，上、下游间具有极显著差异（$P<0.001$）；去除凋落物输入后，有木质残体的溪流的水体单位面积 C 储量上游为 0.47～1.11g/m²，下游为 0.33～0.60g/m²，上、下游间具有极显著差异（$P<0.001$）；去除凋落物输入后，有木质残体的溪流与无木质残体的溪流水体单位面积 C 储量从上游到下游变化趋势一致降低。去除凋落物输入后，无木质残体的溪流内的 C 迁移量为 –0.13～0.52g/m²，总迁移量为 1.66g/m²，除 6 月表现为输出外，其他时间均表现为留存；去除凋落物输入后，有木质残体的溪流从上游到下游的 C 储量迁移量为 0.08～0.52g/m²，总迁移量为 1.59g/m²，均表现为留存。

8.3.2　水体中 N 元素储量

重复测量一般线性模型分析表明，亚高山针叶林溪流沉积物类型、有无植物残体的输入和时间及其交互作用对溪流水体单位面积 N 储量具有极显著（$P<0.001$）的影响（表 8-12）。

表 8-12　重复测量一般线性模型分析时间、处理、沉积物类型对溪流水体单位面积 N 储量的影响

项目	溪流单位面积 N 储量							
	A_1-A_2 vs B_1-B_2		A_3-A_4 vs B_3-B_4		A_1-A_2 vs A_3-A_4		B_1-B_2 vs B_3-B_4	
	F	P	F	P	F	P	F	P
时间	491.927	<0.001	653.55	<0.001	1675.586	<0.001	302.827	<0.001
处理	2431.467	<0.001	481.716	<0.001	2972.873	<0.001	1541.676	<0.001
沉积物	201.875	<0.001	1864.215	<0.001	1552.388	<0.001	923.119	<0.001

项目	溪流单位面积 N 储量							
	$A_1\text{-}A_2$ vs $B_1\text{-}B_2$		$A_3\text{-}A_4$ vs $B_3\text{-}B_4$		$A_1\text{-}A_2$ vs $A_3\text{-}A_4$		$B_1\text{-}B_2$ vs $B_3\text{-}B_4$	
	F	P	F	P	F	P	F	P
时间×处理	413.768	<0.001	198.202	<0.001	258.914	<0.001	155.323	<0.001
时间×沉积物	1063.457	<0.001	371.014	<0.001	449.983	<0.001	976.363	<0.001
处理×沉积物	176.836	<0.001	418.009	<0.001	163.256	<0.001	383.094	<0.001
时间×处理×沉积物	367.268	<0.001	107.646	<0.001	146.570	<0.001	166.447	<0.001

　　将去除凋落物输入的溪流上、下游水体单位面积 N 储量及迁移量与有凋落物输入的对照溪流对比发现（图 8-10）：①在溪流 I 中，对照溪流的上游水体 N 储量为 0.13～0.28g/m²，下游为 0.07～0.11g/m²，上、下游间具有极显著差异（$P<0.001$）；去除凋落物输入后，溪流的上游水体的 N 储量为 0.13～0.61g/m²，下游为 0.06～0.20g/m²，上、下游间具有极显著差异（$P<0.001$）；去除凋落物输入后的溪流与未去除的溪流水体单位面积 N 储量变化趋势一致降低。对照溪流内的 N 迁移量为 0.05～0.18g/m²，总迁移量为 0.83g/m²，均表现为留存；去除凋落物后的溪流内的 N 迁移量为 0.05～0.41g/m²，总迁移量为 0.98g/m²，均表现为留存。②在溪流 II 中，对照溪流的水体单位面积 N 储量上游为 0.16～0.34g/m²，下游为 0.12～0.23g/m²，上、下游间具有极显著差异（$P<0.001$）；去除凋落物输入后的溪流的水体单位面积 N 储量上游为 0.18～0.30g/m²，下游为 0.08～0.16g/m²，上、下游间具有极显著差异（$P<0.001$）；去除凋落物输入后的溪流与未去除的溪流水体单位面积 N 储量变化趋势一致降低。对照溪流内的 N 迁移量为 0.03～0.21g/m²，总迁移量为 0.48g/m²，均表现为留存；去除凋落物后的溪流内的 N 迁移量为 0.05～0.17g/m²，

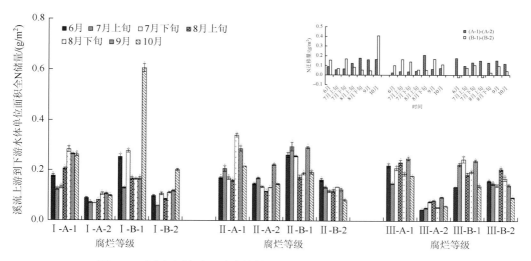

图 8-10　溪流上游到下游水体单位面积 N 储量和 N 迁移量（1）

A-1 为未去除凋落物输入的溪流上游；A-2 为未去除凋落物输入的溪流下游；B-1 为去除凋落物输入的溪流上游；B-2 为去除
凋落物输入的溪流下游。不同大写字母表示同一时期 N 储量的不同处理点的差异显著（$P<0.05$）

总迁移量为 0.79g/m²，均表现为留存。③在溪流Ⅲ中，对照溪流的水体单位面积 N 储量上游为 0.15～0.23g/m²，下游为 0.05～0.10g/m²，上、下游间具有极显著差异（$P<0.001$）；去除凋落物输入后的溪流的水体单位面积 N 储量上游为 0.14～0.25g/m²，下游为 0.10～0.21g/m²，上、下游间具有极显著差异（$P<0.001$）；去除凋落物输入后的溪流与未去除的溪流从上游到下游水体单位面积 N 储量变化趋势一致降低。对照溪流内的 N 迁移量为 0.10～0.18g/m²，总迁移量为 0.97g/m²，均表现为留存；去除凋落物后的溪流内的 N 迁移量为−0.02～0.10g/m²，总迁移量为 0.30g/m²，除 6 月及 8 月上旬表现为输出外，其他时间均表现为留存。

将有凋落物输入有木质残体的溪流上、下游水体单位面积 N 储量及迁移量与无凋落物输入有木质残体的溪流对比发现（图 8-11）：①在溪流Ⅰ中，有凋落物输入有木质残体的溪流的水体单位面积 N 储量上游为 0.18～0.29g/m²，下游为 0.15～0.23g/m²，上、下游间具有极显著差异（$P<0.001$）；去除凋落物输入后有木质残体的溪流，上游水体 N 储量为 0.21～0.40g/m²，下游为 0.24～0.44g/m²，上、下游间具有极显著差异（$P<0.001$）；有凋落物输入有木质残体的溪流，水体 N 储量从上游到下游逐渐降低，而去除凋落物后有木质残体的溪流水体从上游到下游单位面积 N 储量升高。有凋落物输入有木质残体的溪流内的 N 迁移量为−0.05～0.08g/m²，总迁移量为 0.25g/m²，除 7 月上旬表现为输出外，其他时间均表现为留存；去除凋落物输入后有木质残体的溪流内的 N 迁移量为−0.05～−0.02g/m²，总迁移量为−0.25g/m²，均表现为输出。②在溪流Ⅱ中，有凋落物输入有木质残体的溪流的水体单位面积 N 储量上游为 0.28～0.54g/m²，下游为 0.13～0.32g/m²，上、下游间具有极显著差异（$P<0.001$）；去除凋落物输入后有木质残体的溪流的水体单位面积 N 储量上游为 0.26～0.31g/m²，下游为 0.21～0.29g/m²，上、下游间具有极显著差异（$P<0.001$）；去除凋落物输入后有木质残体的溪流与未去除凋落物输入的溪流水体单

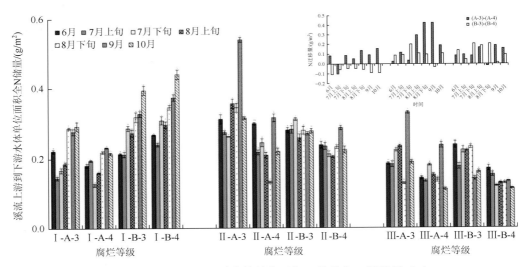

图 8-11　溪流上游到下游水体单位面积 N 储量和 N 迁移量（2）

A-3 为未去除凋落物输入的有木质残体的溪流上游；A-4 为未去除凋落物输入的有木质残体的溪流下游；B-3 为去除凋落物输入的有木质残体的溪流上游；B-4 为去除凋落物输入的有木质残体的溪流下游。不同大写字母表示同一时期 N 储量的不同处理点的差异显著（$P<0.05$）

位面积 N 储量变化趋势一致降低。有凋落物输入有木质残体的溪流内的 N 迁移量为 $0.01\sim0.22g/m^2$，总迁移量为 $0.76g/m^2$，均表现为留存；去除凋落物输入后有木质残体的溪流内的 N 迁移量为 $-0.02\sim0.10g/m^2$，总迁移量为 $0.33g/m^2$，除在 9 月表现为输出外，其他时间均表现为留存。③在溪流Ⅲ中，有凋落物输入有木质残体的溪流的水体单位面积 N 储量上游为 $0.13\sim0.33g/m^2$，下游为 $0.11\sim0.24g/m^2$，上、下游间具有极显著差异（$P<0.001$）；去除凋落物输入后有木质残体的溪流，上游水体 N 储量为 $0.14\sim0.24g/m^2$，下游为 $0.12\sim0.17g/m^2$，上、下游间具有极显著差异（$P<0.001$）；去除凋落物输入后有木质残体的溪流，与未去除凋落物输入有木质残体的溪流水体单位面积 N 储量变化趋势一致。有凋落物输入有木质残体的溪流内的 N 迁移量为 $-0.01\sim0.09g/m^2$，总迁移量为 $0.37g/m^2$，除在 8 月表现为输出外，其他时间均表现为留存；去除凋落物输入后有木质残体的溪流内的 N 迁移量为 $0.01\sim0.10g/m^2$，总迁移量为 $0.44g/m^2$，均表现为留存。

将无木质残体无凋落物输入的溪流上、下游水体单位面积 N 储量及迁移量与有木质残体无凋落物输入的溪流对比发现（图 8-12）：①在溪流Ⅰ中，去除凋落物输入后，无木质残体的溪流的水体单位面积 N 储量上游为 $0.13\sim0.61g/m^2$，下游为 $0.06\sim0.20g/m^2$，上、下游间具有极显著差异（$P<0.001$）；去除凋落物输入后，有木质残体的溪流，上游水体 N 储量为 $0.21\sim0.40g/m^2$，下游为 $0.24\sim0.44g/m^2$，上、下游间具有极显著差异（$P<0.001$）；去除凋落物输入后，无木质残体的溪流，水体 N 储量从上游到下游逐渐降低，有木质残体的溪流水体单位面积 N 储量从上游到下游显著升高。去除凋落物输入后，无木质残体的溪流内的 N 迁移量为 $0.05\sim0.41g/m^2$，总迁移量为 $0.98g/m^2$，均表现为留存；去除凋落物输入后，有木质残体的溪流 N 迁移量为 $-0.05\sim-0.02g/m^2$，总迁移量为 $-0.25g/m^2$，均表现为输出。②在溪流Ⅱ中，去除凋落物输入后，无木质残体的溪流，上游水体 N 储量为 $0.19\sim0.30g/m^2$，下游为 $0.08\sim0.16g/m^2$，上、下游间具有极显著差异（$P<0.001$）；去除凋落物输入后，有木质残体的溪流，上游水体 N 储量为 $0.26\sim0.31g/m^2$，下游为 $0.21\sim0.29g/m^2$，上、下游间具有极显著差异（$P<0.001$）；去除凋落物输入后，有木质残体的溪流与无木质残体的溪流 N 储量均从上游到下游逐渐降低。去除凋落物输入后，无木质残体的溪流 N 迁移量为 $0.05\sim0.17g/m^2$，总迁移量为 $0.79g/m^2$，均表现为留存；去除凋落物输入后，有木质残体的溪流 N 迁移量为 $-0.02\sim0.10g/m^2$，总迁移量为 $0.33g/m^2$，除 9 月表现为输出外，其他时间均表现为留存。③在溪流Ⅲ中，去除凋落物输入后，无木质残体的溪流，上游水体 N 储量为 $0.14\sim0.25g/m^2$，下游为 $0.10\sim0.21g/m^2$，上、下游间具有极显著差异（$P<0.001$）；去除凋落物输入后，有木质残体的溪流，上游水体 N 储量为 $0.14\sim0.24g/m^2$，下游为 $0.12\sim0.17g/m^2$，上、下游间具有极显著差异（$P<0.001$）；去除凋落物输入后，有木质残体的溪流与无木质残体的溪流，水体 N 储量从上游到下游依次降低。去除凋落物输入后，无木质残体的溪流 N 迁移量为 $-0.02\sim0.10g/m^2$，总迁移量为 $0.30g/m^2$，除 6 月、8 月上旬表现为输出外，其他时间均表现为留存；去除凋落物输入后，有木质残体的溪流 N 迁移量为 $0.01\sim0.10g/m^2$，总迁移量为 $0.44g/m^2$，均表现为留存。

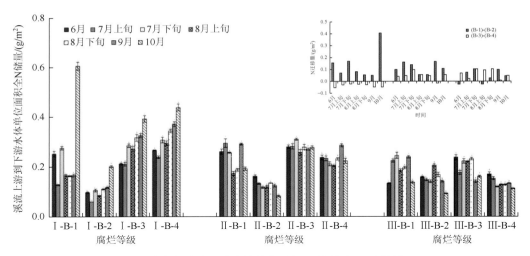

图 8-12　溪流上游到下游水体单位面积 N 储量和 N 迁移量（3）

B-1 为去除凋落物输入的溪流上游；B-2 为去除凋落物输入的溪流下游；B-3 为去除凋落物输入的有木质残体的溪流上游；B-4 为去除凋落物输入的有木质残体的溪流下游。不同大写字母表示同一时期 N 储量的不同处理点的差异显著（$P<0.05$）

8.3.3　水体中 P 元素储量

重复测量一般线性模型分析表明，亚高山针叶林溪流沉积物类型、有无植物残体的输入和时间及其交互作用对溪流水体单位面积 P 储量具有极显著（$P<0.001$）的影响（表 8-13）。

表 8-13　重复测量一般线性模型分析时间、处理、沉积物类型对溪流水体单位面积 P 储量的影响

项目	溪流单位面积 P 储量							
	A_1-A_2 vs B_1-B_2		A_3-A_4 vs B_3-B_4		A_1-A_2 vs A_3-A_4		B_1-B_2 vs B_3-B_4	
	F	P	F	P	F	P	F	P
时间	868.860	<0.001	438.163	<0.001	226.987	<0.001	1887.997	<0.001
处理	868.645	<0.001	320.169	<0.001	749.844	<0.001	961.706	<0.001
沉积物	31.613	<0.001	685.073	<0.001	323.012	<0.001	445.750	<0.001
时间×处理	212.779	<0.001	121.430	<0.001	40.429	<0.001	238.925	<0.001
时间×沉积物	810.732	<0.001	397.052	<0.001	899.757	<0.001	610.016	<0.001
处理×沉积物	36.544	<0.001	176.368	<0.001	141.257	<0.001	148.003	<0.001
时间×处理×沉积物	97.275	<0.001	18.675	<0.001	15.141	<0.001	58.441	<0.001

将去除凋落物输入的溪流上、下游水体单位面积 P 储量及迁移量与有凋落物输入的对照溪流对比发现（图 8-13）：①在溪流 I 中，对照溪流的上游水体 P 储量为 $0.12\sim0.66\text{mg/m}^2$，下游为 $0.09\sim0.32\text{mg/m}^2$，上、下游间具有极显著差异（$P<0.001$）；去除凋落物输入后的溪流的水体单位面积 P 储量上游为 $0.22\sim1.19\text{mg/m}^2$，下游为 $0.10\sim0.38\text{mg/m}^2$，上、下游间具有极显著差异（$P<0.001$）；去除凋落物输入后的溪流与未去除的溪流水体单位面积

P 储量变化趋势一致降低。对照溪流内的 P 迁移量为 0.03～0.49mg/m²，总迁移量为 1.31mg/m²，均表现为留存；去除凋落物后的溪流内的 P 迁移量为 0～0.81mg/m²，总迁移量为 1.81mg/m²，均表现为留存。②在溪流 II 中，对照溪流的水体单位面积 P 储量上游为 0.23～0.62mg/m²，下游为 0.15～0.33mg/m²，上、下游间具有极显著差异（$P<0.001$）；去除凋落物输入后的溪流的水体单位面积 P 储量上游为 0.25～0.70mg/m²，下游为 0.13～0.33mg/m²，上、下游间具有极显著差异（$P<0.001$）；去除凋落物输入后的溪流与未去除的溪流水体单位面积 P 储量变化趋势一致降低。对照溪流内的 P 迁移量为 0～0.38mg/m²，总迁移量为 0.98mg/m²，均表现为留存；去除凋落物后的溪流内的 P 迁移量为 0.07～0.56mg/m²，总迁移量为 1.85mg/m²，均表现为留存。③在溪流 III 中，对照溪流的水体单位面积 P 储量上游为 0.19～0.75mg/m²，下游为 0.08～0.46mg/m²，上、下游间具有极显著差异（$P<0.001$）；去除凋落物输入后的溪流的水体单位面积 P 储量上游为 0.25～0.58mg/m²，下游为 0.15～0.38mg/m²，上、下游间具有极显著差异（$P<0.001$）；去除凋落物输入后的溪流与未去除的溪流从上游到下游水体单位面积 P 储量变化趋势一致降低。对照溪流内的 P 迁移量为–0.27～0.67mg/m²，总迁移量为 1.82mg/m²，除 10 月表现为输出外，其他时间均表现为留存；去除凋落物后的溪流内的 P 迁移量为–0.03～0.29mg/m²，总迁移量为 0.85mg/m²，除 7 月上旬表现为输出外，其他时间均表现为留存。

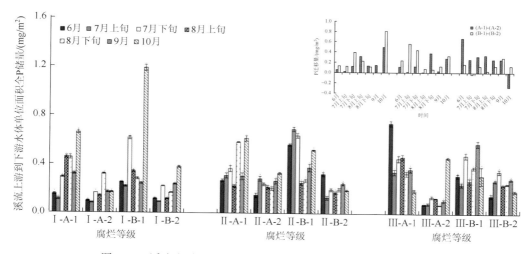

图 8-13　溪流上游到下游水体单位面积 P 储量和 P 迁移量（1）

A-1 为未去除凋落物输入的溪流上游；A-2 为未去除凋落物输入的溪流下游；B-1 为去除凋落物输入的溪流上游；B-2 为去除凋落物输入的溪流下游。不同大写字母表示同一时期 P 储量的不同处理点的差异显著（$P<0.05$）

　　将有凋落物输入有木质残体的溪流上、下游水体单位面积 P 储量及迁移量与无凋落物输入有木质残体的溪流对比发现（图 8-14）：①在溪流 I 中，有凋落物输入有木质残体的溪流的水体单位面积 P 储量上游为 0.18～0.66mg/m²，下游为 0.24～0.60mg/m²，上、下游间无显著差异；去除凋落物输入后有木质残体的溪流的水体单位面积 P 储量上游为 0.33～1.42mg/m²，下游为 0.25～1.09mg/m²，上、下游间具有极显著差异（$P<0.001$）；有凋落

物输入有木质残体的溪流水体从上游到下游单位面积 P 储量无显著变化,而去除凋落物后从上游到下游单位面积 P 储量降低。有凋落物输入有木质残体的溪流内的 P 迁移量为 $-0.27\sim0.17\mathrm{mg/m^2}$,总迁移量为 $0\mathrm{mg/m^2}$,在 6 月及 7 月上旬表现为输出外,7 月下旬、8 月、9 月及 10 月表现为留存;去除凋落物输入后有木质残体的溪流内的 P 迁移量为 $-0.14\sim0.33\mathrm{mg/m^2}$,总迁移量为 $0.62\mathrm{mg/m^2}$,在 7 月下旬及 9 月表现为输出,6 月、7 月上旬、8 月及 10 月表现为留存。②在溪流 Ⅱ 中,有凋落物输入有木质残体的溪流的水体单位面积 P 储量上游为 $0.54\sim1.42\mathrm{mg/m^2}$,下游为 $0.20\sim0.63\mathrm{mg/m^2}$,上、下游间具有极显著差异($P<0.001$);去除凋落物输入后有木质残体的溪流的水体单位面积 P 储量上游为 $0.28\sim1.19\mathrm{mg/m^2}$,下游为 $0.31\sim0.57\mathrm{mg/m^2}$,上、下游间具有极显著差异($P<0.001$);去除凋落物输入后有木质残体的溪流与未去除凋落物输入的溪流水体单位面积 P 储量变化趋势一致降低。有凋落物输入有木质残体的溪流内的 P 迁移量为 $-0.09\sim0.90\mathrm{mg/m^2}$,总迁移量为 $2.59\mathrm{mg/m^2}$,除 6 月表现为输出外,其他时间均表现为留存;去除凋落物输入后有木质残体的溪流内的 P 迁移量为 $-0.10\sim0.80\mathrm{mg/m^2}$,总迁移量为 $1.73\mathrm{mg/m^2}$,除在 7 月上旬表现为输出外,其他时间均表现为留存。③在溪流Ⅲ中,有凋落物输入有木质残体的溪流的水体单位面积 P 储量上游为 $0.19\sim0.75\mathrm{mg/m^2}$,下游为 $0.13\sim0.51\mathrm{mg/m^2}$,上、下游间具有极显著差异($P<0.001$);去除凋落物输入后有木质残体的溪流的水体单位面积 P 储量上游为 $0.18\sim0.57\mathrm{mg/m^2}$,下游为 $0.18\sim0.35\mathrm{mg/m^2}$,上、下游间具有极显著差异($P<0.001$);去除凋落物输入后有木质残体的溪流与未去除凋落物输入有木质残体的溪流水体单位面积 P 储量变化趋势一致降低。有凋落物输入有木质残体的溪流内的 P 迁移量为 $0.01\sim0.24\mathrm{mg/m^2}$,总迁移量为 $0.89\mathrm{mg/m^2}$,均表现为留存;去除凋落物输入后有木质残体的溪流内的 P 迁移量为 $-0.03\sim0.33\mathrm{mg/m^2}$,总迁移量为 $0.92\mathrm{mg/m^2}$,除 9 月表现为输出外,其他时间均表现为留存。

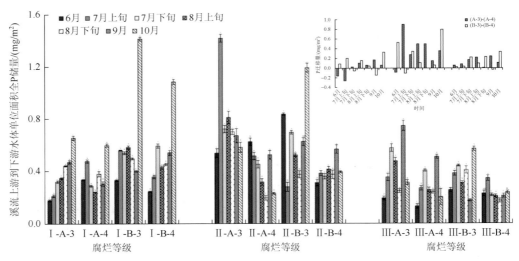

图 8-14　溪流上游到下游水体单位面积 P 储量和 P 迁移量(2)

A-3 为未去除凋落物输入的有木质残体的溪流上游;A-4 为未去除凋落物输入的有木质残体的溪流下游;B-3 为去除凋落物输入的有木质残体的溪流上游;B-4 为去除凋落物输入的有木质残体的溪流下游。不同大写字母表示同一时期 P 储量的不同处理点的差异显著($P<0.05$)

将无木质残体无凋落物输入的溪流上、下游水体单位面积 P 储量及迁移量与有木质残体无凋落物输入的溪流对比发现（图 8-15）：①在溪流 I 中，去除凋落物输入后，无木质残体的溪流的水体单位面积 P 储量上游为 0.22～1.19mg/m²，下游为 0.10～0.38mg/m²，上、下游间具有极显著差异（$P<0.001$）；去除凋落物输入后，有木质残体的溪流的水体单位面积 P 储量上游为 0.33～1.42mg/m²，下游为 0.25～1.09mg/m²，上、下游间具有极显著差异（$P<0.001$）；去除凋落物输入后，无木质残体的溪流与有木质残体的溪流水体单位面积 P 储量从上游到下游变化趋势一致降低。去除凋落物输入后，无木质残体的溪流内的 P 迁移量为 0～0.81mg/m²，总迁移量为 1.81mg/m²，均表现为留存；去除凋落物输入后，有木质残体的溪流内的 P 迁移量为 –0.14～0.33mg/m²，总迁移量为 0.62mg/m²，在 7 月下旬及 9 月表现为输出，6 月、7 月上旬、8 月及 10 月表现为留存。②在溪流 II 中，去除凋落物输入后，无木质残体的溪流的水体单位面积 P 储量上游为 0.25～0.70mg/m²，下游为 0.13～0.33mg/m²，上、下游间具有极显著差异（$P<0.001$）；去除凋落物输入后，有木质残体的溪流的水体单位面积 P 储量上游为 0.28～1.19mg/m²，下游为 0.31～0.57mg/m²，上、下游间具有极显著差异（$P<0.001$）；去除凋落物输入后，有木质残体的溪流与无木质残体的溪流水体单位面积 P 储量从上游到下游变化趋势一致降低。去除凋落物输入后，无木质残体的溪流内的 P 迁移量为 0.07～0.56mg/m²，总迁移量为 1.85mg/m²，均表现为留存；去除凋落物输入后，有木质残体的溪流内的 P 迁移量为 –0.10～0.80mg/m²，总迁移量为 1.73mg/m²，除 7 月上旬表现为输出外，其他时间均表现为留存。③在溪流 III 中，去除凋落物输入后，无木质残体的溪流的水体单位面积 P 储量上游为 0.25～0.58mg/m²，下游为 0.15～0.35mg/m²，上、下游间具有极显著差异（$P<0.001$）；去除凋落物输入后，有木质残体的溪流的水体单位面积 P 储量上游为 0.18～0.57mg/m²，下游为 0.18～0.35mg/m²，上、下游间具有极显著差异（$P<0.001$）；去除凋落物输入后，有木质残体的溪流与无木质残

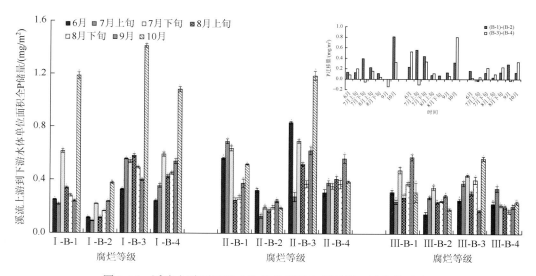

图 8-15　溪流上游到下游水体单位面积 P 储量和 P 迁移量（3）

B-1 为去除凋落物输入的溪流上游；B-2 为去除凋落物输入的溪流下游；B-3 为去除凋落物输入的有木质残体的溪流上游；B-4 为去除凋落物输入的有木质残体的溪流下游。不同大写字母表示同一时期 P 储量的不同处理点的差异显著（$P<0.05$）

体的溪流水体单位面积 P 储量从上游到下游变化趋势一致降低。去除凋落物输入后，无木质残体的溪流内的 P 迁移量为−0.03～0.29mg/m²，总迁移量为 0.85mg/m²，除 7 月上旬表现为输出外，其他时间均表现为留存；去除凋落物输入后，有木质残体的溪流内的 P 迁移量为−0.03～0.33mg/m²，总迁移量为 0.92mg/m²，除 9 月表现为输出外，其他时间均表现为留存。

8.4　亚高山针叶林区森林溪流沉积物元素储量

8.4.1　沉积物中 C 元素储量

重复测量一般线性模型分析表明，亚高山针叶林区溪流沉积物类型、有无植物残体的输入和时间及其交互作用对溪流沉积物单位面积 C 储量具有极显著（＜0.001）的影响（表 8-14）。

表 8-14　重复测量一般线性模型分析时间、处理、沉积物类型对溪流沉积物单位面积 C 储量的影响

项目	溪流单位面积 C 储量							
	A_1-A_2 vs B_1-B_2		A_3-A_4 vs B_3-B_4		A_1-A_2 vs A_3-A_4		B_1-B_2 vs B_3-B_4	
	F	P	F	P	F	P	F	P
时间	3170.862	＜0.001	921.841	＜0.001	2099.790	＜0.001	913.476	＜0.001
处理	591.686	＜0.001	367.799	＜0.001	130.389	＜0.001	495.198	＜0.001
沉积物	6528.926	＜0.001	3247.714	＜0.001	4897.313	＜0.001	4038.341	＜0.001
时间×处理	205.329	＜0.001	28.641	＜0.001	14.584	＜0.001	46.939	＜0.001
时间×沉积物	870.730	＜0.001	261.958	＜0.001	414.7143	＜0.001	175.410	＜0.001
处理×沉积物	473.652	＜0.001	452.010	＜0.001	258.235	＜0.001	274.028	＜0.001
时间×处理×沉积物	20.617	＜0.001	24.868	＜0.001	20.647	＜0.001	36.374	＜0.001

将去除凋落物输入的溪流上、下游沉积物单位面积 C 储量及迁移量与有凋落物输入的对照溪流对比发现（图 8-16）：①在溪流 I 中，对照溪流的沉积物单位面积 C 储量上游为 1.69～23.85kg/m²，下游为 3.05～26.26kg/m²，上、下游间具有显著差异（P＜0.01）；去除凋落物输入后的溪流的沉积物单位面积 C 储量上游为 2.37～23.46kg/m²，下游为 3.35～9.12kg/m²，上、下游间具有极显著差异（P＜0.001）；去除凋落物输入后的溪流与未去除的溪流沉积物单位面积 C 储量变化趋势一致降低。对照溪流内的 C 迁移量为−4.278～11.74kg/m²，总迁移量为 5.73kg/m²，在 6 月、8 月上旬、9 月及 10 月表现为输出，在 7 月及 8 月下旬表现为留存；去除凋落物后的溪流内的 C 迁移量为−2.69～15.47kg/m²，总迁移量为 43.46kg/m²，在 9 月及 10 月表现为输出，在 6 月、7 月及 8 月表现为留存。②在溪流 II 中，对照溪流的沉积物单位面积 C 储量上游为 5.05～21.49kg/m²，下游为 1.55～21.34kg/m²，上、下游间具有极显著差异（P＜0.001）；去除凋落物输入后的

溪流的沉积物单位面积 C 储量上游为 5.55~18.79kg/m²，下游为 3.78~16.94kg/m²，上、下游间具有极显著差异（$P < 0.001$）；去除凋落物输入后的溪流与未去除的溪流沉积物单位面积 C 储量变化趋势一致降低。对照溪流内的 C 迁移量为−7.389~13.604kg/m²，总迁移量为 21.72kg/m²，在 7 月下旬、8 月下旬及 10 月表现为输出，在 6 月、7 月上旬、8 月上旬及 9 月表现为留存；去除凋落物后的溪流内的 C 迁移量为−5.39~15.01kg/m²，总迁移量为 15.56kg/m²，在 6 月、7 月下旬及 10 月表现为输出，在 7 月上旬、8 月及 9 月表现为留存。③在溪流Ⅲ中，对照溪流的沉积物单位面积 C 储量上游为 1.30~8.05kg/m²，下游为 3.46~6.89kg/m²，上、下游间具有极显著差异（$P < 0.001$）；去除凋落物输入后的溪流的沉积物单位面积 C 储量上游为 0.62~9.02kg/m²，下游为 2.71~7.55kg/m²，上、下游间具有显著差异（$P < 0.01$）；去除凋落物输入后的溪流与未去除的溪流沉积物单位面积 C 储量变化趋势一致升高。对照溪流内的 C 迁移量为−4.20~1.83kg/m²，总迁移量为−11.99kg/m²，除 8 月上旬表现为留存外，其他时间均表现为输出；去除凋落物后的溪流内的 C 迁移量为−3.72~1.83kg/m²，总迁移量为−3.63kg/m²，在 8 月上旬、9 月及 10 月表现为留存，6 月、7 月及 8 月下旬表现为输出。

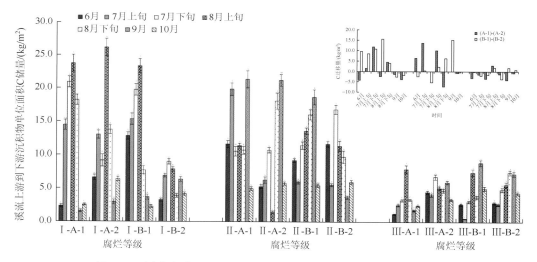

图 8-16　溪流上游到下游沉积物单位面积 C 储量和 C 迁移量（1）

A-1 为未去除凋落物输入的溪流上游；A-2 为未去除凋落物输入的溪流下游；B-1 为去除凋落物输入的溪流上游；B-2 为去除凋落物输入的溪流下游。不同大写字母表示同一时期 C 储量的不同处理点的差异显著（$P < 0.05$）

将有凋落物输入有木质残体的溪流上、下游沉积物单位面积 C 储量及迁移量与无凋落物输入有木质残体的溪流对比发现（图 8-17）：①在溪流Ⅰ中，有凋落物输入有木质残体的溪流的沉积物单位面积 C 储量上游为 2.50~29.99kg/m²，下游为 4.03~35.61kg/m²，上、下游间具有极显著差异（$P < 0.001$）；去除凋落物输入后有木质残体的溪流的沉积物单位面积 C 储量上游为 4.70~11.69kg/m²，下游为 5.16~13.34kg/m²，上、下游间具有显著差异（$P < 0.01$）；有木质残体的溪流沉积物和去除凋落物后从上游到下游单位面积 C 储量均升高。有凋落物输入有木质残体的溪流内的 C 迁移量为−5.62~8.43kg/m²，总迁移

量为 24.83kg/m²，除在 8 月下旬表现为输出外，其他时间均表现为留存；去除凋落物输入后有木质残体的溪流内的 C 迁移量为–3.70～2.51kg/m²，总迁移量为–10.07kg/m²，除在 6 月及 8 月上旬表现为留存外，其他时间均表现为输出。②在溪流Ⅱ中，有凋落物输入有木质残体的溪流的沉积物单位面积 C 储量上游为 6.57～20.12kg/m²，下游为 7.70～29.76kg/m²，上、下游间具有极显著差异（$P<0.001$）；去除凋落物输入后有木质残体的溪流的沉积物单位面积 C 储量上游为 7.43～15.04kg/m²，下游为 3.37～17.16kg/m²，上、下游间无显著差异；未去除凋落物输入的有木质残体的溪流从上游到下游沉积物单位面积 C 储量升高，去除凋落物输入后，有木质残体的溪流从上游到下游沉积物单位面积 C 储量无明显变化。有凋落物输入有木质残体的溪流内的 C 迁移量为–9.64～2.74kg/m²，总迁移量为–24.75kg/m²，除 8 月下旬表现为留存外，其他时间均表现为输出；去除凋落物输入后有木质残体的溪流内的 C 迁移量为–9.56～4.42kg/m²，总迁移量为 1.99kg/m²，在 6 月及 9 月表现为输出外，7 月、8 月及 10 月表现为留存。③在溪流Ⅲ中，有凋落物输入有木质残体的溪流的沉积物单位面积 C 储量上游为 2.49～6.55kg/m²，下游为 1.30～7.78kg/m²，上、下游间具有显著差异（$P<0.01$）；去除凋落物输入后有木质残体的溪流的沉积物单位面积 C 储量上游为 1.08～5.67kg/m²，下游为 1.80～13.32kg/m²，上、下游间具有极显著差异（$P<0.001$）；未去除凋落物输入的有木质残体的溪流从上游到下游沉积物单位面积 C 储量降低，去除凋落物输入后，有木质残体的溪流从上游到下游沉积物单位面积 C 储量升高。有凋落物输入有木质残体的溪流内的 C 迁移量为–1.23～3.57kg/m²，总迁移量为 7.18kg/m²，在 6 月、7 月下旬、8 月上旬、9 月及 10 月表现为留存，7 月上旬及 8 月下旬表现为输出；去除凋落物输入后有木质残体的溪流内的 C 迁移量为–7.72～1.60kg/m²，总迁移量为–9.58kg/m²，在 6 月及 9 月表现为留存，7 月、8 月及 10 月表现为输出。

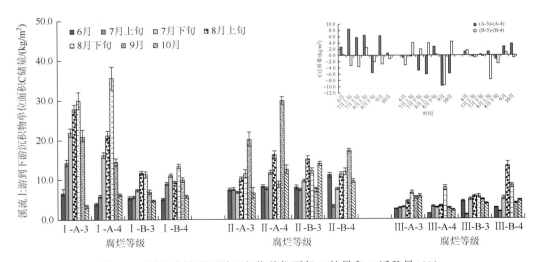

图 8-17　溪流上游到下游沉积物单位面积 C 储量和 C 迁移量（2）

A-3 为未去除凋落物输入的有木质残体的溪流上游；A-4 为未去除凋落物输入的有木质残体的溪流下游；B-3 为去除凋落物输入的有木质残体的溪流上游；B-4 为去除凋落物输入的有木质残体的溪流下游。不同大写字母表示同一时期 C 储量的不同处理点的差异显著（$P<0.05$）

　　将无木质残体无凋落物输入的溪流上、下游沉积物单位面积 C 储量及迁移量与有木质残体无凋落物输入的溪流对比发现（图 8-18）：①在溪流 I 中，去除凋落物输入后，无木质残体的溪流的沉积物单位面积 C 储量上游为 2.37～23.46kg/m²，下游为 3.35～9.12kg/m²，上、下游间具有极显著差异（$P<0.001$）；去除凋落物输入后，有木质残体的溪流的沉积物单位面积 C 储量上游为 4.70～11.69kg/m²，下游为 5.18～13.34kg/m²，上、下游间具有极显著差异（$P<0.001$）；去除凋落物输入后，无木质残体的溪流沉积物单位面积 C 储量从上游到下游显著降低，有木质残体的溪流沉积物单位面积 C 储量从上游到下游升高。去除凋落物输入后，无木质残体的溪流内的 C 迁移量为–2.69～15.47kg/m²，总迁移量为 43.46kg/m²，在 6 月、7 月及 8 月表现为留存，在 9 月及 10 月表现为输出；去除凋落物输入后，有木质残体的溪流内的 C 迁移量为–3.70～2.51kg/m²，总迁移量为 –10.07kg/m²，在 6 月及 8 月上旬表现为留存，在 7 月、8 月下旬、9 月及 10 月表现为输出。②在溪流 II 中，去除凋落物输入后，无木质残体的溪流的沉积物单位面积 C 储量上游为 5.55～18.79kg/m²，下游为 3.78～16.94kg/m²，上、下游间具有极显著差异（$P<0.001$）；去除凋落物输入后，有木质残体的溪流的沉积物单位面积 C 储量上游为 7.43～15.04kg/m²，下游为 3.37～17.16kg/m²，上、下游间无显著差异；去除凋落物输入后，无木质残体的溪流从上游到下游沉积物单位面积 C 储量降低，有木质残体的溪流从上游到下游沉积物单位面积 C 储量无显著变化。去除凋落物输入后，无木质残体的溪流内的 C 迁移量为–5.39～15.01kg/m²，总迁移量为 15.56kg/m²，在 7 月上旬、8 月及 9 月表现为留存，在 6 月、7 月下旬及 10 月表现为输出；去除凋落物输入后，有木质残体的溪流内的 C 迁移量为–9.56～4.42kg/m²，总迁移量为 1.99kg/m²，在 6 月及 9 月表现为输出，7 月、8 月及 10 月表现为留存。③在溪流 III 中，去除凋落物输入后，无木质残体的溪流的沉积物单位面积 C 储量上游为 0.62～9.02kg/m²，下游为 2.71～7.55kg/m²，上、下游间具有显著差异（$P<0.05$）；

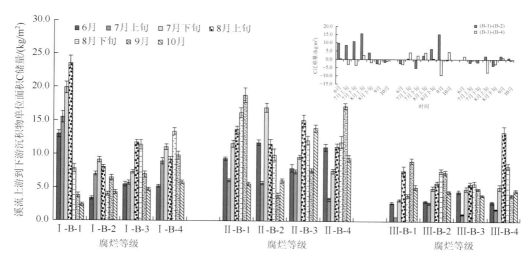

图 8-18　溪流上游到下游沉积物单位面积 C 储量和 C 迁移量（3）

B-1 为去除凋落物输入的溪流上游；B-2 为去除凋落物输入的溪流下游；B-3 为去除凋落物输入的有木质残体的溪流上游；B-4 为去除凋落物输入的有木质残体的溪流下游。不同大写字母表示同一时期 C 储量的不同处理点的差异显著（$P<0.05$）

去除凋落物输入后，有木质残体的溪流的沉积物单位面积 C 储量上游为 $1.08 \sim 5.67 kg/m^2$，下游为 $1.80 \sim 13.32 kg/m^2$，上、下游间具有极显著差异（$P < 0.001$）；去除凋落物输入后，有木质残体的溪流与无木质残体的溪流沉积物单位面积 C 储量从上游到下游变化趋势一致升高。去除凋落物输入后，无木质残体的溪流内的 C 迁移量为 $-3.72 \sim 1.83 kg/m^2$，总迁移量为 $-3.63 kg/m^2$，在 8 月上旬、9 月及 10 月表现为留存，在 7 月及 8 月下旬表现为输出；去除凋落物输入后，有木质残体的溪流内的 C 迁移量为 $-7.72 \sim 1.60 kg/m^2$，总迁移量为 $-9.58 kg/m^2$，在 6 月、9 月及 10 月表现为留存，在 7 月及 8 月表现为输出。

8.4.2 沉积物中 N 元素储量

重复测量一般线性模型分析表明，溪流沉积物类型、有无植物残体的输入和时间及其交互作用对溪流沉积物单位面积 N 储量具有极显著（< 0.001）的影响（表 8-15）。

表 8-15 重复测量一般线性模型分析时间、处理、沉积物类型对溪流沉积物单位面积 N 储量的影响

项目	溪流单位面积 N 储量							
	A_1-A_2 vs B_1-B_2		A_3-A_4 vs B_3-B_4		A_1-A_2 vs A_3-A_4		B_1-B_2 vs B_3-B_4	
	F	P	F	P	F	P	F	P
时间	4084.950	<0.001	4721.015	<0.001	2883.537	<0.001	2366.426	<0.001
处理	273.635	<0.001	59.793	<0.001	431.224	<0.001	362.004	<0.001
沉积物	1074.878	<0.001	755.667	<0.001	1999.935	<0.001	99.889	<0.001
时间×处理	48.330	<0.001	116.133	<0.001	151.292	<0.001	168.453	<0.001
时间×沉积物	420.184	<0.001	483.527	<0.001	816.353	<0.001	179.654	<0.001
处理×沉积物	147.707	<0.001	331.745	<0.001	215.386	<0.001	107.168	<0.001
时间×处理×沉积物	31.765	<0.001	36.738	<0.001	19.080	<0.001	36.461	<0.001

将去除凋落物输入的溪流上、下游沉积物单位面积 N 储量及迁移量与有凋落物输入的对照溪流对比发现（图 8-19）：①在溪流 I 中，对照溪流的沉积物单位面积 N 储量上游为 $0.04 \sim 0.34 kg/m^2$，下游为 $0.05 \sim 0.64 kg/m^2$，上、下游间具有极显著差异（$P < 0.001$）；去除凋落物输入后的溪流的沉积物单位面积 N 储量上游为 $0.07 \sim 0.37 kg/m^2$，下游为 $0.07 \sim 0.41 kg/m^2$，上、下游间具有显著差异（$P < 0.01$）；去除凋落物输入后的溪流与未去除的溪流沉积物单位面积 N 储量变化趋势一致升高。对照溪流内的 N 迁移量为 $-0.50 \sim 0.08 kg/m^2$，总迁移量为 $-0.59 kg/m^2$，在 7 月下旬、8 月下旬及 10 月表现为留存，6 月、7 月上旬、8 月上旬及 9 月表现为输出；去除凋落物后的溪流内的 N 迁移量为 $-0.17 \sim 0.05 kg/m^2$，总迁移量为 $-0.23 kg/m^2$，在 7 月上旬及 9 月表现为留存，6 月、7 月下旬、8 月及 10 月表现为输出。②在溪流 II 中，对照溪流的沉积物单位面积 N 储量上游为 $0.06 \sim 1.27 kg/m^2$，下游为 $0.23 \sim 0.81 kg/m^2$，上、下游间具有极显著差异（$P < 0.001$）；去除凋落物输入后的溪流的沉积物单位面积 N 储量上游为 $0.09 \sim 0.33 kg/m^2$，下游为 $0.18 \sim 0.61 kg/m^2$，上、下游间具有极显著差异（$P < 0.001$）；去除凋落物输入后的溪流与未去

除的溪流沉积物单位面积 N 储量变化趋势一致升高。对照溪流内的 N 迁移量为−0.53～
0.91kg/m², 总迁移量为−0.73kg/m², 除在 7 月上旬表现为留存外，其他时间均表现为输
出；去除凋落物后的溪流内的 N 迁移量为−0.52～0.07kg/m²，总迁移量为−1.37kg/m²，
除在 8 月表现为留存外，其他时间均表现为输出。③在溪流Ⅲ中，对照溪流的沉积物单
位面积 N 储量上游为 0.04～0.27kg/m²，下游为 0.11～0.32kg/m²，上、下游间具有极显
著差异（P<0.001）；去除凋落物输入后的溪流的沉积物单位面积 N 储量上游为 0.05～
0.43kg/m²，下游为 0.06～0.42kg/m²，上、下游间具有显著差异（P<0.01）；去除凋落物
输入后的溪流与未去除的溪流沉积物单位面积 N 储量变化趋势一致升高。对照溪流内的
N 迁移量为−0.28～0.03kg/m²，总迁移量为−0.68kg/m²，均表现为输出；去除凋落物后的
溪流内的 N 迁移量为−0.29～0.18kg/m²，总迁移量为−0.24kg/m²，在 6 月、8 月上旬、9 月
及 10 月表现为留存，7 月、8 月下旬表现为输出。

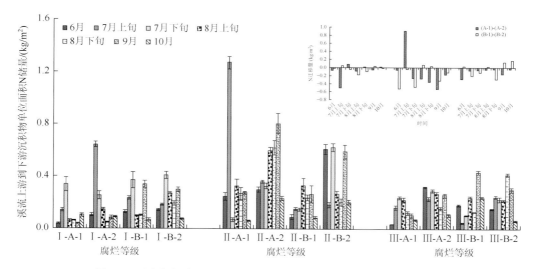

图 8-19　溪流上游到下游沉积物单位面积 N 储量和 N 迁移量（1）

A-1 为未去除凋落物输入的溪流上游；A-2 为未去除凋落物输入的溪流下游；B-1 为去除凋落物输入的溪流上游；B-2 为去除
凋落物输入的溪流下游。不同大写字母表示同一时期 N 储量的不同处理点的差异显著（P<0.05）

　　将有凋落物输入有木质残体的溪流上、下游沉积物单位面积 N 储量及迁移量与无凋
落物输入有木质残体的溪流对比发现（图 8-20）：①在溪流Ⅰ中，有凋落物输入有木质残
体的溪流的沉积物单位面积 N 储量上游为 0.08～1.27kg/m²，下游为 0.11～0.89kg/m²，上、
下游间具有极显著差异（P<0.001）；去除凋落物输入后有木质残体的溪流的沉积物单位
面积 N 储量上游为 0.26～0.61kg/m²，下游为 0.07～0.79kg/m²，上、下游间无显著差异；
有凋落物输入有木质残体的溪流沉积物从上游到下游单位面积 N 储量降低，而去除凋落
物后从上游到下游单位面积 N 储量无显著变化。有凋落物输入有木质残体的溪流内的 N
迁移量为−0.26～0.44kg/m²，总迁移量为 0.90kg/m²，在 6 月、7 月、9 月及 10 月表现为留
存，在 8 月表现为输出；去除凋落物输入后有木质残体的溪流内的 N 迁移量为−0.39～
0.24kg/m²，总迁移量为−0.02kg/m²，在 7 月上旬、8 月及 10 月表现为留存，在 6 月、7 月

下旬及9月表现为输出。②在溪流Ⅱ中，有凋落物输入有木质残体的溪流的沉积物单位面积N储量上游为0.25～0.98kg/m²，下游为0.21～1.83kg/m²，上、下游间具有极显著差异（$P<0.001$）；去除凋落物输入后有木质残体的溪流的沉积物单位面积N储量上游为0.11～0.50kg/m²，下游为0.09～0.66kg/m²，上、下游间具有显著差异（$P<0.01$）；去除凋落物输入与未去除凋落物输入的有木质残体的溪流从上游到下游沉积物单位面积N储量变化趋势一致升高。有凋落物输入有木质残体的溪流内的N迁移量为–0.86～0.34kg/m²，总迁移量为–2.03kg/m²，除8月下旬表现为留存外，其他时间均表现为输出；去除凋落物输入后有木质残体的溪流内的N迁移量为–0.40～0.27kg/m²，总迁移量为–0.76kg/m²，在7月上旬及8月上旬表现为留存，6月、7月下旬、8月下旬、9月及10月表现为输出。③在溪流Ⅲ中，有凋落物输入有木质残体的溪流的沉积物单位面积N储量上游为0.13～0.32kg/m²，下游为0.05～0.30kg/m²，上、下游间具有显著差异（$P<0.01$）；去除凋落物输入后有木质残体的溪流的沉积物单位面积N储量上游为0.07～0.42kg/m²，下游为0.17～0.46kg/m²，上、下游间具有显著差异（$P<0.01$）；未去除凋落物输入的有木质残体的溪流从上游到下游沉积物单位面积N储量降低，去除凋落物输入后有木质残体的溪流从上游到下游沉积物单位面积N储量升高。有凋落物输入有木质残体的溪流内的N迁移量为–0.05～0.21kg/m²，总迁移量为0.30kg/m²，在6月、7月下旬、8月上旬及9月表现为留存，7月上旬、8月下旬及10月表现为输出；去除凋落物输入后有木质残体的溪流内的N迁移量为–0.10～0.04kg/m²，总迁移量为–0.25kg/m²，在6月、8月上旬及10月表现为留存，7月、8月下旬及9月表现为输出。

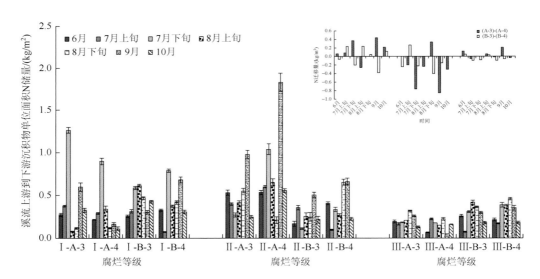

图8-20　溪流上游到下游沉积物单位面积N储量和N迁移量（2）

A-3为未去除凋落物输入的有木质残体的溪流上游；A-4为未去除凋落物输入的有木质残体的溪流下游；B-3为去除凋落物输入的有木质残体的溪流上游；B-4为去除凋落物输入的有木质残体的溪流下游。不同大写字母表示同一时期N储量的不同处理点的差异显著（$P<0.05$）

将无木质残体无凋落物输入的溪流上、下游沉积物单位面积N储量及迁移量与有木质残体无凋落物输入的溪流对比发现（图 8-21）：①在溪流Ⅰ中，去除凋落物输入后，无木质残体的溪流的沉积物单位面积 N 储量上游为 0.07～0.37kg/m²，下游为 0.07～0.41kg/m²，上、下游间具有显著差异（$P<0.05$）；去除凋落物输入后，有木质残体的溪流的沉积物单位面积 N 储量上游为 0.26～0.61kg/m²，下游为 0.07～0.77kg/m²，上、下游间无显著差异；去除凋落物输入后，无木质残体的溪流沉积物单位面积 N 储量从上游到下游升高，有木质残体的溪流无显著变化。去除凋落物输入后，无木质残体的溪流内的 N 迁移量为–0.17～0.05kg/m²，总迁移量为–0.23kg/m²，在 7 月上旬及 9 月表现为留存，在 6 月、7 月下旬、8 月及 10 月表现为输出；去除凋落物输入后，有木质残体的溪流内的 N 迁移量为–0.39～0.24kg/m²，总迁移量为–0.02kg/m²，在 7 月上旬、8 月及 10 月表现为留存，在 6 月、7 月下旬及 9 月表现为输出。②在溪流Ⅱ中，去除凋落物输入后，无木质残体的溪流的沉积物单位面积 N 储量上游为 0.09～0.33kg/m²，下游为 0.18～0.63kg/m²，上、下游间具有极显著差异（$P<0.001$）；去除凋落物输入后，有木质残体的溪流的沉积物单位面积 N 储量上游为 0.11～0.50kg/m²，下游为 0.09～0.66kg/m²，上、下游间具有极显著差异（$P<0.001$）；去除凋落物输入后，无木质残体与有木质残体的溪流从上游到下游沉积物单位面积 N 储量变化趋势一致升高。去除凋落物输入后，无木质残体的溪流内的 N 迁移量为–0.52～0.07kg/m²，总迁移量为–1.37kg/m²，除在 8 月表现为留存外，其他时间均表现为输出；去除凋落物输入后，有木质残体的溪流内的 N 迁移量为–0.40～0.27kg/m²，总迁移量为–0.76kg/m²，在 7 月上旬及 8 月上旬表现为留存，在 6 月、7 月下旬、8 月下旬、9 月及 10 月表现为输出。③在溪流Ⅲ中，去除凋落物输入后，无木质残体的溪流的沉积物单位面积 N 储量上游为 0.05～0.43kg/m²，下游为 0.06～0.42kg/m²，上、下游间具有显著差异（$P<0.01$）；去除凋落物输入后，有木质残体的溪流的沉积物单位面积 N 储量上游

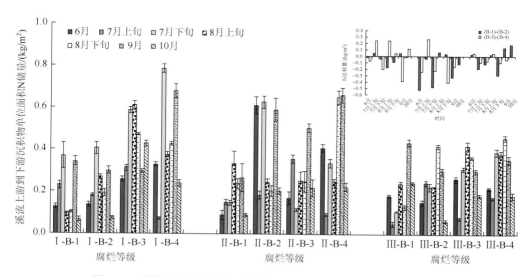

图 8-21　溪流上游到下游沉积物单位面积 N 储量和 N 迁移量（3）

B-1 为去除凋落物输入的溪流上游；B-2 为去除凋落物输入的溪流下游；B-3 为去除凋落物输入的有木质残体的溪流上游；B-4 为去除凋落物输入的有木质残体的溪流下游。不同大写字母表示同一时期 N 储量的不同处理点的差异显著（$P<0.05$）

为 $0.07\sim0.42kg/m^2$，下游为 $0.17\sim0.46kg/m^2$，上、下游间具有显著差异（$P<0.01$）；去除凋落物输入后，有木质残体的溪流与无木质残体的溪流沉积物单位面积 N 储量从上游到下游变化趋势一致升高。去除凋落物输入后，无木质残体的溪流内的 N 迁移量为 $-0.29\sim0.18kg/m^2$，总迁移量为 $-0.24kg/m^2$，在 6 月、8 月上旬、9 月及 10 月表现为留存，在 7 月及 8 月下旬表现为输出；去除凋落物输入后，有木质残体的溪流内的 N 迁移量为 $-0.10\sim0.04kg/m^2$，总迁移量为 $-0.25kg/m^2$，在 6 月、8 月上旬及 10 月表现为留存，在 7 月、8 月下旬及 9 月表现为输出。

8.4.3　沉积物中 P 元素储量

重复测量一般线性模型分析表明，亚高山针叶林区森林溪流沉积物类型、有无植物残体的输入和时间及其交互作用对溪流沉积物单位面积 P 储量具有极显著（$P<0.001$）的影响（表 8-16）。

表 8-16　重复测量一般线性模型分析时间、处理、沉积物类型对溪流沉积物单位面积 P 储量的影响

项目	溪流单位面积 P 储量							
	A_1-A_2 vs B_1-B_2		A_3-A_4 vs $_3$-B_4		A_1-A_2 vs A_3-A_4		B_1-B_2 vs B_3-B_4	
	F	P	F	P	F	P	F	P
时间	2065.838	<0.001	463.917	<0.001	1128.879	<0.001	1093.667	<0.001
处理	346.667	<0.001	121.937	<0.001	71.651	<0.001	45.113	<0.001
沉积物	910.715	<0.001	1534.194	<0.001	1952.660	<0.001	1127.212	<0.001
时间×处理	74.717	<0.001	43.203	<0.001	38.425	<0.001	59.595	<0.001
时间×沉积物	487.094	<0.001	213.328	<0.001	299.254	<0.001	163.634	<0.001
处理×沉积物	412.283	<0.001	170.218	<0.001	116.917	<0.001	93.292	<0.001
时间×处理×沉积物	10.022	<0.001	7.922	<0.001	12.664	<0.001	15.656	<0.001

将去除凋落物输入的溪流上、下游沉积物单位面积 P 储量及迁移量与有凋落物输入的对照溪流对比发现（图 8-22）：①在溪流 I 中，对照溪流的沉积物单位面积 P 储量上游为 $0.03\sim0.27kg/m^2$，下游为 $0.02\sim0.34kg/m^2$，上、下游间具有极显著差异（$P<0.001$）；去除凋落物输入后的溪流的沉积物单位面积 P 储量上游为 $0.01\sim0.07kg/m^2$，下游为 $0.01\sim0.04kg/m^2$，上、下游间无显著差异；未去除凋落物输入的溪流从上游到下游沉积物单位面积 P 储量升高，去除凋落物输入后无明显变化。对照溪流内的 P 迁移量为 $-0.22\sim0.04kg/m^2$，总迁移量为 $-0.55kg/m^2$，在 7 月下旬及 8 月上旬表现为留存，6 月、7 月上旬、8 月下旬、9 月及 10 月表现为输出；去除凋落物后的溪流内的 P 迁移量为 $-0.02\sim0.03kg/m^2$，总迁移量为 $0.09kg/m^2$，除在 8 月上旬表现为输出外，其他时间均表现为留存。②在溪流 II 中，对照溪流的沉积物单位面积 P 储量上游为 $0.05\sim0.16kg/m^2$，下游为 $0.03\sim0.15kg/m^2$，上、下游间具有显著差异（$P<0.05$）；去除凋落物输入后的溪流的沉积物单位面积 P 储量上游为 $0.04\sim0.14kg/m^2$，下游为 $0.03\sim0.16kg/m^2$，上、下游间具有显著差异

（P＜0.05）；未去除凋落物输入的溪流从上游到下游沉积物单位面积 P 储量降低，去除凋落物输入后的溪流升高。对照溪流内的 P 迁移量为–0.01～0.06kg/m²，总迁移量为 0.10kg/m²，除在 8 月下旬表现为输出外，其他时间均表现为留存；去除凋落物后的溪流内的 P 迁移量为–0.08～0.04kg/m²，总迁移量为–0.11kg/m²，在 7 月上旬及 8 月上旬表现为留存，在 6 月、7 月下旬、8 月下旬、9 月及 10 月表现为输出。③在溪流Ⅲ中，对照溪流的沉积物单位面积 P 储量上游为 0.01～0.04kg/m²，下游为 0.02～0.03kg/m²，上、下游间无显著差异；去除凋落物输入后的溪流的沉积物单位面积 P 储量上游为 0.01～0.06kg/m²，下游为 0.02～0.05kg/m²，上、下游间具有显著差异（P＜0.01）；未去除凋落物输入的溪流从上游到下游沉积物单位面积 P 储量无显著变化，去除凋落物输入后的溪流升高。对照溪流内的 P 迁移量为–0.02～0.01kg/m²，总迁移量为–0.01kg/m²，在 7 月下旬、8 月、9 月及 10 月表现为留存，6 月及 7 月上旬表现为输出；去除凋落物后的溪流内的 P 迁移量为–0.03～0.02kg/m²，总迁移量为–0.03kg/m²，在 8 月下旬、9 月及 10 月表现为留存，6 月、7 月及 8 月上旬表现为输出。

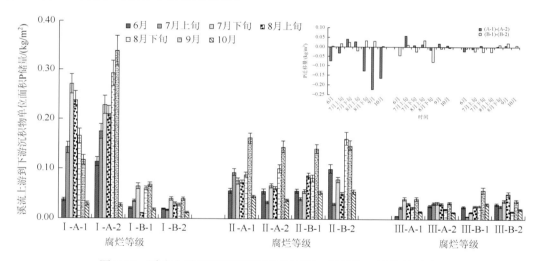

图 8-22 溪流上游到下游沉积物单位面积 P 储量和 P 迁移量（1）

A-1 为未去除凋落物输入的溪流上游；A-2 为未去除凋落物输入的溪流下游；B-1 为去除凋落物输入的溪流上游；B-2 为去除凋落物输入的溪流下游。不同大写字母表示同一时期 P 储量的不同处理点的差异显著（P＜0.05）

将有凋落物输入有木质残体的溪流上、下游沉积物单位面积 P 储量及迁移量与无凋落物输入有木质残体的溪流对比发现（图 8-23）：①在溪流Ⅰ中，有凋落物输入有木质残体的溪流的沉积物单位面积 P 储量上游为 0.07～0.23kg/m²，下游为 0.03～0.18kg/m²，上、下游间具有极显著差异（P＜0.001）；去除凋落物输入后有木质残体的溪流的沉积物单位面积 P 储量上游为 0.03～0.08kg/m²，下游为 0.03～0.13kg/m²，上、下游间具有极显著差异（P＜0.001）；有木质残体的溪流沉积物从上游到下游单位面积 P 储量降低，而去除凋落物后从上游到下游单位面积 P 储量升高。有凋落物输入有木质残体的溪流内的 P 迁移量为–0.02～0.11kg/m²，总迁移量为 0.31kg/m²，在 6 月、7 月及 8 月表现为留存，在 9 月及 10 月表现为输出；去除凋落物输入后有木质残体的溪流内的 P 迁移量为–0.07～

0kg/m²，总迁移量为−0.17kg/m²，除在 10 月表现为留存外，其他时间均表现为输出。②在溪流Ⅱ中，有凋落物输入有木质残体的溪流的沉积物单位面积 P 储量上游为 0.06～0.13kg/m²，下游为 0.06～0.23kg/m²，上、下游间具有极显著差异（$P<0.001$）；去除凋落物输入后有木质残体的溪流的沉积物单位面积 P 储量上游为 0.06～0.13kg/m²，下游为0.02～0.18kg/m²，上、下游间无显著差异；未去除凋落物输入的有木质残体的溪流从上游到下游沉积物单位面积 P 储量升高，去除凋落物输入后无显著变化。有凋落物输入有木质残体的溪流内的 P 迁移量为−0.10～0kg/m²，总迁移量为−0.22kg/m²，均表现为输出；去除凋落物输入后有木质残体的溪流内的P迁移量为−0.05～0.05kg/m²，总迁移量为0.03kg/m²，在 7 月上旬、8 月及 10 月表现为留存，6 月、7 月下旬及 9 月表现为输出。③在溪流Ⅲ中，有凋落物输入有木质残体的溪流的沉积物单位面积 P 储量上游为 0.02～0.03kg/m²，下游为 0～0.04kg/m²，上、下游间具有显著差异（$P<0.01$）；去除凋落物输入后有木质残体的溪流的沉积物单位面积 P 储量上游为 0.01～0.04kg/m²，下游为 0.01～0.05kg/m²，上、下游间具有显著差异（$P<0.01$）；未去除凋落物输入的有木质残体的溪流从上游到下游沉积物单位面积 P 储量降低，去除凋落物输入后有木质残体的溪流从上游到下游沉积物单位面积 P 储量升高。有凋落物输入有木质残体的溪流内的 P 迁移量为−0.01～0.02kg/m²，总迁移量为 0.03kg/m²，除在 8 月下旬表现为输出外，其他时间均表现为留存；去除凋落物输入后有木质残体的溪流内的 P 迁移量为−0.03～0.01kg/m²，总迁移量为−0.03kg/m²，在 6 月、7 月上旬及 8 月下旬表现为留存，7 月下旬、8 月上旬、9 月及 10 月表现为输出。

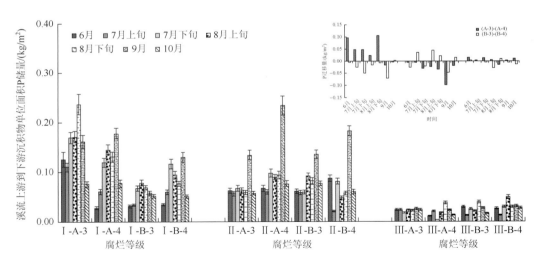

图 8-23　溪流上游到下游沉积物单位面积 P 储量和 P 迁移量（2）

A-3 为未去除凋落物输入的有木质残体的溪流上游；A-4 为未去除凋落物输入的有木质残体的溪流下游；B-3 为去除凋落物输入的有木质残体的溪流上游；B-4 为去除凋落物输入的有木质残体的溪流下游。不同大写字母表示同一时期 P 储量的不同处理点的差异显著（$P<0.05$）

　　将无木质残体无凋落物输入的溪流上、下游沉积物单位面积 P 储量及迁移量与有木质残体无凋落物输入的溪流对比发现（图 8-24）：①在溪流Ⅰ中，去除凋落物输入后，无木质残体的溪流的沉积物单位面积 P 储量上游为 0.01～0.07kg/m², 下游为 0.01～0.04kg/m²，上、下游间具有极显著差异（$P < 0.001$）；去除凋落物输入后，有木质残体的溪流的沉积物单位面积 P 储量上游为 0.03～0.08kg/m²，下游为 0.03～0.13kg/m²，上、下游间具有极显著差异（$P < 0.001$）；去除凋落物输入后，无木质残体的溪流从上游到下游沉积物单位面积 P 储量降低，有木质残体的溪流升高。去除凋落物输入后，无木质残体的溪流内的 P 迁移量为−0.02～0.03kg/m²，总迁移量为 0.09kg/m²，除在 8 月上旬表现为输出外，其他时间均表现为留存；去除凋落物输入后，有木质残体的溪流内的 P 迁移量为−0.07～0kg/m²，总迁移量为−0.17kg/m²，除在 10 月表现为留存外，其他时间均表现为输出。②在溪流Ⅱ中，去除凋落物输入后，无木质残体的溪流的沉积物单位面积 P 储量上游为 0.04～0.14kg/m²，下游为 0.03～0.16kg/m²，上、下游间具有显著差异（$P < 0.01$）；去除凋落物输入后，有木质残体的溪流的沉积物单位面积 P 储量上游为 0.06～0.13kg/m²，下游为 0.02～0.18kg/m²，上、下游间无显著差异；去除凋落物输入后，无木质残体的溪流从上游到下游沉积物单位面积 P 储量升高，有木质残体的溪流无显著变化。去除凋落物输入后，无木质残体的溪流内的 P 迁移量为−0.08～0.04kg/m²，总迁移量为−0.11kg/m²，在 7 月上旬及 8 月上旬表现为留存，在 6 月、7 月下旬、8 月下旬、9 月及 10 月表现为输出；去除凋落物输入后，有木质残体的溪流内的 P 迁移量为−0.05～0.05kg/m²，总迁移量为 0.03kg/m²，在 7 月上旬、8 月及 10 月表现为留存，在 6 月、7 月下旬及 9 月表现为输出。③在溪流Ⅲ中，去除凋落物输入后，无木质残体的溪流的沉积物单位面积 P 储量上游为 0.01～0.06kg/m²，下游为 0.02～0.05kg/m²，上、下游间具有显著差异（$P < 0.01$）；去除凋落物输入后，有木质残体的溪流的沉积物单位面积 P 储量上游为 0.01～0.04kg/m²，下游为 0.01～0.05kg/m²，上、下游间具有显著差异（$P < 0.01$）；去除凋落物输入后，有木质残体的溪流与无木质残体的溪流沉积物单位面积 P 储量从上游到下游变化趋势一致升高。去除凋落物输入后，

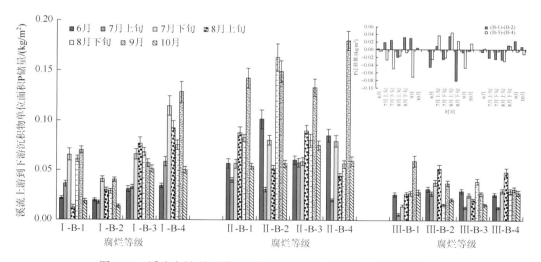

图 8-24　溪流上游到下游沉积物单位面积 P 储量和 P 迁移量（3）

B-1 为去除凋落物输入的溪流上游；B-2 为去除凋落物输入的溪流下游；B-3 为去除凋落物输入的有木质残体的溪流上游；B-4 为去除凋落物输入的有木质残体的溪流下游。不同大写字母表示同一时期 P 储量的不同处理点的差异显著（$P < 0.05$）

无木质残体的溪流内的 P 迁移量为–0.03～0.02kg/m²，总迁移量为–0.03kg/m²，在 8 月下旬、9 月及 10 月表现为留存，在 6 月、7 月及 8 月上旬表现为输出；去除凋落物输入后，有木质残体的溪流内的 P 迁移量为–0.03～0.01kg/m²，总迁移量为–0.04kg/m²，在 6 月、7 月上旬及 8 月下旬表现为留存，在 7 月下旬、8 月上旬、9 月及 10 月表现为输出。

8.5 讨论与小结

8.5.1 亚高山针叶林区森林溪流植物残体储量

亚高山针叶林区森林河道和溪流植物残体储量分别为 2691.38g/m² 和 1193.55g/m²，其中河道木质残体是河道非木质残体的 43.37 倍，而溪流木质残体仅是溪流非木质残体的 1.39 倍。研究表明，河道与溪流木质残体径级的分配最多与最少的木质残体刚好相反，河道以 >10cm 的粗木质残体为主（88.23%），1～5cm 的细枝仅有 6.63%；溪流木质残体 1～5cm 的细木质残体和 >10cm 的粗木质残体分别为 86.91% 和 1.22%，河道木质残体是溪流木质残体储量的 3.79 倍，正是由于河道内更多地残留大径级的木质残体，即使很少的量，其对木质残体总储量的贡献也非常大，邓红兵等（2002）也证实了这一点。溪流小枝、树叶和树皮储量占比分别为 69.76%、20.91% 和 9.33%；河道小枝、树皮和树叶占总储量的比例分别为 74.42%、24.37% 和 1.22%，溪流非木质残体储量是河道非木质残体储量的 8.23 倍。这可能与河流流速（所调查河段流速为 0.72～1.74m/s）和溪流的流速（所调查溪流流速为 0.05～0.89m/s）相关，小径级的木质残体和质地较轻的非木质残体（尤其是树叶）在河道内比在溪流内更易被冲刷至下游；而木质残体在溪流内相对于宽度较大的河道而言相对更容易形成残体坝（魏晓华和代力民，2006），从而更利于截留凋落叶等非木质残体或阻隔泥沙等输入到主河道中（Hoover et al., 2010），对影响森林生态系统及水生态系统养分循环具有至关重要的作用。不管在溪流内还是在河道内，非木质残体中 <1cm 的小枝均占主体，其储量达到 60% 以上，而树叶和树皮的储量所占比例较小，这与 Yang 等（2005）对亚高山针叶林生态系统地表凋落物的研究结果（凋落叶比例高达 67.60%～76.90%）并不一致，除了其密度相对较小，极易随水流而被冲刷至下游以外，还可能是本身进入到水体中的凋落物就少于林地地表，且叶片凋落物在水体中的分解速度大于河岸陆地，从而导致河道和溪流非木质残体中树叶储量相对较小。

亚高山针叶林区森林溪流植物残体 C、N 和 P 总储量分别为 510.57g/m²、1678.06mg/m² 和 263.76mg/m²，其中木质残体 C、N 和 P 储量所占比例分别为 61.22%、48.27% 和 43.19%；亚高山针叶林区森林河道植物残体 C、N 和 P 总储量分别为 1096.62g/m²、1874.85mg/m² 和 323.73mg/m²，其中非木质残体 C、N 和 P 储量分别仅占 1.00%、3.81% 和 14.16%。各存储状态的植物残体 C、N 和 P 储量与其相应植物残体现存储量的分配表现基本一致，但仍有部分差异。溪流木质残体 C、N 和 P 储量均以径级 1～5cm 的木质残体居多 [86.71%（C）、87.20%（N）和 84.55%（P）]，径级 >10cm 的木质残体分配最少 [1.17%（C）、0.94%（N）和 1.56%（P）]；以腐烂等级 V 分布最多 [65.86%（C）、67.86%（N）和 68.71%（P）]，腐烂等级 II 和 III 分布较少 [8.14%（C）、8.70%（N）、10.19%（P）]。而河道木质残体则以 >10cm 的木质残体为主 [87.74%（C）、86.65（N）和 85.60%（P）]，1～5cm 的木质残体分配很少 [6.63%（C）、8.64%（N）和 8.81%（P）]；以腐烂等级 III 和 IV 分布最多 [68.20%（C）、71.44%（N）和 75.80%（P）]，腐烂等级 V 的比例最低 [5.60%（C）、6.48%（N）和 6.87%（P）]。溪流非木质残体各器官 C、N 和 P 储量与其相应现存储量分配一致，表现为 <1cm 小枝 > 树叶 > 树皮；河道非木质残体表现为 <1cm 小枝 > 树皮 > 树叶。这些结果充分表明，森林溪流和河道植物残体 C、N 和 P 储量一方面与其现存储量直接相关，这与宋泽伟和唐建维（2009）的研究表现一致，另一方面则可能是植物残体各器官受河溪岸两侧的树种、溪流或河道特征等的影响，在其分解过程中养分含量不断变化，导致其养分浓度存在较大的差异（Liu et al.，2002）。

8.5.2　非木质残体对溪流元素储量及迁移动态的影响

通过对比研究去除与未去除凋落物输入对溪流中 C、N、P 元素储量的影响发现，非木质残体对三种不同沉积物溪流中总的元素储量造成的影响不同。非木质残体输入细沙沉积物的溪流后，会减少溪流内总体 C 的留存，增加总体 N 的输出，减少总体 P 的留存，使其向下游输出；非木质残体输入淤泥沉积物的溪流后，会增加溪流内总体 C 的留存，减少总体 N 的输出，减少总体 P 的输出，使其在溪流中留存；非木质残体输入沙砾沉积物的溪流后，会减少溪流内总体 C 的留存，使其向下游输出，增加总体 N 的输出，减少总体 P 的输出。在溪流生态系统中，河床沉积物对溪流中元素储量的储存与流失具有较大的影响，河床粗糙程度和水流速度共同决定了沉积物的运输和沉积（Allan and Castillo，2007），凋落物的输入打破了原有的平衡，一方面有可能会扰动底部的沉积物，另一方面可能会沉积在溪流中拦截和吸附水体中的物质，也可能会由于沉积物移动产生的磨损作用加速其自身的分解和元素释放（Graça et al.，2015）。因此，凋落物的输入会增加细沙和砂砾沉积物溪流中元素的流失，但会促使更多的元素储存在淤泥沉积物溪流中。

然而，有趣的是，本研究发现非木质残体对相同沉积物溪流中水体和沉积物中的元素储量的影响也大不相同：非木质残体输入细沙沉积物的溪流后，会增加水体 C 的留存，减少水体 N、P 的留存，会减少沉积物 C 的留存，增加沉积物 N 的输出，减少沉积物 P 的留存，使其向下游输出；非木质残体输入淤泥沉积物的溪流后，会增加水体 C 的留存，减少水体 N、P 的留存，会增加沉积物 C 的留存，减少沉积物 N 的输出，减少沉积物 P 的输出，使其在溪流中留存；非木质残体输入砂砾沉积物的溪流后，会增加水体 C、N、P 的留存，会增加沉积物 C、N 的输出，减少沉积物 P 的输出。凋落物的输入对砂砾沉积物溪流水体中元素的留存作用明显大于其他两种沉积物的溪流，这可能是因为凋落物更容易积存在沉积物颗粒较大的溪流中，较高的有机底物表面积可以快速吸附和固定更多夹带在水体中的养分元素（Tank and Webster，1998）。凋落物的输入明显导致了细沙溪流沉积物中元素的流失，而对淤泥的溪流中的沉积物元素有明显的储存作用，这可能是细沙的溪流沉积物结构不稳定，而淤泥的溪流沉积物黏合、团聚在一起不易被扰动而造成的。

8.5.3　木质残体对溪流元素储量及迁移动态的影响

大多数有关溪流中有机质动态的研究都集中在凋落叶等非木质残体,因为凋落叶作为一种季节性资源输入溪流并会快速分解,木质残体是一种持久的有机物资源,可能需要数年才能分解。有研究表明,在小型源头溪流中,木质残体的现存量超过了所有有机物的50%(Tank et al.,1993)。本研究通过对比有无木质残体对溪流中 C、N、P 元素的影响发现,木质残体会对三种不同沉积物溪流的元素储量造成不同的影响:木质残体存在于细沙的溪流中时,会减少溪流内总体 C、P 的留存,使其向下游输出,减少总体 N 的输出,会减少水体中 C、N 的留存,使其向下游输出,减少水体中 P 的留存,减少沉积物中 C、P 的留存,使其向下游输出,减少沉积物中 N 的输出;木质残体存在于淤泥的溪流中时,会减少溪流内总体 C 的留存,减少总体 N 的输出,减少总体 P 的输出,使其在溪流中留存,会减少水体中 C、N、P 的留存,减少沉积物中 C 的留存,减少沉积物中 N 的输出,减少沉积物中 P 的输出,使其在溪流中留存;木质残体存在于砂砾的溪流中时,会增加溪流内总体 C、N、P 的输出,会减少水体中 C 的留存,增加水体中 N、P 的留存,增加沉积物中 C、N、P 的输出。已有的研究表明,溪流中木质残体的存在会阻滞养分向下游移动(Wallace et al.,2001)。但本研究发现,木质残体虽然可以减少部分 N 的流失,却会使原本储存在溪流内的 C 大量流失向下游。此外,木质残体对细沙的溪流影响最大,还会造成溪流内 P 的大量流失。在淤泥的溪流中,木质残体可以储存大量的 P,防止其流失。然而,木质残体对砂砾的溪流影响很小。这可能是因为木质残体由于其体积和形态的限制,对养分元素的固存能力有限。

研究还发现,非木质残体与木质残体共同作用对不同沉积物溪流的元素储量造成不同的影响。非木质残体与木质残体共同作用于细沙溪流时,会减少溪流内总体 C、N、P 的输出,使其在溪流中留存,会增加水体中 C 的留存,减少水体中 N 的输出,使其在溪流中留存,减少水体中 P 的留存,会减少沉积物中 C、N、P 的输出,使其在溪流中留存;非木质残体与木质残体共同作用于淤泥溪流时,会减少溪流内总体 C、P 的留存,使其向下游输出,增加总体 N 的输出,会增加水体中 C、N、P 的留存,会减少沉积物中 C、P 的留存,使其向下游输出,增加沉积物中 N 的输出;非木质残体与木质残体共同作用于砂砾溪流时,会减少溪流内总体 C 的输出,减少总体 N、P 的输出,使其在溪流中留存,会增加水体中 C 的留存,减少水体中 N、P 的留存,会减少沉积物中 C、N、P 的输出,使其在溪流中留存。非木质残体与木质残体的共同作用会减少细沙和砂砾溪流的元素流失,使其更多地固存在溪流内部,而淤泥溪流中的元素输出将会加剧。这可能是因为细沙和砂砾溪流的河床粗糙、结构不稳定,由于非木质残体与木质残体的共同作用,增加了沉积物的稳定性(Lewis et al.,1999),减缓了水体流速,增加了与水体元素的接触面积和时间,因此能拦截和吸附更多的养分元素。

参 考 文 献

邓红兵，肖宝英，代力民，等. 2002. 溪流粗木质残体的生态学研究进展[J]. 生态学报，22（1）：87-93.

宋泽伟，唐建维. 2009. 西双版纳热带季节雨林的粗木质残体及其养分元素[J]. 生态学杂志，27（12）：2033-2041.

魏晓华，代力民. 2006.森林溪流倒木生态学研究进展[J]. 植物生态学报，30（6）：1018-1029.

魏晓华，孙阁. 2009. 流域生态系统过程与管理[M]. 北京：高等教育出版社.

Allan J D，Castillo M M. 2007. Stream Ecology[M]. 2ed. Berlin：Springer.

Chen X Y，Wei X H，Scheter R A，et al. 2006. A watershed scale assessment of in-stream large woody debris patterns in the southern interior of British Columbia [J]. Forest Ecology and Management，229（1）：50-62.

Cusack D F，Chou W W，Yang W H，et al. 2009. Controls on long-term root and leaf litter decomposition in neotropical forest [J]. Global Change Biology，15（5）：1339-1355.

Gomi T，Sidle R C，Bryant M D，et al. 2001.The characteristics of woody debris and sediment distribution in headwater streams，southeastern Alaska [J]. Canadian Journal of Forest Research，31（8）：1386-1399.

Graça M A S，Ferreira V，Canhoto C，et al. 2015. A conceptual model of litter breakdown in low order streams[J]. International Review of Hydrobiology，100（1）：1-12.

Gregory K J，Gurnell A M，Hill C T. 1985. The permanence of debris dams related to river channel processes[J]. Hydrological Sciences Journal，30：371-381.

Hoover T M，Marczak L B，Richardson J S，et al. 2010. Transport and settlement of organic matter in small streams [J]. Freshwater Biology，55（2）：436-449.

Lewis W M，Melack J M，Mcdowell W H，et al. 1999. Nitrogen yields from undisturbed watersheds in the Americas[J]. Biogeochemistry，46：149-162.

Liu W Y，Fox J E D，Xu Z F. 2002. Biomass and nutrient accumulation in montane evergreen broad-leaved forest（*Lithocarpus xylocarpus* type）in Ailao Mountains，SW China [J]. Forest Ecology and Management，158（1）：223-235.

Tank J T，Webster J R. 1998. Interaction of substrateand nutrient availability on wood biofilm processes instreams[J]. Ecology，79：2168-2179.

Tank J T，Webster J R，Benfield E F. 1993. Microbial respiration on decaying leaves and sticks in a Southern Appalachian Stream[J]. Journal of the North American Benthological Society，12：394-405.

Wallace，J B，Eggert S L，Meyer J L，et al. 1999. Effects of resource limitation on a Detrital-Based Ecosystem[J]. Ecological Monographs，69（4）：409-442.

Wallace J B，Webster J R，Eggert S L，et al. 2001. Large woody debris in a headwater stream：long-term legacies of forest disturbance[J]. International Review of Hydrobiology，86（4-5）：501-513.

Yang W Q，Wang K Y，Kellomaki S，et al. 2005. Litter dynamics of three subalpine forests in Western Sichuan [J]. Pedosphere，15（5）：653-659.

Yue K，García-Palacios P，Parsons S A，et al. 2018. Assessing the temporal dynamics of aquatic and terrestrial litter decomposition in an alpine forest[J]. Functional Ecology，32（10）：2464-2475.

Yue K，Yang W Q，Peng C H，et al. 2016 .Foliar litter decomposition in an alpine forest meta-ecosystem on the eastern Tibetan Plateau[J]. Science of the Total Environment，566-567：279-287.

第9章 亚高山针叶林生态系统适应性管理

长江上游亚高山针叶林是我国西南林区的主体，在我国经济建设、生态建设和社会发展中具有突出且不可替代的战略地位。一方面，长江上游亚高山针叶林木材蓄积量大、材质优良、野生食用菌和名特优中药材丰富，曾经为我国经济建设和社会发展做出了巨大贡献。即使本区实施天然林禁伐和封育后，本区也是我国重要的木材储备基地。另一方面，本林区在水源涵养、水土保持、碳吸存（carbon sequestration）、生物多样性保育、景观美学、防灾减灾、调节区域气候、遏制干旱河谷上延、庇护下游生态系统结构和功能等方面具有不可替代的生态作用。因此，有效管理长江上游亚高山针叶林生态系统意义重大。迄今，有关长江上游亚高山针叶林的经营利用和病虫害防治、生态恢复（何海等，2004）、人工更新（郭立群，1990）和高山高原区采伐迹地营林更新技术（王金锡等，1995）、大熊猫主食竹栽培（刘兴良和向性明，1996）、生态系统管理（鲜骏仁，2007）等已有大量研究报道和实践。然而，如何对亚高山针叶林生态系统进行适应性管理（adaptive management）尚未见报道。可能的原因来自两方面：一方面，尽管"适应性管理"的概念提出已经有40多年了，但在全球范围内成功实践和应用的案例并不多见（Allen and Garmestani，2015），因而可供借鉴的适应性管理技术和方法并不多；另一方面，尽管我国科研人员对长江上游亚高山针叶林生态系统结构和功能的研究已经不计其数，但这些研究更加强调可持续森林经营与管理，而森林生态系统适应性管理需要在生态系统调查、监测和综合评估的基础上，进一步获取森林生态系统结构、过程和功能及其对环境变化（如气候变化）的动态响应以及森林生态系统与邻近生态系统或者对接水体的生物地球化学联系等知识。因此，本章试图以亚高山针叶林生态系统结构、功能和过程及其对环境变化（如季节性雪被变化、林窗更新、自然灾害等）的响应为切入点，探讨亚高山针叶林生态系统适应性管理的技术和模式。

9.1 亚高山针叶林生态系统适应性管理的概念与目标

9.1.1 生态系统适应性管理的概念

C. S. Holling 被誉为"适应性管理之父"，其在 1978 年出版的专著 *Adaptive Environmental Assessment and Management* 中首次提出适应性环境评估与管理的概念、理论框架、目标和途径。根据 Holling（1978）的定义，适应性环境评估与管理是将民主原则、科学分析、教育、法规学习结合起来，在不确定性的环境中可持续地管理资源的过程，包括连续调查、规划、实施、评估、调控等一系列行动。事实上，自然资源管理和生态系统管理不仅需要环境调查和评估，还需要对生态系统结构、过程和功能及其驱动因子的深入研究结论，以及社会学和管理学相关的理论。为此，Holling 和其他学者将"适应性环境评估与管理"提升为"适应性管理"。适应性管理的核心是：生态系统的结构和功能始终处于不断变化的过程中，必须通过对相互关联的环境因子的综合评估，主动或被动管理具有不确定性的生态系统或者资源的恢复力（resilience），并在实践过程中不断学习、不断优化和调整。此后，适应性管理的理念和技术被广泛应用于森林、湿地、草地和河流等资源管理，并出现了不同的适应性管理理论框架和技术模式。由于气候变暖、极端气候和酸雨等气候变化正在不同程度地改变着各类生态系统的结构、过程和功能，而森林是陆地生态系统的主体，为了增强森林生态系统的恢复力和抗逆性，减轻气候变化的负面影响，应对气候变化的森林生态系统适应性管理的理论和技术研究一直是适应性管理研究的重点（Millar et al.，2007；Bolte et al.，2009；叶功富等，2015）。然而，不同学者因为本身的学科背景和研究对象不同、不同的管理部门和决策者因为管理目标的差异，对于适应性管理的概念、理论框架和管理目标的认识仍然存在差异（Allen and Garmestani，2015）。但不管怎样，适应性管理是在对资源环境进行科学研究、综合评估和模型预测的基础上，采用主动或者被动管理措施维持资源恢复力和可持续性的行动过程，具有明确的科学基础、特定的管理对象、可预期的目标，是自然科学、管理学和社会学的交叉学科，为科学家与决策者建立了沟通的渠道。

从生态系统管理的角度来看，适应性管理是通过对生态系统结构、过程和功能及其对环境变化的动态响应研究、综合评估和模型预测，采用动态调整生态系统的内部结构和功能以及调节生态系统的输入和输出等主动或者被动管理措施恢复和维持生态系统整体性和可持续性。首先，生态系统适应性管理具有明确的科学基础，即生态系统结构、功能和过程及其对环境变化（如气候变化、自然和人类活动干扰）的动态响应与适应，环境变化对生态系统结构和功能影响的综合评估和模型预测等。其次，具有特定的管理对象，如高寒湿地、高原草地、原始林、人工林等。最后，具有明确且可预期的目标，如减缓气候变化、增加木材产出、保护生物多样性等。尽管适应性管理目标一般是由政府和决策者来制定的，但还是要基于管理对象本身的功能重要性来确定。此外，生态系统适应性管理最终还是要通过制定政策、签订各种协议、实施具体的管理措施来实现管理目标。然而，各种生态系统适应性管理政策和法规、管理技术和措施、实施方案必须基于科学基础，遵循自然社会发展规律。

9.1.2　亚高山针叶林生态系统适应性管理目标

如上所述，长江上游亚高山针叶林在我国经济建设、生态文明建设和社会发展中具有突出的战略地位，因而有效管理亚高山针叶林生态系统意义重大。然而，以维持和提升森林生态系统整体服务功能为目标的亚高山针叶林生态系统适应性管理具有三方面的科学问题：①长江上游亚高山针叶林区分布范围广（经纬度和海拔），不同地带的亚高山针叶林生态系统物种组成、结构、过程和功能受到影响的主导因子可能存在较大差异，如地质灾害、极端气象事件、人类活动、地理因子。②不同地带的亚高山针叶林生态系统担负的服务功能重点可能存在差异。例如，高山峡谷区较低海拔的亚高山针叶林在遏制干旱河谷上延和水土保持等方面的功能可能更重要，而大熊猫等野生动物栖息地的亚高山针叶林生态系统的生物多样性保育功能可能更加重要。③不同树种组成的亚高山针叶林，其演替和更新过程可能具有较大差异。这些问题给亚高山针叶林生态系统适应性管理政策的制定和技术应用带来了不少困难。即使如此，作为长江流域最重要的淡水资源核心保护区和我国生物多样性保护的关键区域，亚高山针叶林生态系统适应性管理目标既具有共性，又具有多样性，其总体目标是维持和恢复亚高山针叶林生态系统的整体性和可持续性，维持或恢复亚高山针叶林生态系统整体服务功能。具体而言，包括以下九个明确目标。

第一，木材生产与储备功能。长江上游亚高山针叶林区主要分布在低温限制明显、气候变化响应敏感、地质灾害影响频繁、人类活动影响历史悠久的中高山地带，是典型生态环境脆弱区。然而，受天然林资源采伐和毁林开荒等人类活动的长期干扰，亚高山针叶林结构和功能退化严重，危及长江上游生态安全屏障建设。为了保护长江上游生态环境，保障长江上游生态安全，我国自 1998 年开始实施天然林资源保护工程，全面禁止天然林采伐。尽管如此，通过天然林资源保护和适应性管理，提升长江上游亚高山针叶林的木材生产和储备能力，对于保障我国木材生产安全具有重要意义。

第二，水源涵养与调节功能。亚高山针叶林是长江上游水资源保护的核心区，因而提升水源涵养与调节功能是长江上游亚高山针叶林生态系统适应性管理最核心的目标。

第三，水土保持功能。长江上游亚高山针叶林分布于高山峡谷区，水力侵蚀、重力侵蚀和冻融侵蚀等引起的水土流失是危害长江上游水体安全的重要原因。因此，提高水土保持功能是亚高山针叶林生态系统适应性管理的重要目标之一。

第四，生物多样性保育功能。本林区是大熊猫、川金丝猴、滇金丝猴等珍稀濒危动物的栖息地以及大量珍稀保护植物和菌类的生长环境，是我国最重要的生物多样性保护区。因此，通过生态恢复、森林结构调整、配置异龄林、保留不同腐烂等级的粗木质残体、合理疏伐等生态系统适应性管理，提升野生动植物栖息地的生物多样性保育功能是亚高山针叶林生态系统适应性管理的特殊目标。

第五，固碳制氧功能。作为我国第二大林区的主体，长江上游亚高山针叶林在全球碳循环中具有重要作用，其碳汇潜力对于减缓全球气候变化具有重要意义。因此，整体提升亚高山针叶林的固碳制氧功能是亚高山针叶林生态系统适应性管理的重要目标之一。

第六，养分循环功能。亚高山针叶林生态系统养分循环不仅是森林生产力维持和提高的基础，还是影响邻近或者下游生态系统结构和功能的重要机制。因此，维持和提高森林生态系统养分循环功能也是长江上游亚高山针叶林生态系统适应性管理的重要目标之一。

第七，净化环境功能。森林可通过林冠对大气污染物质的吸收、截留和过滤，枯枝落叶层和土壤对污染物质的截留和螯合，以及对土壤污染物质的抽提等净化环境。因此，提升生态系统水平的森林净化环境功能是亚高山针叶林生态系统适应性管理的重要目标之一。

第八，防灾减灾功能。地震、泥石流、滑坡、雪崩等频繁的地质灾害以及不断增加的气候变化不仅影响亚高山针叶林生态系统结构、功能和过程，还影响区域生态安全。因此，提高亚高山针叶林的防灾减灾能力（如适应和应对气候变化的负面影响，降低地质灾害对森林和周围环境的影响等），是亚高山针叶林生态系统适应性管理的重要目标之一。

第九，景观美学功能。不同林型和不同演替阶段的亚高山针叶林与山水、蓝天白云和气候的组合为长江上游山区生态旅游产业发展提供了丰富多样的优质景观资源。通过发展生态旅游产业，带动社区经济社会发展，最大限度地减少森林采伐、放牧、狩猎等人类活动对亚高山针叶林结构和功能的负面干扰，是有效保护亚高山针叶林整体服务功能的重要举措。因此，在交通相对发达的区域，通过适度的林分结构调整、人为调控次生林演替进程、配置彩叶树种等适应性管理技术，保持或提升亚高山针叶林生态系统的景观美学功能，也是亚高山针叶林生态系统适应性管理的重要目标之一。

此外，促进土壤发育和维持土壤功能、文化功能、控制病原微生物等也是亚高山针叶林生态系统适应性管理的目标。

9.2　亚高山针叶林生态系统适应性管理的概念框架

长江上游亚高山针叶林生态系统类型多样，生态系统结构、功能和过程及其受到的主要驱动因子变化多端，生态系统服务功能的定位和功能分区多样，因而适应性管理的目标、政策和技术需要建立在扎实的科学基础之上，并在实施过程中，不断进行科学研究、动态监测、综合评估和模型预测，从而不断进行动态调整和优化适应性管理政策及技术（图 9-1）。

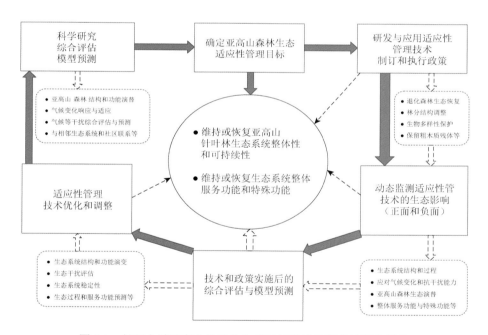

图 9-1　长江上游亚高山针叶林生态系统适应性管理的概念框架

9.2.1　科学研究、综合评估与模型预测

科学研究是生态系统适应性管理的前提，对生态系统结构、过程和功能及其对环境变化的响应与适应机制研究越深入，对环境变化、生态系统结构和过程的影响评估越充分，对环境变化下的生态系统过程预测越准确，适应性管理实践的成功率就越高。因此，深入的科学研究、充分的综合评估和准确的模型预测是亚高山针叶林生态系统适应性管理的科

学基础。长江上游亚高山针叶林生态系统适应性管理的科学基础至少包括以下几方面。

（1）亚高山针叶林生态系统的物种组成、结构、过程和功能演变；

（2）亚高山针叶林生态系统结构和过程对气候变化（如全球变暖、季节性雪被变化、极端气象事件等）的响应与适应机制；

（3）气候变化、自然灾害（如地震、滑坡、泥石流等）和人类活动干扰对亚高山针叶林生态系统结构、功能和过程的影响评估与模型预测；

（4）亚高山针叶林生态系统服务功能评估、功能定位与功能分区；

（5）亚高山针叶林生态系统与对接水体的生物地球化学联系；

（6）亚高山针叶林与社区居民福利的关系。

9.2.2　确定目标，制订适应性管理政策，研发适应性管理技术

基于对变化环境背景下亚高山针叶林生态系统结构、功能和过程的科学研究、综合评估和模型预测结果，确定不同演替阶段、不同林型和不同地带的亚高山针叶林生态系统适应性管理的总体目标和个性化管理目标（如大熊猫、金丝猴等野生动物保护，四川红杉、麦吊云杉、长苞冷杉等珍贵树种保护，大型真菌保护等）。

基于科学基础和适应性管理目标，确定亚高山针叶林生态系统适应性管理的边界和范围，制定决策者、社区居民和科学家共同参与的亚高山针叶林适应性管理政策，如禁牧或适度放牧、自然教育、生态旅游、迁地保护、生态补偿机制与配套政策等。

基于生态功能定位和功能分区，针对性地研发和集成退化天然林生态恢复、林分结构调控（如保护大熊猫栖息地、促进箭竹生长）、林分抚育、补植彩叶树种、增加粗木质残体、珍稀濒危植物种质资源搜集与保存等亚高山针叶林生态系统适应性管理技术。

9.2.3　实施亚高山针叶林生态系统适应性管理政策与技术

根据亚高山针叶林生态系统适应性管理确定的目标、制定的政策和构建的技术，明确生态适应性管理政策实施的主体（地方政府、社区或保护区），实施相关的适应性管理政策；按照责任明确的原则，有计划地实施相应的生态恢复、林分抚育、林分结构调整、种质资源搜集与保存、珍贵乡土树种苗圃建设、濒危保护植物种植资源圃建设等技术。

9.2.4　动态监测适应性管理对亚高山针叶林生态系统的影响

项目实施前，制定详细的动态监测和研究方案；项目实施后，按照动态监测方案和科学研究方案，有计划地监测不同适应性管理政策和技术对不同演替阶段、不同类型和不同地带的亚高山针叶林生态系统结构、功能和过程的影响，深入研究不同适应性管理政策和技术对生态系统过程和服务功能的影响机制，以及全球气候变化、自然灾害和人类活动干扰等情景下，不同适应性管理技术对亚高山针叶林生态系统服务功能恢复的影响。

9.2.5　综合评估和预测适应性管理对亚高山针叶林生态系统的影响

基于动态监测和科学研究结果,综合评估采用的适应性管理政策和技术对亚高山针叶林生态系统结构、过程、功能和恢复力的正面或者负面影响,并通过生态预测模型,预测不同情景下,不同适应性管理政策和技术下的亚高山针叶林生态系统过程,从而为动态调整适应性管理政策和优化适应性管理技术提供科学依据。

9.2.6　动态调整和优化亚高山针叶林生态系统适应性管理政策和技术

尽管生态系统适应性管理并不是"试错"管理,但由于生态系统过程的复杂性和变化环境(如极端气象事件,自然灾害等)影响的不确定性,从而使实施的生态适应性管理政策和技术不可能全部有效,需要进行动态调整和优化。这也是生态系统适应性管理的魅力所在。特别重要的是,长江上游亚高山针叶林区生态类型多样、气候变化响应敏感、地质灾害影响频繁,采用的生态适应性管理政策和技术不可能完全实现预期目标。因此,需要基于综合评估和模型预测结果,动态调整亚高山针叶林生态系统适应性管理政策,优化适应性管理技术,维持亚高山针叶林生态系统的整体性和可持续性,不断提亚高山针叶林生态系统的整体服务功能和特殊服务功能。

9.3　亚高山针叶林生态系统适应性管理的技术措施

维持亚高山针叶林生态系统的整体性和可持续性,提高生态系统整体服务功能,突出亚高山针叶林水源涵养、生物多样性保育、水土保持和碳吸存等生态系统服务功能,是长江上游亚高山针叶林生态系统适应性管理的根本目标。基于作者及其所在团队对长江上游亚高山针叶林生态系统结构、过程和功能,生态系统过程对季节性雪被的响应以及亚高山针叶林与对接水体(溪流和河流)生态系统的生物地球化学联系等的研究,提出了保留粗木质残体,林分结构优化与功能提升,野生动物、植物或微生物多样性保育与保护,替代产业培育与发展,森林更新与演替监测等适应性管理技术。

9.3.1　保留粗木质残体

全球范围内,以倒木为主的粗木质残体约占森林木质生物量的20%～30%,对森林更新、地力维持、物质循环和生物多样性保育等至关重要(Harmon,1986;Dittrich et al.,2014),而且多数森林生物在整个生活史或者生活史的某段时间均依赖或受益于倒木(Larrieu et al.,2014)。例如,北欧森林中,大约5000个物种或者20%～25%的森林生物依赖于倒木,大约47%的世界红色名录物种依赖倒木(Berg et al.,1994)。因此,保留粗木质残体已成为欧洲森林经营指南的强制措施。

粗木质残体是亚高山针叶林生态系统的基本结构,不同分解阶段和不同类型的粗木质残体对于生物多样性保育（地衣、苔藓、蕨类、大型真菌和无脊椎动物等）、森林更新（冷杉属树种幼苗定居）、水源涵养、水土保持、碳和养分循环等具有重要作用（汤国庆，2018；肖洒等，2016；王壮，2018；汪沁，2018）。例如，肖洒等（2016）对亚高山岷江冷杉原始林生态系统结构的研究结果表明，粗木质残体储量高达 53t/hm^2，直径＞40cm 的倒木占 74% 以上，是岷江冷杉幼苗定居的重要基质。尽管目前有关长江上游亚高山针叶林倒木、枯立木、树桩、大枯枝等粗木质残体在大型真菌保育中的定量研究尚不足，但从欧洲森林的研究结果来看（Berg et al.，1994），粗木质残体应该是亚高山针叶林大型真菌多样性保育最重要的基质。此外，粗木质残体本身及其附生和木生植物（如苔藓植物）对于水文循环、碳和养分循环也具有重要作用（Wang et al.，2015）。因此，根据地形地貌和林型特点等，保留和增加森林地表的倒木等粗木质残体是重要的亚高山针叶林生态系统适应性管理技术措施。

9.3.2　林分结构优化与功能提升

结构决定过程和功能。然而，受长期自然干扰和人类活动的影响，长江上游亚高山针叶林存在一些突出的生态问题：①人工林林分密度过大、林分结构简单、林木生长发育不良、林下植被缺乏、病虫害频繁发生、生态系统整体服务功能不高；②在立地条件较差的地带，天然针叶林受采伐和自然灾害干扰后，天然林次生演替存在偏途演替和逆行演替等现象，冷云杉树种的幼苗定居困难，生态退化严重，生态恢复缓慢；③一些立地条件较差的地带，过熟林因冷云杉幼苗定居困难，幼树生长缓慢，森林更新较为困难。此外，大熊猫主食竹的生长发育与乔木层的冠层结构和郁闭度密切相关，过高的郁闭度不利于箭竹生长。因此，优化林分结构，提升亚高山针叶林水源涵养、生物多样性保育和碳吸存等功能，是亚高山针叶林生态系统适应性管理的必要举措。主要技术措施包括以下几方面。

第一，遵循亚高山针叶林更新与演替规律，通过保留和补充粗木质残体、间伐和疏伐、补植针叶树种、抚育等措施，促进过熟林更新、土壤发育和物质循环，维持亚高山针叶林生态系统结构的完整性和可持续性。

第二，通过疏伐、补植、抚育、林下补充倒木等森林经营措施，改善林下植被生长环境，促进土壤发育、林下植被发育和物质循环，优化低效人工林结构，提升亚高山人工林整体服务功能和特殊功能（如大熊猫和金丝猴保护）。

第三，逆行演替和偏途演替的次生林和次生灌丛普遍存在冷云杉幼苗定居和生长困难、土壤保水保肥能力较差等问题。通过疏伐灌木、补植冷云杉幼树、抚育等措施，促进冷云杉树种生长，促进亚高山针叶林顺行演替、土壤发育和物质循环，优化针叶林生态系统结构，提升亚高山针叶林生态系统的整体服务功能或者特殊服务功能。

此外，彩叶景观是非常重要的旅游资源，而处于偏途演替或者早期演替阶段的彩叶树种是构成亚高山彩叶景观的关键。因此，对于以生态旅游发展为目标的亚高山针叶林地带，通过条带状或者团块状补植彩叶树种，适当疏伐一些冷云杉树种，使亚高山次生林保持在早期演替阶段，也是亚高山针叶林生态系统适应性管理的措施之一。

9.3.3　野生动物多样性保育与保护

长江上游亚高山针叶林区是我国野生动物种类和资源最丰富的区域，特别是珍稀濒危动物种类丰富。同时，野生动物也是亚高山针叶林生态系统的基本结构，对于维持森林生态系统的结构、过程和功能具有重要意义。尽管有关野生动物与亚高山针叶林生态系统结构、过程和功能的内在联系的研究还不足，但亚高山针叶林的动物多样性保育功能是毋庸置疑的。因此，动物多样性保育和保护是维持亚高山针叶林生态系统结构完整性的重要举措。基于野生动物多样性保护的亚高山针叶林生态系统适应性管理主要包括以下几个方面。

第一，野生动物栖息地生境保护与生态恢复。长江上游亚高山针叶林区是野生大熊猫、小熊猫、川金丝猴、滇金丝猴、蓝马鸡、斑羚、羚牛等 160 余种重点保护动物的栖息地。因此，在天然林资源保护工程和自然保护区建设的基础上，根据野生动物栖息地生态系统结构和功能，保护这些野生动物的栖息生境以及恢复退化栖息生境是亚高山针叶林生态系统适应性管理的重要组成部分。

第二，大熊猫主食竹培育。长江上游亚高山针叶林区是最重要的大熊猫栖息地，冷箭竹、缺苞箭竹、华西箭竹等大熊猫主食竹的分布和生长状况，直接决定着大熊猫种群结构和动态。然而，主食竹的大面积开花曾经严重威胁着大熊猫的生存，导致大熊猫种群数量急剧下降（秦自生，1985）。尽管大熊猫濒危的机制研究很多，但周期性的大面积主食竹开花枯死可能是大熊猫濒危的重要原因之一。因此，通过因地制宜培育异龄箭竹林、异地引种竹种构建不同竹种的混交竹林、疏伐乔木和灌木促进箭竹生长等培育措施，预防同生群大面积开花对大熊猫食物来源的影响，是亚高山针叶林生态系统适应性管理的重要技术措施。

第三，珍稀濒危动物繁育与野生放归。珍稀濒危动物繁育与野生放归是国内外野生动物保护的重要手段，在长江上游亚高山针叶林区已建立几十个国家级自然保护区和多个野生动物繁育研究中心，正在通过人工繁育和野生放归保护大熊猫等野生动物资源。这也是亚高山针叶林生态系统适应性管理的重要组成部分。

9.3.4　植物多样性保育与保护

植物多样性与生态系统过程和功能密切相关。同时，丰富多样性的植物资源也是未来生物产业发展的源泉。长江上游亚高山针叶林区珍稀濒危植物、重点保护植物和中国特有植物种类丰富。这些植物不仅是我国重要的基因资源，还是维持亚高山针叶林生态系统结构和功能的物质基础。然而，受长期人类活动干扰、自然灾害和气候变化等的影响，植物多样性面临巨大挑战。因此，保育与保护植物多样性是亚高山针叶林生态系统适应性管理的关键措施之一。植物多样性保育与保护的主要技术措施包括划分和建立植物多样性优先保护区、搜集和保存濒危与重点保护植物种质资源、建设植物种质资源圃、迁地保护、研发植物快速繁育与栽培技术等。

第一，划分和建立植物多样性优先保护区。为了有效保护植物多样性，对于植物种类丰富的区域，应划分和建立植物多样性优先保护区，防止植物多样性丧失。

第二，搜集和保存濒危与重点保护植物种质资源。针对一些繁育困难的濒危植物，特别是现有繁育技术还不能成功繁育的濒危植物和重点保护植物，则要搜集不同地理分布区的植物种子或者繁育器官，建立种质资源库，保存种质资源，为濒危植物研究、繁育、栽培和开发利用等提供物质基础。

第三，建设植物种质资源圃。选择和规划亚高山植物种质资源圃，搜集长江上游亚高山针叶林区重点保护植物、特有植物和珍贵树种（如秦岭冷杉、四川红杉、长苞冷杉、连香树、高山栎等），进行集中栽植和管理，为亚高山针叶林生态恢复与重建提供种质资源。

第四，迁地保护。对于易受自然灾害（如滑坡、泥石流、雪崩）和人类活动（旅游设施、放牧）影响的珍稀濒危植物和重点保护植物，可以将植物移栽到立地条件适宜的区域，进行迁地保护。

第五，研发植物快速繁育与栽培技术。利用现代生物学手段，研究濒危植物、重点保护植物和中国特有植物的快速繁育、栽培和开发利用等技术，大量繁育和栽培珍稀濒危植物、重点保护植物和中国特有植物，在开发利用中实现保护。

9.3.5　微生物多样性保育与保护

微生物是森林生态系统的基本结构，也是生态系统物质循环和能量流动的积极参与者。许多大型真菌不仅具有药用价值或食用价值，还与植物根系组成外生菌根，对于植物营养和森林生态系统养分循环具有重要作用。然而，过度采集食用菌、森林采伐、放牧等活动正在使长江上游亚高山针叶林区野生大型真菌资源不断枯竭，保护野生大型真菌资源也刻不容缓。同时，细菌、丝状真菌、丝状细菌（放线菌）、藻类、古菌等土壤微生物群落的结构和多样性与森林地表和土壤异质性、基质质量、温湿度动态等密切相关。由于对亚高山针叶林区微生物多样性和大型真菌资源的研究还不足，因而采用适应性管理措施是保护亚高山针叶林微生物资源的必要选择。

如本章 9.3.1 节所述，粗木质残体能够增加森林地表和土壤异质性，提高森林水源涵养和水土保持功能，也是很多大型真菌、丝状真菌、细菌和丝状细菌生长繁衍的良好基质。因此，在森林地表保留和补充不同分解阶段和不同树种的粗木质残体、禁牧和禁止野生菌采集等是有效保育和保护亚高山微生物多样性的技术措施。

9.3.6　替代产业培育与发展

禁止采伐天然林、禁止放牧、禁止野生菌和中药材采集等适应性管理措施，必然会影响到社区居民的生计。因此，通过人工种植羊肚菌等食用菌、人工种植中药材、发展生态旅游、养蜂、挖掘特色文化产业等措施，培育和壮大替代产业，同时实施生态补偿，改善和提高社区居民的福利，是亚高山针叶林生态系统适应性管理的重要组成部分。

9.3.7　森林更新与演替监测

为了更好地适应性管理亚高山针叶林生态系统,还需要规划亚高山针叶林生态系统结构和功能监测网络,进一步监测不同适应性管理政策和技术对亚高山针叶林更新与演替等的影响,从而为适应性管理技术、模式调整和优化提供科学依据。

特别重要的是,要监测各种自然灾害对亚高山针叶林生态系统结构和功能的影响,预见性地提出应对管理措施,最大限度地降低和防止森林灾难性损失风险。

9.4　亚高山针叶林生态系统适应性管理的理论和技术需求

适应性管理最突出的优势就是在实践中学习。因此,不断提高亚高山针叶林生态系统适应性管理水平,除了持续地监测各种适应性管理政策和技术对亚高山针叶林生态系统整体服务功能和特殊服务功能的影响以外,还需要对亚高山针叶林生态系统结构、功能和过程及其对变化环境的响应与适应机制进行深入系统的研究。

9.4.1　亚高山针叶林生态系统食物链（网）的复杂性及其维持机制

食物链（网）是生态系统物质循环和能量流动的重要通道,包括捕食食物链（网）、碎屑食物链（网）和寄生食物链（网）。组成食物链的物种多样性越高,食物网越复杂,生态系统抗干扰的能力和稳定性就越强。普遍认为,森林是以碎屑食物网为主的生态系统。因此,理解森林生态系统食物网的复杂性及其维持机制,可为森林生态系统适应性管理提供重要科学依据。

理论上,植物残体的种类、储量和质量是维持碎屑食物网结构和多样性的基础。然而,迄今有关亚高山针叶林生态系统碎屑食物网的结构和复杂性及其维持机制尚不清楚。例如,木质残体和非木质残体如何影响和维持碎屑食物链（网）的结构和功能？粗木质残体是否在维持碎屑食物链（网）的结构和复杂性方面发挥了更重要的作用？季节性雪被变化和林窗更新等是否影响森林地表的碎屑食物网结构和功能？因此,深入研究亚高山针叶林碎屑食物网的复杂性及其维持机制可为亚高山针叶林生态系统适应性管理提供重要的科学依据。

此外,尽管捕食食物链在森林生态系统物质循环和能量流动中的重要性不及碎屑食物链,但森林大型动物如何通过捕食食物链影响亚高山针叶林生态系统结构和功能的认识对于亚高山针叶林动物多样性保护仍然具有非常重要的科学价值。然而,迄今缺乏必要的研究,还不能完全满足亚高山针叶林生态系统适应性管理的理论需求。

9.4.2　亚高山针叶林生态系统结构和功能对气候变化的响应与适应

全球变暖、昼夜温差降低、季节性雪被变化（雪被期缩短、雪融期提前）和极端气象事件（雪灾、干旱、极端低温和高温）等正在对不同海拔、不同林型和不同生态气候区的亚高山针叶林结构和功能产生不同程度的影响，因此，深入系统地研究亚高山针叶林生态系统结构和功能对气候变化的响应与适应机制，可为亚高山针叶林适应性管理提供关键的证据。

过去10多年，作者及其所在的研究团队利用海拔梯度实验、林窗位置实验和雪被去除实验等研究手段，较为系统地研究了季节性雪被及其变化对亚高山针叶林凋落物分解、土壤生物与生化特性、土壤矿化、土壤碳氮淋溶流失等的影响（谭波，2010；刘金玲，2012；王奥，2012；He et al.，2016a，2016b；Wu et al.，2010，2014），也得出了一些有意义的结果和结论。然而，有关亚高山针叶林生态系统物种组成、群落结构、碎屑食物链（网）对气候变化的响应等尚待深入研究，从而为亚高山针叶林适应性管理提供更有力的理论依据。

9.4.3　自然灾害干扰对亚高山针叶林生态系统结构和功能的影响

地震及其次生灾害、泥石流、滑坡、雪崩等自然灾害干扰是影响亚高山针叶林生态系统结构和功能的重要因素。由于频繁的地质灾害，地处高山峡谷区的亚高山针叶林植被和土壤发育经常受阻，普遍存在矿质土壤层浅薄、养分库较小等现象。因此，深入研究各种自然灾害对亚高山针叶林生态系统结构、功能和过程的影响，可为预见性地管理亚高山针叶林提供科学依据。然而，迄今尚缺乏系统研究，很难满足适应性管理的科学需要。

9.4.4　亚高山针叶林生态系统与对接水体的生物地球化学联系

如本书第8章所述，亚高山针叶林与森林溪流和对接水体的碳氮磷含量密切相关，森林溪流是联系亚高山森林与对接水体生物地球化学循环的纽带。然而，已有的研究尺度仅限于亚高山针叶林-溪流集合生态系统的生物地球化学联系，有关亚高山针叶林区与长江上游水生生态系统结构和功能的生物地球化学联系尚待深入研究，从而为以水源涵养功能提升为目标的亚高山针叶林生态系统适应性管理提供科学依据。

参 考 文 献

郭立群. 1990. 云南亚高山针叶林人工更新技术的试验研究[J]. 云南林业科技，（1）：1-26.

何海，乔永康，刘庆，等. 2004. 亚高山针叶林人工恢复过程中生物量和材积动态研究[J]. 应用生态学报，15（5）：748-752.

刘金玲. 2012. 模拟增温对高山森林土壤碳氮过程的影响[D]. 成都：四川农业大学.

刘兴良，向性明. 1996. 大熊猫主食竹人工栽培技术试验研究——单因素造林试验成效分析（Ⅱ）[J]. 竹类研究，（1）：1-6.

秦自生. 1985. 四川大熊猫的生态环境及主食竹种更新[J]. 竹子研究汇刊，4（1）：1-10.

谭波. 2010. 季节性冻融对川西亚高山森林土壤动物群落的影响[D]. 雅安：四川农业大学.

汤国庆. 2018. 岷江冷杉森林林窗和生长基质对苔藓植物群落的影响[D]. 成都：四川农业大学.

汪沁. 2018. 亚高山针叶林林窗对倒木分解过程中碳和养分动态的影响[D]. 成都：四川农业大学.

王奥. 2012. 季节性冻融对高山森林土壤微生物和生化特性的影响[D]. 成都：四川农业大学.

王金锡，许金铎，侯广维，等. 1995. 长江上游高山高原林区迹地生态与营林更新技术[M]. 北京：中国林业出版社.

王壮. 2018. 岷江冷杉森林林窗和附生植物对倒木腐殖化过程的影响[D]. 成都：四川农业大学.

鲜骏仁. 2007. 川西亚高山森林生态系统管理研究[D]. 雅安：四川农业大学.

肖洒，吴福忠，杨万勤，等. 2016. 高山峡谷区暗针叶林木质残体储量及其分布特征[J]. 生态学报，36（5）：1352-1359.

叶功富，尤龙辉，林武星，等. 2015. 全球气候变化及森林生态系统的适应性管理[J]. 世界林业研究，28（1）：1-6.

Allen C R，Garmestani A S. 2015. Adaptive Management of Social-ecological System[M]. Brelin：Springer.

Berg A，Ehnström B，Gustafsson L，et al. 1994. Threatened plant，animal，and fungus species in Swedish forests：bdistribution and habitat associations[J]. Biological Conservation，8：718-731.

Bolte A，Ammer C，Löf M，et al. 2009. Adaptive forest management in central Europe：climate change impacts，strategies and integrative concept[J]. Scandinavian Journal of Forest Research，24：473-482.

Bolte A，Ammer C，Löf M，et al. 2010. Adaptive Forest Management：A Prerequisite for Sustainable Forestry in the Face of Climate Change[M] //Spathelf P. Sustainable Forest Management in a Changing World：A European Perspective. Berlin：Springer.

Dittrich S，Jacob M，Bade C et al. 2014. The significance of deadwood for total bryophyte，lichen，and vascular plant diversity in an old-growth spruce forest[J]. Plant Ecology，215：1123-1137.

Grove S J. 2002. Saproxylic insect ecology and the sustainable management of forests[J]. Annual Review of Ecology and Systematics，33：1-23.

Harmon M E. 1986. Ecology of coarse woody debris in temperate ecosystems[J]. Advances in Ecological Research，15：133-276.

He W，Wu F，Yang W，et al. 2016a. Gap locations influence the release of carbon，nitrogen and phosphorus in two shrub foliar litter in an alpine fir forest[J]. Scientific Reports，6：22014.

He W，Wu F，Yang W，et al. 2016b. Lignin degradation in foliar litter of two shrub species from the gap center to the closed canopy in an alpine fir forest[J]. Ecosystems，19（1）：115-128.

Holling C S. 1978. Adaptive Environmental Assessment and Management[M]. Caldwell：Blackburn Press.

Larrieu L，Cabanettes A，Gonin P，et al. 2014. Deadwood and tree microhabitat dynamics in unharvested temperate mountain mixed forests：a life-cycle approach to biodiversity monitoring[J]. Forest Ecology and Management，334：163-173.

Lonsdale D，Pautasso M，Holdenrieder O. 2008. Wood-decaying fungi in the forest：conservation needs and management options[J]. European Journal of Forest Research，127：1-22.

Milad M，Schaich H，Konold W. 2013. How is adaptation to climate change reflected in current practice of forest management and conservation？A case study from Germany [J]. Biodiversity&Conservation，22：1181-1202.

Millar C I，Westfall R D，Delany D L. 2007. Response of high-elevation limber pine（Pinus flexilis）to multiyear droughts and 20th-century warming，Sierra Nevada，California，USA[J]. Canadian Journal of Forest Research，37（12）：2508-2520.

Pavlikakis G E，Tsihrintzis V A. 2000. Ecosystem management：a review of a new concept and methodology[J]. Water Resources Management，14：257-283.

Peters D M，Schraml U. 2014. Does background matter？Disciplinary perspectives on sustainable forest management[J]. Biodiversity and Conservation，23：3373-3389.

Sample V A，Halofsky J E，Peterson D L. 2014. US strategy for forest management adaptation to climate change：building a framework for decision making[J]. Annals of Forest Science，71：125-130.

Stupak I，Lattimore B，Titus B D，et al. 2011. Criteria and indicators for sustainable forest fuel production and harvesting：a review of current standards for sustainable forest management[J]. Biomass Bioenergy，33（8）：3287-3308.

Temperli C，Bugmann H，Elkin C. 2012. Adaptive management for competing forest goods and services under climate change[J]. Ecological Applications，22：2065-2077.

Wang B，Wu F，Xiao S，et al. 2015. Effect of succession gaps on the understory water-holding capacity in an over-mature alpine forest at the upper reaches of the Yangtze River[J]. Hydrological Processes，30：692-703.

Wu F，Peng C，Yang W，et al. 2014. Admixture of alder（Alnus formosana）litter can improve the decomposition of eucalyptus（Eucalyptus grandis）litter[J]. Soil Biology and Biochemistry，73：115-121.

Wu F，Yang W，Zhang J，et al. 2010. Litter decomposition in two subalpine forests during the freeze-thaw season[J]. Acta Oecologica，36（1）：135-140.

索　引